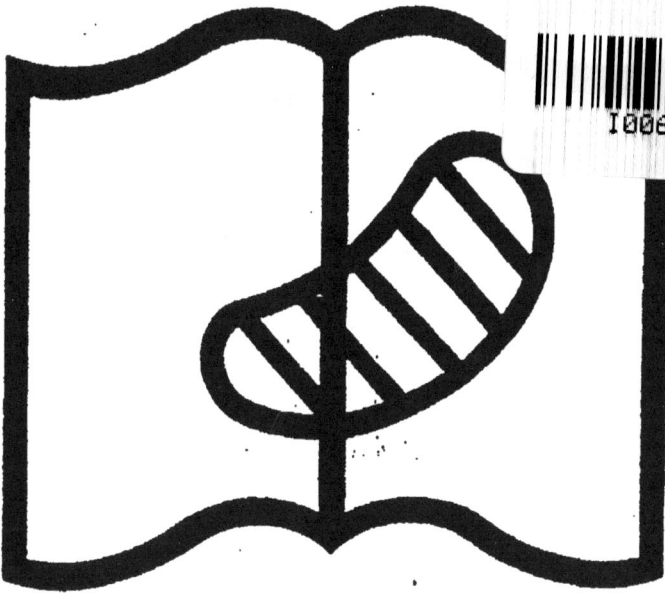

Original illisible

NF Z 43-120-10

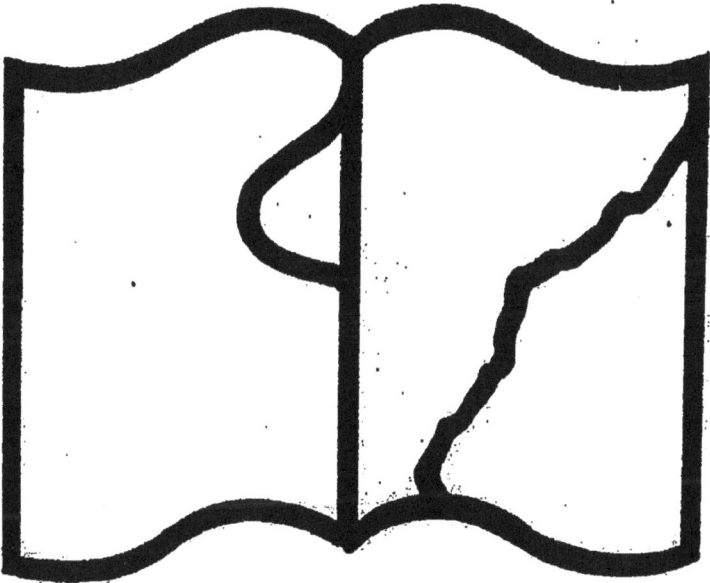

Texte détérioré — reliure défectueuse

NF Z 43-120-11

LES NOUVELLES

CONQUÊTES DE LA SCIENCE

ISTHMES ET CANAUX

ENTRÉE DU CANAL DE SUEZ A PORT-SAÏD

LES NOUVELLES CONQUÊTES

DE

LA SCIENCE

PAR

LOUIS FIGUIER

ISTHMES ET CANAUX

VOLUME ILLUSTRÉ DE 189 GRAVURES ET PORTRAITS

D'APRÈS LES DESSINS DE

MM. J. FÉRAT, A. GILBERT, BROUX, etc.

PARIS

LIBRAIRIE ILLUSTRÉE	MARPON & FLAMMARION
7, RUE DU CROISSANT	RUE RACINE, 26

Droits de propriété et de traduction réservés

LES NOUVELLES CONQUÊTES

DE LA SCIENCE

ISTHMES ET CANAUX

Nous décrivons, dans ce volume, les travaux audacieux qui ont modifié la carte du globe, qui ont mis un canal là où il existait un isthme, un cours d'eau navigable à la place d'une montagne et une mer au milieu d'un désert. Le canal de Suez et celui de Panama sont les œuvres les plus grandioses que l'art de l'ingénieur ait entreprises dans notre siècle. En abrégeant de moitié, l'un la route de l'Europe aux Indes, l'autre la navigation de l'océan Atlantique à l'océan Pacifique, les canaux de Suez et de Panama doivent amener une véritable révolution dans les relations mutuelles des peuples maritimes. Le canal de Corinthe, ainsi que la mer intérieure projetée du nord de l'Afrique, présentent, sur une échelle réduite, le même genre d'intérêt. Nous ne pouvons donc mieux terminer les *Nouvelles Conquêtes de la science* qu'en traitant ces brillants sujets.

Tous les genres de difficultés se trouvaient réunis dans les deux percements des isthmes de Suez et de Panama, œuvres longtemps considérées comme impossibles. Cependant, toutes ces difficultés ont été vaincues, une à une, et rien ne fait mieux comprendre la puissance et la variété des moyens que peuvent mettre en jeu, de nos jours, la science et l'industrie, que l'exposé historique et technique des travaux accomplis dans les deux isthmes égyptien et américain. En suivant dans leurs détails l'exécution de ces œuvres merveilleuses, on appréciera parfaitement la valeur des procédés et des méthodes, ainsi que la perfection des appareils mécaniques dont l'homme peut disposer aujourd'hui, dans sa lutte héroïque contre les éléments et la nature.

LE CANAL MARITIME DE SUEZ

L'attention publique a été ramenée, en 1885, sur le canal de Suez, par deux décisions importantes de la Compagnie propriétaire de ce canal.

Pendant l'expédition armée que l'Angleterre dirigea contre l'Égypte, en 1882, la neutralité du canal de Suez fut un moment menacée, et il fallut toute l'énergie de M. de Lesseps pour défendre, contre les entreprises des envahisseurs étrangers, la propriété du canal maritime. A la suite de ces faits, une Commission internationale a été créée, pour faire déclarer d'une manière définitive la neutralité politique du canal de Suez, et décider qu'en temps de guerre, comme en temps de paix, les transports de toute nature y seront librement continués. La commission officielle internationale a fait heureusement prévaloir ce grand principe, par toutes les nations civilisées des deux mondes.

D'un autre côté, vingt ans après sa création, le canal de Suez est devenu insuffisant pour le grand nombre de bâtiments qui ont à le traverser. Vu les proportions de plus en plus énormes que l'on donne aux paquebots, il commence à manquer de profondeur. Il n'admet pas de navires ayant plus de 7 mètres, 50 de tirant d'eau. Quant à sa largeur, elle est également devenue insuffisante, en raison du grand nombre de navires qui se croisent dans ses eaux. Par suite de cet encombrement, le transit est aujourd'hui assez lent dans ce canal. La moyenne du séjour total d'un navire était de 48 heures, en 1883, et la moyenne de marche, pour chaque navire, était de cinq heures. Ce ne sont là, d'ailleurs, que des moyennes; car les navires de l'État et les navires postaux passant avant les bâtiments de commerce, en fait, le séjour d'un navire, pendant trois à quatre jours dans le canal, n'est pas rare.

C'est par ces deux considérations, et avec l'espoir que le trafic devra augmenter proportionnellement d'importance, qu'une commission fut instituée, en 1884, par la Compagnie, pour étudier les moyens d'améliorer le canal.

Il y avait, pour améliorer le canal, deux systèmes : créer, parallèlement au premier, un nouveau canal, de manière à avoir deux routes pour la traversée de l'isthme, dans les deux sens ; ou bien, agrandir la rigole actuelle.

C'est le dernier de ces systèmes qui a prévalu. Il a été décidé que l'on procéderait à l'élargissement du canal, et qu'on le creuserait plus profondément. Sa largeur, qui est aujourd'hui de 90 à 100 mètres, sauf aux traversées du Sérapéum, d'El-Guisr et de Chalouf, où elle n'est que de 58 mètres, devra être portée à 100 mètres, au minimum, dans tout son parcours. Quant à sa profondeur, elle sera partout portée à 9 mètres. En même temps, les berges du canal seront éclairées, la nuit, par la lumière électrique, pour ne point suspendre les traversées pendant l'obscurité.

Le canal se trouvera ainsi dans des conditions très supérieures de navigabilité. Les grands navires du type des plus forts transatlantiques, y circuleront à l'aise, tandis qu'aujourd'hui ils ne sauraient s'y aventurer.

Ces deux décisions de la Compagnie donnent un caractère d'actualité à la question du canal de Suez, qui s'en trouve, pour ainsi dire, rajeunie. Aussi espérons-nous que l'on suivra ici avec quelque intérêt l'histoire de cette entreprise, l'exposé des longues et difficiles luttes qu'elle a dû subir, enfin l'appréciation de l'importance de sa création pour la facilité générale des communications maritimes d'un hémisphère de la terre à l'autre.

On se propose, dans cette étude : 1° de donner l'historique sommaire de la création du canal des deux mers; 2° d'exposer les moyens mécaniques et hydrauliques qui ont présidé à son exécution ; 3° de décrire le voyage pittoresque que l'on fait à bord d'un navire, en parcourant le canal, de la Méditerranée à la mer Rouge; 4° de signaler les travaux projetés pour l'amélioration et l'agrandissement de cette grande voie de communication maritime entre l'Europe et l'Asie.

Le canal de Suez dans l'antiquité. — Le canal dit des Pharaons, creusé par Nécos, au sixième siècle avant Jésus-Christ. — Sa destruction sous les califes, au quinzième siècle après Jésus-Christ. — Projet de Leibniz. — Bonaparte et la Commission scientifique de l'expédition d'Égypte. — Nivellement de l'isthme exécuté sous la direction de l'ingénieur Lepère. — Erreur des géomètres de l'expédition d'Égypte. — Projets de Lepère consistant à restaurer l'ancien canal des Pharaons.

Depuis les temps les plus reculés, les intérêts commerciaux ont appelé l'attention du monde sur la jonction de la Méditerranée et de la mer Rouge. Ces deux mers ne sont, en effet, séparées l'une de l'autre que par un intervalle de 30 lieues, intervalle qui était beaucoup moindre au commencement des temps historiques, et qui, selon toute apparence, devait être nul dans les premiers âges du monde, de telle sorte que les deux mers communiquaient alors librement entre elles. Des dépôts de sable, des alluvions jetées par la Méditérranée et la mer Rouge, ont sans doute élevé peu à peu la barrière qui sépare aujourd'hui l'Égypte de l'Asie. On comprend donc que la réunion de ces deux mers, qui baignent de riantes et fertiles contrées, ait préoccupé, à toutes les époques, les souverains et les conquérants de l'Égypte. Les avantages offerts par la jonction des deux mers au moyen d'un canal, firent tenter plus d'une fois l'accomplissement d'une œuvre éminemment utile aux relations des peuples de notre hémisphère.

Il est établi historiquement qu'un canal reliant la Méditérranée à la mer Rouge a existé en Égypte, dès les temps les plus reculés, et qu'il ne disparut que par la négligence des populations de ces contrées. Seulement, ce canal n'était pas la jonction directe des deux mers : le Nil avait été pris comme moyen intermédiaire. Un canal avait été creusé entre la mer Rouge et le Nil, et le reste de la communication avec la mer s'établissait par l'embouchure de ce grand fleuve dans la Méditerranée.

Entrepris par le roi d'Égypte Nécos, fils de Psamméticus, 630 ans avant l'ère chrétienne, ce canal fut achevé par Darius, fils d'Hystaspe, après

Fig. 1. — BORDS DU NIL

que les Perses se furent emparés de l'Égypte. Hérodote, témoin oculaire de ce qu'il raconte, cinquante ans après Darius, a vu le canal de Nécos en pleine activité. Il commençait à Bubaste (aujourd'hui Zagazig) sur le Nil. Se dirigeant à l'est ensuite au sud, il venait aboutir, sur la mer Rouge, à Patymos. Les Ptolémées entretinrent et améliorèrent ce canal. Strabon, plus exact encore qu'Hérodote, et qui voyageait en Égypte peu de temps avant le commencement de l'ère chrétienne, le vit chargé de navires. Les empereurs romains, et surtout Adrien, y firent exécuter des travaux et des accroissements considérables. Mais, plus tard, les califes, qui l'avaient fait d'abord réparer, le laissèrent dépérir, et il paraît que la navigation cessa complètement en 775, sous le califat d'Abou Giafar- al-Mansour.

D'après Plutarque, Antoine vaincu par Octave, à la bataille d'Actium, trouva Cléopâtre occupée à essayer de faire franchir à sa flotte l'étroit espace de terre qui sépare les deux mers, au moyen d'un canal qui existait dans l'isthme.

D'après l'auteur arabe Ichems-Eddin, le canal devrait son origine, non à Nécos, mais à un plus ancien roi d'Égypte, nommé *Tassis*.

« Ce fut sous son règne, dit-il, qu'Abraham vint en Égypte. Omar fit nettoyer et recreuser ce canal, et on le nomma depuis ce temps *Canal du prince des fidèles*. Il demeura en cet état pendant cent cinquante ans, jusqu'au règne du calife abasside Abou-Giafar-el-Mansour (775 ans après J.-C.) qui fit fermer l'embouchure de ce canal dans la mer de Kolsoum. »

Voici ce que rapporte un autre écrivain arabe, l'historien Makrygy :

« Ce canal a été creusé par un ancien roi d'Égypte, pour Khadjar (Agar), mère d'Ismaël, lorsqu'elle demeurait à la Mecque. Dans la suite des temps, il fut creusé une seconde fois par un des rois grecs qui régnèrent en Égypte après la mort d'Alexandre.

« Lorsque Amrou-Ben-el-Ass fit la conquête de l'Égypte, ce général, d'après les ordres d'Omar, prince des fidèles, fit recreuser le canal dans l'année de la mortalité ; il le conduisit jusqu'à la mer de Kolsoum, d'où les vaisseaux se rendaient dans le Hedjaz, le Yemen et l'Inde. On y passa jusqu'à l'époque où Mohammed Ben-Aby-Thaleb se révolta, à Médine, contre Abou-Giafar-el-Mansour, alors calife de l'Irak. Ce souverain écrivit à son lieutenant en Égypte, pour lui ordonner de combler le canal de Kolsoum. Depuis cette époque, les choses sont restées dans l'état où nous les voyons maintenant » (1835 de l'Hégire — 1435 après J.-C.).

Ce serait donc bien un calife, Abou-Giafar-el-Mansour, qui aurait fait combler le canal.

Le *canal de Nécos*, ou, comme on l'appelle plus généralement, le *canal des Pharaons*, avait environ 150 kilomètres de long. Il dut exiger, pour son creusement, un déblaiement de 15 millions de mètres cubes de terre, et demander cent ans au moins pour son exécution. Après deux mille cinq cents ans, on en retrouve encore des vestiges aux environs de Suez, là où le sol plus solide, plus résistant que dans le désert, a permis aux matériaux de se conserver intacts.

Le *canal des Pharaons* a été construit, avons-nous dit, 630 ans avant

Fig. 2. — VESTIGES DU CANAL DES PHARAONS, PRÈS DE SUEZ

Jésus-Christ. Il a, par conséquent, répandu ses bienfaits sur l'Égypte pendant dix-sept siècles. Nous pensons qu'il était consacré, autant aux irrigations qu'à la navigation ; car l'arrosage des terres est, dans ce pays, privé d'eau pendant les cinq sixièmes de l'année, un élément fondamental. Les agriculteurs égyptiens faisaient tous les efforts possibles pour procurer de l'eau à leurs champs. L'eau était pour eux la richesse. C'est par des irrigations qu'ils avaient rendu une terre sans cesse brûlée par un soleil torride, d'une excessive fertilité. Mariette-bey a découvert, à Zackara, des chambres sépulcrales, dont les parois contiennent des peintures où tous les procédés employés par les Égyptiens pour les irrigations artificielles,

FIG. 3. — CARTE DE L'ISTHME DE SUEZ EN 1798

FIG. 3. — BORDS DE LA MÉDITERRANÉE (PLAGE DE L'ANCIENNE PÉLUSE

sont très clairement reproduits, avec beaucoup d'autres coutumes de la vie domestique des anciens habitants de l'Égypte.

En ce qui concerne la navigation, on peut trouver que le canal de Nécos, qui n'avait que 2 à 3 mètres de profondeur, et 30 mètres de large, était d'une bien petite section pour recevoir des navires, et pour établir les communications de la Méditerranée à la mer Rouge, par le Nil. Mais il ne faut pas oublier que les plus fortes *trirèmes* des anciens ne mesuraient pas plus de 15 mètres de long. Elles marchaient à la voile et à la rame, et leur lenteur ne préoccupait guère les pilotes de ce temps, qui n'avaient point notre fiévreux désir de vitesse. Pour creuser plus profondément qu'à 2 à 3 mètres, il aurait fallu des dragues puissantes. Or, les dragues dont se servaient les anciens Égyptiens, étaient les mêmes que celles que l'on voit encore dans nos ports, c'est-à-dire de grandes roues armées de chapelets de godets, et munies d'échelons sur lesquels, autrefois, les galériens montaient, pour effectuer le curage des bassins. Ces anciennes dragues, telles qu'on les voit à Brest, à Rochefort, à Toulon, n'enlèvent pas plus de 20 mètres cubes, c'est-à-dire vingt charretées de terre par jour. Qu'est-ce qu'un pareil travail auprès de celui des dragues à vapeur modernes, comme celles qui ont fonctionné à Suez et à Panama, qui enlèvent 1,000 mètres cubes de terre par journée de dix heures? Mais, nous le répétons, les navigateurs égyptiens, qui n'avaient pas besoin d'un grand tirant d'eau, s'accordaient fort bien d'un canal de 2 à 3 mètres de profondeur, pour passer de la Méditerranée à la mer Rouge, en prenant à Bubaste le canal de navigation qui reliait, par cette voie, le Nil à la mer Rouge, et, par conséquent, les deux mers l'une à l'autre.

En résumé, le *canal des Pharaons* servit jusqu'au quinzième siècle après Jésus-Christ, à favoriser le commerce de l'Égypte, et il ne cessa d'être en usage que par le mauvais vouloir des califes musulmans conquérants de l'Égypte.

Pendant la Renaissance, il n'est plus question d'un canal de grande navigation en Égypte. Ce n'est qu'au dix-septième siècle qu'on commence à s'en occuper.

Au milieu de ce siècle, Leibniz présenta à Louis XIV un mémoire sur le rétablissement de la navigation ouverte par les Pharaons et fermée par l'incurie des califes. Pendant près de huit années consécutives, le marquis de Nointel, ambassadeur de France à Constantinople, s'épuisa en efforts infructueux auprès de la Sublime Porte. En 1758, sous le règne du sultan Moustapha III, le baron de Tott faisait encore une dernière tentative; mais, à cette époque, un abîme séparait l'Orient de l'Occident. C'est à la République française qu'était réservée la gloire de porter dans ces contrées les bienfaits de la civilisation, et de réveiller l'Égypte de son sommeil séculaire.

Au mois de juin 1798, Bonaparte débarquait en Égypte, emmenant avec lui une armée d'élite, à laquelle il avait adjoint une commission de savants, que son génie prévoyant et universel destinait à entreprendre, sur la vieille terre des Pharaons, des travaux d'une utilité à la fois élevée et pratique.

FIG. 4. — UNE RUE A SUEZ, EN 1798

Au nombre des projets que Bonaparte entendait confier aux études de la commission scientifique de l'Égypte, et dont il avait lui-même reçu le plan, tracé par la Convention, figurait la réunion de la Méditerranée et de la mer Rouge, à travers l'isthme de Suez. Et non seulement Bonaparte entendait confier à la commission scientifique l'étude de ce projet, mais il voulut étudier lui-même la question sur le terrain. Après la bataille des Pyramides il entreprit, de sa personne, une reconnaissance aux bords de la mer Rouge. Le 27 décembre 1798, il quitte le Caire, et, accompagné de plusieurs membres de la Commission scientifique, parmi lesquels Monge, Bertholet, Costaz et

FIG. 5. — BORDS DE LA MER ROUGE

Lepère, escorté par les généraux Berthier et Caffarelli et le contre-amiral Ganteaume, il remonte jusqu'à Belbéis, et de là, franchissant le Sérapéum, puis longeant le rivage du bassin des Lacs amers, il se rend à Suez, où il arrive le 26. Le but de l'excursion, c'était de découvrir les restes de l'ancien canal des Pharaons, qui faisait converger la mer Rouge avec les lacs Amers, et établissait, par l'intermédiaire du Nil, la jonction de la Méditerranée et de la mer Rouge.

Pour le dire en passant, au retour de cette excursion, le conquérant

Fig. 6. — MAISON HABITÉE PAR BONAPARTE A SUEZ, EN 1798.

de l'Italie faillit trouver la mort dans les sables mouvants de la mer Rouge, sur le rivage de Suez. La petite caravane de savants et d'officiers revenant de son expédition et quittant Suez, fut surprise par la nuit. Elle s'engagea sur la lagune qu'elle avait passée le matin à gué, et l'obscurité ne lui permit pas de reconnaître que la mer avait envahi et couvert la lagune d'un demi-mètre d'eau. Les sables qui en formaient le fond, étaient si affouillés, si mouvants, que les chevaux s'y enfonçaient jusqu'au poitrail. Le cheval du général en chef avait perdu pied dans ce sol fangeux, et se débattait avec épouvante, dans ce milieu liquide, prêt à l'engloutir. Bonaparte allait disparaître dans ce lac de boue, lorsque, heureusement, un des cavaliers de l'escorte se précipite, enlève vigoureusement le cheval par sa bride, et, le frappant vivement, le force à se dégager et à prendre le galop.

On dit que Bonaparte, après avoir échappé, non sans avoir vu de près le péril, à l'arrivée soudaine de la marée montante, s'écria, en riant, que « son salut avait fait perdre aux prédicateurs un beau thème à sermons. »

Le général en chef revint au Caire, après avoir suivi les vestiges du canal, dans la direction des lacs Amers. Il suivit, d'un autre côté, le tracé du même ancien canal dans la direction du Nil aux lacs Amers, ainsi qu'on le voit indiqué sur la carte de l'*isthme de Suez en* 1798 (fig. 3, pages 10-11). Il conçut alors la possibilité de relier directement la Méditerranée à la mer Rouge, non par la voie, insuffisante en largeur, de l'ancien canal de Nécos, mais par une coupure rectiligne de l'isthme. Il chargea Lepère, ingénieur en chef des ponts et chaussées, membre de la Commission scientifique d'Égypte, de faire des études du terrain, et de lui soumettre un projet établissant s'il était possible de créer un passage direct pour les grands navires, de la Méditerranée à la mer Rouge.

Le canal actuel aurait pu sortir de cette pensée du génie de Bonaparte; malheureusement, ses vues supérieures furent contre carrées par les événements.

Ce n'est point l'ignorance ou la négligence de Lepère qu'il faut accuser du triste résultat de ses opérations de nivellement; mais il faut bien dire que cet ingénieur commit une erreur énorme, qui devait retarder de plus de soixante ans l'œuvre de la jonction des deux mers.

Lepère conclut de ses mesures sur le terrain, qu'il y avait une différence de niveau de près de 10 mètres (9 mètres, 9 dixièmes) entre la mer Rouge et la Méditerranée ; et qu'il était, par conséquent, impossible de songer à opérer la jonction directe des deux mers.

Il faut dire, pour expliquer cette erreur déplorable, que les travaux des géomètres qui furent chargés d'exécuter les nivellements, sous la conduite de Lepère, furent accompagnés de difficultés de toutes sortes, et souvent interrompus, par suite de l'état de guerre. Plus d'une fois, la petite brigade d'opérateurs, privée d'eau douce ou d'approvisionnements, dut quitter précipitamment le désert, pour échapper à la mort. Presque toujours sans abri et n'ayant que des moyens de transport insuffisants, elle était exposée aux plus rudes fatigues. Isolée sur la frontière de l'Égypte et de la Syrie, au voisinage de populations hostiles, et loin de tout centre important de troupes françaises, souvent même sous le feu de l'ennemi, sa situation était constamment dangereuse ou précaire. Il est juste de rappeler cet ensemble de circonstances pour expliquer l'erreur que commit l'ingénieur en chef dans le nivellement de l'isthme opéré entre Suez et Péluse.

Le rapport de Lepère, d'ailleurs si remarquable et si complet, fait partie du grand ouvrage in-folio qui renferme les divers travaux des savants de la commission scientifique d'Égypte, publié aux frais de l'État, et qui est une des plus belles productions scientifiques et littéraires dont s'honore la France.

C'est dans ce rapport que se trouve confirmée cette assertion, renouvelée des anciens, que le niveau de la mer Rouge est plus élevé que celui de la Méditerranée. Suivant les ingénieurs dont Lepère résumait les opérations, la mer Rouge était de 9ᵐ, 908 au-dessous de l'autre mer, qui n'en est cependant éloignée que de 30 lieues. Mais hâtons-nous de dire que cette opinion ne fut pas admise par tous les savants de cette époque. L'illustre Laplace protesta toujours contre ce résultat extraordinaire, que ses théories sur le système du monde et l'équilibre des mers, ne lui permettaient pas d'accueillir. Le grand mathématicien Fourier partageait l'avis de Laplace, et il l'a exprimé un grand nombre de fois.

Le nivellement opéré par les géomètres, sous les ordres de Lepère, avait duré, en fait, 325 jours. Il comportait 342 stations, sur un développement de 180 mètres, non rectilignes. Or, dans ces 325 jours, il y avait eu 6 interruptions, par suite de départs subits, occasionnés par le manque d'approvisionnements ou par l'état de guerre. On avait fait des battues, pour retrouver chaque fois le même point de repère, mais un seul repère perdu ou pris inexactement, faussait tous les résultats. Il aurait fallu pouvoir entreprendre un contre-nivellement; mais, pour cela, un travail continu d'un mois était nécessaire, et on ne put jamais revenir, dans ce point de l'isthme, entre Péluse et Suez.

De nos jours, il a été parfaitement constaté, par des vérifications irrécusables, que le génie pénétrant de Laplace et de Fourier avait eu raison contre les ingénieurs de la Commission d'Égypte, et que les deux mers, sauf la différence des marées, sont de niveau. C'est un fait parfaitement acquis à la science.

Partant de ce principe, erroné, qu'il existe une différence de près de dix mètres dans le niveau des deux mers, Lepère en était réduit à établir la communication entre elles au moyen de canaux empruntés au Nil, et pourvus d'écluses.

Il voulait creuser deux canaux, l'un, destiné au commerce intérieur de l'Égypte, et ne devant recevoir que de grosses barques ; l'autre, d'une plus forte section, qui serait traversé par les navires et n'exigerait aucun transbordement; mais tous les deux également munis d'écluses, pour racheter la différence de niveau de 10 mètres entre la Méditerranée et la mer Rouge, qui formait la base de ses études, — base inexacte, cela va sans dire.

Voici, d'ailleurs, les conclusions textuelles du mémoire de Lepère :

1° Créer, pour le mouvement commercial de l'intérieur de l'Égypte et pour le transit avec transbordement, un canal partant d'Alexandrie et aboutissant à Suez, par une série de biefs, avec écluses ;

2° Créer, pour le transit des navires d'une mer à l'autre, un canal, dérivé du Nil, également à écluses, et aboutissant, d'un côté, à Péluse, dans la Méditerranée, de l'autre côté, à Suez, sur la mer Rouge.

Selon les calculs de Lepère, le grand canal devait coûter seulement de 25 à 30 millions. La prise d'eau était à Bubaste, sur le Nil, avec une dérivation sur le Caire, en amont. De Bubaste, il se dirigeait, par l'*Ouadée-Toumilat*, vers le lac *Timsah*; tournant au sud, il descendait vers Suez et la mer Rouge.

C'était donc toujours la pensée d'un canal purement égyptien, destiné uniquement à relier le Caire à Suez et le Nil à la mer Rouge. Il fallait, suivant Lepère, se contenter de refaire l'ancien canal des Ptolémées, et assurer par le Nil la communication entre la Méditerranée, la Mer rouge et l'Inde.

Le départ de Bonaparte et la mort de Kléber empêchèrent de mettre ce projet à exécution. Lorsque Lepère lui remit, à son départ pour la France, son rapport : « La chose est grande, dit Bonaparte, ce n'est pas moi qui pourrai l'accomplir; mais le gouvernement turc trouvera peut-être un jour sa conservation et sa gloire dans l'exécution de ce projet. »

Le travail de Lepère, quoique n'ayant pas répondu aux intentions de Bonaparte, qui étaient de créer un passage direct entre la mer Rouge et la Méditerranée, eut au moins l'avantage d'appeler l'attention publique sur la possibilité de réunir ces deux mers. Lepère donna, en même temps, de précieux renseignements sur le régime des eaux dans la Basse-Égypte, et il fit connaître, dans un chapitre intéressant de son mémoire, des particularités importantes sur la navigation dans la mer Rouge, navigation que des préjugés séculaires tendaient à faire considérer comme pleine de périls.

II

Après les événements politiques de 1815, lorsque la paix fut rétablie, et que la tranquillité fut revenue dans les esprits, un mouvement général se manifesta en Europe, pour hâter les progrès du commerce et de l'industrie. Parmi les questions d'intérêt public qui furent alors soulevées, il faut citer le projet de faire servir l'isthme de Suez au transit des voyageurs et des marchandises entre l'Europe et l'Asie.

L'Angleterre, qui possédait le vaste empire des Indes, avait un intérêt particulier à créer une voie de communication plus rapide que celle du Cap de Bonne-Espérance. Aussi la voyons-nous prendre l'initiative de cette question.

Dès l'année 1823, le gouverneur de Bombay proposait d'établir une ligne de bateaux à vapeur sur la mer Rouge, pour aboutir à la côte des Indes. En 1826, le gouverneur renouvelait cette demande, sans plus de succès.

On s'occupait beaucoup à Alexandrie, en 1829, de l'entreprise hardie et originale d'un lieutenant de la marine anglaise, Wagorn, qui avait pris sur lui de transporter les dépêches pour l'Inde par la voie de l'isthme de Suez. Il fallait aux navires quatre à cinq mois pour se rendre aux Indes, par le Cap de Bonne-Espérance. Le lieutenant Wagorn s'était donné la mission de prouver qu'il valait mieux passer par l'Égypte, la mer Rouge et l'océan Indien. Il avait proposé au gouvernement anglais de se charger du transport des dépêches par cette voie; mais celui-ci avait fait la sourde oreille, Wagorn avait alors demandé et obtenu qu'on lui confiât un *duplicata* des dépêches que l'on expédiait dans l'Inde, par le Cap. On le voyait donc, par intervalles, arriver à Alexandrie. Venant d'Angleterre, il s'était embarqué à Marseille; avait traversé Trieste, Gênes ou Livourne. Une fois à Alexandrie, il prenait les lettres pour les Indes, et, sans perdre de temps, il gagnait Suez, en franchissant le désert à dos de chameau. Le premier bateau à vapeur ou à voile, ou bien un simple caboteur, qu'il rencontrait sur la mer Rouge, le conduisait aux Indes. Jamais les bâtiments portant la malle des Indes et qui contournaient l'Afrique, ne devancèrent le courageux voyageur, qui faisait cette fatigante démonstration à ses risques et périls. Le gouvernement anglais le regardait faire, sans s'intéresser autrement à sa tentative. Dans son pays, on ne le prenait pas au sérieux ; on le considérait comme un exalté, comme une sorte de fou.

Cela dura vingt-cinq ans. A poursuivre cette œuvre de dévoûment patriotique, Wagorn ruina sa santé et sa fortune. Il mourut en laissant sa famille dans la misère. Il avait cependant fini par prouver au public anglais qu'un homme seul arrivait aux Indes en passant par l'Égypte et la mer Rouge, avant les dépêches expédiées par le gouvernement. Il avait démontré que le nouvel itinéraire était possible, et méritait l'attention du commerce des deux mondes.

C'est pour cela qu'un major de l'armée anglaise, Chesney, émit, après Wagorn, l'opinion que la vraie route de l'Inde pour les navires, c'était l'isthme de Suez.

Le gouvernement anglais, jusque-là indifférent, finit par s'émouvoir. En 1834, une enquête fut ordonnée. Le major Chesney y soutint son dire ; il affirma même la possibilité de créer une route maritime directe de la Méditerranée à Suez.

Cette première enquête n'aboutit à aucune décision ; mais il en fut autrement d'une seconde, ordonnée en 1837, et poursuivie avec une certaine solennité. Son résultat fut la création d'une ligne de navigation au moyen de la vapeur, qui fut établie par la *Compagnie péninsulaire orientale*, entre Suez et l'Inde, et qui correspondait avec une autre ligne de bateaux à vapeur allant de Liverpool à Alexandrie. Il faut savoir, pour apprécier l'importance de l'établissement de ce service de navigation par la vapeur, que l'emploi des bateaux à vapeur était encore fort exceptionnel. Sur cinq cent navires français qui se trouvèrent réunis, en 1830, devant le port d'Alger, il n'y avait qu'un seul bateau à vapeur.

La *Compagnie péninsulaire orientale*, plus équitable que bien d'autres sociétés financières ou commerciales, sut reconnaître la part que le lieutenant Wagorn avait prise à la création de ce nouveau service maritime, par sa foi robuste et son énergie. Comme l'infatigable voyageur était mort, dans l'intervalle, on assura à sa veuve une pension annuelle de mille livres sterling (25,000 francs), témoignage du prix que l'Angleterre accorde, avec raison, à l'initiative personnelle.

Fig. 7. — ALEXANDRIE

Nous ajouterons qu'une statue de Wagorn s'élève aujourd'hui à Suez, par les soins de M. de Lesseps.

Il restait à établir un service de messageries à travers le désert. C'est ce que l'on fit sans autre retard.

Montées sur de rudes ressorts, les diligences allant du Caire à Suez

FIG. 8. — LA DILIGENCE AU DÉSERT

étaient traînées par quatre chevaux. Lancées à fond de train, elles roulaient sur le sable du désert, sans s'y enfoncer, grâce à la largeur des jantes de leurs roues. Elles mettaient quinze heures à franchir les 140 kilomètres qui séparent Suez du Caire. Il n'y avait d'ailleurs aucune route tracée. Seulement, à chaque heure, on rencontrait des maisonnettes à un seul étage, carrées, sans eau ni verdure : c'étaient les relais pour les chevaux (fig. 9). Le long du chemin, on trouvait les ossements blanchis d'animaux morts de fatigue, chevaux ou chameaux, qui témoignaient des difficultés de ce voyage en plein désert.

Cependant, comme chacun comprenait que là était la voie la plus courte, les voyageurs affluaient dans les rudes diligences de l'isthme ; si bien qu'il fut reconnu que ce mode de communication était excellent, et n'avait que le défaut d'être insuffisant pour transporter le grand nombre des voyageurs qui se présentaient. La création d'un chemin de fer du Caire à Suez fut alors décidée.

Une voie ferrée existait déjà d'Alexandrie au Caire ; il n'y avait qu'à la prolonger du Caire à Suez. C'est ce qui fut fait en 1855. Le tracé suivit l'ancien sentier des diligences, et les relais des chevaux devinrent les stations de la voie ferrée.

L'ouverture du chemin de fer du Caire à Suez marqua une ère nouvelle pour cette dernière ville. La malle des Indes prit la voie du chemin de fer,

FIG. 9. — RELAI DE LA DILIGENCE DU CAIRE A SUEZ, DANS LE DÉSERT

les voyageurs y devinrent très nombreux, et un mouvement inconnu prit naissance aux abords de la vieille cité égyptienne, qui dormait depuis dix siècles dans sa torpeur orientale. La population de l'isthme, qui ne se composait auparavant, que de vingt-cinq Européens et de quelques Arabes, s'accrut à vue d'œil. Des dépôts de machines, des ateliers, des chantiers de réparations furent construits. Chaque train du chemin de fer apportait du Caire des caisses roulantes, destinées à fournir à Suez l'eau potable, que ne pouvaient lui donner en quantité suffisante les antiques citernes de cette dernière ville. Il s'agissait d'alimenter d'eau douce une population, qui s'était élevée peu à peu au chiffre de 8,000 âmes.

FIG. 10 — CONSTRUCTION DU CHEMIN DE FER DU CAIRE A SUEZ

Au milieu d'un pareil mouvement commercial, l'idée de la jonction des deux mers par un canal propre à donner accès aux navires, devait nécessairement se présenter. A vrai dire, elle n'avait pas cessé de préoccuper les esprits, en Égypte, comme en Angleterre, depuis les enquêtes provoquées par le major Chesney en 1834 et 1837. Le major Chesney avait affirmé la possibilité de l'exécution d'un canal maritime du nord au sud de l'isthme de Suez. Il s'appuyait sur des études qu'il avait faites lui-même, et qui tendaient à prouver qu'il n'existe aucune différence entre le niveau des deux mers; de sorte que, selon lui, la commission scientifique de l'Égypte de 1798 s'était absolument trompée dans ses opérations.

La démonstration de cette erreur de la commission scientifique de l'Égypte, fut donnée, en 1840, dans des circonstances assez bizarres.

Deux officiers anglais traversaient l'isthme. Tout le monde, en Égypte, était alors préoccupé de l'idée du canal maritime; mais la différence de niveau que l'on admettait toujours entre la Méditerranée et la mer Rouge, était l'argument fondamental que l'on opposait à la possibilité de la jonction des deux mers. Si, en effet, il y avait une différence de 10 mètres entre le niveau de l'une et l'autre mer, un courant tellement violent se serait établi de la Méditerranée vers la mer Rouge, qu'il y aurait eu, une fois les deux mers communiquant entre elles, une sorte d'inondation diluvienne; et que le canal n'aurait été autre chose qu'un torrent maritime perpétuel, allant du Nord au Sud, et menaçant de submerger toutes les plaines d'alentour, et peut-être l'Égypte elle-même.

Mais ces graves appréhensions reposaient sur ce fait que la Méditerranée est à un niveau plus élevé que la mer Rouge. Les deux officiers anglais eurent l'idée de s'en assurer en prenant tout simplement une fiole et un thermomètre. Et ce qu'il y a de curieux, c'est qu'ils eurent la vérité de leur côté.

Les deux officiers anglais voulurent déterminer la différence, ou établir l'égalité de niveau entre la Méditerranée et la mer Rouge, en prenant avec exactitude la température de l'ébullition de l'eau sur l'un et l'autre rivage. On sait qu'à mesure que l'on s'élève dans l'atmosphère, la pression devient plus faible, par suite de la diminution d'épaisseur de la couche d'air où l'on se trouve; et que la température de l'ébullition de l'eau, qui dépend de la pression de l'air, décroît selon la hauteur. Par exemple, l'eau bout à + 100 degrés au bord de la mer, tandis que sur le mont Blanc, à une altitude de 4,810 mètres, elle ne bout qu'à + 85 degrés. L'un de nos officiers se plaça donc au bord de la Méditerranée, l'autre sur le rivage de la mer Rouge, et ils déterminèrent simultanément la température de l'ébullition de l'eau. Or, ils ne trouvèrent aucune différence dans cette température, à Péluse et à Suez; d'où ils conclurent qu'il n'existe aucune différence de niveau entre les deux mers.

Par le seul usage du thermomètre ils avaient convaincu d'erreur les géomètres et opérateurs du nivellement de l'isthme. Par une expérience de quelques minutes, ils avaient renversé l'échafaudage d'observations et de mesures, qui avaient occupé pendant trois ans les savants de la commission d'Égypte.

On a traité légèrement cette observation scientifique. Elle méritait plus d'égards, et nous regrettons de ne pas connaître les noms des deux ingénieux expérimentateurs, car la postérité conserve les noms d'hommes qui ont accompli des œuvres moins originales et moins utiles.

Tout cela devait porter ses fruits. Au mois de février 1841, Linant-bey (Linant de Bellefonts), ingénieur en chef du vice-roi d'Égypte, qui, depuis longues années, s'était occupé du grand projet d'un canal maritime à travers l'isthme de Suez, formait, avec Anderson, qui fut plus tard directeur de la *Compagnie péninsulaire orientale*, et MM. John et George Gliddon, une société pour préparer la construction d'un canal direct de Péluse à Suez: Linant-bey en avait démontré la possibilité. Cette première société n'eut pourtant pas de suite.

Pendant la même année 1843, un autre Anglais, David Urquhart, ancien membre du Parlement, publia un mémoire, pour demander qu'une Compagnie anglaise entreprît le *canal des deux mers*, « ce qui aurait rendu, écrivait-il, un service incalculable à l'Angleterre et à l'humanité. »

Le même mouvement s'était propagé sur le continent; car, à cette époque, l'Autriche, à l'instigation du prince de Metternich, faisait suggérer, par son consul général, au glorieux conquérant de l'Égypte, à Méhémet-Ali, l'idée d'entreprendre la création d'un canal de jonction de la Méditerranée et de la mer Rouge.

Mais Méhémet-Ali, par un excès de prévision politique, recula devant la perspective de donner accès aux marines étrangères au cœur de l'Égypte; et par ce seul motif, il ferma l'oreille aux ouvertures de l'Autriche, qui aurait pu, avec ses habiles ingénieurs, entreprendre cette œuvre. Les grands politiques ont souvent la vue par trop longue; ils commettent des fautes dans le présent, pour vouloir regarder trop loin dans l'avenir.

Ce que n'avait pas osé faire le conquérant de l'Égypte, ce puissant Méhémet-Ali, qui régnait en souverain absolu sur la terre des Pharaons, savez-vous qui songea à l'accomplir? Une tribu errante de quelques Français qui avaient rêvé, dans leurs aspirations généreuses, l'affranchissement moral de l'humanité, et qui avaient été naturellement punis

de leurs vues civilisatrices, par la persécution et l'exil. J'ai nommé les
Saint-Simoniens, tant calomniés de leur temps, aujourd'hui justifiés et réha-
bilités par l'équitable histoire.

Vers 1826, une société s'était fondée à Paris, composée de cinq à six
hommes au plus, Enfantin, Barrault, Rodrigue, Michel Chevalier, Bazard,
qui aspiraient à révolutionner le monde moral et économique. L'importance
fondamentale du rôle de l'industrie dans le monde, — la prééminence du
travail sur tous les autres éléments sociaux, — l'attribution des biens et des
fonctions selon la capacité intellectuelle, — le mépris de la forme gouver-
nementale, — la réhabilitation de la femme, que refoulent et oppriment les lois
actuelles, — l'adoration d'un Dieu suprême, — tels étaient les fondements
principaux de cette nouvelle secte philosophique et humanitaire, qui, sortant
des formules abstraites et des simples théories, était entrée de plain-pied
dans la carrière pratique. Les disciples du marquis de Saint-Simon, devenus très nombreux, s'étaient constitués en société régulière, et avaient
créé, d'abord à Paris, ensuite au village de Ménilmontant, aux portes de
Paris, un institut libre, où leurs principes recevaient la consécration de
l'usage journalier. Là, deux cents néophytes vivaient en commun, mettant
en pratique leurs maximes.

Il va sans dire que le ridicule s'était efforcé de combattre cette œuvre
rénovatrice ; mais il n'y avait réussi qu'à demi. Pour triompher d'inno-
cents néophytes, on ne craignit pas de recourir au pouvoir judiciaire. On
fit appel aux tribunaux, pour frapper des hommes qui avaient le tort
de vouloir réformer les abus de notre organisation sociale. En 1831,
la Cour d'assises du département de la Seine condamna à la prison les principaux chefs du saint-simonisme, en ordonnant la fermeture de leur
cénacle et la dispersion de leur société.

Au sortir de prison, le chef de la doctrine, Enfantin, quitta la France.
Accompagné d'une vingtaine de ses disciples, il partit pour l'Égypte, dans
l'intention de prêcher la foi nouvelle aux peuples orientaux.

Les Saint-Simoniens traversèrent le midi de la France, pour s'embarquer
à Marseille. Quoique à peine âgé de douze ans, à cette époque, je me souviens
d'avoir vu, à Montpellier, les Saint-Simoniens proscrits. La foule s'étonnait
de leur voir porter un costume particulier, composé d'une tunique bleue,
d'un béret rouge, d'une ceinture de cuir, et sur le devant de la poitrine, le
nom de chacun d'eux inscrit en lettres blanches. C'est ainsi que je vis le
Père Barrault. L'accueil que faisait aux Simoniens la plèbe méridionale, était, il faut le dire, peu sympathique. On les accusait de vouloir
détruire le mariage et la famille ; de sorte qu'à Avignon, on leur avait jeté

des pierres, et manqué de faire un mauvais parti. N'est-ce pas là, d'ailleurs, l'accueil réservé par la foule à tout réformateur de l'ordre social?

Enfantin, Barrault, et une vingtaine des leurs, arrivaient en Égypte en 1831. Nous n'avons pas besoin de dire que la terre d'Afrique ne leur fut pas plus clémente que ne l'avait été leur patrie. Méhémet-Ali eut bientôt fait de couper court à leur propagande philosophique, et s'il ne les chassa point de l'Égypte, c'est qu'ils offraient d'employer leurs connaissances spéciales à des travaux utiles. Le vice-roi occupait alors beaucoup d'ingénieurs et de conducteurs de ponts et chaussées à d'immenses travaux pour le barrage du Nil, cette construction colossale et justement admirée, qui sert à la fois de digue, de pont et de route. Enfantin, Barrault et leurs amis furent attachés à ce grand travail. Leur mission philanthropique étant terminée par la force, ils reprenaient modestement leur place dans l'armée des travailleurs.

En 1833, plus de douze ingénieurs saint-simoniens moururent de la peste, au barrage du Nil.

Voilà par quelle circonstance les Saint-Simoniens purent s'initier à la question du canal des deux mers, qui, à cette époque, préoccupait tout le monde en Égypte. Et comme ces réformateurs de la société, ces révolutionnaires de la morale, étaient en même temps des hommes de grande valeur, des élèves de l'École polytechnique, Barrault et Talabot conçurent des projets pour la création d'un canal de communication entre les deux mers.

Linant-bey, l'ingénieur du vice-roi, avait pressenti l'égalité de niveau de la mer Rouge et de la Méditerranée. Ce fut d'après les plans de Linant-bey, que se forma, par les soins d'Enfantin, une société dont Robert Stephenson, Negrelli et Paulin Talabot furent les membres principaux. Elle s'intitula *Société d'études du canal de Suez*, et se donna pour mission de compléter les projets de Linant-bey, et de vérifier si, comme le pensait ce dernier, il était possible de créer « une sorte de bosphore dans le désert de Suez. »

La question du nivellement de l'isthme fut donc reprise, en 1847, et cette fois, complètement résolue par les ingénieurs européens et égyptiens, que dirigeait Linant-bey, avec le secours d'un ingénieur français, Bourdaloue, qui avait été choisi par Linant-Bey parce qu'il s'était fait une juste réputation comme géomètre-arpenteur, et qu'il était mieux que personne en état d'accomplir un nivellement de l'isthme dans des conditions irréprochables.

Toutes les précautions furent prises par Linant-bey et Bourdaloue pour que ce nivellement donnât des résultats certains. Les instruments avaient été choisis avec le plus grand soin ; les agents étaient nombreux et pourvus de tout le matériel nécessaire. Ils formaient deux brigades, l'une composée d'Européens, l'autre d'ingénieurs égyptiens. Deux compagnies d'un régiment du génie et une compagnie d'artillerie, avaient été envoyées de France, pour les assister. Enfin, plusieurs vérifications eurent lieu pour corroborer les chiffres trouvés.

L'égalité de niveau des deux mers fut ainsi constatée, et fit loi désormais.

Le démenti que les opérations de 1847 donnaient à celles de la commission scientifique d'Égypte de 1799, touchant la différence de niveau des deux mers, émut le monde savant. Pour satisfaire à des réclamations qui s'efforçaient de défendre l'honneur de la Commission d'Égypte, M. Sabatier, consul général de France, demanda au vice-roi de faire procéder à une

FIG. 11. — LE BARRAGE DU NIL CONSTRUIT PAR LES ORDRES DE MÉHÉMET-ALI

vérification. Elle eut lieu en 1853, sous les ordres de Linant-bey, et confirma pleinement le travail excellent de 1847. Linant-bey ne trouva qu'une divergence insignifiante de $0^m,18$.

Ainsi, les deux mers étaient de niveau, et c'était de cette base, désormais assurée, que devaient partir tous les projets futurs.

Les recherches faites sur le terrain par Linant-Bey et Bourdaloue, en 1847, étaient les préliminaires d'un projet nouveau pour unir les deux mers. A la fin de 1847, Paulin Talabot publia le résultat des travaux accomplis pour le nivellement de l'isthme de Suez. C'est Paulin Talabot qui eut le mérite de consigner le premier, dans un mémoire important, ce grand fait, que les deux mers qu'il fallait unir étaient, sauf la différence des marées, à un niveau parfaitement égal.

Mais ce n'est pas au seul point de vue de la science que Paulin Talabot publiait ce travail : il voulait construire un canal de communication entre les deux mers, et il produisait son projet personnel.

Un autre ingénieur saint-simonien, Alexis Barrault, avait présenté un projet différent. Il ne sera pas sans intérêt de consigner ici les deux projets de Talabot et de Barrault, et de les examiner, à titre de souvenir historique intéressant l'art de l'ingénieur.

On aurait cru qu'après avoir si bien démontré l'égalité de niveau de la Méditerranée et de la mer Rouge, Paulin Talabot aurait proposé la création

FIG. 12. — CANAL A ÉCLUSE DÉRIVÉ DU NIL, PROPOSÉ PAR TALABOT, EN 1847

d'un canal maritime direct entre les deux mers. C'était, du moins, l'opinion de l'un des associés, Negrelli. Quant à Robert Stephenson, il venait d'être chargé de la construction du chemin de fer d'Alexandrie au Caire, et il ne s'occupait plus de cette question. Paulin Talabot proposait d'en revenir à l'ancien projet de Lepère, c'est-à-dire de restaurer le canal des Pharaons; mais cela par des moyens par trop extraordinaires, au point de vue de l'art de l'ingénieur.

Le projet de Paulin Talabot consistait à établir un canal partant d'Alexandrie et traversant toute la basse Égypte, pour aboutir au Nil, qu'il allait franchir sur un immense pont, à peu de distance au-dessous du Caire.

FIG. 13. — LES SOURCES DE MOISE, PRÈS DE SUEZ

Au sortir du Nil, le canal descendait vers la mer Rouge, pour aboutir au port de Suez, non loin des sources de Moïse (fig. 13) qui auraient pu fournir. à certaines époques de l'année, un suplément d'eau au canal.

Talabot avait d'abord songé à traverser directement le Nil, en profitant d'une retenue d'eau que l'on aurait obtenue au moyen d'un grand barrage que l'on aurait créé à *Saidieh*. Mais la variabilité des eaux du Nil, la difficulté d'obtenir une profondeur suffisante, les irrégularités et l'interruption de navigation qui en seraient résultées, pendant plusieurs mois de l'année, enfin les perturbations considérables qu'on aurait apportées, par ce moyen, au régime des eaux de ce fleuve, ainsi qu'aux irrigations d'où l'Égypte tire sa richesse; en un mot, les impossibilités que l'on avait reconnues à cette traversée en rivière, avaient fait renoncer à ce premier projet. Ne pouvant songer sérieusement à traverser directement le Nil, Talabot avait eu l'idée, pour obtenir une navigation non interrompue, de proposer une œuvre véritablement colossale et jusqu'à ce jour sans exemple, au moins sur ces proportions, dans les annales des travaux publics.

Paulin Talabot proposait d'élever le canal au-dessus du Nil, pour franchir ce grand fleuve. Mais l'examen attentif de cette œuvre gigantesque va suffire pour démontrer combien elle était impraticable, ou du moins que les dépenses nécessitées par son établissement auraient été tout à fait hors de proportion avec les résultats attendus.

La longueur de ce *pont-canal* était une première et grave difficulté. Le pont-canal, jeté entre les deux rives du Nil, devrait avoir 1 kilomètre au moins de longueur, pour conserver au fleuve un débouché suffisant.

Mais la longueur n'était pas l'obstacle le plus grave qu'aurait rencontré l'exécution de ce pont-canal; ce qui effraye surtout dans l'œuvre gigantesque que proposait sérieusement P. Talabot, c'est la hauteur qu'aurait fallu donner à ce colossal édifice.

Voici quelles devraient être ses dimensions en hauteur : la profondeur d'eau du canal, admise par P. Talabot, est de 8 mètres sur tout son parcours. Or, selon les évaluations contenues dans un mémoire très remarquable de Paleocapa, ministre des travaux publics en Piémont, et membre de la Commission internationale pour le percement de l'isthme de Suez, pour soutenir le fond de ce canal aussi élevé au-dessus du Nil, il faudrait lui donner une élévation de 9 ou 10 mètres au-dessus des hautes eaux du fleuve, et par conséquent de 18 ou 20 mètres au-dessus du niveau des eaux basses. Si l'on ajoute à cela les 8 mètres de hauteur d'eau que devait présenter le canal, on voit, en définitive, qu'il s'agissait de donner à ce gigantesque édifice une hauteur de 17 ou 18 mètres au-dessus du niveau des eaux du

Nil, pendant la saison des crues périodiques. De plus, comme le niveau de ces hautes eaux est à 19 mètres plus élevé que celui de là Méditerranée et de la mer Rouge, le niveau du canal se serait trouvé à 36 ou 37 mètres au-dessus du niveau des deux mers. Cette différence de niveau aurait été rachetée par un nombre suffisant d'écluses (fig. 12, page 32). Mais si l'on réfléchit que le canal doit être praticable aux plus gros bâtiments à vapeur et à voiles, il sera facile de se convaincre que, pour rendre les manœuvres possibles, il aurait fallu que la différence du niveau, dans les biefs d'amont et d'aval de chaque sas, ne fût pas très forte. C'est pourquoi il n'aurait pas fallu, selon Paleoccapa, moins de quinze écluses à sas de part et d'autre.

En admettant que l'on pût mener à bien ce prodigieux travail, il restait ensuite à pourvoir aux moyens d'alimenter artificiellement, et d'une manière continuelle, ce canal, élevé de 30 mètres au-dessus du niveau de la mer. Il faudrait lui fournir incessamment cette énorme quantité d'eau qui se perd par suite du passage des vaisseaux dans les écluses, et par l'évaporation, dans un climat aussi chaud que celui de l'Égypte. Dans le projet de Talabot, on aurait alimenté ce canal au moyen de machines à vapeur élevant l'eau du fleuve, pour l'y déverser incessamment. Mais d'après les calculs mêmes de l'auteur de ce projet, il aurait fallu par jour 1,213,147 mètres cubes d'eau pour alimenter le bief supérieur, et comme cette masse énorme de liquide devait être élevée à 30 mètres, les machines qui seraient chargées de ce soin représenteraient 5,620 chevaux de force théorique, correspondant à 6,000 chevaux dans les machines fonctionnant. Sans parler des entraves qu'aurait apportées à la navigation ordinaire un ouvrage aussi colossal, il aurait fallu une dépense, sur ce seul point, de 50 à 60 millions.

L'art des constructions est arrivé, de nos jours, à accomplir de tels miracles, et les machines à vapeur possèdent un tel degré de puissance, qu'il faudrait se garder de déclarer matériellement impossible l'exécution de ce pont-canal et son alimentation constante par des machines à vapeur. Mais on peut affirmer hardiment que l'accomplissement en aurait été impossible au point de vue économique; car il n'y avait pas en jeu des intérêts assez puissants pour se soumettre à l'éventualité d'une dépense si énorme, et de tous les accidents auxquels aurait exposé ce système, dont on n'aurait pu, d'ailleurs attendre, qu'une réussite bien incomplète.

Arrivons au second projet qui fut mis en avant, pour l'exécution de ce même tracé indirect, par Alexis Barrault qui l'a longuement exposé dans un article de la *Revue des Deux Mondes* (1).

(1) 1er Janvier 1856.

Alexis Barrault croyait pouvoir éviter, par ce nouveau tracé, les travaux gigantesques proposés par Paulin Talabot. Il proposait de franchir le Nil, non dans la haute Égypte, où le Nil présente une immense largeur, mais dans la basse Égypte, vers le littoral de la Méditerranée, lorsque le Nil, qui s'est divisé en plusieurs embranchements, offre plus de facilité à se laisser traverser sur diverses branches, par le canal qui doit le couper. Voici la marche géographique du canal projeté par Barrault.

Partant d'Alexandrie, il prend sa direction par la zone maritime du Delta, et gagne la baie d'Aboukir ; de là il passe au nord du lac d'*Edko*, dont il ferme la communication avec la Méditerranée, et va couper, en aval de Rosette, la première branche du Nil, dont il reçoit les eaux, pour les rendre ensuite à la mer. Il entre dans le lac *Bourlos*, et son trajet reste à peu près parallèle à la côte jusqu'au point où il coupe la deuxième branche du Nil, en aval de Damiette, pour en recevoir et en rendre les eaux, comme à Rosette ; puis il traverse le lac *Menzaleh*, s'infléchit au sud en laissant Péluse à l'est, passe dans le lac *Balah* et coupe le seuil d'*El-Ferdane*, seul point où il rencontre des dunes de sable mouvant. Enfin, au lac *Timsah*, qui sert de port intérieur, il se raccorde avec le tracé direct, dont il emprunte le canal de rattachement au Caire, enfin après avoir coupé le seuil du *Sérapéum* et traversé les lacs *Amers*, il arrive au golfe de Suez par les plis de terrain les moins élevés.

La longueur totale du canal est d'environ 390 kilomètres, sur lesquels il y en a près de 200 dans les lacs ; elle diffère à peine de la longueur du canal proposé par Talabot, qui est de 400 kilomètres, de sorte que l'on peut considérer comme égales les longueurs des deux canaux selon le tracé indirect. Toutefois, le canal d'Alexis Barrault n'a pas trente écluses, il n'a que trois biefs.

Si dans ce projet on ne trouvait pas des œuvres aussi prodigieuses que dans celui de Talabot, il entraînait pourtant une si grande quantité de travaux, soit pour le creusement d'une foule de canaux secondaires, soit pour endiguer ceux-ci, aussi bien que le canal principal, sans compter deux longs tronçons des branches de Damiette et de Rosette, que les frais et le temps nécessaires pour l'exécution en auraient été augmentés bien au delà des prévisions de l'auteur.

Mais ce n'est pas là l'objection principale que l'on pouvait faire à ce projet. Son défaut capital consiste dans un renversement si radical et si complet du régime hydraulique du Nil, qu'il est évident que le régime artificiel qu'on parlait d'y substituer, n'aurait pu se maintenir quelque temps.

Suivant le système Barrault, le grand canal de navigation coupe à niveau les deux branches principales du Nil et toutes les branches secondaires ; de sorte qu'on intercepte ainsi le libre écoulement des eaux du Nil vers la mer. Ce canal doit recevoir toutes les eaux du Nil, s'en alimenter pour maintenir son niveau à 8^m,50, c'est-à-dire 2 mètres au-dessus des basses eaux de la Méditerranée, et doit ensuite les décharger à la mer, au moyen de canaux artificiels d'écoulement pratiqués sur sa rive droite. La région supérieure du Nil se trouve ainsi exposée à des inondations prolongées, éminemment contraires à la culture.

Traversant en divers points le Nil, interrompant ainsi son cours par des barrages, et gênant son libre écoulement vers la mer, le canal indirect aurait nuit à la canalisation, si nécessaire à la Basse-Égypte, et porté une grande perturbation à cet admirable système hydraulique qui fait tout à la fois la gloire et la fertilité de ce pays. On aurait eu beau faire des détours pour éviter tous les embranchements du Nil, il aurait toujours fallu que l'on passât entre le canal *Mahmoudieh* et le lac *Maréotis ;* et alors on empêchait l'écoulement de toutes les eaux d'inondation dans le lac qui est destiné à les recevoir.

Partant d'Alexandrie, le canal indirect aurait causé, dans ce grand port, des bouleversements plus grands encore que ceux qu'il aurait occasionnés, dans l'intérieur de l'Égypte, à la circulation des eaux du Nil. D'abord, le port d'Alexandrie n'est pas *immuable*, comme on le prétend. Il n'a point échappé à l'action des lames de fond, qui l'ont ensablé sur un bon tiers de son étendue. La partie du port que l'on avait choisie, dans le projet Talabot, est fréquemment agitée par les vents du nord-ouest, et le ressac y est alors si violent dans les gros temps, que des barques même n'osent s'en approcher. La roche y existe à une petite profondeur sous la mer ; et comme il aurait fallu avancer les digues du canal de 250 mètres dans le port pour avoir un tirant d'eau de 7^m,50 à 8 mètres, c'est dans le roc qu'on aurait eu à creuser sous l'eau. Ajoutez qu'on rencontre dans cette direction tous les grands magasins et toutes les usines du gouvernement égyptien ; il n'y a pas aujourd'hui le moindre espace libre entre le chemin de fer et le canal *Mahmoudieh.*

Mais, admettons que toutes ces difficultés soient vaincues, en voici d'autres que provoque le canal indirect, et qu'il multiplie à mesure même qu'il est employé davantage. Le port d'Alexandrie, le seul port militaire de l'Égypte, se trouve alors envahi par des centaines de navires de commerce, et par la marine de toute l'Europe. Pour peu qu'il y ait, ou un vent contraire, ou quelques réparations à faire aux écluses, et que le mouvement s'arrête, se figure-t-on l'encombrement, sans compter les dangers politiques, qui résulteraient d'une telle accumulation ? Ce n'est pas, d'ailleurs, seulement à Alexandrie que se produirait cet inconvénient intolérable. Il aurait pu arriver, par suite d'accidents faciles à prévoir et impossibles à prévenir, que tout à coup l'Égypte vît 8,000 ou 10,000 matelots étrangers stationner sur un point de son territoire, parce que les quarante navires, au moins, qui le traverseraient chaque jour, auraient été retenus forcément à quelque écluse, pendant vingt ou vingt-cinq jours consécutifs.

N'est-il pas plus simple que les bâtiments de différentes nations n'aient point à s'arrêter dans ce port égyptien, que des circonstances politiques ou

FIG. 14, — LE PORT DE SUEZ EN 1840

matérielles peuvent rendre d'un séjour ou d'un transit difficile ? Ne vaut-il pas mieux que leur route soit simplement tracée à travers l'isthme de Suez, c'est-à-dire à la ligne géographique qui marque la séparation entre l'Égypte et l'Asie, sur ce chemin neutre établi à travers le désert, qui isole et sépare les deux grandes parties de notre hémisphère ?

Toutes ces considérations réunies établissent suffisamment les dangers, les inconvénients de toute nature que soulevait l'adoption du tracé indirect, c'est-à-dire de la simple jonction des deux mers par un canal allant du Nil à la mer Rouge, comme l'ancien canal des Pharaons.

La discussion qui précède, c'est-à-dire la critique des deux systèmes

se tracés qui ont été proposés pour le canal maritime de l'isthme de
Suez, aura peut-être paru à quelques lecteurs inutile ou trop développée.
Mais comme ce projet a compté en France des défenseurs d'une autorité
grande et respectée ; et qu'un moment elle préoccupa au point de faire
perdre de vue l'objet principal, c'est-à-dire l'entreprise même du percement
de l'isthme, il nous a paru indispensable d'insister sur cet objet. On
s'étonnera un jour de l'accueil momentané que reçurent, en France, des
idées que la seule inspection des lieux fait évanouir.

En résumé, le projet Talabot et le projet Barrault étaient encore un retour
aux vieux errements. On voulait créer un canal à écluses empruntant ses eaux
à celles du Nil; on voulait appliquer les nouvelles ressources de la science
à rendre praticable un système condamné par quinze siècles d'insuccès.
Quelle n'est donc pas la puissance des préjugés et de l'esprit de routine, que
les hommes les plus éclairés obéissent encore à son empire, après quinze
siècles écoulés !

Heureusement, ces fâcheux tâtonnements allaient prendre fin. Les projets de Talabot et de Barrault n'eurent aucune suite. On touchait à la
véritable solution. L'heure allait sonner où la vérité allait luire, et le tracé
direct de l'une à l'autre mer, triompher enfin. C'est à ce moment qu'entre en
scène le promoteur du percement de l'isthme de Suez par un canal maritime direct et sans écluses : nous avons nommé M. Ferdinand de Lesseps.

III

M. de Lesseps, sa carrière diplomatique. — Il présente au vice-roi d'Égypte
Mohammed-Saïd, le projet du percement d'un canal direct entre les deux mers. —
Firman de concession donné par le vice-roi, en 1854. — Exploration préliminaire
faite par M. de Lesseps, du trajet du futur canal maritime. — Commission internatio-
nale instituée par M. de Lesseps, pour décider la question du tracé du canal. —
Conclusions de la Commission internationale en faveur du canal maritime direct.

M. Ferdinand de Lesseps, celui que la juste appréciation de l'étranger a
décoré du nom de « *grand Français* », appartient à une famille de notre
vieille noblesse, depuis lontemps vouée à la carrière diplomatique. Il est fils
du comte Mathieu de Lesseps, qui fut le premier représentant que la
France ait eu en Égypte, à la suite de l'expédition de Bonaparte. Le comte
Mathieu de Lesseps était chargé par le premier Consul et par Talleyrand, de
contre-balancer la tyrannie des Mameluks, qu'appuyait l'Angleterre. Élève-
consul à Tunis, en 1831 ; puis, consul au Caire, en 1836, et chargé, bien
jeune encore, de l'intérim du consulat général, il révéla ses qualités énergiques pendant la peste qui dépeupla l'Égypte en 1835, et son habileté diplomatique en renouant les relations entre le sultan de Constantinople et le vice-
roi d'Égypte.

Son père, Mathieu de Lesseps, avait contribué à l'élévation de Méhémet-
Ali au pouvoir suprême, et ce prince de génie, qui avait aussi la reconnaissance
du cœur, n'avait pas oublié les services qu'il devait au comte Mathieu de
Lesseps. Son fils, qui régna plus tard sous le nom de Mohammed-Saïd, fut
élevé à Paris, et se lia avec le jeune Ferdinand de Lesseps.

Monté sur le trône, Mohammed-Saïd s'empressa, comme nous le verrons,
d'appeler auprès de lui, en Égypte, l'ami de sa jeunesse. Mais au moment
dont nous parlons, Méhémet-Ali était vivant, et continuait d'étonner l'Europe
par ses talents militaires et son génie organisateur.

En 1843, M. Ferdinand de Lesseps quitte l'Afrique, pour aller occuper, à
Barcelone, le poste de consul. Là, il se fit remarquer par sa conduite intelligente et courageuse. A la suite de troubles politiques, Barcelone allait être
bombardée. Intervenant avec autant d'habileté que de vigueur, le jeune consul

réussit à pourvoir à la sûreté et à sauvegarder les intérêts de ses nationaux. Il fit donner asile, à bord de navires français, aux Espagnols dont la vie était en péril, et, par d'heureuses démarches, il épargna à Barcelone le bombardement qui la menaçait. Cette attitude lui valut les témoignages de la reconnaissance générale. La chambre de commerce de Barcelone lui adressa des remercîments publics ; les résidents français lui firent frapper une médaille ; plusieurs chambres de commerce, notamment celle de Marseille, lui votèrent des adresses ; les gouvernements étrangers le firent remercier par la voie diplomatique ; enfin le gouvernement français échangea son titre d'élève-consul contre celui de consul général, tout en le maintenant à son poste de Barcelone.

A la suite de la révolution de 1848, M. de Lesseps fut envoyé, à Madrid, comme ministre plénipotentiaire. Mais il ne partageait pas les vues politiques du gouvernement. On le rappela, il demanda sa mise en disponibilité, et, à partir de ce moment, il renonça à la carrière diplomatique.

En 1849, Méhémet-Ali mourait au Caire. On sait qu'après lui, régna Abbas-Pacha, homme d'un esprit borné, qui mourut au bout de cinq ans. Mohammed-Saïd, fils de Méhémet-Ali, lui succéda, en 1854.

Monté sur le trône, Mohammed-Saïd n'eut rien de plus pressé que de faire venir, près de lui, Ferdinand de Lesseps, son ami d'enfance. Celui-ci prit presque aussitôt sur l'esprit du vice-roi un empire étrange. Mohammed-Saïd n'agissait que d'après ses conseils, et l'on peut dire que M. Ferdinand de Lesseps régnait en Égypte, autant que le vice-roi. C'est que le souverain de ces contrées, toujours à demi barbares, par suite de l'étouffante atmosphère des préjugés religieux et sociaux qui composent l'islamisme, entrevoyait, grâce au compagnon de sa jeunesse, tout un monde idéal de progrès et de justice dont son âme avait soif, et qu'il ne trouvait point dans le milieu social où le tenait plongé une barbarie séculaire.

M. Ferdinand de Lesseps ne songeait pas à tirer parti pour lui-même de son crédit auprès du vice-roi. Il avait en tête une grande idée, et il entrevoyait la possibilité de la réaliser, par la puissante autorité du souverain de l'Égypte.

Cette idée, c'était la création d'un canal maritime allant directement de la Méditerranée à la mer Rouge, pour supprimer le passage des navires par le cap de Bonne-Espérance, dans le voyage de l'Europe à l'océan Indien.

La première idée du percement de l'isthme de Suez lui était venue en 1831, dans une circonstance assez singulière. Il se rendait de Marseille à Tunis, pour aller occuper, dans cette dernière ville, son poste d'élève-consul. Or, pendant la traversée, il avait éprouvé le supplice d'un voyage interminable, sur un bâtiment à voiles ; et il était plein d'impatience de toucher enfin la terre, lorsque, au moment de débarquer, on lui déclare que son bâtiment est condamné à subir, avant d'entrer dans le port, une longue quarantaine.

Le jeune élève-consul fut pris, à cette nouvelle, d'un tel désespoir que le consul de France, M. Mimault, qui était venu le voir à bord du *Diogène* — c'était le nom du bâtiment — eut pitié de lui, et que, pour occuper ses loisirs forcés, il lui remit le grand ouvrage de la commission d'Égypte, en signalant particulièrement à son attention, le mémoire de l'ingénieur Lepère, « sur la jonction des deux mers ». M. de Lesseps, dont l'esprit ne pouvait rester un moment inactif, se jeta sur la proie heureusement offerte à son activité. Il dévora le mémoire de Lepère, et fut ainsi initié, pour la première fois, à la connaissance de la question qui devait occuper la partie la plus brillante et la plus militante de sa vie.

Voilà comment, sans être aucunement ingénieur, et n'ayant que les connaissances d'une bonne instruction générale, M. de Lesseps se trouva conduit à remplir, dans la suite de sa vie, le rôle d'un ingénieur de profession. Nous donnons cette explication pour les personnes qui — avec beaucoup de raison, d'ailleurs, de se tromper ainsi — appellent le promoteur du canal de Suez « l'illustre ingénieur », alors que M. de Lesseps n'a jamais affiché de prétention à ce titre.

Pendant les vingt-trois années (1831-1854) qui s'écoulèrent jusqu'au moment où il entrevit la possibilité de mettre son idée à exécution, M. de Lesseps eut donc le temps de la bien ruminer. Aussi était-il parfaitement fixé sur le choix qu'il avait à faire entre les nombreux projets qui avaient été proposés à diverses époques. Il connaissait les diverses tentatives de canalisation faites en Égypte depuis le roi Necos, 630 ans avant l'ère chrétienne, jusqu'à la commission scientifique de l'Égypte, et aux travaux des ingénieurs saint-simoniens ; mais son esprit éminemment pratique ne s'accommodait pas de tous ces essais, qui n'aspiraient qu'à relier la mer Rouge au Nil, par un canal à l'imitation de l'ancien canal des Pharaons.

Le projet de percer l'isthme de Suez se heurtait alors à deux principales difficultés : Lepère avait déclaré que la mer Méditerranée et la mer Rouge n'avaient pas le même niveau ; et, d'un autre côté, la construction d'un port sur la côte méditerranéenne était réputée impossible.

L'esprit vierge de toute théorie, M. de Lesseps ne voulut point croire à l'inégalité du niveau des deux mers. Quant à l'impossibilité de créer un port sur la plage de Péluse, l'élève-consul ne douta pas un moment des ressources de la science et de l'industrie de son temps.

C'est le 7 novembre 1854, deux mois après l'avènement du vice-roi, Mohammed-Saïd, que M. de Lesseps arriva à Alexandrie, appelé par « son ami ». Il apportait avec lui un mémoire, qu'il avait préparé pour demander au vice-roi de prendre l'initiative du percement de l'isthme. L'accueil empressé qu'il reçut de Mohammed-Saïd, le remplit de confiance et d'espoir; mais il ne fallait rien brusquer. Il guetta le moment favorable pour mettre sur le tapis la grande question.

Il n'attendit pas longtemps, d'ailleurs. Une semaine après son arrivée, trouvant un jour le vice-roi « gai et souriant », il lui fit une première ouverture au sujet du canal maritime à créer sur le sol égyptien. C'était le 15 novembre 1854.

Mais l'histoire de cette journée mémorable est trop importante pour que nous n'en mettions pas les divers incidents sous les yeux du lecteur. Le récit en a été fait par M. de Lesseps, dans une lettre qui fait partie de l'important recueil de documents publiés par lui, sous ce titre : *Lettres, Journal et documents pour servir à l'histoire du canal de Suez* (1). Nous croyons que l'on trouvera ici avec plaisir cette lettre, qui est un chef-d'œuvre de naturel et d'émotion réelle.

« Le 15 novembre 1854.

« Il est cinq heures du matin. Le camp commence à s'animer, la fraîcheur annonce le prochain lever du soleil. Quelques rayons de lumière commencent à éclairer l'horizon ; à ma droite, l'orient est dans toute sa limpidité ; à ma gauche l'occident est sombre et nuageux.

Tout à coup, je vois apparaître, de ce côté, un arc-en-ciel aux plus vives couleurs, dont les deux extrémités plongent de l'ouest à l'est. J'avoue que j'ai senti mon cœur battre violemment, et que j'ai eu besoin d'arrêter mon imagination qui voyait déjà, dans ce signe d'alliance dont parle l'Écriture, le moment arrivé de la véritable union entre l'Occident et l'Orient du monde et le jour marqué pour la réussite de mon projet.

Le vice-roi m'aide à sortir de mes réflexions. Il s'avançait vers moi. Nous nous souhaitons le bonjour, par une bonne et franche poignée de main, à la française. Il me dit qu'il a le projet de faire ce matin une partie de la promenade dont je lui avais parlé la veille, afin de voir, des hauteurs, toutes les dispositions de son camp. Nous montons à cheval, précédés de deux lanciers et suivis de l'état-major.

Arrivé à un point culminant dont le sol est parsemé de pierres signalant d'anciennes constructions, le vice-roi trouve cet endroit très convenable pour préparer le départ du lendemain. Il envoie un aide de camp, pour faire diriger de ce côté sa tente et sa voiture, espèce d'omnibus traîné par six mules, et disposé en chambre à coucher. La voiture est enlevée au galop par les mules jusqu'au haut de la colline. Nous nous asseyons à son ombre. Devant nous, le vice-roi fait élever par ses chasseurs, un parapet circulaire, formé de pierres ramassées sur le sol. On pratique une

M. FERDINAND DE LESSEPS

embrasure et l'on y place un canon, qui salue le reste des troupes arrivant d'Alexandrie et dont les têtes de colonnes paraissent au delà du camp.

Il est dix heures et demie; le vice-roi ayant déjeuné avant la promenade, je vais en faire autant avec Zulpikar-Pacha. En quittant le vice-roi, je veux lui montrer que son cheval, dont j'ai éprouvé les solides jarrets pendant ma première journée de voyage, est un sauteur de première force; tout en le saluant, je fais franchir d'un bond le parapet de pierres par mon anézé, et je continue mon galop sur le penchant de la colline jusqu'à ma tente. Vous verrez que cette imprudence a peut-être été une des causes de l'approbation donnée à mon projet par l'entourage du vice-roi, approbation qui était nécessaire. Les généraux qui sont venus partager mon déjeuner m'ont fait compliment, et j'ai remarqué que ma hardiesse m'avait considérablement grandi dans leur estime.

J'avais jugé que le vice-roi était suffisamment préparé, par mes précédentes conversations générales, à reconnaître l'avantage qu'a tout gouvernement à faire exécuter par des compagnies financières les grands travaux d'utilité publique. Guidé par l'heureux pressentiment de l'arc-en-ciel, j'espérais que la journée ne se passerait pas sans une décision au sujet du percement de l'isthme de Suez.

A cinq heures du soir je remonte à cheval, et je retourne dans la tente du vice-roi, escaladant de nouveau le parapet dont je viens de parler. Le vice-roi était gai et souriant. Il me prend par la main qu'il garde un instant dans la sienne, et me fait asseoir sur un divan à côté de lui. Nous étions seuls; l'ouverture de la tente nous laissait voir le beau coucher de ce soleil dont le lever m'avait si fort ému le matin. Je me sentais fort de mon calme et de ma tranquillité, dans un moment où j'allais aborder une question bien décisive pour mon avenir. Mes études et mes réflexions sur le canal des deux mers se présentaient clairement à mon esprit, et l'exécution me semblait si réalisable que je ne doutais pas de faire passer ma conviction dans l'esprit du prince. J'exposai mon projet, sans entrer dans les détails, en m'appuyant sur les principaux faits et arguments développés dans mon mémoire, que j'aurais pu réciter d'un bout à l'autre. Mohammed-Saïd écouta avec intérêt mes explications. Je le priai, s'il avait des doutes, de vouloir bien me les communiquer. Il me fit, avec beaucoup d'intelligence, quelques objections, auxquelles je répondis de manière à le satisfaire, puisqu'il me dit enfin : « Je suis convaincu, j'accepte votre plan, nous nous occuperons, dans le reste du voyage, des moyens d'exécution ; c'est une affaire entendue ; vous pouvez compter sur moi. »

Là-dessus, il fait appeler ses généraux, les engage à s'asseoir sur des pliants rangés devant nous et leur raconte la conversation qu'il vient d'avoir avec moi, les invitant à donner leur opinion sur les propositions de son ami. Ces conseillers improvisés, plus aptes à se prononcer sur une évolution équestre que sur une immense entreprise dont ils ne pouvaient guère apprécier la portée, ouvraient de grands yeux, en se tournant vers moi, et me faisaient l'effet de penser que l'ami de leur maître, qu'ils venaient de voir si lestement franchir à cheval une muraille, ne pouvait donner que de bons avis. Ils portèrent de temps en temps la main à la tête, en signe d'adhésion, à mesure que le vice-roi leur parlait.

On apporta le plateau du dîner et de même que nous avions été tous du même avis, nous plongeâmes nos cuillers dans la même gamelle, qui contenait un excellent potage.

Tel est le fidèle récit de la plus importante négociation que j'aie jamais faite et que je ferai jamais.

Vers huit heures, je pris congé du vice-roi, qui m'annonça le départ pour le lendemain matin, et je rejoignis mon campement. Zulpikar-Pacha, en me voyant, devine mon succès et partage ma satisfaction. Camarade d'enfance du vice-roi et son plus intime confident, il m'avait puissamment aidé, pour amener le résultat auquel nous venions d'assister.

Je n'étais pas disposé au sommeil; je me mis à crayonner mes notes de voyage et à donner le dernier coup de lime au mémoire *improvisé* que m'avait demandé le vice-roi et qui était déjà préparé depuis deux ans (1). »

On reconnaît l'adroit diplomate à ce soin préliminaire de M. de Lesseps de montrer à l'entourage du vice-roi son habileté dans l'art de l'équitation. L'Oriental veut être dominé et charmé, et les anciens serviteurs de Méhémet-Ali n'estimaient et n'appréciaient que le bon cavalier. En sautant à cheval la barrière de pierre qui entourait leur campement improvisé, M. de Lesseps pouvait se rompre le cou; mais, en Orient, les folies servent au même degré que la sagesse. Cette preuve d'adresse enleva l'admiration de tous, et le vice-roi fut conquis.

M. de Lesseps donna une autre preuve de sa finesse dans une autre occasion et dans le même but. Mohammed-Saïd avait emporté, pour son usage, un service de porcelaine de Sèvres, et il avait donné le pareil à M. de Lesseps. Seulement, au bout de quelques jours, le service du vice-roi, mal surveillé, était en morceaux, tandis que celui de M. de Lesseps, soigneusement emballé, était intact. Il n'était pas bon que cela durât. Un jour les bagages de M. de Lesseps sont transportés sur un chameau ombrageux et rétif, et après quelques sauts de l'indocile et capricieuse bête, le service de porcelaine vole en éclats. Le vice-roi rit beaucoup de la mésaventure, mais l'œuvre de l'isthme fut assurée.

En effet, quinze jours après la mémorable journée du 15 novembre, dont on a lu le récit dans la lettre de M. de Lesseps, le vice-roi signait, au Caire, un *firman de concession*, dont il importe de consigner ici les termes. Ce document, en date du 30 novembre 1854, et qui fut communiqué aux consuls généraux des puissances étrangères, est ainsi conçu :

« Notre ami M. Ferdinand de Lesseps ayant appelé notre attention sur les avantages qui résulteraient pour l'Égypte de la jonction de la mer Méditerranée et de la mer Rouge par une voie navigable pour les grands navires, et nous ayant fait connaître la possibilité de constituer, à cet effet, une Compagnie formée de capitalistes de toutes les nations, nous avons accueilli les combinaisons qu'il nous a soumises, et lui avons donné, par ces présentes, pouvoir exclusif de constituer et de diriger une compagnie universelle pour le percement de l'isthme de Suez et l'exploitation d'un canal entre les deux mers, avec faculté d'entreprendre ou de

(1) *Lettres, journal et documents*, tome Ier, pages 17-20.

faire entreprendre tous travaux et constructions; à la charge, pour la Compagnie, de donner préalablement toute indemnité aux particuliers en cas d'expropriation pour cause d'utilité publique; le tout dans les limites et avec les conditions et charges déterminées dans les articles qui suivent:

Art. 1er. M. Ferdinand de Lesseps constituera une Compagnie, dont nous lui confions la direction, sous le nom de *Compagnie universelle du canal maritime de Suez*, pour le percement de l'isthme de Suez, l'exploitation d'un passage propre à la grande navigation, la fondation ou l'appropriation de deux entrées suffisantes, l'une sur la Méditerranée, l'autre sur la mer Rouge, et l'établissement d'un ou de deux ports.

Art. 2. Le directeur de la Compagnie sera toujours nommé par le gouvernement égyptien, et choisi, autant que possible, parmi les actionnaires les plus intéressés dans l'entreprise.

Art. 3. La durée de la concession est de quatre-vingt-dix-neuf ans, à partir du jour de l'ouverture du canal des deux mers.

Art. 4. Les travaux seront exécutés aux frais exclusifs de la Compagnie, à laquelle tous les terrains nécessaires n'appartenant pas à des particuliers, seront concédés à titre gratuit. Les fortifications que le gouvernement jugera à propos d'établir, ne seront point à la charge de la Compagnie.

Art. 5. Le gouvernement égyptien recevra annuellement de la Compagnie 15 pour 100 des bénéfices nets résultant du bilan de la Société, sans préjudice des intérêts et dividendes revenant aux actions qu'il se réserve de prendre pour son compte, lors de leur émission, et sans aucune garantie de sa part dans l'exécution des travaux ni dans les opérations de la Compagnie. Le reste des bénéfices nets sera réparti ainsi qu'il suit:

75 pour 100 au profit de la Compagnie;

10 pour 100 au profit des membres fondateurs.

Art. 6. Les tarifs des droits de passage du canal de Suez, concertés entre la Compagnie et le vice-roi d'Égypte, et perçus par les agents de la Compagnie, seront toujours égaux pour toutes les nations; aucun avantage particulier ne pouvant jamais être stipulé au profit exclusif d'aucune d'elles.

Art. 7. Dans le cas où la Compagnie jugerait nécessaire de rattacher, par une voie navigable, le Nil au passage direct de l'isthme, et dans celui où le canal maritime suivrait un tracé indirect desservi par l'eau du Nil, le gouvernement égyptien abandonnerait à la Compagnie les terrains du domaine public aujourd'hui incultes, qui seraient arrosés et cultivés à ses frais ou par ses soins.

La Compagnie jouira, sans impôts, desdits terrains pendant dix ans, à partir du jour de l'ouverture du canal; durant les quatre-vingt-neuf ans qui resteront à s'écouler jusqu'à l'expiration de la concession, elle payera la dîme au gouvernement égyptien; après quoi, elle ne pourra continuer à jouir des terrains ci-dessus mentionnés qu'autant qu'elle payera audit gouvernement un impôt égal à celui qui sera affecté aux terrains de même nature.

Art. 8. Pour éviter toute difficulté au sujet des terrains qui seront abandonnés à la Compagnie concessionnaire, un plan dressé par M. Linant-bey, notre commissaire ingénieur auprès de la Compagnie, indiquera les terrains concédés, tant pour la traversée et les établissements du canal maritime et du canal d'alimentation

MOHAMMED-SAID, VICE-ROI D'ÉGYPTE

dérivé du Nil, que pour les exploitations de culture, conformément aux stipulations de l'article 7.

Il est, en outre, entendu que toute spéculation est, dès à présent, interdite sur les terrains du domaine public à concéder, et que les terrains appartenant antérieurement à des particuliers, et que les propriétaires voudront plus tard faire arroser par les eaux du canal d'alimentation exécuté aux frais de la Compagnie, payeront une redevance de.... par *feddan* cultivé [1], ou une redevance fixée amiablement entre le gouvernement égyptien et la Compagnie.

Art. 9. Il est enfin accordé à la Compagnie concessionnaire la faculté d'extraire des mines et carrières appartenant au domaine public, sans payer de droits, tous les matériaux nécessaires aux travaux du canal et aux constructions qui en dépendront, de même qu'elle jouira de la libre entrée de toutes les machines et matériaux qu'elle fera venir de l'étranger pour l'exploitation de sa concession.

Art. 10. A l'expiration de la concession, le gouvernement égyptien sera substitué à la Compagnie, jouira sans réserve de tous ses droits et entrera en pleine possession du canal des deux mers et de tous les établissements qui en dépendront. Un arrangement amiable ou par arbitrage déterminera l'indemnité à allouer à la Compagnie pour l'abandon de son matériel et des objets mobiliers.

Art. 11. Les statuts de la Société nous seront ultérieurement soumis par le directeur de la Compagnie, et devront être revêtus de notre approbation, les modifications qui pourraient être introduites plus tard devront préalablement recevoir notre sanction. Lesdits statuts mentionneront les noms des fondateurs, dont nous nous réservons d'approuver la liste. Cette liste comprendra les personnes dont les travaux, les études, les soins ou les capitaux auront antérieurement contribué à l'exécution de la grande entreprise du canal de Suez.

Art. 12. Nous promettons enfin notre bon et loyal concours et celui de tous les fonctionnaires de l'Égypte pour faciliter l'exécution et l'exploitation des présents pouvoirs.

Caire, le 30 novembre 1854 ».

Cet acte considérable s'accomplit avec toute la solennité nécessaire. Les consuls généraux de toutes les nations résidant en Égypte, furent convoqués dans la citadelle du Caire, et l'acte de concession fut promulgué devant eux, par le prince en personne.

Ce firman produisit en Europe une sensation immense. On salua avec transport l'annonce de l'exécution prochaine d'une œuvre que les intérêts du monde réclamaient depuis des siècles.

Quelques jours après la signature du *firman de concession*, M. Ferdinand de Lesseps, accompagné des deux ingénieurs français au service du vice-roi, MM. Mougel-bey et Linant-bey, entreprenait un voyage d'exploration dans l'isthme.

M. de Lesseps, dans une des lettres du recueil que nous avons déjà cité, raconte avec un entrain charmant, la marche de cette expédition scientifique au milieu du désert. Partie de Suez, à dos de dromadaire, avec un appareil de campement complet, la petite caravane arrive, en quelques heures, sur les

(1) Le *feddan* égyptien correspond à peu près à un demi-hectare.

berges, encore très distinctes et parfaitement conservées, de l'ancien canal des Pharaons, qui servait, comme nous l'avons dit, à établir une communication entre la vallée du Nil et la mer Rouge.

« On avance gaiement, dit M. Alloury, auteur d'un petit ouvrage consacré à résumer les *Lettres et documents* du créateur du canal, on s'enfonce dans le désert et, tandis que les ingénieurs lèvent les plans, posent les jalons, M. de Lesseps, la Bible à la main, tout en devisant sur le tracé direct, s'ingénie à retrouver la clef des traditions et les noms des lieux consacrés dans l'Écriture sainte. Voici la terre de Gessen, où le patriarche Jacob, appelé par son fils Joseph, vint s'établir, avec sa famille, sous la protection du Pharaon qui gouvernait alors l'Égypte. Voici les différentes stations de l'itinéraire que suivirent, quatre cents ans après, les enfants d'Israël en sortant d'Égypte, sous la conduite de Moïse, pour échapper à la tyrannie d'un autre Pharaon (le grand Sésostris). Voici les lagunes à travers lesquelles ils passèrent la mer Rouge, à la marée basse, tandis que les Égyptiens, lancés à leur poursuite, étaient engloutis dans les flots de la marée haute. Là se rencontre le tamaris, l'arbrisseau producteur de la manne, qui servit à nourrir les Hébreux dans le désert. Plus loin, se voient les sources de Moïse. En avançant toujours, on arrive sur les bords de la Méditerranée, que l'on salue, en lui promettant la visite de la mer Rouge. Enfin on se trouve sur les lieux où fut l'antique Péluse, dont il ne reste plus que le nom et le souvenir : *Etiam periere ruinæ* (1). »

Là finit la première exploration scientifique. Le résultat en fut de tous points favorable aux vues de M. de Lesseps, et le percement de l'isthme au moyen d'un canal à creuser directement d'une mer à l'autre, fut reconnu et démontré possible.

Les observations prises pendant ce premier examen des lieux, servirent de base à l'*Avant-projet* que les ingénieurs du vice-roi, Mougel-bey et Linant-bey, furent chargés de préparer.

M. de Lesseps s'occupa alors de faire soumettre à des études approfondies ce même *Avant-projet*.

Comme nous l'avons dit plus haut, il fallait décider entre le trajet direct, c'est-à-dire la création d'un canal entièrement maritime, et qui devait recevoir les eaux des deux mers, et le trajet indirect, dans lequel le Nil était employé comme moyen de communication intermédiaire. M. de Lesseps s'adressa donc aux ingénieurs les plus savants et les plus autorisés de l'Europe. Il les invita à composer une Commission, qui devait se transporter

(1) *Comment s'est fait le canal de Suez*, in-12, Paris, 1882 (*Extrait du Journal des Débats* pages 11-12.

sur les lieux, y vérifier les propositions de MM. Linant-bey et Mougel-bey, et décider souverainement entre les deux tracés opposés.

M. de Lesseps fit appel à toutes les nations qui passaient pour les plus éclairées dans ce genre de travaux. L'Angleterre fournit MM. Rendel et Mac-Clean, ingénieurs illustres, et M. Ch. Manby, secrétaire de la Société des ingénieurs civils de Londres ; — l'Autriche fournit M. de Negrelli, conseiller de cour au ministère du commerce et inspecteur général des chemins de fer du Piémont, ainsi que M. Paleoccapa, ministre des travaux publics, à Turin ; — la Hollande, M. Conrad, ingénieur en chef du Watter-Staat ; — la Prusse, M. Lentze, directeur des travaux de la Vistule ; — l'Espagne, don Cypriano Segundo Montesino, directeur général des travaux publics à Madrid ; — la France, MM. Renaud, inspecteur général et membre du conseil général des ponts et chaussées, et Lieussou, ingénieur-hydrographe de la marine.

Une commission ainsi composée réunissait toutes les conditions exigées d'honorabilité et de supérieure compétence.

Le 30 et le 31 octobre 1855, cette Commission se réunit à Paris. M. Rendel y était représenté par son fils et M. Pole ; outre les personnages nommés plus haut, MM. Linant-bey et Mougel-bey y assistaient, avec M. de Lesseps, M. Jomard et M. Barthélemy Saint-Hilaire.

Il fut résolu, dans ces deux séances, que la Commission partirait pour l'Égypte, le 8 novembre. On se donna rendez-vous à Marseille, sur le paquebot français.

Le 8 novembre 1855, la Commission internationale prenait la mer. Arrivée à Alexandrie, elle se mit à l'œuvre dès le débarquement. C'est alors que commença, sur tout le tracé projeté, le travail décisif de l'étude des lieux, des mesures géodésiques, des sondages, des nivellements, des observations barométriques, de l'exploration des plages, de l'étude géologique du sol, etc.

Mais quelques détails sur les divers travaux auxquels se livra la Commission, pendant son séjour en Égypte, ne paraîtront pas ici sans intérêt.

Dès son arrivée à Alexandrie, la Commission, qui avait choisi pour président M. Conrad, et pour secrétaire M. Lieussou, examina, pendant trois jours, la rade et les environs de cette ville. Le 23, elle était reçue au barrage du Nil, par le vice-roi, Mohammed-Saïd, qui ne cessa de la combler des marques de sa munificence, pour bien témoigner au monde de la haute importance qu'il attachait à ses travaux.

« Vous nous traitez comme des rois, disait M. Conrad, le président de la Commission internationale.

— N'êtes-vous pas les rois de la science ? » répondit Mohammed.

FIG. 17. — LE DÉSERT, DANS L'ISTHME DE SUEZ

La Commission dut se transporter d'abord dans la haute Égypte, pour étudier, sur le cours même du Nil, diverses questions se rattachant soit au régime du futur canal de Suez, soit à des travaux hydrauliques que méditait le vice-roi pour l'irrigation de l'Égypte. Une caravane fut organisée, et la Commission tout entière se mit en route avec un cortège de serviteurs arabes et tous les instruments nécessaires à ses recherches. Elle était de retour de cette excursion le 12 décembre; et, le 15 (fig. 18), elle partait du Caire pour Suez, où elle arrivait dans la matinée du 16.

La Commission consacra cinq jours à l'examen de la rade de Suez : elle y étudia le régime des eaux, des vents, des marées et des courants. Elle trouva cette rade excellente, et, d'après les sondages qu'elle y fit exécuter, elle fixa la longueur que devraient avoir les jetées pour le débouché du canal.

Le 24 décembre, la Commission internationale commençait son exploration de l'isthme proprement dit ; cette exploration exigea dix jours, pour les 30 lieues qui s'étendent de Suez à Péluse. On y vérifia tous les forages qui avaient été ordonnés et exécutés depuis près d'un an, et l'on en fit exécuter de nouveaux. La Commission tout entière, avec les ingénieurs du vice-roi, assistait à ces forages, et chacun examinait les roches rapportées par la sonde, à différentes profondeurs (fig. 19). On reconnut toute la constitution géologique de l'isthme sur le tracé du canal maritime. Ces forages, y compris ceux des deux rades dans la mer Rouge et la Méditerranée, étaient au nombre de 19.

Pendant les deux premiers jours de marche dans le désert, la Commission suivit le lit de l'antique canal des Pharaons, dont les berges subsistent encore en certains endroits, jusqu'à 8 mètres de haut, et dont la largeur est parfois de 40 à 50 mètres. Le 23, elle était au lieu nommé *Scheik-Ennedek*, sur les bords du lac *Timsah*. Se dirigeant alors à l'ouest par l'*Ouadée-Toumilat*, elle examina la vallée où devait passer le canal d'eau douce dans la portion allant du Caire au lac *Timsah*, et qui, de là, devait se bifurquer sur Péluse et sur Suez. Elle retrouvait dans l'*Ouadée-Toumilat* les vestiges du canal de Nécos; et le 25 décembre, elle campait sur les ruines de la ville que la Bible appelle *Rhamsès*, et que les Grecs nommaient *Heroopolis*. Le 28 décembre, la Commission atteignait Péluse et les bords de la Méditerranée.

L'examen des terrains de l'isthme et l'étude des roches rapportées par la sonde, avaient prouvé qu'il n'y aurait aucune difficulté sérieuse à y creuser le futur canal. Le sol y est partout à peu près complètement uni. Les instruments de nivellement y révèlent pourtant, à de grands intervalles, des ondulations, qui échapperaient à l'œil nu. Tantôt le sol s'abaisse au-dessous du niveau des deux mers, tantôt il s'élève un peu au-dessus. Le point culminant est *El-Guisr*, au seuil du *Sérapéum*; et là, sur une étendue très limitée d'ailleurs, les déblais devraient avoir 14 ou 15 mètres. Un tel travail n'est rien pour l'art de l'ingénieur, et comme le sous-sol est, en général, assez compacte, les levées et les berges seraient parfaitement solides sous la seule inclinaison naturelle des terres. Les prétendus sables mobiles, dont on se faisait une si redoutable idée, n'existent pas, ou, s'ils existent, leur action est tellement faible, que les futurs travaux n'auraient rien à en redouter.

Une question qui avait vivement préoccupé, avant l'examen des lieux par la Commission internationale, c'était l'établissement d'un port sur la Méditerranée. On avait élevé de sérieuses critiques contre le projet de creuser un port sur la côte de Péluse. L'examen des localités révéla bientôt, pour la facilité d'exécution du canal projeté, un fait capital, une véritable bonne fortune, que la nature semble avoir préparée tout exprès pour la réalisation de cette entreprise. C'était l'existence, vers le milieu de l'isthme, d'une immense excavation, connue sous le nom de *lac Timsah*, alors presque à sec, mais qui, une fois remplie par les eaux de la mer, servirait de port intérieur aux navires engagés dans le canal maritime.

Dans le bassin du lac *Timsah*, qui communique déjà naturellement par l'*Ouadée-Toumilat* avec le Nil, on pouvait, en effet, créer un port intérieur aussi vaste qu'on le voudrait, puisqu'il a presque l'étendue de la rade de Toulon. Ce port devait servir de point de ravitaillement aux navires, et, de plus, relier le grand canal maritime au reste de l'Égypte, au Caire, au Delta du Nil et à Alexandrie.

Le 28 décembre, la Commission explorait la rade de Péluse en tous sens, et, elle y demeurait jusqu'au 31. Ce jour-là, elle y montait à bord de la frégate égyptienne, *le Nil*, pour rentrer dans le port d'Alexandrie, le 1ᵉʳ janvier 1856.

L'étude de la rade de Péluse fit voir qu'elle offrait presque autant de facilités que celle de Suez. M. Labrousse, ingénieur-hydrographe de la marine, pratiqua les sondages, pendant près d'un mois et demi, et il reconnut que les profondeurs de 9 mètres se trouvaient à 2,300 mètres de la plage, vers la bouche de *Chémilé*, sur une longueur de plus de 5 lieues. Les jetées n'avaient donc besoin, tout au plus, que de 2,500 mètres de long. Les bancs de vase, dont on menaçait la navigation dans la rade de Péluse, n'existent pas, et le dépôt du limon du Nil ne se trouve que dans les grands fonds de la mer et au delà des profondeurs de 10 mètres. Les appréhensions qu'on s'était plu à répandre à ce sujet, étaient donc chimériques.

FIG. 18. — LA COMMISSION SCIENTIFIQUE INTERNATIONALE QUITTE LE CAIRE, EN CARAVANE, POUR COMMENCER SES EXPLORATIONS DANS L'ISTHME DE SUEZ
(15 DÉCEMBRE 1855

Ainsi, partout l'étude des lieux avait démontré à la Commission internationale que l'exécution de ce grand projet présenterait infiniment plus de facilités qu'on ne l'avait estimé d'avance. On avait reconnu, dès la première inspection, qu'un canal indirect, c'est-à-dire opérant la jonction des deux mers, par l'intermédiaire des eaux du Nil, était complètement impraticable, et qu'il fallait absolument en écarter la pensée. On avait constaté, en même temps, avec un bonheur facile à comprendre, que les écluses ou les moyens auxquels on avait dû songer pour atténuer, dans l'intérieur du canal maritime, l'effet des marées de la mer Rouge, seraient entièrement inutiles, et devraient être supprimées.

L'exécution de tous ces travaux d'exploration n'avait pas exigé plus d'un mois et demi; car c'est, comme nous l'avons dit, le 1ᵉʳ janvier 1856 que la Commission internationale quittait la plage de Péluse et rentrait, à bord de la frégate égyptienne *le Nil*, dans Alexandrie, où elle apportait la bonne nouvelle du succès de l'expédition.

En effet, ce succès était immense. Le 3 janvier 1856, la Commission internationale pouvait remettre au vice-roi d'Égypte un rapport sommaire, où elle annonçait les admirables résultats que cette exploration avait mis en lumière. Elle déclarait en face du monde savant et de la civilisation : « que le canal direct de Suez à Péluse est l'unique solution du problème, et qu'il n'y a pas d'autre moyen pratique de joindre la mer Rouge à la Méditerranée; — que l'exécution de ce canal maritime est facile, et que le succès en est assuré; — que les deux ports à créer à Suez et à Péluse n'offrent que des difficultés ordinaires, celui de Suez s'ouvrant sur une rade vaste et sûre, accessible en tout temps, et où l'on trouve 8 mètres d'eau à 1,500 mètres du rivage ; celui de Péluse étant placé entre les bouches d'*Oum-Fareh* et d'*Oum-Gumileh*, dans la région où l'on trouve les 8 mètres d'eau à 2,300 mètres, par une tenue excellente et un appareillage facile.

A soixante ans de distance une commission, composée de savants européens, sous la conduite d'un Français, renouait la chaîne des temps, et retrouvait les vestiges de la première commission française qui, à la fin du siècle dernier, explorait, sous la conduite de Bonaparte, la terre des Pharaons. On pourrait établir un parallèle entre l'expédition de 1798 et celle de 1855, entre les œuvres de l'une et de l'autre. M. de Lesseps et les savants qui l'accompagnaient, n'allaient pas conquérir l'Égypte les armes à la main ; ils allaient s'en emparer avec les seuls instruments de la paix et du progrès ; et ils ont laissé sur le sol égyptien un monument plus glorieux, pour la France, que la campagne éphémère de Bonaparte.

Rentrée en Europe avant la fin de janvier 1856, la Commission internationale s'occupa de son rapport définitif. Elle se réunit à Paris, le 23 juin 1855, pour arrêter ses résolutions définitives.

Quelques mois lui avaient suffi pour fixer tous les points importants de l'exécution pratique du canal. Ses décisions furent prises d'une voix unanime.

Ainsi, la question technique était résolue. Il n'y avait plus qu'à réunir les capitaux nécessaires à l'exécution des travaux, et à prendre la pioche. L'achèvement du canal n'aurait pas demandé plus de cinq ou six ans. De quoi s'agissait-il, en effet? D'ouvrir une rigole de 80 à 100 mètres de large, sur un terrain presque partout de niveau, dans un sol éminemment meuble, sous le climat le plus salubre du monde pour les Européens, et avec des milliers de travailleurs sous la main, nous voulons parler des *fellahs*, c'est-à-dire les paysans et ouvriers de l'Égypte, habitués au climat, comme au travail, heureux et empressés de trouver un salaire. Aucune entreprise ne se présentait sous de plus heureux, sous de plus simples auspices. Malheureusement, une résistance imprévue se dressa, à la surprise de tous. Une nation se rencontra en Europe, qui prétendit mettre son *veto* sur le travail projeté. Son opposition, d'abord sourde et déguisée, bientôt ne prend plus la peine de se farder. Elle éclate ouvertement. Elle se manifeste par des écrits, par des mémoires dus aux plus grands ingénieurs, par des discours au Parlement. On va même, un jour, jusqu'à menacer le vice-roi d'un débarquement de troupes en Égypte, pour arrêter les travaux.

Quelle était pourtant la nation qui venait si malheureusement troubler le concert unanime et le vœu général des peuples maritimes à l'encontre d'une œuvre utile aux intérêts du monde entier? C'était l'Angleterre! Oui, l'Angleterre, c'est-à-dire la nation qui avait le plus d'intérêt à l'exécution du canal maritime, puisqu'il s'agissait de raccourcir de moitié la durée du voyage à son empire des Indes; l'Angleterre qui avait eu, à l'origine, l'initiative de cette nouvelle voie de communication entre l'Europe et l'Asie, puisqu'elle avait établi les premiers services de bateaux à vapeur de Liverpool à Alexandrie, et de Suez à l'océan Indien; l'Angleterre, qui sur cent navires ayant à traverser le futur canal, devait en fournir 90!

Sur quelle considération se fondaient nos voisins pour faire échec à une entreprise qui devait servir leurs intérêts les plus directs? On ne le saura sans doute jamais, car ils ne le savaient pas bien eux-mêmes. On a attribué leur hostilité à la haine jalouse que leur inspirait cette pensée que le canal projeté serait l'œuvre de la France. C'est une explication insuffisante; car si quelques hommes d'État peuvent être accessibles à un

FIG. 12. — LA COMMISSION SCIENTIFIQUE INTERNATIONALE EXAMINE LES ROCHES RAPPORTÉES PAR LE FORAGE, A EL-GUISR
(25 DÉCEMBRE 1855)

sentiment de mesquine jalousie nationale, on ne saurait prêter ce sentiment à tout un peuple. Or, c'était la nation anglaise tout entière, la nation prise en masse, qui, dans des meetings, dans des journaux, dans des conférences, s'éleva longtemps contre l'œuvre annoncée, et qui par sa résistance, rendit difficile, longue, compliquée et coûteuse, une entreprise qui était, au fond, très simple, au point de vue technique, et qui aurait, comme on dit, marché sur des roulettes, si un concours général d'efforts et d'approbations l'eût soutenue. Il n'était pas plus difficile de creuser le canal d'une mer à l'autre, qu'il ne l'avait été, dans le désert, de créer les chemins de fer d'Alexandrie au Caire et du Caire à Suez.

Attendez cependant, lecteur, nous n'avons pas tout dit, et vous n'êtes pas au bout de vos surprises. Si le commencement de cette histoire est étrange, la fin l'est bien davantage encore.

En dépit des Anglais, le canal s'exécute et s'achève. Et savez-vous ce que font lesdits Anglais, l'œuvre une fois accomplie? Ils prétendent en être les maîtres. Ce canal qu'ils ont déclaré irréalisable, impossible, inutile, impolitique, une fois qu'on l'a créé, malgré eux, ils émettent la prétention de le posséder à eux seuls. Ils rachètent, sous-main, au vice-roi Ismaïl, pressé de payer ses trop nombreuses dettes, le plus grand nombre possible de ses actions du canal, et ils s'introduisent ainsi dans le conseil d'administration de la Compagnie. Plus tard, c'est-à-dire en 1882, quand ils ont, par une étrange iniquité, porté la guerre en Égypte, sans nécessité, sans utilité, au mépris des volontés de l'Europe, ils prétendent être seuls possesseurs du canal, et le *grand Français*, M. de Lesseps, est forcé de déployer des efforts inouïs de courage et d'énergie, pour conserver aux actionnaires leur légitime propriété. Il faut que l'Europe intervienne, et force l'Angleterre à déclarer le canal neutre et librement ouvert, quoi qu'il arrive, à la marine universelle.

Après avoir lutté de toutes leurs forces, pour empêcher la création du canal des deux mers, les Anglais le considèrent comme tellement utile qu'ils le réclament comme leur bien. C'est un comble! comme on dit aujourd'hui.

L'Angleterre a joui longtemps d'un prestige moral immense, qu'appuyait et relevait sa marine de commerce, la plus forte du monde. Ses innombrables flottes couvrent toujours les mers mais elle a perdu son prestige. Sa décadence a commencé, et ne fera que s'aggraver. C'est que les nations sont comme les individus. Elles peuvent bien, pendant un certain temps, abuser de la force ou de la ruse, et se jouer des règles de la bienveillance mutuelle, qui est commandée entre les hommes, pour maintenir l'harmonie générale de leurs rapports; mais cette période n'a qu'un temps. Chacun finit par en comprendre les dangers, et l'on s'arrange pour s'en mettre à l'abri. Alors, commence, par suite de la défiance universelle et de la coalition d'intérêts et d'amours-propres lésés, la décadence, présage de la ruine. Tel est le sort commun réservé aux individus, comme aux nations, qui ont voulu trop longtemps mener le monde à la baguette.

L'esprit despotique qui caractérise le gouvernement britannique, ne s'est jamais manifesté avec autant d'évidence que dans la longue opposition qu'il a faite à l'œuvre de M. de Lesseps. Sans doute, on a fini par en triompher puisque, en fait, le canal existe; mais que de temps perdu, que d'argent gaspillé, que d'efforts inutilement dépensés! La lutte a duré dix ans; et, à vrai dire, elle dure encore, quoique en apparence terminée. Elle persiste sur la question de la propriété du canal.

Nous avons à raconter la période de difficultés politiques qu'a traversées l'entreprise du canal des deux mers, depuis la proclamation du *firman de concession* du vice-roi jusqu'au commencement des travaux. Ce sera l'objet du chapitre suivant.

FIG. 20. — UNE OASIS DANS L'ISTHME DE SUEZ

IV

Difficultés politiques. — Campagne de propagande de M. de Lesseps en France et en Angleterre. — Le deuxième firman de concession.

Pour exposer la campagne d'opposition entamée par le gouvernement anglais, dès l'origine de l'entreprise du canal de Suez, nous avons à revenir à l'année 1854, au moment où le vice-roi accordait solennellement à notre compatriote, par un firman, l'autorisation de constituer une Compagnie financière, pour l'exécution du canal.

Au mois de janvier 1855, M. de Lesseps quittait l'Égypte, et allait demander au sultan la ratification du firman de concession délivré par Mohammed-Saïd. Cette demande d'autorisation n'était qu'un acte de déférence, et nous ajouterons volontiers, un acte de déférence inutile, de la part de Mohammed-Saïd.

Depuis la convention européenne de 1841, le vice-roi d'Égypte jouit d'une complète indépendance administrative à l'égard de la Porte ottomane. Mohammed-Saïd pouvait donc, de sa propre autorité, ordonner l'exécution du canal. Méhémet-Ali n'avait pas demandé l'autorisation à Constantinople, pour créer le barrage du Nil, ni le canal de Mahmoudieh. Abbas-Pacha, son successeur, n'en avait pas referé au Divan, pour faire construire le chemin de fer d'Alexandrie au Caire, et Mohammed-Saïd lui-même n'avait pas cru excéder ses pouvoirs en ouvrant, de sa seule initiative, le chemin de fer du Caire à Suez.

La mission donnée à M. de Lesseps par le vice-roi, n'était donc, à vrai dire, qu'une formalité, qui aurait été remplie à Constantinople sans la moindre difficulté. Mais là, on se heurta, pour la première fois, à l'opposition de l'Angleterre, « cachée derrière la porte », comme l'a dit, avec gaieté, M. de Lesseps. La négociation échoua contre la faiblesse et l'indécision du divan de Constantinople, dominé par l'influence de lord Strafford de Radcliffe, ambassadeur d'Angleterre. Au lieu du firman impérial qu'il était venu chercher, M. de Lesseps n'emporta qu'un compliment, un certificat d'adhésion, vague et platonique, à l'utilité de l'entreprise.

Revenu en Égypte, M. de Lesseps chercha, de concert avec le vice-roi, les moyens de parer ce coup imprévu.

Pendant ce temps, la *Revue d'Édimbourg*, organe accrédité de lord Palmerston, consacrait un long article à battre en brèche la possibilité de creuser un canal d'une mer à l'autre, et en discutait l'utilité. Pour la *Revue d'Édimbourg*, le percement de l'isthme de Suez n'était qu'une « question oiseuse, qui pouvait bien intéresser et amuser des cerveaux creux, mais qui, selon toute apparence, ne pourrait jamais être d'aucune utilité au genre humain ».

L'organe de lord Palmerston trouve singulier qu'avant d'entreprendre le canal de Suez, on ait envoyé sur les lieux les ingénieurs réputés les plus habiles et les plus éclairés. Selon la *Revue d'Édimbourg*, « il fallait s'adresser à des négociants, à des marins, à des armateurs, et constituer une sorte de tribunal supérieur, qui, remontant aux principes de la question, aurait préalablement décidé si cette question en était réellement une, au point de vue commercial. »

A cette attaque, qui eut en Angleterre un certain retentissement, M. de Lesseps répondit :

« J'en suis bien fâché pour l'auteur de cet article, mais ce qu'il demande est fait depuis longtemps. Le tribunal souverain qu'il réclame, c'est la Compagnie des Indes ; c'est la *Compagnie péninsulaire et orientale;* ce sont les voyageurs qui préfèrent emprunter cette voie, et qui ont établi des services spéciaux, qui ne suffisent déjà plus, et qu'on veut doubler, tout incommodes qu'ils sont. L'inspection seule de la carte suffirait pour montrer aux esprits un peu sensés que l'ouverture de l'isthme de Suez serait un immense bienfait pour toutes les nations qui, d'Europe en Asie, tiennent à communiquer entre elles. Mais les faits que je viens d'indiquer sont bien plus démonstratifs encore. Au point où en sont l'industrie, le commerce, la navigation des sociétés européennes, le percement de l'isthme de Suez est, on peut le dire, pour emprunter l'expression d'un de nos hommes d'État les plus éclairés et les plus pratiques, une question mûre. »

Ces injustes attaques, M. de Lesseps les étudiait, d'ailleurs, avec soin. A ses adversaires politiques il sera redevable d'utiles observations. Il aime alors à répéter à ceux qui l'entourent, et qui s'indignent de tels procédés, ce proverbe espagnol : « Un ennemi est un instituteur qui nous est gratuitement donné par la nature. » Aussi, son premier soin, après que la Commission internationale eut rédigé et remis son rapport au vice-roi, fut-il de demander un nouvel acte de concession à Mohammed-Saïd, confirmatif du premier, et répondant aux objections que ses adversaires avaient formulées.

Le 6 janvier 1855, le vice-roi, Mohammed-Saïd confirme, par un deuxième

Fig. 21. — CHAUSSÉE DU NIL PENDANT L'INONDATION

firman de concession, les termes du premier, et il approuve les statuts et cahiers des charges destinés à organiser la Compagnie financière.

Mûrement réfléchi et minutieusement discuté, cet acte de concession va au-devant de toutes les difficultés.

L'Angleterre s'était inquiétée du grand nombre d'ouvriers européens qu'amèneraient en Égypte les travaux du percement : l'acte nouveau stipule la condition suivante : « Les quatre cinquièmes au moins des ouvriers employés à ces travaux, seront égyptiens. »

L'Angleterre avait émis le doute que le canal pût donner passage aux navires de grand tonnage : l'acte déclare que : « le canal, approprié à la grande navigation maritime, sera creusé à la profondeur et à la largeur fixées par le programme de la Commission scientifique; » et que le lac Timsah « sera converti en un port intérieur, propre à recevoir des bâtiments du plus fort tonnage ».

La Compagnie conserve le droit, pendant toute la durée de la concession (99 ans, à compter du jour de l'ouverture du canal maritime) d'extraire des mines et carrières appartenant au domaine public, sans payer aucun impôt ni indemnité, tous les matériaux nécessaires aux travaux de construction et d'entretien des ouvrages et établissements dépendant de l'entreprise.

Enfin, pour répondre aux susceptibilités politiques de l'Angleterre, le vice-roi déclare pour lui et pour ses successeurs, sous la réserve de la ratification de S. M. I. le Sultan, « le grand canal maritime de Suez à Péluse et les ports en dépendant, ouverts à toujours, comme passages neutres, à tout navire de commerce traversant d'une mer à l'autre, sans aucune distinction exclusive ou préférence de personnes ou de nationalités. »

A vrai dire, le premier firman de concession, celui de 1854, se suffisait à lui-même : il créait, dans le fond des choses, à l'entreprise, un titre incontestable. Mais ce rescrit, délivré à l'origine et avant que le projet eût subi les épreuves qu'il venait de traverser, avait besoin d'être complété. Les sentiments de Mohammed-Saïd n'étaient pas douteux, mais on pouvait regretter que dans le premier firman ses intentions n'eussent pas pris une forme plus détaillée. L'acte de 1854 était la loi, mais au moment d'ouvrir une souscription européenne, à côté de la loi devait prendre place un règlement d'administration. Tel fut l'objet du deuxième firman, donné le 6 janvier 1855.

La concession du 6 janvier 1855, ainsi que les statuts, furent complétés par le décret du 20 juillet suivant, qui réglait l'emploi des ouvriers indigènes.

Et ici, nous nous arrêterons un moment, pour faire comprendre les conditions dans lesquelles le gouvernement égyptien put fournir à la compagnie du canal de Suez un nombre indéfini de travailleurs, avec des taux de salaire avantageux, et pour la Compagnie et pour les travailleurs eux-mêmes.

On sait que le paysan et l'ouvrier sont soumis, en Égypte, au « *travail forcé* », en d'autres termes, à la « *corvée* », comme nous l'appelons en

Fig. 22. — LE NILOMÈTRE

France, d'après une institution du moyen âge, dont les dernières traces seraient encore, si on le voulait bien, reconnaissables aujourd'hui, dans nos campagnes.

Si, depuis l'antiquité, le peuple d'Égypte est soumis à la *corvée*, c'est-à-dire est obligé de fournir gratuitement à l'État, un grand nombre de journées de travail, c'est pour une cause d'intérêt public. Personne n'ignore que, par suite des pluies périodiques, le Nil atteint, à certaines époques de l'année, son niveau le plus élevé. Lorsque le *nilomètre* (fig. 22) accuse la plus haute crue du fleuve, on donne l'écoulement aux eaux. Le pays serait tout entier submergé, si l'on ne donnait pas passage à l'excédent des eaux grossies. Une multitude de saignées faites aux digues sur-élevées du fleuve, amènent alors les eaux dans autant de canaux, grands et petits, qui servent à

Fig. 23. — NORIA ARABE EN USAGE EN ÉGYPTE

féconder les campagnes. Aussi est-ce merveille de contempler les ouvrages qui endiguent le Nil: ces larges prises d'eau, ces barrages ingénieux, ces bassins de réserve, et ce réseau multiple de conduites, de rigoles, qui transforment une menace d'inondation en une série méthodique d'arrosages bienfaisants, dont chacun sait merveilleusement tirer parti. Le cultivateur rassemble dans un réservoir la provision d'eau qui lui est accordée ; ensuite avec la *noria* arabe (fig. 23) ou la *roue hydraulique*, il déverse sur ses champs, au moment opportun, le bienfaisant liquide.

Sans la *corvée*, le gouvernement égyptien n'aurait, dit-on, jamais pu obtenir de l'apathie des indigènes le travail général qu'il faut faire sur les rives du Nil, au moment de l'inondation périodique.

Telle est l'origine de la *corvée* qui, dans l'antiquité, eut l'excuse de l'intérêt public.

Seulement, le despotisme des souverains de l'Égypte a singulièrement abusé du privilège dont ils jouissaient de contraindre leurs sujets à un travail non rétribué. L'histoire de la main-d'œuvre en Égypte renferme plus d'une page douloureuse. Il arrivait souvent que les fellahs étaient amenés de leurs villages, la corde au cou. On les voyait, comme des bêtes de somme, porter sur leurs épaules leur nourriture, leurs instruments de travail, et même les matériaux de construction.

N'étaient-ce pas là des esclaves, et la destinée du fellah des bords du Nil avait-elle quelque chose à envier au sort de ces malheureux nègres de la côte d'Afrique, voués à une servitude éternelle? Pour le fellah, nul salaire, après le travail du jour terminé ; en revanche, si le travail est inachevé, une grêle de coups de bâton ; nul abri pendant la fraîcheur des nuits : il dort sur la terre nue. Si la fatigue amène la maladie, le travailleur invalide est abandonné comme un vil animal, et ses os blanchis seront, sur le sol du désert, le seul vestige d'une existence humaine.

Construites il y a six mille ans, à grand renfort de corvées, dans de gigantesques chantiers où travaillait tout un peuple, les pyramides de Thèbes et de Memphis attestent l'orgueil des Pharaons et l'affreux esclavage de leurs sujets.

A ce régime, la vie des hommes était vite abrégée. Nécos, qui fit creuser le canal de jonction du Nil et de la mer Rouge, fit périr, dans ces longs travaux, 80,000 fellahs.

Et les mêmes abus se sont renouvelés de nos jours. On fait un grand mérite à Méhémet-Ali d'avoir créé, outre le barrage du Nil, le canal de Mahmoudié, qui relie Alexandrie au Nil ; mais on néglige de dire que 10,000 ouvriers, sur

100,000, ont péri dans le creusement de ce canal. Quand on creusa, ensuite le chemin de fer du Caire à Suez, le manque d'eau enleva, dans une seule journée, 10,000 fellahs.

Le gouvernement égyptien aurait pu recourir à la *corvée*, pour faire creuser aux fellahs le canal des deux mers. Mais on peut être sûr d'avance que M. de Lesseps n'eût jamais consenti à profiter de ce barbare héritage du passé. Promoteur d'une œuvre de civilisation, pour rien au monde il n'aurait accepté un abus de la force ; et la simple lecture du firman du vice-roi fait comprendre que, pour les travailleurs indigènes, le mot de *corvée* n'avait plus de sens.

Mohammed-Saïd édicta, pour les ouvriers indigènes, un règlement de travail, dans le triple but d'assurer l'exécution du canal, de pourvoir au traitement des ouvriers égyptiens, et de veiller aux intérêts des cultivateurs. Il s'obligeait à fournir des travailleurs à la Compagnie, d'après les demandes des ingénieurs en chef, et suivant les besoins. Les ouvriers devaient recevoir, par jour, de deux piastres et demie à trois piastres, non compris les rations, c'est-à-dire le salaire moyen qui est payé pour les travaux des particuliers. La paye aurait lieu toutes les semaines ; la Compagnie était cependant autorisée à garder par devers elle une réserve de quinze jours de solde. La tâche ne dépasserait pas celle qui est fixée dans l'administration des Ponts et Chaussées en Égypte. L'ouvrier qui ne remplirait pas une tâche, serait soumis à une diminution de salaire, qui ne pourrait être moindre du tiers. Au cas de désertion ou de trouble dans les chantiers, les quinze jours de solde de réserve seraient acquis à la Compagnie. La Société fournirait aux ouvriers de l'eau potable en abondance ; elle les abriterait, soit sous des tentes, soit sous des hangars, et entretiendrait un hôpital et des ambulances. Les frais de voyage des ouvriers seraient à la charge de la Compagnie. Enfin l'ouvrier malade recevrait, outre les soins réclamés par son état, une paye d'une piastre et demie.

Une pareille organisation du travail répondait à toutes les objections. Le travailleur indigène prêté à l'entreprise, mais restant sous la protection de son gouvernement ; — le salaire, principe de la liberté du travail, équitablement rémunérateur ; — la tâche proportionnée aux forces de l'ouvrier ; — les peines corporelles abolies ; — l'eau et les aliments assurés ; — des hôpitaux, des ambulances mis à sa disposition. Toutes ces choses, si elles empruntaient aux réquisitions anciennes leur principe, imprimaient à l'institution un nouveau caractère. Si l'on veut tenir compte de la condition ordinaire du fellah égyptien, on reconnaîtra que la Compagnie lui apportait une sorte de bien-être, et l'on ne sera pas surpris que ce mot soit sorti de la bouche d'un

FIG. 24. — LE NIL PRÈS DU LAC MENZALEH

indigène : « Nous partirons avec joie, parce que les Francs récompensent la sueur du travailleur. »

Après le second firman de concession, il ne restait plus qu'à instituer la société financière.

La grande ressource, le grand ressort de M. de Lesseps, dans toute sa conduite, c'est, comme disent les Italiens, le *farà da se*. Personne n'a jamais fait, dans les grandes entreprises, une application de ce principe plus tenace ni plus heureuse. Pour accomplir son œuvre, M. de Lesseps ne compte que sur lui-même. Il veut marcher seul, achever seul ce qu'il a commencé seul, ou du moins avec le concours généreux et dévoué de son cher vice-roi. Il a foi dans son idée, dans sa mission, dans son étoile. Au moment de s'ouvrir à Mohammed-Saïd sur son projet, il avait vu apparaître un arc-en-ciel à l'horizon, et ce signe céleste l'avait décidé à parler.

Tels sont les sentiments, que le promoteur du canal égyptien exprime dans sa correspondance intime avec sa famille, et dans les lettres, dont la collection est aujourd'hui la meilleure et la plus intéressante histoire du canal. Le 22 janvier 1855, il écrivait à madame Delamalle, sa belle-mère :

« Je veux faire une grande chose, sans arrière-pensée, sans intérêt personnel d'argent. C'est ce qui fait que Dieu m'a permis jusqu'à présent de voir clair et d'éviter les écueils. Je serai inébranlable dans cette voie, et comme personne n'est capable de me faire dévier, j'ai la confiance que je conduirai sûrement ma barque jusqu'au port que nous pourrons appeler *Saïd*, du nom du vice-roi, qui veut dire en arabe *heureux*. Ce qu'il y a d'heureux pour le but que je poursuis, c'est que mes actes et mes démarches ne sont pas, Dieu merci ! soumis aux instructions et aux désaveux d'aucun gouvernement. Chat échaudé craint l'eau froide... Mon ambition, je l'avoue, est d'être le seul à conduire tous les fils de cette immense affaire, jusqu'au moment où elle pourra marcher librement. En un mot, je désire n'accepter de conditions de personne. Lorsque, dans ma jeunesse, je résidais, comme agent français, auprès de Méhémet-Ali, ce grand réformateur me dit un jour : « Rappelez-vous, mon jeune ami, que si, dans le cours de votre vie, vous avez quelque chose de très important à faire, c'est sur vous seul qu'il faut compter. *Si vous êtes deux, il y en a un de trop* (1). »

Arrivé à Paris, au mois de juin 1855, M. de Lesseps s'adressa d'abord à l'impératrice Eugénie. Au premier mot que celle-ci dit à l'Empereur du projet de son parent (M. de Lesseps est allié à la famille Montijo, et par conséquent, à l'Impératrice Eugénie), la cause fut gagnée.

---

(1) *Lettres, journal et documents pour servir à l'histoire du canal de Suez* (t. Ier, 1855-1856, in-8. Paris, 1875, pages 109-110).

« L'affaire se fera, » dit Napoléon III.

Les ministres, les hommes politiques, sans distinction de parti, M. Thiers, M. Guizot, les organes les plus accrédités de l'opinion publique, se prononcèrent dans le même sens : le mouvement était véritablement national.

M. de Lesseps se rendit de Paris à Londres, et au début il put recueillir diverses adhésions individuelles dans le parlement et dans la presse, comme dans le haut commerce et la haute finance.

Cependant, il ne pouvait se dissimuler qu'il était en face de son plus grand, de son plus redoutable adversaire.

Pour triompher des préjugés du peuple anglais, alors manifestement hostile à son idée, M. de Lesseps prit, comme on dit, le taureau par les cornes. Accompagné de M. Daniel Adolphus Lange, il parcourut l'Angleterre, l'Écosse et l'Irlande. Tous les grands centres commerciaux reçurent sa visite ; il fut partout accueilli avec distinction et sympathie. Lorsque, au milieu d'immenses *meetings*, il exposait, avec l'accent de la vérité et de la confiance, l'objet et le but de son entreprise, les préventions disparaissaient, et l'assemblée, entraînée, lui prodiguait ses applaudissements. La classe ouvrière surtout ne résistait pas à la conviction profonde qui inspirait ses paroles. Le peuple, le vrai peuple, pourvu qu'il n'apportât pas un parti pris d'hostilité, voyait, au bout de quelques instants, ses doutes faire place à la persuasion.

M. de Lesseps retraçait l'histoire du percement de l'isthme. Il parlait, en termes émus, de cette antique Égypte, la mère de la civilisation et des arts. L'appui que lui accordait Mohammed-Saïd, lui fournissait l'occasion de payer à la dynastie égyptienne un tribut de reconnaissance. La Commission internationale, le plan et l'exécution, les voies et moyens, les difficultés mêmes de l'entreprise, prenaient place tour à tour dans son exposition familière et sincère.

C'est en 1857 qu'eut lieu cette grande croisade, cette campagne de propagande sur le sol britannique. Et 45 jours, pendant les mois d'avril et de mai, 22 *meetings* furent organisés, à Liverpool, à Manchester, à Dublin, à Cork, à Belfast, à Glasgow, à Aberdeen, à Édimbourg, à Newcastle, à Bristol, à Londres, etc.

« Nous cheminions, a dit M. de Lesseps, dans une conférence qui a été sténographiée, comme des gens qui vont de ville en ville, vendre leurs marchandises, avec des cartes colossales, des plans, des volumes, des brochures. »

A Londres, le 24 avril, un grand banquet avait lieu à Goldsmith's Hall, présidé par un des premiers banquiers de la Cité. Au nombre des convives se trouvaient, l'évêque de Londres, le général William, sir Roderich Mur-

FIG. 25. — AUX PORTES DU CAIRE

chison, président de la Société royale de géographie ; M. Gladstone, qui fut plus tard premier ministre d'Angleterre ; M. Ellice, directeur de la Compagnie des Indes, etc.

Le président porta un toast à M. de Lesseps, le félicitant de ses efforts dans l'entreprise du percement de l'isthme de Suez, pour laquelle, dit-il, « les Anglais ne peuvent éprouver que de la sympathie, surtout dans la situation actuelle d'entente et d'union sincère avec la France. »

M. de Lesseps répondit :

« Je suis très touché de votre bienveillant accueil, et puisque je dois ce témoignage flatteur à ma position de promoteur du canal maritime de Suez, permettez-moi de vous dire quelques mots sur cette œuvre, qui marche vers une très prochaine réalisation.

« Si quelques personnes conservaient encore des doutes sur la possibilité d'exécution matérielle de l'entreprise, je les engagerais à lire le rapport de la Commission internationale, ainsi que le Mémoire tout récent présenté à l'Académie des sciences par M. le baron Charles Dupin.

« Quant à des motifs d'opposition politique, je crois qu'il ne doit plus en être question. En effet, il me paraît difficile qu'aucune puissance soit disposée aujourd'hui à les soutenir. Certes, je ne ferai pas l'injure à la nation anglaise de la soupçonner de nourrir des sentiments de jalousie contre d'autres pays, ou des craintes chimériques de concurrences étrangères qui pourraient affecter sa prospérité commerciale et maritime. J'ai été, au contraire, très heureux d'avoir pu constater moi-même que l'opinion publique repousse complètement des sentiment, de cette nature. Tous les organes de la presse anglaise l'ont unanimement proclamé ; et la sympathie que je rencontre dans cette assemblée nombreuse et choisie, est une nouvelle preuve de cette vérité bien reconnue, que la canalisation de l'isthme de Suez, dont le résultat sera de rapprocher l'Europe des Indes et d'augmenter le domaine de la mer, sera surtout profitable aux intérêts de la Grande-Bretagne, qui a plus de colonies, plus de commerce, plus de marins et de vaisseaux que toutes les nations de l'Europe réunies. »

Cet accueil empressé, M. de Lesseps le retrouve dans toutes les villes anglaises où il expose ses projets. Dans la question politique du canal de Suez, l'opinion, en Angleterre, commençait à se convertir à ses idées et ne fournissait plus un soutien à lord Palmerston.

A Liverpool, « les négociants, armateurs, assureurs et manufacturiers, réunis en *meeting*, déclarent considérer l'exécution de cette vaste entreprise comme devant procurer les plus grands bénéfices aux intérêts commerciaux maritimes de Liverpool et de l'Angleterre, ainsi qu'à ceux de toutes les autres nations, et ils font des vœux pour que l'entreprise obtienne, sans aucun obstacle, une heureuse réalisation. »

L'Association des Indes Orientales, par l'organe de son président, M. Ch. Turner, déclare : « que, dans l'opinion de cette association, l'heureuse exécution et le maintien du canal, seront hautement avantageuses au commerce et aux intérêts du pays. »

Manchester s'associe, en ces termes, aux vœux des autres villes anglaises : «Après avoir entendu les explications de M. de Lesseps, relativement au canal maritime traversant l'isthme de Suez, la présente assemblée est d'opinion que de grands avantages doivent résulter, pour le commerce et la civilisation, de l'accomplissement de ce projet, et qu'il mérite éminemment l'appui du monde commercial. »

La Chambre de commerce de Dublin déclare : « que le canal aura des titres éminents à être soutenu par le commerce. »

Sans aucune exception, tous les *meetings* ne se séparent qu'après avoir voté de semblables déclarations.

On comprend l'impression profonde que produisit, non seulement en Angleterre, mais en Europe, à Constantinople surtout, le résultat d'une telle manifestation.

Voyant que la partie lui échappait, lord Palmerston recourut à d'autres moyens. Il porta la question devant le Parlement. Il se fit adresser une interpellation, pour avoir l'occasion d'exposer ses idées à l'encontre du projet Lesseps.

Dans la séance du 7 juillet 1857, à la Chambre des Communes, un membre de cette assemblée, M. Berkeley, demande à lord Palmerston si le gouvernement de la reine a l'intention d'appuyer auprès du sultan la ratification du firman rendu par le vice-roi d'Égypte, en vue d'autoriser la construction d'un canal à travers l'isthme de Suez. En quelques mots, pleins de la plus virulente ironie, lord Palmerston répond que le gouvernement n'appuiera pas, à Constantinople, un projet qu'il a combattu depuis quinze ans, et qui n'est autre chose, à ses yeux, « qu'un de ces nombreux pièges qui sont tendus de temps en temps à la crédulité des capitalistes gobe-mouches. » Le noble lord trouvait ce projet matériellement inexécutable, et, en même temps, contraire à la politique suivie de tout temps par l'Angleterre, dans ses relations avec l'Égypte et la Turquie. Il faisait entendre que l'idée de construire un canal à travers l'isthme de Suez, était une combinaison machiavélique, imaginée pour arracher l'Égypte à la Turquie, en même temps qu'elle favoriserait on ne sait quel plan d'agression et d'envahissement prémédité contre les possessions anglaises dans l'Inde.

Ainsi, dans son animosité contre ce projet, le noble lord ne gardait aucune mesure : il dénaturait, il calomniait les intentions de M. de Lesseps. Il se livrait à des insinuations malveillantes et pour le moins hasardées, contre lui, en y comprenant même le souverain de l'Égypte.

Cependant l'opposition systématique du cabinet de Londres ne déconcertait nullement le promoteur du canal. On le voit poursuivre sa campagne de propagande internationale avec plus d'activité que jamais. Dans les premiers mois de 1858, nous le trouvons à Constantinople, bien résolu à sortir du dédale où l'enferme la diplomatie anglaise. Il vit au milieu d'un véritable *imbroglio*. Il s'agit toujours de savoir si la Porte ratifiera, ou non, le firman du vice-roi. La Porte reconnaît que le canal est avantageux pour l'Empire ottoman, et elle se déclare prête à ratifier la concession ; mais l'ambassadeur anglais est là ; il agit et manœuvre dans l'ombre ; il emploie la menace et l'intimidation, pour empêcher le Divan de passer outre.

On pouvait espérer que le représentant de la France, M. Thouvenel, prêterait son appui à son compatriote. Mais il avait les mains liées : il était obligé d'attendre les instructions de son souverain, Napoléon III, et celles-ci n'arrivaient jamais. En vain, les deux grands vizirs qui se succèdent, Réchid-Pacha et Aali-Pacha, semblent d'accord pour dire à notre ambassadeur : « Aidez-nous, donnez-nous un point d'appui contre l'Angleterre ; que la « France dise un mot, et tout sera fini, la ratification sera signée. » Ce mot décisif, la France ne le prononce pas. L'Empereur, quoique dévoué, au fond, à l'œuvre de M. de Lesseps, est toujours impénétrable, louvoyant et fuyant, suivant sa nature. Il ne croit pas le moment venu de parler, et il reste muet, dans une éternelle expectative. Quant aux autres puissances, leur intervention est naturellement subordonnée à celle de la France, et M. de Lesseps attend toujours.

Au commencement de l'année 1858, il y a trois ans que les négociations tournent dans le même cercle.

Un jour pourtant, M. de Lesseps se croit au moment d'atteindre le but. Lord Palmerston a été remplacé par lord Derby, à la tête du cabinet, dont les principaux membres sont lord Malmesbury et Disraëli. A Constantinople, on espère toucher au dénouement ; mais on apprend bientôt que le cabinet de lord Derby n'entend rien changer, en ce qui concerne le canal, à la politique de lord Palmerston.

Le Parlement fut de nouveau saisi de la même question.

Après deux ou trois interpellations, qui n'avaient été que des escarmouches, la grande bataille eut lieu le 1er juin 1858, au sein de la Chambre des communes. Lord Palmerston parla le premier, et renouvela les protestations qu'il avait faites en 1857. Disraëli, qui, dans le cabinet Derby, avait remplacé lord Palmerston, crut devoir se prononcer également contre le canal de Suez, au nom de prétendues traditions politiques.

A cette discussion toute politique, on voulut mêler des arguments techniques, et sur la provocation de lord Palmerston, Robert Stéphenson, le fils du célèbre ingénieur George Stéphenson, le créateur des chemins de fer en Angletere, monta à la tribune, et déclara au Parlement que d'après les observations qu'il avait faites lui-même, pendant son séjour en Égypte, le canal de Suez serait d'une exécution impraticable.

Robert Stéphenson ne se borna pas à son discours devant la Chambre des communes. Dans une lettre qui parut, peu de jours après, dans le *Times*, il développa davantage les motifs qui le portaient à condamner et à déclarer « absurde » le projet du canal à ouvrir entre les deux mers.

L'opinion de Robert Stéphenson entraîna la Chambre des communes, qui, à une majorité assez imposante, se prononça contre ce projet.

Nous ne devons pas manquer de dire, sans sortir de notre récit, que les idées de Robert Stéphenson furent soumises à deux terribles épreuves, d'où elles sortirent en lambeaux. L'illustre Paleoccapa, au nom de la Commission internationale, publia un mémoire où il réduisait ces idées à néant; et Charles Dupin fit la même démonstration, dans un rapport lu le 3 mai 1858 à l'Académie des sciences. Nous ferons connaître ici, avec quelques détails, chacun de ces importants documents.

Nous nous occuperons d'abord du rapport de Charles Dupin, dont nous présenterons une rapide analyse.

Pour condamner les travaux de la Commission internationale, composée des savants les plus distingués de l'Europe, Stéphenson ne donne, disait Charles Dupin, aucun motif sérieux, et quand il en donne, il se montre étranger au projet qu'il critique. Il ne conteste point l'étude géologique des terrains de l'isthme exécutée par la Commission internationale ; il n'attaque point l'exactitude des opérations de nivellement, les calculs de déblais et de remblais, les frais de terrassements, le devis des travaux d'art et l'évaluation des dépenses; il se borne à affirmer, sans preuves, que le projet est absurde, et que la dépense excédera toutes les bornes de ce qui est tolérable et acceptable dans une entreprise de travail public.

L'une des propositions alléguées par Robert Stéphenson à l'appui de ce jugement hautain, consiste à dire, par une bien singulière méprise, que l'égalité de niveau de la Méditerranée et de la mer Rouge doit rendre inexécutable le projet du canal maritime. Robert Stéphenson aurait adopté l'idée d'une espèce de bosphore que projetait en premier lieu M. Linant (Linant-Bey), d'un bosphore ouvert à main d'homme, et laissant couler, par

10 mètres de chute, les eaux de l'Orient vers les mers de l'Occident. Mais dès qu'il faut concevoir un large et profond canal, presque de niveau, depuis Suez jusqu'à Péluse, ce moyen de communication se présente, aux yeux de Robert Stéphenson, comme une espèce de mer morte, impraticable entre deux mers libres et puissantes. « La différence des niveaux ayant été « trouvée nulle, dit M. Stéphenson, les ingénieurs, avec qui j'étais, ont tous « abandonné le projet, et je le crois, avec raison. »

Il y avait dans ces paroles du célèbre ingénieur anglais, un quiproquo qui serait grotesque s'il n'avait eu de déplorables conséquences sur l'opinion du parlement britannique. C'était, il faut en convenir, une singulière bévue que de considérer comme un obstacle à l'exécution du canal, l'égalité du niveau des deux mers. C'est parce que l'on avait admis, depuis des siècles, une différence de niveau entre la mer Rouge et la Méditerranée, que l'on avait si longtemps considéré comme impossible la jonction des deux mers par une voie navigable directe. Mais dès que l'égalité de niveau fut démontrée, par les opérations faites de nos jours, l'obstacle qui avait arrêté jusque-là tous les hommes de l'art, disparut, et le canal fut reconnu, dès lors, d'une exécution, non seulement possible, mais facile. C'est ce que nous avons dit plusieurs fois, dans les premières pages de cette Notice. Comment donc Robert Stéphenson pouvait-il faire un argument de ce qui est, au contraire, un avantage unanimement reconnu ?

Robert Stéphenson commettait une seconde méprise tout aussi grossière que la précédente, en croyant que le canal devait être alimenté par les eaux du Nil. Tout le monde sait que le projet de la Commission internationale consistait à introduire dans le canal de Suez les eaux réunies de la Méditerranée et de la mer Rouge, et nullement celles du Nil.

Il est de toute évidence que l'ingénieur anglais n'avait pas même une connaissance sommaire du sujet sur lequel il exprimait une opinion si absolue, et que sa critique était inspirée, non par une étude approfondie de la question, mais par un aveugle parti-pris.

Après avoir attribué à la Commission internationale qui a proposé le canal maritime de Suez, un projet qui n'a jamais été le sien, M. Stéphenson parle de la dépense et des revenus de l'entreprise. Pour la dépense, il ne contrôle aucun calcul, il ne critique aucun devis; il ne conteste aucun prix de main-d'œuvre ou de matière; il ne contredit en rien les vérifications exécutées par la Commission internationale. Sans recourir à cette voie patiente et sûre, il se borne à affirmer que les dépenses des travaux dépasseront toute limite raisonnable. « L'argent, dit M. Stéphenson, peut vaincre toute difficulté ; « mais, commercialement parlant, je le déclare franchement, je crois que le

« projet n'est pas exécutable. » Ce qui veut dire : la dépense sera si grande et l'entretien si coûteux, qu'aucun revenu n'y pourra jamais suffire.

Nous n'avons pas besoin de dire que l'événement a suffisamment répondu à ces craintes de l'ingénieur anglais.

Stéphenson avait encore prétendu que la rade et le port que l'on projetait decréer sur la Méditerranée, ainsi que le port situé à l'intérieur de l'isthme, enfin le port de Suez sur la mer Rouge, offriraient des difficultés nautiques insurmontables. Examinant cette dernière objection, Charles Dupin proclame que le port de Suez et le débouché du canal dans ce port, ne présenteront aucune difficulté, ni pour l'art ni pour la science ; — que le port intérieur, qui sera placé dans le lac Timsah, sera encore plus facile ; — que la baie de Saïd sur la Méditerranée réunit les plus rares qualités ; — qu'elle est la rade la plus sûre et la plus favorable de la côte d'Égypte ; — qu'on y trouvera le mouillage le meilleur en avant du port lui-même et avant d'entrer dans le canal ; — que cette rade présente à l'ancre le fond le plus ferme ; — que le littoral ne s'ensable point ; — qu'on ne trouve pas sur ses bords la moindre trace des alluvions du Nil, — et qu'enfin le cordon littoral ne recule ni n'avance, à ce point que la position de Péluse et sa distance de la mer sont restées les mêmes que celles que le vieux Strabon indiquait dans sa Géographie.

Charles Dupin faisait ressortir les avantages du trajet par la mer Rouge, au point de vue de la santé des marins. Lorsque l'équipage d'un navire et ses passagers doublent le cap de Bonne-Espérance, en traversant deux fois une double zone torride, pendant trois mille lieues de chaleurs accablantes, il y a, disait-il, deux fois plus de naufrages, deux fois plus d'individus noyés ou morts des fatigues et des souffrances de la traversée, que s'ils suivaient la route de Suez ; ce résultat est prouvé par les chiffres tirés des payements effectués par les Compagnies d'assurance.

« Si la voie de Suez était la plus coûteuse, la plus longue et la moins productive, il suffirait, ajoutait Charles Dupin, qu'elle épargnât le plus la vie des hommes pour avoir droit à notre sympathie, pour avoir droit du moins à nos regrets. Mais, lorsque cette route est à la fois la plus courte, la plus sûre, la plus économique et la plus humaine, chacun sentira s'accroître sa préférence pour la voie projetée. »

Charles Dupin formule en ces termes la conclusion définitive de son rapport à l'Académie des sciences :

« *La conception et les moyens d'exécution du canal maritime de Suez sont les dignes apprêts d'une entreprise utile à l'ensemble du genre humain.* »

FIG. 28. — LE CAIRE

Nous venons de donner l'analyse du rapport de Charles Dupin à l'Académie des sciences, qui met à nu les erreurs énormes commises par l'ingénieur anglais, dans l'appréciation de cette question. Ces erreurs furent mises en lumière avec plus d'évidence encore, s'il est possible, dans le remarquable mémoire que Paleoccapa publia sous ce titre : *Observations sur le discours prononcé par M. Stéphenson, ingénieur, dans la Chambre des communes.*

« Les discours prononcés, dit Paleoccapa, sur le percement de l'isthme de Suez, à la Chambre des communes d'Angleterre, par lord Palmerston et par M. Stéphenson, ont eu un très grand retentissement. La presse en a déjà fait justice, sous le point de vue politique, non pas seulement en Angleterre et en France, mais dans l'Europe entière.

« Nous n'apprécierons ces discours que sous le point de vue technique. Quelque grande que puisse être l'admiration qu'inspire lord Palmerston, comme homme d'État, nous ne croyons pas, et il ne le prétendra pas lui-même, que son opinion fasse autorité dans la solution des questions scientifiques appartenant aux études spéciales de l'ingénieur. Mais ses idées ont trouvé un appui auprès de M. Stéphenson, qui jouit, comme ingénieur, d'une incontestable célébrité. Nous attachons donc la plus grande importance à les réfuter, afin que la question soit bien discutée, et que les hommes impartiaux puissent prononcer leur jugement en pleine connaissance de cause.

« Quelle n'a pas été notre surprise en trouvant dans le discours de M. Stéphenson tant d'erreurs historiques et de fausses déductions techniques ou économiques ! Notre première pensée a été de douter de la fidélité du journal où nous avions lu le compte rendu de la séance du Parlement; mais nous nous sommes assuré que le compte rendu du *Times* devait être considéré comme authentique. »

Paleoccapa entreprend alors la critique du discours et du mémoire de Robert Stéphenson, et il ne laisse pas subsister une seule de ses critiques, qui feront, il faut le dire, le plus grand tort, devant l'histoire, à la renommée de l'ingénieur anglais.

Revenons, cependant, à la séance de la Chambre des communes du 2 juin 1858, dans laquelle fut agitée la question du canal des deux mers. Ce fut un grand et curieux débat. Quelques membres de la Chambre parlèrent en faveur du projet, mais Disraëli le combattit avec la plus grande énergie. Il est assez curieux aujourd'hui de voir avec puel superbe dédain Disraëli, en 1858, parlait de cette *vaine entreprise*, de ce qrojet *équivoque et pernicieux*, qui s'appelle aujourd'hui le canal de Suez. Il est vrai qu'en parlant ainsi, Disraëli s'appuyait sur l'autorité de Robert Stéphenson, qui venait de démontrer, *ex cathedrd*, que la construction d'un canal à travers l'isthme de Suez était matériellement impossible, attendu que, le niveau des deux mers étant le même, le prétendu canal ne pourrait jamais être qu'un *fossé vaseux et stagnant!*

On vient de voir que cette critique de Robert Stéphenson était, d'un bout à l'autre, une ânerie sans pareille.

La motion de M. Roebuck, en faveur du canal de Suez, fut rejétée, à une assez grande majorité, par la Chambre des communes, qui avait, dans l'autorité des lumières de Robert Stéphenson, une confiance absolue, mais mal justifiée, on vient de le voir.

Il faut ajouter, pourtant, que lord John Russell, M. Gladstone, M. Roebuck, M. Milner Gibson, M. Bright, répondirent avec une écrasante supériorité à lord Palmerston et à Disraëli, et que si le vote du Parlement ne fut pas en sa faveur, le canal eut du moins pour lui tout ce qu'il y avait de plus éloquent, de plus libéral et de plus éclairé dans la Chambre des communes.

V

M. de Lesseps aurait pu se sentir atteint par la déclaration du parlement d'Angleterre, que nous venons de consigner ; mais il n'était pas homme à se laisser intimider ni arrêter dans sa marche par quelque résistance qu'il dût rencontrer.

La science, l'art, les intérêts communs de tous les peuples de l'Europe, appelaient la prompte exécution du canal de Suez, et dans ce concours de vœux et d'intérêts unanimes, nul autre obstacle ne se dressait que la mauvaise volonté du gouvernement britannique. En présence de cette situation, que devait faire M. de Lesseps ?

Recevant des encouragements dans toute l'Europe ; mandataire, en quelque sorte, de toutes les marines commerciales qui avaient un intérêt puissant à ce que son projet fût exécuté le plus promptement possible ; assuré, par une enquête personnelle, que le commerce maritime de l'Angleterre ne ferait pas défaut, dans ce concours des intérêts qui réclamaient l'ouverture de l'isthme ; voyant, d'ailleurs, que la civilisation avait ici des droits supérieurs contre lesquels ne sauraient prévaloir aucune jalousie ni aucun mauvais vouloir, il comprit que la période de discussion était passée, et que le moment était venu d'abandonner le domaine de la théorie, pour entrer dans la voie de l'exécution.

Au mois de novembre 1858, M. de Lesseps fit appel aux capitaux de l'Europe, pour la mise en pratique immédiate des travaux.

Un mois après, le capital demandé (200 millions) était, non seulement souscrit, mais dépassé dans des proportions inattendues, et, le 9 décembre 1858, M. de Lesseps annonçait aux souscripteurs, avec la constitution de la Société, l'ouverture prochaine des travaux. A la bonne heure ! On déclarait, de par la science de l'Angleterre, que l'exécution du canal maritime de Suez était impraticable. Comment répondre à cette assertion ? En exécutant le canal.

La constitution d'une Compagnie financière enlevée de haute lutte, était la manœuvre la plus hardie, le coup de tête le plus heureux, que M. de Lesseps eût encore exécuté. En effet, il n'était plus seul à supporter le poids de son entreprise. Il avait avec lui 25,000 souscripteurs : il s'appelait légion. C'est avec ces coopérateurs qu'il va commencer son œuvre. Ces 25,000 souscripteurs, tous, petits capitalistes qui ont apporté leur obole à M. de Lesseps, partageront avec lui les épreuves de la lutte.

La moitié du capital avait été apportée par la France. Elle avait fourni d'abord 21,229 souscripteurs ; ces 21,229 s'élevaient plus tard au nombre de 25,000.

Voici de quels éléments la souscription française était composée. On y comptait :

Mécaniciens	91
Ponts et chaussées	249
Magistrature	267
Banquiers et agents de change	369
Médecins	433
Instituteurs et professeurs	434
Clergé	480
Avocats, avoués, notaires	819
Artisans	928
Armée	973
Fonctionnaires publics et administrateurs	1.309
Employés	2.195
Commerçants et industriels	4.763
Propriétaires et rentiers	5.782
Professions diverses et inconnues	2.137
Total	21.229

La souscription une fois couverte, M. de Lesseps s'occupa de l'organisation de la Société. Il composa le Conseil d'administration de quelques hommes distingués, dont il appréciait l'élévation d'esprit et le dévoûment. Les principaux entrepreneurs de l'Europe furent invités à faire connaître leurs propositions, et la Compagnie put traiter avec un entrepreneur général, M. Hardon, à des conditions inférieures aux devis estimatifs de la Commission internationale.

Le moment était venu de prendre possession de la ligne du canal et des terrains concédés, afin de répondre, par le premier *coup de pioche*, aux doutes persistants et aux violences quotidiennes de la presse anglaise.

Dans ce but, une délégation du Conseil d'administration partit pour l'Égypte, le 7 mars 1859. Mais de rudes épreuves attendaient la Commission déléguée en Égypte pour prendre possession de la ligne du canal.

Le ministère anglais ne pouvait prendre son parti d'avoir vu tomber, les uns après les autres, les obstacles sur lesquels il avait compté. Les heureux commencements de l'entreprise étaient pour lui un véritable échec. Il s'était trop avancé dans la résistance pour qu'il lui fût possible de rendre les armes. Ses premiers efforts n'avaient pas réussi ; de nouvelles combinaisons seraient plus heureuses.

On ne cessait d'inquiéter le vice-roi, en exagérant la responsabilité politique, et le consul général d'Angleterre était allé jusqu'à le menacer d'un *casus belli*.

Ces manœuvres préoccupaient singulièrement Mohammed-Saïd, et le jetaient dans toutes sortes d'hésitations et de tourments. Aussi une révolte de Bédouins lui fut-elle un prétexte qu'il saisit avec empressement, pour se soustraire, en partant pour la Haute-Égypte, au réseau d'intrigues qui l'entouraient.

Pendant son absence, la Commission s'occupa de prendre possession du domaine de la Compagnie. Mais elle ne tarda pas à reconnaître que les adversaires du canal avaient prévenu contre l'entreprise l'esprit des populations de l'isthme. Il ne fallait pas moins de quatre-vingts chameaux pour la caravane de vingt personnes qui allaient partir pour le désert, on ne put jamais les trouver. Les demandes et les promesses ne rencontraient que des excuses ou des refus. M. de Lesseps prit le parti de faire amener les chameliers devant le gouverneur de la ville, et de les forcer, par ses menaces, à commander les chameaux.

Ce n'était là, d'ailleurs, que le prélude d'autres embarras, plus sérieux. La caravane était arrivée à la hauteur du domaine de l'Ouady (Ras-el-Ouady), qui était alors administré par des Anglais, lorsque M. de Lesseps apprend que plusieurs des ouvriers chargés de détacher des échantillons de terrain, viennent d'être arrêtés par une bande de Bachibouzouks, et conduits, comme des malfaiteurs, à un village voisin. A cette annonce, n'obéissant qu'à son indignation, et sans écouter les conseils de la prudence, M. de Lesseps s'élance sur un cheval, et court, seul, bride abattue, vers le lieu indiqué. Au milieu d'un carrefour, il rencontre un chef de bataillon des troupes du Caire, qu'on disait attaché à la police, et qui suivait la caravane depuis le départ. M. de Lesseps lui reproche, avec colère, les mauvais traitements que l'on vient de faire subir à ses ouvriers, et, lui posant un pistolet sur la poitrine, il lui enjoint de mettre sur l'heure les prisonniers en liberté. L'officier, intimidé, baisse la tête, et va lui-même lever la chaîne que l'on avait déjà attachée au cou des terrassiers.

Après les embûches des hommes, vinrent les difficultés de la nature. Quand on parcourt aujourd'hui la région nord du canal, on ne peut se faire une idée de ce qu'était ce pays, en 1859. L'industrie de l'homme a transformé cette partie du désert ; de sorte que l'on a peine à se représenter son aspect avant les travaux. Sur la plage de l'ancienne Péluse, au bord du lac Menzaleh, la Commission administrative avait devant elle un désert affreux : nulle culture, nulle habitation, nul être vivant, partout la solitude et le néant. Pas un arbre, pas un brin d'herbe, sur ce rivage brûlé par le soleil d'Égypte. Au loin, à 6 kilomètres au moins, se voyait seulement un village de pêcheurs, perdu dans les lagunes de Gemileh. L'eau douce était apportée de Damiette, dans une citerne. Le soir, lorsque les tentes se dressaient, après une journée brûlante, les animaux eux-mêmes semblaient épouvantés ; et, malgré la liberté qu'on leur laissait, ils venaient se grouper autour des voyageurs campés au milieu des sables, comme s'ils craignaient d'être abandonnés. Les premiers travailleurs furent forcés de se loger dans des cabanes élevées sur pilotis, sur le fond marécageux du lac Menzaleh. Battues sans cesse par les vagues de la Méditerranée ces cahuttes étaient assez semblables aux habitations des cités lacustres des hommes primitifs. La population de la lagune où devait s'élever un jour la magnifique entrée, les admirables jetées de Port-Saïd, était alors de 25 Européens et de 100 fellahs occupés à pêcher le long du marécage.

Telle est la solitude désolée que la Compagnie avait à vivifier et à rendre habitable. Devant ces stériles immensités, des âmes ordinaires auraient faibli, et renoncé à l'entreprise. Mais la Commission semblait avoir pour mot d'ordre, le noble cri *En avant !* Et tandis que des bruits sinistres circulaient, en Europe, sur le sort de la Commission envoyée en mission au désert, tout à coup on apprit, qu'entre le lac Menzaleh et la mer, les travaux du canal allaient commencer.

FIG. 27. — LE LAC MENZALEH

VI

Commencement des travaux dans l'isthme : le premier coup de pioche.
— Le canal maritime et le canal d'eau douce.

M. de Lesseps était parti pour l'Égypte immédiatement après la clôture
de la souscription : il allait organiser les premiers travaux. A partir du 21
mars 1859, les événements se précipitent. M. de Lesseps entre dans cette
période de surprenante activité qu'il soutiendra énergiquement jusqu'à
la fin de l'entreprise. Il débarque à Alexandrie, et y organise le service
administratif des agences. Les ingénieurs, embrigadés par lui, se disposent,
avec l'entrepreneur général, M. Hardon, à commencer l'exploration et la
vérification du tracé du canal. On inspectera la chaîne des montagnes
arabiques, d'où seront tirés des matériaux de construction en abondance, et
l'on déterminera la situation définitive et l'étendue du port à créer sur l'emplacement de l'ancienne Péluse.

Partie le 21 mars, munie de tous les instruments nécessaires, la caravane
se dirigea vers le centre de l'isthme, portant d'abord ses études et ses recon-
naissances sur le terrain que devait traverser le canal d'eau douce, l'Ouady-
Toumilat (ancienne vallée de Gessen), marchant ainsi vers le lac Timsah.

On rectifie, en marchant, le tracé du canal d'eau douce, de façon à trouver
déjà des économies sur les devis. Les fouilles amènent les découvertes
des matériaux les plus précieux et les plus économiques pour la construction
de la ville centrale, sur les bords du lac Timsah, et pour les travaux du canal
maritime.

La présence de l'eau potable à une profondeur de 3 à 5 mètres, fournit
la certitude de pouvoir approvisionner les travailleurs, en attendant que le
canal d'eau douce soit parvenu jusqu'à Timsah.

Les cheiks (chefs de village) des localités où s'arrêtent les explorateurs,
viennent les entretenir. Comprenant toute l'importance, pour leur pays, du
canal maritime et du canal d'eau douce, ils affirment qu'il n'y aura aucune
difficulté à se procurer des travailleurs libres, avec de bons traitements et un
payement régulier.

Après avoir achevé la reconnaissance du lac Timsah, au sud et à l'ouest, et étudié le point où le canal doit déboucher dans le lac, les opérateurs se dirigent vers le bassin des lacs Amers, et campent au Serapéum. Ils longent ce bassin, à l'ouest, et suivent le tracé de la rigole d'eau douce qui doit descendre jusqu'à Suez et à l'ancien lit du canal de Nécos, qui servira à une portion du canal maritime. Ils arrivent à Suez le 3 avril.

Les carrières de l'Attaka, sur lesquelles on comptait pour fournir des matériaux, furent visitées, et l'on s'assura, en faisant jouer la mine, que l'extraction des pierres serait des plus aisées.

Un poste permanent d'ouvriers fut établi dans ces carrières.

M. de Lesseps revient alors à Suez, où il dirige toutes les opérations préparatoires, en leur donnant l'activité et le développement propres à les rendre décisives et définitives.

Le promoteur du canal des deux mers interrompt son exploration, pour se rendre au Caire, auprès du vice-roi, auquel il demande l'exécution immédiate d'une des clauses de l'acte de concession : l'admission en franchise de tous droits, à Damiette, de deux navires chargés d'instruments et de matériaux pour la poursuite des opérations commencées. Il repart ensuite, sur le Nil, pour Damiette, où il doit achever sa revue de l'isthme par l'inspection de la partie du terrain du lac Menzaleh et de Port-Saïd (le port à créer sur l'emplacement de l'ancienne Péluse).

C'est peu de jours après que fut donné le premier coup de pioche.

Le 25 avril 1859, après cinq jours de campement sur le mince cordon littoral qui sépare le lac Menzaleh de la Méditerranée, — qu'on a appelé, avec raison, le *Lido* du lac Menzaleh, en le comparant au *Lido* de Venise, — la Commission, réunie sous la présidence de M. de Lesseps, se rend sur la plage, au point désigné pour le débouché du canal maritime et l'établissement des jetées et des bassins du port de Saïd.

Le cortège n'est ni imposant ni nombreux. Tout au plus une centaine d'employés, conducteurs, marins et ouvriers fellahs, entourent M. de Lesseps.

Après avoir fait déployer et planter le drapeau égyptien, en tête du chantier, le promoteur du percement de l'isthme prononce les paroles suivantes :

« Au nom de la Compagnie universelle du canal maritime de Suez, et en vertu des décisions de son conseil d'administration, nous allons donner le premier coup de pioche sur le terrain qui ouvrira l'accès de l'Orient au commerce et à la civilisation de l'Occident. Nous sommes tous réunis ici dans une même pensée de dévoûment pour les intérêts des associés de la Compagnie et ceux de son auguste créa-

FIG. 28. — LE PREMIER COUP DE PIOCHE

teur et bienfaiteur, le prince Mohammed-Saïd. L'exploration complète que nous venons de faire nous donne la certitude que l'entreprise, dont l'exécution commence aujourd'hui, ne sera pas seulement une œuvre de progrès, mais donnera une immense valeur aux capitaux qui l'auront réalisée. »

S'adressant ensuite aux ouvriers égyptiens groupés autour de lui :

« Chacun de vous, leur dit-il, va donner son premier coup de pioche, comme nous venons de le faire. Rappelez-vous que ce n'est pas seulement la terre que vous allez remuer, mais que vos travaux apporteront la prospérité dans vos familles et dans votre beau pays.

« Honneur à l'effendinah Mohammed-Saïd-Pacha ! qu'il vive de longues années ! »

La Commission déléguée rédigea immédiatement le procès-verbal de cette pacifique manifestation, qui conclut en ces termes :

« La Commission s'associe sans réserve, de cœur et de volonté, aux sentiments exprimés par le Président, qui répondent si bien à l'esprit des décisions du conseil d'administration et à l'objet de la délégation qu'elle a reçue de lui, pour suivre l'exécution de ses décisions en Égypte.

« Elle déclare, en conséquence, commencer les opérations préparatoires de la construction du canal maritime de Suez, et elle invite l'ingénieur en chef, directeur général des travaux, à en pousser activement l'exécution. »

Le lendemain, une vingtaine de fellahs commençaient à enlever les terres (fig. 28).

Ce n'était rien, en apparence, ce premier coup de pioche donné dans les marécages du lac Menzaleh, en plein désert, avec un modeste entourage d'ouvriers, d'employés et de marins, et pourtant il retentit dans le monde entier.

VII

Description du projet adopté par la Commission internationale. — Préparatifs faits par les nations maritimes de l'Europe en prévision de l'ouverture du percement de l'isthme de Suez.

C'est ici le lieu d'exposer le plan qui fut adopté par la Commission internationale pour le tracé et l'exécution du canal.

Le canal maritime destiné à établir une libre communication entre la Méditerranée et la mer Rouge, devait avoir ses deux points extrêmes, l'un dans la rade voisine de Suez, sur la mer Rouge, l'autre dans la rade voisine de Péluse, dans un lieu situé un peu à l'ouest de ce port, et qui reçut le nom de *Port-Saïd*, en l'honneur du vice-roi Mohammed-Saïd, qui avait eu, comme souverain du pays, l'initiative de l'entreprise.

En partant de la mer Rouge, le canal maritime commence à la rade de Suez, se dirige à l'est de la ville, en faisant une courbe vers l'ouest, et suit le *thalweg* de la vallée, jusqu'à ce qu'elle joigne les *lacs Amers*, qui faisaient autrefois partie de la mer Rouge. Il traverse ces lacs, dans toute leur longueur. En quittant les *lacs Amers*, le canal traverse le seuil du *Sérapéum*, dans son point le plus bas, et vient se jeter dans le lac *Timsah*. Ce dernier lac devait servir à former un port intérieur, permettant de faire séjourner, de ravitailler et de réparer les navires.

Au sortir du lac, la ligne va trouver le seuil d'*El-Guisr*, dans son point le plus bas, et se dirige ensuite vers le lac *Menzaleh*, qu'elle traverse directement, le long de sa rive orientale, jusqu'entre *Oum-Fareh* et *Oum-Ghémiléh;* elle se prolonge ensuite en mer, jusqu'à ce qu'elle rencontre une profondeur de 9 mètres d'eau.

La largeur du canal maritime de la Méditerranée à Suez devait être de 84 mètres, et de 100 mètres dans l'intervalle compris entre Suez et les *lacs Amers*. Sa profondeur était fixée à 8 mètres à la sortie des deux ports de Suez sur la mer Rouge, et de Saïd sur la côte de Péluse dans la Méditerranée. Le lac *Timsah*, qui formait alors une immense excavation, à moitié remplie d'eau, était autrefois un véritable lac; c'est ce que prouvent suffisamment les débris géologiques de coquillages marins, et les dépôts considérables du

Fig. 29. — LE LAC TIMSAH AVANT LE PERCEMENT DE L'ISTHME DE SUEZ

sel marin fossile qu'on y rencontre. Une fois le canal ouvert aux deux mers, ce lac devait se remplir, par l'invasion des eaux, et grâce à sa profondeur, ainsi qu'à son étendue, il devait constituer un port excellent, où viendrait aboutir toute la navigation, tant intérieure qu'extérieure. C'est sur ses bords qu'on établirait les magasins, radoubs, ateliers de réparation, ainsi que 1500 mètres de murs de quai, pour l'amarrage des navires et l'embarquement des marchandises.

Le canal maritime de l'isthme de Suez ne devait pas, en effet, être une simple coupure, uniquement destinée à faire passer d'une mer à l'autre les produits européens. Il fallait surtout qu'il fît un jour de l'Égypte un État à la fois prospère, par suite de l'échange de ses produits intérieurs, et puissant, par l'étendue de son propre commerce.

Quant aux deux entrées, soit de la mer Rouge, soit de la Méditerranée, tout ce qui était nécessaire c'est que les bâtiments pussent y pénétrer en toute saison, et y trouver, dans les mauvais temps, un abri sûr et efficace.

On avait songé à faire sur la Méditerranée un véritable port, avec un vaste bassin, servant à la fois de rade et de bassin de réception des navires. Mais on ne reconnut pas l'utilité immédiate d'un port creusé à l'entrée du canal, le port intérieur du lac *Timsah* devant suffire à toutes les nécessités de séjour et de réparation des bâtiments. Au lieu du port actuel, la Commission ne proposait, sur la Méditerranée qu'un large chenal s'ouvrant librement en mer, qui donnerait au port Saïd les qualités nautiques essentielles, en réservant la possibilité d'extensions et d'améliorations futures.

Le port Saïd devait donc être formé seulement par un très large chenal courant sud-ouest et nord-est, de 400 mètres de largeur, avec arrière-bassin.

La jetée nord serait poussée à 3,500 mètres, jusqu'aux profondeurs de 10 mètres. La jetée sud serait arrêtée à 2,500 mètres par les fonds de 8 mètres.

Les jetées, construites à pierres perdues, seraient établies sur le sable, et rechargées à l'intérieur, au fur et à mesure de l'enfoncement des blocs, par suite du curage du chenal.

La jetée du nord aurait 10 mètres de largeur au couronnement; la jetée sud, 6 mètres. Elles seraient élevées de 2 mètres au-dessus de l'eau et surmontées d'un parapet.

Les abords du port seraient signalés par un phare d'atterrage, établi sur la pointe de Damiette; l'entrée serait éclairée par deux fanaux, établis en tête des jetées et à terre.

Quant au port de Suez, comme sa rade est abritée de tous les vents, excepté de ceux du sud-est, il devait suffire de prolonger la jetée de l'est d'une certaine longueur, au delà de celle de l'ouest, pour que l'abri fût complet. Les jetées auraient une longueur de 1,600 mètres, avec une profondeur de 8 à 9 mètres. Elles devaient former le chenal pour l'entrée et la sortie des navires. Comme le chenal d'entrée de Suez ne présentait pas une profondeur suffisante, on aurait à le creuser jusqu'à une profondeur de 9 mètres, sur 300 mètres de largeur.

Un phare devait être placé sur les côtes de la rade de Suez. Comme celui du port Saïd, il serait tournant et à plusieurs feux de premier ordre.

Tel était le plan général arrêté par la Commission internationale, d'une entreprise destinée à opérer un changement complet dans les conditions du commerce européen, à ouvrir les portes de l'Orient, à répandre la civilisation sur plus de 500 lieues de côtes africaines, et à accomplir, pour la marine, une révolution semblable à celle qu'avait déterminée autrefois la découverte du cap de Bonne-Espérance.

La figure 30, qui donne une *vue panoramique du canal de Suez*, est la représentation pittoresque du plan qui fut proposé en 1858, par la Commission internationale.

Le rapport de la Commission internationale se terminait par un tableau donnant l'abréviation des distances que devait procurer le canal de Suez à la navigation.

Cette diminution, vraiment énorme, avait lieu dans les proportions suivantes, en rapportant à Bombay, dans les Indes, le but du voyage, pour prendre un terme de comparaison.

INDICATION des ports D'EUROPE ET D'AMÉRIQUE	DISTANCE JUSQU'A BOMBAY		DIFFÉRENCE en faveur DU CANAL DE SUEZ
	Par L'ATLANTIQUE	PAR SUEZ	
	Lieues	Lieues	Lieues
Constantinople...............	6100	1800	4300
Malte	5840	2062	3778
Trieste......................	5960	2340	3620
Marseille	5650	2374	3276
Cadix.......................	5200	2224	2976
Lisbonne	5350	2500	2850
Bordeaux....................	5650	2800	2850
Le Havre....................	5800	2824	2975
Londres.....................	5950	3100	2850
Liverpool...................	5500	3050	2850
Amsterdam..................	5950	3100	2850
Saint-Pétersbourg...........	6550	3700	2850
New York	6200	3761	2439
Nouvelle-Orléans............	6450	3724	2726

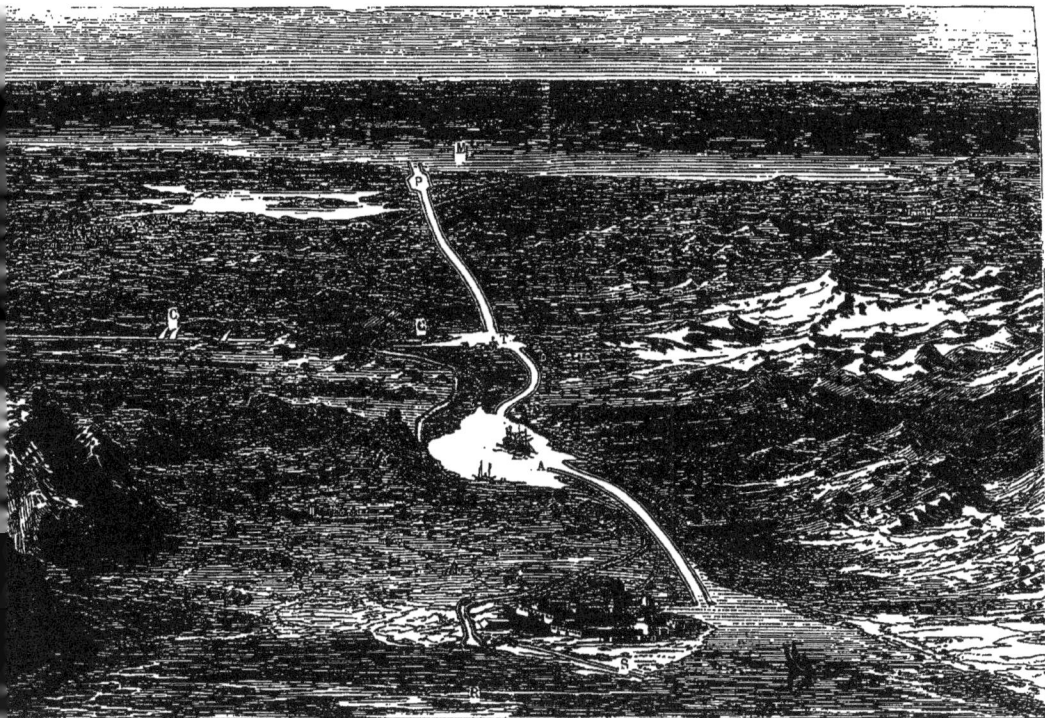

FIG. 30. — VUE PANORAMIQUE DU CANAL MARITIME DE SUEZ ET DU CANAL D'EAU DOUCE

(S, Suez ; A, Lacs Amers ; T, lac Timsah ; P, emplacement de Port-Saïd sur la plage de l'ancienne Péluse ; CC, canal d'eau douce ; R, mer Rouge; M, Méditerranée.)

La Commission avait fixé approximativement le temps exigé pour les travaux, ainsi que la dépense qu'ils entraîneraient. Elle évaluait les travaux proprement dits à 180 millions, chiffre qui fut, d'ailleurs, notablement dépassé, à cause du temps qui fut perdu à lutter contre l'opposition de l'Angleterre, temps pendant lequel couraient les intérêts du capital. On estime que le canal a coûté, en définitive, 500 millions. Cet accroissement s'explique donc par les difficultés qu'a rencontrées l'entreprise, non de la part des choses, mais par suite des difficultés politiques, ce que n'avait pu prévoir la réunion d'ingénieurs éminents dont nous venons de résumer les travaux.

Après avoir donné une idée sommaire de la direction du canal maritime proposé par la Commission internationale, nous devons entrer dans l'examen des moyens proposés par la même Commission pour son exécution pratique.

Le premier travail à accomplir, pour préparer et permettre le creusement du grand canal maritime à travers le désert, devait consister à creuser un canal destiné à porter de l'eau douce aux nombreux travailleurs de l'isthme, pour faire renaître dans cette contrée l'antique fécondité qui la faisait nommer par l'Écriture *la terre des paturages*. C'est seulement après le creusement du canal d'eau douce que l'on pourrait commencer le grand travail consistant à creuser la rigole maritime.

Le canal d'eau douce devait partir du Caire, pour aboutir au lac *Timsah*. Là, il s'infléchirait, pour longer le grand canal maritime, et il fournirait, sur tout le parcours, de l'eau potable, en même temps qu'il servirait à l'irrigation des terres que le vice-roi avait concédées à la Compagnie. Le canal d'eau douce du Caire au lac *Timsah* devait aussi transporter au Caire, et par conséquent, dans tout l'intérieur de l'Égypte, les marchandises apportées par les navires étrangers.

Parlons d'abord du canal d'eau douce.

Comment se procurer l'eau douce, pour alimenter les travailleurs et les machines, et fournir, en même temps, une voie de transport pour les approvisionnements et le matériel ?

Depuis longtemps déjà il existait une dérivation du canal de Moès (Moïse) prenant, à Zagazig, l'eau du Nil, se dirigeant vers l'Est, et allant, par Abou-Ahmed, jusqu'à Ras-el-Ouady (voir la carte fig. 31). Cette dérivation fut prolongée, à partir de ce dernier point, jusqu'au lac Timsah.

L'eau douce fut ainsi amenée au centre de l'isthme, ce qui permit de s'y établir et d'y fonder un centre d'organisation. C'est là que devait s'élever un jour la ville d'Ismaïlia.

A 2 ou 3 kilomètres du lac Timsah, le canal d'eau douce, comme il vient d'être dit, devait s'infléchir, longer le tracé du canal maritime, en contournant les lacs Amers, et aboutir à Suez, après un parcours de 80 kilomètres.

Pour assurer à ces canaux une hauteur d'eau et une abondance d'alimentation auxquelles la prise d'eau de Zagazig, toute provisoire, n'aurait pu suffire, on creusa un nouveau canal, qui part du Nil à la hauteur de Boulak et aboutit à Abou-Ahmed, dans le canal déjà creusé, en suivant la lisière orientale du Delta. Cette branche a 75 kilomètres de longueur.

Le canal d'eau douce a une section d'environ 8 mètres au plafond et 17 mètres à la ligne d'eau, sur 2 mètres de profondeur.

Il communique à Ismaïlia avec le canal maritime par deux écluses, et communique à Suez, avec la mer Rouge, par une seule écluse.

A Boulak la cote du plafond du canal d'eau douce est de 28^m,20 ; à Ismaïlia elle est de 22^m,16, en amont de l'écluse ; à Suez elle est de 19^m,68. Ces cotes sont rapportées à un plan de comparaison qui est placé à 10^m,20, au-dessous du niveau moyen de la Méditerranée.

Trois écluses intermédiaires sont espacées sur la branche de Suez.

Arrivons au canal maritime.

Avant que la Commission internationale eût pris une connaissance exacte des localités, on redoutait beaucoup que la nature du sol de l'isthme de Suez ne présentât des obstacles sérieux à l'opération du creusement. On craignait que des roches, des grés, des formations primitives, ne vinssent opposer de grandes difficultés aux outils perforateurs. Or, tout au contraire, l'étude géologique des terrains que le canal devait traverser, ainsi que les forages nombreux exécutés par la Commission (travail bien remarquable, pour le dire en passant, si l'on considère la profondeur des forages qui furent pratiqués, et la difficulté que de telles opérations ont dû rencontrer au milieu du désert) ; enfin l'examen de toutes les roches propres à ces terrains, démontrèrent, avec évidence, que le sol de l'isthme de Suez ne pourrait présenter la moindre résistance aux opérations du creusement. C'est un sol sablonneux et formé presque entièrement d'alluvions des deux mers ; ce qui était, d'ailleurs, facile à prévoir si l'on considère qu'à une époque plus ou moins reculée, la mer a dû occuper la place de l'isthme de Suez, et que la réunion de l'Egypte avec l'Asie n'est qu'un résultat des alluvions jetées peu à peu par les deux mers qu'une langue de terre sépare aujourd'hui.

La géologie de l'isthme de Suez est résumée avec précision dans une Note qui fut présentée, le 19 juin 1856, à l'Académie des sciences, par M. Renaud, comme le résumé de ses observations sur le terrain. Nous la

CARTE DU CANAL MARITIME DE SUEZ.
Avec le tracé du Canal d'eau douce.

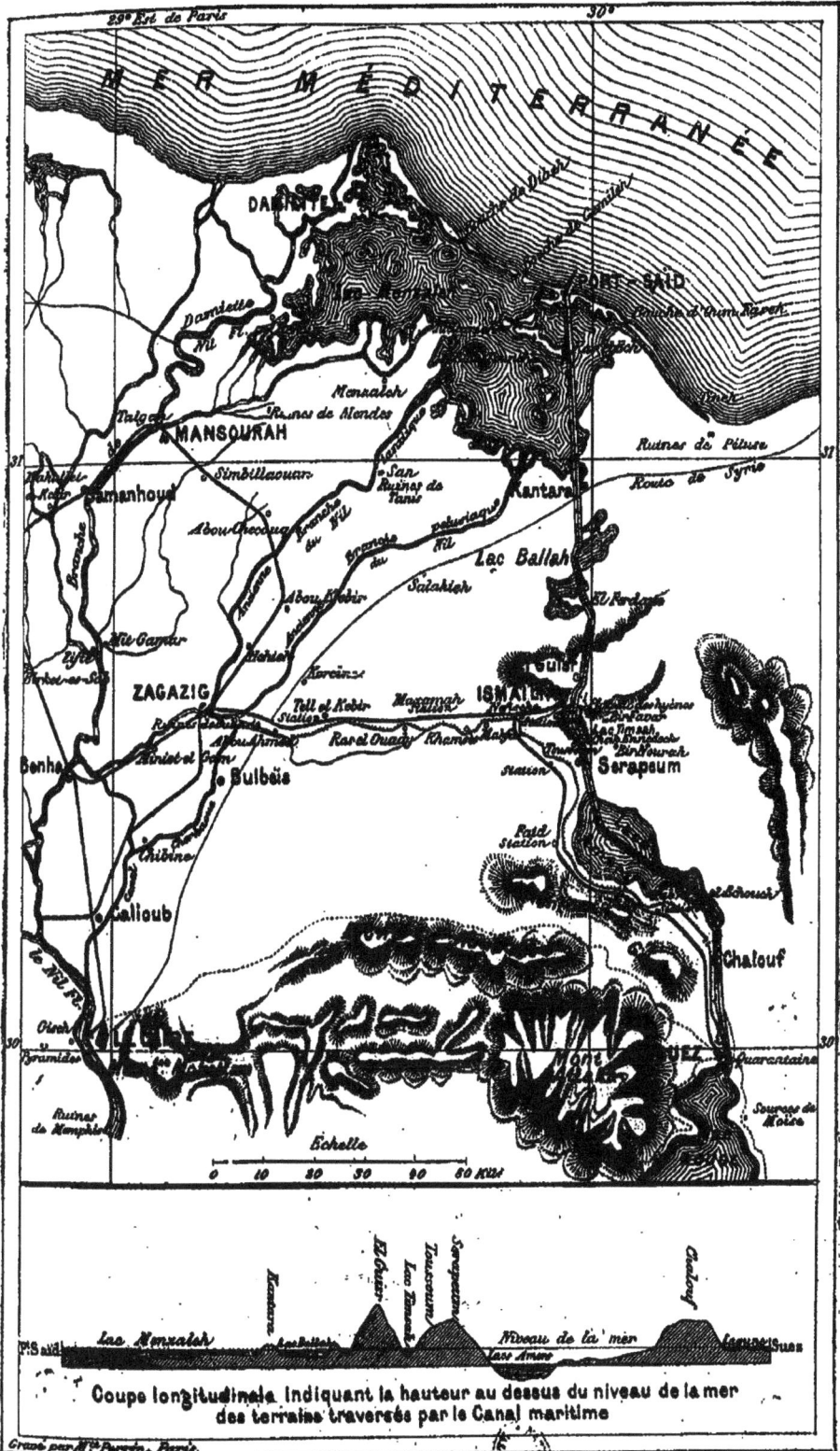

M E R   M É D I T E R R A N É E

DAMIETTE

PORT-SAID

Damiette

Menzaleh

Ruines de Mendes

MANSOURAH

Talges

Simbillaouan

San Ruines de Tanis

Kantara

Ruines de Pæluse

Route de Syrie

Mahallet Kebir

Samanhoud

Abou Checoua

branche du Nil

Lac Ballah

El Ferdane

branche du Nil

Abou Khebir

Salahieh

Mit Gamar

Mahiet

Kercins

ZAGAZIG

Tell el Kebir Station

Abou Ahmad

Benha

Miniet el Gorn

Bulbeis

Ras el Ouady

Khamse Magfar

Ismailia

Serapeum

Station

Ras Station

Chibine

Calioub

Chalouf

le Nil Fl.

Oinh

Pyramides

SUEZ

Quarantaine

Ruines de Memphis

Sources de Moïse

Echelle

0   10   20   30   40   50 Kil.

P^te Said   Lac Menzaleh   Niveau de la mer   Lac Amers   Canal de Suez

Coupe longitudinale indiquant la hauteur au dessus du niveau de la mer
des terrains traversés par le Canal maritime

Gravé par Mlle Perrin, Paris.

Canal Maritime.   Canal d'eau douce.   Chemins de fer.

F^IG. 31.

citerons textuellement, parce qu'elle servit de base et de règle pratique à l'exécution des travaux pour l'attaque des terrains sur le trajet du canal maritime.

« Dans toute l'étendue de l'isthme, qui est, dit M. Renaud, d'environ 113 kilomètres, mesurés suivant une ligne droite, joignant la partie la plus septentrionale du golfe de Suez au fond du golfe de Péluse, on ne rencontre à la superficie que des sables, plus ou moins mélangés avec du gravier et plus ou moins stériles.

En partant de Suez et jusqu'à environ 5 kilomètres de cette ville, les sables sont sans mélange de galets, et paraissent avoir été, sinon déposés, au moins étendus par les eaux de la mer. En avançant vers le nord, le gravier se montre peu à peu, et devient assez abondant vers la partie la plus élevée du seuil qui sépare la mer Rouge du bassin des lacs *Amers*, mais il ne se trouve à peu près qu'à la surface ; on le retrouve encore, mais déjà plus petit, dans le bassin des lacs, et surtout au pourtour de ces bassins, où il forme des bourrelets qu'ont laissés autrefois les eaux. Au fur et à mesure que l'on avance vers le nord, il devient de plus en plus petit et disparaît complètement à la hauteur du lac *Ballah*.

Le sol est de la stérilité la plus complète dans toute la partie méridionale de l'isthme jusque vers le milieu des lacs *Amers*. Dans l'autre partie, il produit, en plus ou moins grande abondance, l'espèce de végétation particulière au désert, et qui sert de nourriture aux chameaux. Aux abords du lac *Timsah*, dans les parties desséchées de son lit et dans le lit du canal ouvert autrefois dans la vallée de l'*Ouadée-Toumilat* les tamarins croissent en assez grande abondance.

Les sables présentent partout une grande fixité, excepté en quelques points aux abords du lac *Timsah* et dans le sud du lac *Ballah*, où il existe des dunes mobiles. Cette fixité est attestée par les traces, encore parfaitement visibles, de travaux exécutés avant la domination grecque, par l'état de conservation des digues de l'ancien canal ouvert par les rois égyptiens et recreusé par les califes, enfin, par la forme des ondulations très allongées que représente le terrain, forme qui diffère essentiellement de celle que le vent donne aux dunes ou sables voyageurs.

On trouve aussi en quelques points :

1° A la surface du sol, du sulfate de chaux, soit en lames cristallisées en aiguilles, soit en rhomboïdes disséminés, soit en dépôts de 10 à 40 centimètres d'épaisseur ;

2° Sur le seuil compris entre Suez et le bassin des lacs *Amers*, des mœllons calcaires dispersés à la surface des sables.

Sur le sommet de quelques monticules, une ou deux couches de calcaire ayant toute l'apparence du silex.

Pour connaître d'une manière aussi certaine que possible les terrains de l'isthme dans lesquels sera creusé le canal de jonction des deux mers, des forages, au nombre de 19, ont été exécutés entre Suez et Péluse et ont été poussés à 8 mètres au-dessous des basses mers de la Méditerranée.

Le seuil qui sépare le bassin des lacs *Amers* de la mer Rouge présente, au-dessous du sable, des argiles compactes, des argiles sableuses, du sable et du gravier, des argiles feuilletées, etc. Le sondage n° 2 accuse un banc calcaire sur un

banc de sable qui se trouve en face de Suez, de l'autre côté du port. On a trouvé
l'argile marneuse dans le sondage n° 3, mais en général les autres argiles font à
peine effervescence avec les acides. On retrouve également les argiles dans la première partie du bassin des lacs *Amers;* ces argiles sont plus ou moins marneuses.
Au delà du grand bassin des lacs *Amers*, on ne trouve que des sables, à l'exception
du sondage n° 19, qui a accusé des bancs de marne.

Les terrains de l'isthme appartiennent donc incontestablement à la formation
tertiaire, qui constitue le sol de toute la basse et de la moyenne Égypte, et tout le
grand plateau du désert libyque.

On trouve dans le bassin des lacs *Amers* des coquilles de l'espèce de celles que
produit la mer Rouge : des hélices, des spondilles, des rochers, mais surtout des
mactres. Ces dernières en tapissent généralement le fond sur des étendues plus ou
moins considérables. Ces coquilles ont-elles continué à vivre dans ces lacs, après
leur entière séparation de la mer Rouge ? Cela est peu probable, parce que, sous
le ciel brûlant de l'Égypte, ces lacs ont dû assécher promptement. Il est vrai qu'au
temps de Strabon, et même très probablement à l'époque où Hérodote visitait
l'Égypte, les lacs *Amers* contenaient de l'eau douce, qu'y amenait du Nil le canal
de jonction de ce fleuve avec la mer Rouge.

Une question fort controversée est celle de savoir si, à l'époque où les Hébreux
fuyaient de l'Égypte, sous la conduite de Moïse, les lacs *Amers* faisaient encore
partie de la mer Rouge. Cette dernière hypothèse s'accorderait mieux que l'hypothèse contraire avec le texte des livres sacrés, mais alors il faudrait admettre que
depuis l'époque de Moïse (1471 ans avant Jésus-Christ) le seuil de Suez serait sorti
des eaux.

Dans la partie septentrionale du bassin des lacs *Amers*, qui est en même temps la
plus profonde, existe un dépôt de sel marin qui a été trouvé de 7 m. 50 d'épaisseur
au sondage n° 10. Il repose sur des vases qui paraissent venir du Nil. Ce sel a
vraisemblablement été amené par des eaux de source qui l'y ont déposé en s'évu-
porant. On retrouve également ces sels au sondage n° 9, mais recouvert par une
couche de sulfate de chaux cristallisé en très fines aiguilles.

Les rivages de la mer ne paraissent, pas plus que le sol de l'isthme, avoir
éprouvé de notables changements depuis les temps les plus reculés. Ainsi, dans
le golfe qui s'étend au sud et à l'ouest de Suez, le dépôt sableux de soulèvement
diffère entièrement d'aspect et de forme de celui que la mer a ajouté au rivage, et
ne peut être confondu avec lui. Il contient, d'ailleurs, une quantité considérable de
coquilles qui ne se trouvent pas, même en petite quantité, dans le premier. Ces
sables, ainsi rapportés par la marée, n'ont nulle part, dans tout le développement
du golfe, plus de 100 mètres de longueur.

La stabilité du rivage a été encore plus grande dans le golfe de Péluse. Toute la
plaine qui entoure les ruines de cette ville antique est formée d'alluvions du Nil ;
elle est séparée de la mer par un *lido* ou cordon littoral de sable qu'il est impossible
de confondre avec elle. La largeur de ce lido varie de 80 à 120 mètres ; comme elle
ne pouvait être sensiblement moindre dans les temps anciens pour protéger la
plaine moins élevée, qui est en arrière, il faut bien en conclure que les choses sont
sensiblement aujourd'hui dans l'état où elles étaient autrefois. Cette observation

s'applique à toute l'étendue du cordon littoral qui borde le lac *Menzaleh*. Ainsi se trouvent vérifiées les conclusions auxquelles est arrivé M. Élie de Beaumont. dans son *Cours de géologie pratique*, relativement à la stabilité des rives du Delta. »

D'après la composition des terrains de l'isthme de Suez exposée dans cette note, il est certain que les opérations à exécuter sur toute l'étendue du trajet du canal ne devaient pas présenter plus de difficultés que l'on n'en trouve dans les terrains ordinaires pour ce genre de travaux.

On avait élevé contre la possibilité du percement de l'isthme et pour repousser ce projet, deux objections pratiques, qu'il importe d'examiner, en terminant ce chapitre.

En ce qui concerne la plage de Péluse, on avait prétendu que, formée de dépôts séculaires provenant des alluvions du Nil, elle ne présentait que des amas de fanges mobiles, qui rendraient impraticable une navigation permanente. On craignait, en outre, que ses fonds vaseux s'élevant presque jusqu'à la surface de l'eau, il ne fallût prolonger la jetée jusqu'à 7,000 ou 8,000 mètres en pleine mer, pour atteindre la profondeur voulue de 8 mètres d'eau. Mais l'exploration prouva que la côte de Péluse, composée, au contraire, d'un sable très fin et très uni, ne laisse voir aucune trace de ces prétendus bancs de fange apportés par les alluvions du Nil. En s'écartant un peu à l'Ouest de l'ancienne cité, pour se rapprocher de Tanis, la Commission rencontra les 8 mètres d'eau désirés, non à 8,000 mètres, mais seulement à 2,300 mètres de la plage, c'est-à-dire à une distance telle que le prolongement de la jetée n'était qu'un travail très ordinaire.

En ce qui touche la navigation dans les parages de la mer Rouge, on avait avancé que cette mer est hérissée d'obstacles, qui devaient la rendre funeste aux bâtiments engagés entre ses écueils. On assurait que ces difficultés entraîneraient beaucoup de lenteurs dans la navigation ; on ajoutait que les bâtiments n'auraient aucun avantage à prendre la nouvelle route, attendu que le trajet, sans être moins long par Suez, serait infiniment plus pénible. Mais l'examen des faits et les renseignements recueillis, avaient suffi à la Commission internationale pour faire justice d'appréhensions sans fondement.

Les résultats commerciaux et financiers que devait présenter l'exécution du canal maritime de Suez, pour tous les pays de l'Europe et pour l'Amérique du Nord, peuvent être résumés dans un chiffre expressif: *Sur une moyenne de cinq à six mille lieues, la route commerciale entre l'Occident et l'Orient devait se trouver abrégée, en moyenne, d'environ trois mille lieues.*

Ainsi, possibilité d'exécution, intérêt de tous les peuples navigateurs, progrès du commerce et de la civilisation, rémunération assurée du capital avancé pour l'exécution des travaux au moyen des péages effectués par les nombreux navires qui traverseraient le canal, tout se réunissait pour rendre le percement de l'isthme de Suez digne de la sollicitude des deux mondes.

Il ne faut donc pas être surpris de voir, dès l'annonce de la possibilité d'ouvrir une voie navigable et libre entre l'Europe et les Indes, tous les peuples maritimes se préparer à parcourir cette carrière nouvelle. Il n'était pas alors une nation maritime qui ne fît ses calculs, consultât son expérience, mesurât l'étendue de la route promise, et ne se préparât à la lutte sur un nouveau théâtre.

A la simple annonce de l'ouverture probable du canal de Suez, l'Italie, voyant renverser l'obstacle qui détermina, il y a quatre siècles, la ruine de son commerce maritime, espérait voir renaître pour elle les beaux jours de sa prospérité au moyen âge. Une commission d'enquête était établie à Venise, avec mission de retrouver les traditions de la navigation du Levant par la voie d'Égypte, et de rechercher les moyens d'en reproduire la grandeur.

La Sardaigne perçait les Alpes et les Apennins, pour ouvrir un passage aux produits de la Suisse, du Piémont et de la Savoie, et les conduire dans le nord de l'Italie. Elle votait une loi, pour élargir le port de Gênes, et le mettre ainsi en état de suffire au grand nombre de navires que le canal de Suez pourrait faire affluer à Gênes, ce port aux grands souvenirs, qui fut le berceau de Christophe Colomb et d'André Doria.

L'État romain lui-même, dans la prévision de l'ouverture prochaine du canal maritime de Suez, trouvait ses ports insuffisants. Il cherchait au delà du Tibre, du côté de l'Orient, une baie permettant de recevoir les grands navires, et d'y former un vaste port marchand. Ce port serait rattaché à la longue ligne ferrée qui, traversant la France, pour aboutir à Rome, devait transporter, sans solution de continuité, les marchandises et les voyageurs de Calais jusqu'à Naples, en traversant Paris, Florence et Rome, voie nouvelle qui conduirait plus directement de Londres aux Grandes Indes.

Dans la même prévision, l'Autriche prolongeait le réseau ferré de la Lombardie jusqu'à Venise, et le réseau de l'Allemagne depuis le Weser, l'Elbe et le Danube, jusqu'à Trieste. Elle ouvrait ainsi à l'Allemagne et aux provinces cisalpines une voie nouvelle pour conduire, grâce à la mer Adriatique et au canal de Suez, jusqu'aux trésors de l'Orient qui alimentent son commerce.

L'Espagne créait des chemins de fer partant de Madrid, pour aboutir à Barcelone, à Carthagène et à Cadix. L'ouverture du canal de Suez devait lui ouvrir un moyen facile et inespéré, pour rendre la prospérité et la vie aux îles Philippines, ses précieuses possessions dans la mer des Indes.

Le même mouvement se propageait jusqu'aux confins de la mer du Nord. Le roi de Hollande prescrivait à une commission spéciale, d'étudier les conséquences qu'aurait l'ouverture du canal égyptien sur la navigation et le négoce d'un État qui possède encore dans l'Océanie les îles de la Sonde et les Moluques. On parlait même, en Hollande, d'un mouvement commercial annuel de *trois cents millions* à faire passer par l'Égypte.

Les villes hanséatiques s'apprêtaient à profiter des lumières recueillies par la Hollande.

L'Australie, qui avait vu tripler en dix ans sa population, et quadrupler en quatre ans son commerce avec l'Europe, appelait avec ardeur le moment où serait réduite, dans une forte proportion, la distance des six mille lieues de route détournée qui la séparent de l'ancien monde. En 1856, elle passait un contrat pour faire transporter par l'Égypte ses voyageurs, sa correspondance et son or, en attendant que ses marchandises communes pussent suivre cette voie, devenue complètement maritime par l'ouverture du canal de Suez.

Tels sont les grands travaux publics que l'on préparait, chez les nations maritimes de l'Europe, à la seule annonce de l'établissement probable du canal égyptien.

La France ne restait pas en arrière de ce mouvement général. En 1857, les conseils généraux de nos départements, auxquels M. Ferdinand de Lesseps avait donné communication des travaux et des vues de la Commission internationale, répondaient en appuyant de leurs vœux la réalisation de ce projet. On compta 76 conseils généraux émettant uniformément ce vœu. Les chambres de commerce de toute la France suivirent cet exemple.

Ce grand élan de tant de peuples éclairés n'avait rien qui pût surprendre, quand on considère que le canal de Suez devait faire communiquer entre elles, sans détours immenses et sans solution de continuité, l'Europe, l'Afrique septentrionale et les vastes contrées des Indes Orientales, ouvrir la voie la plus économique entre notre Europe et ces pays si favorisés de la nature, qui donnent : en Australie l'or et la laine, en Arabie, les aromates ; en Océanie, les épices ; en Chine, le thé et la porcelaine ; dans les Indes, la soie et le coton ; réunir, enfin, trois cents millions d'Occidentaux qui possèdent la science et l'industrie, aux six cents millions d'Orientaux, qui attendent de leurs frères éloignés les bienfaits du savoir et de la civilisation.

VIII

Le succès de la souscription publique, à laquelle, d'ailleurs, les Anglais
s'étaient nettement refusés de prendre la moindre part, et le premier coup
de pioche donné dans l'isthme, avaient ravivé toutes les colères britanniques. Le mécontentement du cabinet anglais se manifesta avec une force
nouvelle. On ne se contenta plus de nouer quelques intrigues passagères ; on
entama une campagne directe. Et ce ne fut plus seulement une opposition
politique, c'est-à-dire combinée et poursuivie par des diplomates auprès
du sultan ou du vice-roi, ce fut une opposition brutale, prête à tout risquer.

Cette dernière tentative mérite d'être sommairement racontée.

Mohammed-Saïd avait mis à la disposition de M. de Lesseps ses arsenaux
du Caire et d'Alexandrie, pour y entreposer le matériel de travail, qui,
déjà, arrivait en Égypte. Il mit également à la disposition de « son ami »
des escortes et des moyens de transport ; il lui fournit même de l'outillage.
En s'abritant ainsi derrière le vice-roi, M. de Lesseps parait d'avance les
coups dont il se voyait menacé par l'Angleterre.

Déjà deux mille hommes sont occupés, dans l'isthme, à niveler définitivement le terrain, à piqueter le tracé des canaux, à déterminer les profils en
long et en travers, à compléter les sondages. Dix campements sont établis
sur le tracé du canal. La plage de Port-Saïd devient l'entrepôt des approvisionnements venus d'Europe. Un *appontement* de trois cents mètres est
construit sur ce point du rivage, ainsi qu'un phare, dont la portée sera
de vingt-cinq milles en mer. Des ateliers, une scierie mécanique, des
machines distillatoires, une briqueterie, etc., sont installés sur cette plage,
déclarée naguère « impraticable ».

Pour organiser ces choses et les organiser aussi activement que le
voulait M. de Lesseps, le concours des fellahs égyptiens avait été demandé,

et ils arrivaient de toutes parts. Or, l'Angleterre ayant fait imposer à M. de Lesseps qu'il n'emploierait d'ouvriers européens que dans la proportion d'un Européen pour cinq indigènes, le même gouvernement anglais se mit en tête d'empêcher les fellahs d'arriver dans l'isthme. Des émissaires étrangers poursuivaient les fellahs disposés à offrir leurs services, et les bâtonnaient.

Le 16 mai, M. de Lesseps dénonce publiquement ces menées, et déclare, au nom du vice-roi, que « S. A. Mohammed-Saïd est résolu à réprimer tout ce qui se produirait de pareil, *quelque grand et élevé qu'en fût l'auteur* ». Aussitôt, les ouvriers du canal s'arment, prêts à repousser par la force toute agression : dès ce moment, on ne parla plus de bâtonner les fellahs.

Le *Times*, en même temps, dressait ses batteries, et les dirigeait vers l'ennemi. Voici l'article qu'il publiait :

« La sujétion de l'Égypte à la Porte, et l'*entière exclusion de toute influence euro-péenne* illégitime, est un sujet d'*importance vitale pour nous ; et nous pouvons dire* que maintenant les labeurs de plusieurs années ont été couronnés de succès. Nous avons complété nos communications avec l'Inde ; nous avons fait notre chemin de fer d'Alexandrie à Suez, que le canal de Lesseps, dans son origine, avait pour objet d'interrompre ; le télégraphe est posé tout le long de la mer Rouge ; nous avons conclu des arrangements pour transporter des troupes dans l'Inde à travers l'isthme, et dans ces entreprises nous sommes obligés de reconnaître que les vice-rois ont montré beaucoup de sens et de modération. Telles sont les bases solides de l'influence anglaise. Tant que nous les aurons toutes, les intrigues et les fanfaron-nades de nos rivaux continentaux ne peuvent avoir que de pauvres résultats. »

Cette déclaration, destinée à effrayer le vice-roi, se termine carrément par ces mots :

« Le plus léger signe d'une disposition à échapper au traité de 1840, appellerait sur le vice-roi tout le poids de la puissance anglaise. Nous tenons Malte et Corfou d'un côté, Bombay et Aden de l'autre ; flottes et armées s'avanceraient de ces deux points, pour mettre à la raison un ambitieux gouvernement. »

C'était, on le voit, le vice-roi que la haine britannique visait et menaçait directement. Désormais, plus de repos pour lui. C'est lui que le consul d'Angleterre rend responsable de tout ce qui se passe dans l'isthme. C'est lui qu'il somme d'ordonner la cessation des travaux commencés, sans l'autorisation de la Turquie. C'est lui enfin que le *Times* accuse de vouloir livrer l'Égypte à la France.

Le vice-roi était plein de bonnes intentions ; il aspirait à la gloire de percer l'isthme de Suez. Malheureusement, il n'était pas le maître chez lui. Il

avait, à Constantinople, un maître, lequel obéissait, lui-même, à d'autres maîtres, prêts à tout oser. Placé dans l'alternative de manquer à ses engagements envers M. de Lesseps, ou d'attirer sur sa tête les foudres de l'Angleterre, Mohammed-Saïd était livré à toutes les perplexités. Harcelé par les agents anglais, trahi par ses propres conseillers, admonesté par les lettres vizirielles venues de Constantinople, réduit à la dure extrémité d'avoir à désavouer M. de Lesseps lui-même, il croit se tirer d'affaire en se recommandant au consul de France. Mais on est au mois de juin 1859 ; la France est en guerre avec l'Autriche, et Napoléon III est excusable de subordonner ses sympathies personnelles pour le canal de Suez, à la raison d'État, qui l'enchaîne à l'alliance anglaise. Le consul de France a donc pour instruction de s'abstenir, et il s'abstient plus rigoureusement qu'il ne le devrait peut-être.

L'attitude réservée du consul de France ne fit donc qu'augmenter les angoisses de Mohammed-Saïd. Pendant plusieurs jours, il ne vit que flottes anglaises débarquant à Alexandrie. Plus d'une fois, il tourna le dos à M. de Lesseps, et alla se cacher dans quelque retraite, au fond du désert, ou se promener solitairement en mer, sur sa frégate à vapeur.

Le malheureux prince, impuissant à se tirer du réseau d'intrigues et d'abus qui l'environnait, avait comme des accès de frénésie, où sa nature d'Oriental jeté inopinément dans les doubles complications de la science et de la diplomatie, éclatait en transports de désespoir et de rage.

Pendant ce temps, on inquiétait les travailleurs dans l'isthme. Les ingénieurs laissés à Port-Saïd, pour travailler au canal, au milieu des marécages du lac Menzaleh, avaient besoin d'appeler à leur aide tout leur savoir et presque tout leur courage. Quand chaque jour amenait un nouveau problème technique, il leur aurait fallu jouir de tout le calme de leur pensée, pour appliquer les ressources de la science à la solution des difficultés qui se présentaient. Mais les obstacles matériels étaient ceux qui les préoccupaient le moins. Au lieu de se consacrer aux opérations de leur art, il faut que ces anciens élèves de l'École polytechnique affectent une réserve de diplomates de profession.

Ils ne peuvent, toutefois, se dissimuler que l'esprit des populations circonvoisines est contre eux. Les sentiments d'hostilité sont apparents à première vue. On ne peut compter sur aucune coopération. S'ils interrogent autour d'eux, leurs questions se brisent contre un silence craintif, et lorsque, à grand'peine ils peuvent obtenir quelque brève réponse, ils apprennent qu'on menace des galères et de coups de bâton les indigènes qui s'offraient pour travailler aux chantiers de Péluse.

On voulait faire le vide autour des travailleurs. Comme l'abondance des approvisionnements ne permettait pas de les prendre par la faim, on voulait les prendre par la soif. Un moment, ce complot faillit réussir. L'eau que l'on apportait chaque jour du lac Menzaleh, au moyen de barques, arriva moins abondante, par suite des contestations continuelles que soulevaient les autorités et les habitants du pays.

Averti de la pénurie d'eau, M. de Lesseps frète un bateau à vapeur, et se rend à Alexandrie. Là, il se procure des alambics, pour distiller l'eau de mer, afin de se servir de cette eau distillée, convenablement aérée, comme d'eau potable.

Son retour à Port-Saïd, avec les appareils distillatoires, releva le courage des travailleurs. Bientôt, d'ailleurs, la distillation de l'eau de mer fit disparaître toute crainte de manquer d'eau potable. Au milieu de ces épreuves, il n'y eut chez les ouvriers ni inquiétude, ni plainte, et pas une désertion.

Cependant, les manœuvres anglaises, accompagnées de menaces, ayant réussi à intimider Mohammed-Saïd, ses adversaires eurent la prétention de faire condamner par le vice-roi lui-même l'entreprise commencée. Des agents spéciaux, M. Green, puis M. Vaine, se rendirent, à cet effet, auprès de Mohammed-Saïd.

M. Vaine lut au vice-roi « une dépêche confidentielle de lord Malmesbury, dont il ne pouvait laisser une copie, » peignant l'Égypte comme à la veille d'une invasion, et la dynastie de Méhémet-Ali comme en péril d'une coalition nouvelle. Il alla même jusqu'à se servir, en lui donnant une interprétation exagérée, d'une conversation, alors secrète, que sir Henry Bulwer, l'ambassadeur d'Angleterre à Paris, avait eue avec M. Valewski, et que l'agent d'Alexandrie ne pouvait connaître que par les confidences et les instructions de lord Malmersbury. La France y était représentée comme entièrement absorbée par la guerre d'Italie, et ne pouvant prêter le moindre appui au vice-roi.

Mohammed-Saïd, intimidé, approuva la rédaction d'une circulaire, que signa son ministre des affaires étrangères, Chériff-Pacha.

Cette circulaire fut publiée le 9 juin 1859. Elle rappelle que la concession du canal de Suez n'a été accordée que sous la réserve formelle de la ratification du sultan. « Son Altesse a pris soin de manifester ses dispositions sympathiques et sa bienveillance pour une œuvre d'un intérêt si universel; mais elle est, toutefois, décidée à ne pas souffrir que, sous aucun prétexte, il soit procédé à des opérations qui ne devront être faites qu'après que l'approbation à laquelle elles sont soumises aura été obtenue. »

Cette circulaire, adressée à tous les consuls généraux, se termine ainsi:

« En portant à votre connaissance, Monsieur le Consul général, la résolution de Son Altesse de s'opposer aux travaux actuellement en cours d'exécution sur le terrain de l'isthme, lesquels, par leur nature, comme par la qualification qui leur a été donnée, n'ont eu à aucun moment le caractère de travaux préparatoires, je vous prie de vouloir bien inviter ceux de vos nationaux que ceci pourrait concerner, à *cesser immédiatement* de prendre part auxdits travaux, afin de ne pas mettre le gouvernement égyptien dans le cas de recourir aux mesures qui seraient indispensables pour assurer l'exercice de ses droits. »

Fig. 32. — HANGAR, A PORT-SAID, CONTENANT LES ALAMBICS POUR LA DISTILLATION DE L'EAU DE MER

Ainsi, pour se débarrasser du canal, le gouvernement anglais allait jusqu'à faire supporter au gouvernement égyptien la plus forte des humiliations, c'est-à-dire jusqu'à reconnaître que la Porte Ottomane avait seule le droit d'autoriser l'exécution en Égypte des travaux d'utilité publique. Une telle démarche, un tel précédent, devaient, dans l'avenir, lourdement entraver les agissements de la politique égyptienne. C'était une chaîne rivée entre l'Égypte et la Turquie, et rivée par des mains anglaises.

Pour appuyer les prétentions du cabinet anglais auprès du vice-roi, une flotte anglaise était prête à se rendre à Alexandrie ; et le sultan lui-même, sur le conseil de ses ministres, s'apprêtait, a-t-on dit, à débarquer en Égypte. Heureusement, nos succès en Italie, la bataille de Solferino gagnée, suivie de la paix de Villafranca, vinrent rendre à la France sa liberté d'action, et lui permettre de se poser, au besoin, en face des forces anglaises qui menaceraient l'Égypte. Le Divan dut alors regretter sa faiblesse et sa connivence avec l'Angleterre.

Quel était le projet qui réunissait les forces anglaises et ottomanes vers les embouchures du Nil? Le *Times* lui-même attribue à cette manifestation combinée cette double pensée : « 1° réprimer les prétendues idées d'indépendance du vice-roi; 2° lui prêter main-forte, c'est-à-dire de le contraindre à porter le coup mortel au canal de Suez. »

La paix de Villafranca vint faire avorter ces desseins ténébreux. Le sultan, mieux conseillé, ne débarqua pas en Égypte, pour servir d'innocent instrument aux vues de la politique anglaise. Sa flotte, qui l'attendait, depuis quelques semaines, quitta Alexandrie, assez déconcertée, et ne laissant après elle que l'incertitude sur sa vraie destination.

Le vice-roi, M. de Lesseps et la Compagnie du canal purent respirer.

Cependant, tout n'était pas fini. Le gouvernement anglais avait prononcé, sur le canal de Suez, son *delenda Carthago*, et il s'apprêtait à lui donner un assaut désespéré.

Après la paix de Villafranca, M. de Lesseps était revenu en France. Il voulait profiter de la chance favorable que lui donnait à ce moment la fortune de nos armes, pour plaider la cause des intérêts français en Égypte. Il s'adressa à l'Empereur, pour lui demander sa protection contre les intrigues et les menées persistantes du cabinet britannique.

L'Empereur promit son appui à M. de Lesseps, et celui-ci, en attendant les effets de cette promesse, se préparait à convoquer la première assemblée de ses actionnaires, lorsqu'un véritable coup d'État, provoqué par l'ambassadeur d'Angleterre, sir Henry Bulwer, éclata à Constantinople.

Dans les premiers jours d'octobre 1859, une frégate turque entre dans le port d'Alexandrie, ayant à son bord, Mouktar-Bey, ministre des finances du sultan, envoyé par Sa Hautesse au vice-roi d'Égypte, pour lui notifier ses volontés sur la question du canal.

Mouktar-Bey était porteur d'une lettre vizirielle, par laquelle il était enjoint au vice-roi d'avoir à faire cesser toutes les études et les travaux préparatoires en cours d'exécution dans l'isthme.

Mohammed-Saïd fut déconcerté à ce coup imprévu. Il convoque aussitôt le corps consulaire, pour lui donner communication de la lettre vizirielle, en faisant déclarer par son ministre que le gouvernement égyptien désirait se conformer à l'ordre du sultan. Il conclut en invitant le corps consulaire à lui prêter son concours pour l'exécution de cet ordre.

Le corps consulaire entendit cette communication dans un profond

FIG. 33. — ARRIVÉE A ALEXANDRIE, DE MOUTKAR-BEY, MINISTRE DE LA PORTE OTTOMANE (OCTOBRE 1859)

silence. Seul, le consul général de France, M. Sabatier, prenant le contre-
pied de son rôle naturel, se fit remarquer par sa complaisance et son zèle
officieux pour l'envoyé de Constantinople. Au lieu de protester, au
nom des intérêts français, il s'inclina devant la mesure annoncée ; et, comme
doyen du corps consulaire, il déclara donner son adhésion pleine et entière
à la lettre vizirielle, ajoutant même qu'il prêterait son concours aux mesures
coërcitives qui seraient prises contre les Français employés dans les
chantiers de l'isthme.

Voilà certes un représentant de la France bien pénétré de son mandat !

La mission de Mouktar-Bey semblait devoir porter le coup fatal à l'entreprise. Les adversaires de M. de Lesseps triomphaient. En Égypte, comme
en France, l'émotion allait jusqu'à la panique, et le bruit se répandit à
Paris, que l'Empereur, ne voulant plus entendre parler du canal, laissait
le champ libre à l'opposition anglaise.

Hâtons-nous de dire que la mission de Mouktar-Bey, au lieu d'être le
signal de la ruine de l'entreprise, fut, au contraire, la cause de son triomphe.
M. de Lesseps puisa dans cette déclaration de guerre une force irrésistible.
Il plaça la base de sa défense dans le gouvernement français.

Jusque-là, en effet, il avait évité toute intervention du gouvernement de son
pays, pour conserver au percement de l'isthme de Suez son caractère
d'entreprise universelle et commerciale. Les agissements de la politique
anglaise, la mission de Mouktar-Bey, l'appel fait « aux puissances » par
le gouvernement anglais, dans le but de s'entendre au sujet du canal, tout
cela décida M. de Lesseps à s'adresser à son propre gouvernement.

Reçu en audience par l'Empereur, il lui remit la pétition suivante, qui
résumait clairement la situation, et qui commençait ainsi :

« Sire, une société commerciale, à la formation de laquelle les capitalistes de tous
les pays ont été publiquement invités à concourir, s'est constituée, afin d'exécuter,
en vertu d'une concession temporaire et sans privilège pour aucun pavillon, le
percement de l'isthme de Suez, au moyen d'un canal de grande navigation, abrégeant de moitié la route maritime entre l'Occident et l'Orient du monde. »

M. de Lesseps dénonçait alors les attaques de l'Angleterre contre
une société commerciale réunissant les souscripteurs de tous les pays,
attaques, qui menaçaient de compromettre gravement des intérêts légitimes,
basés sur les engagements pris par divers gouvernements de l'Europe. Il
rappelait les vœux des conseils généraux de France, au nombre de 76, et
les droits acquis aux actionnaires français, au nombre de 25,000, qui
avaient souscrit la moitié du capital.

Ce document ne faisait, d'ailleurs, aucune mention des derniers incidents, ni du voyage menaçant du sultan, ni de la mission de Mouktar-Bey. M. de Lesseps n'avait pas voulu s'élever contre les manœuvres dont il était l'objet, mais seulement demander la haute intervention du gouvernement français pour une entente internationale à établir. Une simple note, jointe à sa pétition, relatait les faits qui l'avaient décidé à réclamer la protection de son gouvernement.

L'Empereur assura les pétitionnaires que leur demande serait reçue avec la plus sérieuse considération, et leur annonça que des « négociations étaient déjà entamées par son gouvernement, afin d'aboutir à la solution des difficultés pendantes. » Il ajouta que « sa protection était acquise aux droits et aux intérêts de l'œuvre. »

Vainqueur à Solferino, Napoléon III saisissait avec empressement l'occasion de faire entendre le nom et la voix de la France en Europe. Toutes les demandes de M. de Lesseps reçurent le meilleur accueil. Par un contre-ordre émané du divan de Constantinople, la mission de Mouktar-Bey fut déclarée sans objet, et le vice-roi d'Égypte reçut l'autorisation de continuer dans l'isthme, les travaux commencés. Le consul de France, M. Sabatier, qui avait si mal défendu les intérêts de ses nationaux, fut remplacé. Des négociations s'ouvrirent à Constantinople. Suivies par l'ambassadeur de France, M. Thouvenel, elles amenèrent la Porte à déclarer que le percement de l'isthme de Suez serait favorable aux intérêts de l'empire ottoman.

Le résultat moral de cette déclaration fut considérable. La question du canal de Suez fut officiellement posée devant les puissances, et le monde entier apprit que le canal était placé sous la protection de la France.

En résumé, le complot anglais avorta. L'envoi de l'escadre anglaise à Alexandrie et la mission de Mouktar-Bey, tournèrent au triomphe de M. de Lesseps et à la confusion de ses adversaires.

La Compagnie du canal de Suez n'avait plus, comme entreprise commerciale, à intervenir dans le débat. La diplomatie s'étant emparée des difficultés élevées par le gouvernement anglais, on devait laisser aux diplomates le soin de s'entendre entre eux. Le rôle de M. de Lesseps redevenait ce qu'il était à l'origine, c'est-à-dire qu'il n'avait qu'à s'occuper de creuser le canal, tout en surveillant ses adversaires.

Il ne restait donc qu'à reprendre les travaux. M. de Lesseps arriva, dans ce but, en Égypte, au mois de janvier 1860.

IX

Les travaux dans l'isthme. — Organisation des chantiers. — Campagnes de 1861 et 1862. — Les ouvriers fellahs. — Le canal maritime et le canal d'eau douce.

Les quatre années qui s'étaient écoulées depuis le premier firman de concession du vice-roi, avaient été surtout une période de luttes et de combats. L'année 1860 s'ouvrit sous des auspices plus favorables. M. de Lesseps ne quitte plus l'Égypte. Il commande à une armée de dix mille pionniers, occupés à creuser la petite tranchée qui s'appelle encore, à ce moment, la rigole maritime, la rigole de service, mais qui s'appellera, quelques années plus tard, le canal de Suez. L'entreprise est immense, ardue, compliquée. Comme on travaille en plein désert, il faut tout créer, tout transporter, l'eau, les vivres, les abris, les outils, les appareils, et même les ouvriers.

C'est le 25 avril 1859, que M. de Lesseps avait donné le premier coup de pioche dans les marécages du lac Menzaleh, et, dès l'année 1861, les travaux d'installation et d'aménagement sont terminés.

C'est à partir du premier rapport fait à Paris, par M. de Lesseps, aux actionnaires de la Compagnie, que commencèrent les travaux proprement dits. Dans cette assemblée, qui eut lieu le 15 mai 1861, M. de Lesseps exposa sommairement les négociations qui avaient précédé et suivi la formation de la société, et présenta l'état des travaux commencés.

L'entrepreneur, M. Hardon, avait installé son personnel. Les dragues étaient arrivées dans l'isthme, deux fonctionnaient déjà, et donnaient de bons résultats. Vingt autres étaient prêtes à agir.

Dix grands chantiers étaient installés sur le parcours du canal.

Port-Saïd était le plus important de ces établissements. La nouvelle Péluse, Port-Saïd, était sortie, pour ainsi dire, des lagunes du lac Menzaleh, avec son port et sa rade établis dans toutes les conditions de sécurité voulues pour dissiper le vieux et chimérique épouvantail des ensablements. Bâtie sur pilotis et s'étendant sur un terre-plein, formé des sables extraits par les dragages, la ville, alors naissante de Port-Saïd, était déjà peuplée de 3,000 âmes. Les chantiers étaient situés sur le cordon littoral qui sépare la Méditerranée du lac Menzaleh. Là se concentraient tous les approvisionnements venus d'Europe. Un appontement en bois, (fig. 35) commencé depuis un an, s'avançait déjà à 300 mètres en mer, par des fonds de 3ᵐ,50. Il devait être continué et prolongé suivant les besoins, jusqu'à ce que les enrochements de la jetée définitive pussent être économiquement exécutés.

A peu de distance de l'appontement se dressaient des ateliers pour le montage et la réparation des machines et outils, une scierie mécanique, une boulangerie, des machines distillatoires, des baraquements pour les ouvriers, et vingt maisons en bois pour les conducteurs. Ce commencement d'une grande ville se groupait autour d'un bassin creusé à 100 mètres de la plage.

A Zaheireh, îlot situé vers le milieu du lac Menzaleh, un campement avait été établi, pour la facilité des communications par eau entre Port-Saïd et les chantiers de Kantara. De l'autre côté du lac, à l'endroit où le canal devait couper la route de Syrie, fonctionnait une briqueterie.

A Kantara, dix maisons en bois, en briques ou en pisé, un puits et un four à chaux, préparaient l'importance de cette station.

A dix-huit kilomètres de Kantara, le campement d'El-Ferdane se dessinait, avec quatre maisons, dont deux en maçonnerie et deux en bois. On y avait creusé, à 5 mètres de profondeur, un puits, et construit un four à chaux.

Aux environs du bassin de Timsah, à proximité du tracé du canal de jonction du Nil, en un point nommé Bir-Abou-Ballah, s'organisait un campement. Là est un ancien puits, dont l'origine remonte aux temps bibliques, et où les commerçants égyptiens et syriens se donnaient autrefois rendez-vous, pour l'échange de leurs marchandises. On croit que c'est en ce lieu même que Joseph vint à la rencontre de son père Jacob. On avait rétabli et amélioré le puits, et fait, au moyen de son eau, d'heureux essais de culture.

A huit kilomètres de Bir-Abou-Ballah, au sud du bassin de Timsah, sur un plateau élevé, au pied duquel passait le tracé du canal maritime, se dressaient le campement et les chantiers de Toussoum. Les environs de ce campement abondaient en matériaux : pierres, chaux, plâtre, combustible, etc. En attendant la création d'Ismaïlia, Toussoum devait être le centre de communication et d'approvisionnement pour tous les chantiers situés entre Timsah, Port-Saïd, le Caire et Suez.

Toussoum se composait de trente-trois constructions en pisé, faites dans

les meilleures conditions, pour hôpital, ateliers, magasins, logements, boulangerie, étables, forges, fours, puits, etc.

Le personnel de Toussoum travaillait aux nivellements né-cessaires à l'établissement im-médiat de la conduite d'eau douce dérivée des canaux du Nil, qui devait assurer l'approvision-nement des chantiers de l'isthme.

Au sud de Toussoum, un campement de deux maisons était placé au milieu du seuil du Sérapéum, pour y creuser un puits de 9 à 10 mètres de profondeur.

Entre le Sérapéum et Suez, à quelques kilomètres à l'ouest du bassin des lacs Amers, un campement était établi, pour préparer l'exploitation des car-rières de la montagne de Geneffé, qui se développaient à pic, au-dessus du campement, à une hau-teur de 150 mètres. Ces bancs, se composaient de pierres calcaires, de cinq ou six variétés, toutes également précieuses, suivant leur qualité, soit pour les constructions en maçonnerie, soit pour les en-rochements des jetées et les murs de quais. On creusait sur ce point un puits profond, et trois maisons y étaient bâties.

A Suez, aucun chantier n'était encore établi; une seule maison y avait été construite. Un poste de garde avait été placé au pied des montagnes de l'Attaka, pour

FIG. 34. — LA PLAGE DE PORT-SAID, EN 1861

l'exploitation des carrières dont la Compagnie avait pris possession, et qui

pouvaient fournir plusieurs centaines de mille mètres cubes de blocs naturels, nécessaires aux travaux d'enrochement du port.

Partout des matériaux utiles avaient été découverts. Port-Saïd, seulement,
n'avait rien offert aux explorateurs pour la construction des jetées. Le vice-
roi combla cette lacune en cédant à M. de Lesseps, les carrières du Mex,
situées au fond de la rade d'Alexandrie.

Telle fut l'organisation sommaire des chantiers le long du canal, et,
pour ainsi dire, la prise de possession de l'isthme. En effet, la Compagnie,
par ses ouvriers, occupait toute la ligne du canal.

Fig. 35. — BUREAU DES INGÉNIEURS A PORT-SAID

C'est à partir de ce moment que commence l'attaque générale du terrain.
Nous allons suivre, année par année, la succession des travaux, sans négliger
de signaler les menées politiques qui vinrent trop souvent, sinon les arrêter,
du moins en suspendre l'activité.

Amener dans le désert un nombre suffisant d'ouvriers, et leur procurer
des approvisionnements de toute espèce, tel fut le premier point sur lequel
dut se porter l'attention des auteurs de cette grande entreprise. En France,
en quelque point qu'on réunisse des travailleurs, les chemins de fer, ou, à
leur défaut, les voies navigables et les routes carrossables, ne cessent
d'approvisionner cette population improvisée; de tous côtés s'offrent les

ressources que fournit une société fortement constituée. Mais dans le désert, tout était à créer, et tout fut créé, en effet, de manière à assurer le bien-être de quarante mille hommes. Vingt-cinq mille furent occupés dans le cours de l'année 1862; en 1863, on en comptait quarante mille.

En 1855, lorsque s'organisa la Compagnie du canal, la situation des

FIG. 36. — APPONTEMENT DE PORT-SAID ET CHEMIN DE FER DE DÉBARQUEMENT

travailleurs égyptiens était à peu près la même que nous la représente la Bible, à l'époque des Pharaons. Le peuple égyptien, vivant de peu, et se contentant d'un salaire insignifiant, quelquefois nul, était, depuis des siècles, habitué à se soumettre aux plus rudes travaux, sans recevoir de salaire. On ne prenait aucun souci de ses besoins, ni de sa santé. Dans un tel état de choses, la mortalité des travailleurs devait être, et était considérable. Nous avons déjà dit, que sous Méhemet-Ali, le creusement du canal de Mahmoudieh fit périr dix mille ouvriers, sur cent mille.

Le vice-roi ne pouvait renoncer au mode de recrutement usité jusqu'à lui pour les travaux publics, c'est-à-dire à la *corvée*, sans frapper l'Égypte de stérilité ; mais il voulut améliorer la condition du travail et le sort de son peuple. Dans cette pensée, il avait distribué, dès 1855, entre les chefs de famille, toutes les terres disponibles, dont le gouvernement avait eu jusque-là la propriété et le monopole.

En dehors de cette distribution de terres faite aux familles des paysans, se trouvait une jeune génération d'enfants, arrivés alors à l'état adulte, dont l'existence dépendait d'un travail quotidien et du salaire qui en est le fruit. C'est par ces hommes, au nombre effectif de quatre à cinq cent mille, que le gouvernement faisait faire ses *corvées;* et c'est en disposant de cette population qu'il put parer à toutes les nécessités, sans troubler le cultivateur, sans enlever à l'agriculture les hommes qui lui étaient le plus utiles.

C'est donc parmi la population de jeunes fellahs constamment à sa disposition, que le vice-roi, après avoir compris le percement de l'isthme au nombre des travaux d'utilité publique, autorisa la Compagnie du canal à recruter ses ouvriers.

Voici comment s'opérait cette sorte de recrutement. Un certain nombre de jeunes gens, désignés dans chaque village, se rendaient sur les chantiers des travaux, dirigés et commandés par leurs cheiks (chefs de village). Ceux-ci surveillaient le travail, sous le commandement supérieur d'un haut agent du vice-roi, Ismaïl-Bey, qui était chargé aussi de veiller à leur bien-être, à l'exécution des clauses du contrat et à la discipline des ateliers. Il était l'intermédiaire, pour tout ce qui concerne le service, entre les indigènes et les employés de la Compagnie. Ceux-ci ne pouvaient eux-mêmes infliger aux fellahs aucune espèce de punition. Cette charge était exclusivement confiée à l'agent dont nous venons de parler, à Ismaïl-Bey.

Les arrivées de fellahs se succédaient et se renouvelaient chaque mois. On les amenait aux divers ateliers où se trouvait le terrain de leur tâche, laquelle se composait de 30 mètres cubes de terre à déblayer par homme. Ce travail achevé, les *contingents*, comme on les appelait, étaient libres de retourner dans leurs villages. Les hommes étaient réunis, et il était procédé à la paye de chacun, suivant le travail qu'il avait accompli.

Les travailleurs indigènes, recrutés sans l'intervention de la Compagnie, étaient transportés en bateau à vapeur, ou en chemin de fer, sur les chantiers. Là, comme il vient d'être dit, sous la surveillance de leurs cheiks, qui exerçaient là justice et maintenaient l'ordre, ils remuaient le sable avec leurs pioches triangulaires, le chargeaient dans leurs *couffins*, et allaient le décharger par-dessus la berge. Les fellahs, divisés par escouades, étaient assimilés aux ouvriers européens. C'est par escouade qu'on leur distribuait les vivres. Les jours de paye, chaque chef d'escouade recevait l'argent, et en faisait la juste répartition aux travailleurs. Rien dans cette organisation ne rappelait la *corvée* des anciens Égyptiens.

Pendant la période des grandes chaleurs, les fellahs travaillaient souvent la nuit. On voyait alors cette fourmilière d'hommes allant et venant à travers les sables, se réunir ou s'éparpiller ; les uns fouillant le sol, les autres grimpant sur les dunes, où ils entassaient les déblais. Ils plantaient en terre des piques, portant à leur sommet un grillage de fer, dans lequel ils faisaient brûler du bois résineux, et c'est à la lueur de ces torches que s'exécutait le déblaiement nocturne.

La Compagnie payait ses travailleurs directement et en espèces. De plus, elle les approvisionnait des vivres de toute nature. Aussi est-ce par centaines de mille kilogrammes que l'on comptait les biscuits transportés chaque mois sur le *seuil d'El-Guisr*. Ce service d'intendance spécial était dirigé par un ancien intendant militaire français, qui veillait à l'approvisionnement de tous les chantiers.

Le mètre cube de déblais était payé à ces hommes, 40, 50 et 60 centimes, suivant la nature du terrain. Ce prix était suffisamment rémunérateur pour un Arabe. Il ne le serait pas, sans doute, pour un Européen, qui est accoutumé à un bien-être relatif ; mais les fellahs aimaient mieux vivre en plein air que dans les cabanes qu'on leur construisait. Avec un peu de biscuit, des lentilles et des oignons, ils se nourrissaient à leur gré, et s'estimaient parfaitement heureux. L'ouvrier égyptien qui retournait dans son village avec 8 ou 10 francs, après l'achèvement de sa tâche mensuelle, se trouvait convenablement rétribué.

Une fois la main-d'œuvre et les approvisionnements assurés, on commença la série des travaux sur les divers points de l'isthme.

L'ensemble du plan d'exécution du canal de Suez se composait, de deux ordres de travaux distincts :

1° Un grand canal navigable entre les deux mers ;

2° Un canal d'eau douce.

Le canal maritime était destiné, on le sait, à ouvrir, entre la mer Rouge et la Méditerranée, une communication navigable. Le canal d'eau douce avait une double fonction : relier le canal maritime à toute la vallée du Nil ; et assurer, pendant toute la durée des travaux, le transport des matériaux, et les approvisionnements. Il devait même encore pourvoir à l'irrigation des terres, à mesure de leur mise en culture.

CANAL MARITIME

Nous nous occuperons d'abord du canal maritime, en indiquant les difficultés qu'a présentées son creusement ;

De Port-Saïd, sur la Méditerranée, à Suez sur la mer Rouge, le canal maritime devait s'étendre du nord au sud, sur une ligne de 150 kilomètres, De ces 150 kilomètres, 100 sont au-dessous, et 50 seulement au-dessus du niveau de la mer. Les 100 kilomètres au-dessous du niveau de la mer se décomposent comme il suit :

Parcours du lac Menzaleh	38
— du lac Ballah	14
— du lac Timsah	8
— des lacs Amers	40
Total	100

Les 50 kilomètres au-dessus du niveau de la mer, se répartissent ainsi :

Dunes d'El-Ferdane et seuil d'El-Guisr, entre les lacs Ballah et Timsah	14
Seuil du Sérapéum, entre le lac Timsah et les lacs Amers.	12
Plaine de Suez, entre les lacs Amers et la mer Rouge	24
Total	50

Le plus sérieux obstacle que devait rencontrer le canal maritime, c'était le seuil d'*El-Guisr*, point culminant de l'isthme, qui s'élève, sur une longueur de 14 kilomètres, à la hauteur de 19 mètres au-dessus du niveau de la mer.

Une fois ces divers points établis par les ingénieurs, les travaux pour le creusement du canal maritime, furent divisés en deux sections. La première s'étendait de Port-Saïd au lac Timsah ; la seconde, du lac Timsah à Suez. Tous les efforts de l'entreprise portèrent, jusqu'en 1862, presque exclusivement sur la première de ces sections. Quant à la seconde section, on ne l'attaqua que dans le courant de la campagne 1863 ; on se borna, en 1862, à faire les études préliminaires, et à préparer les campements des ouvriers ainsi que l'installation générale.

La première section, de Port-Saïd au lac Timsah, présentait les plus sérieuses difficultés ; de là dépendait le succès de l'entreprise. Mais ces obstacles furent heureusement surmontés.

Les principaux points de cette section, sont Port-Saïd, sur la Méditerranée,

Fig. 37 — GOURBI D'OUVRIERS FELLAHS

Ras-el-Ech, Kantara, El-Ferdane et le seuil d'El-Guisr. Elle forme un parcours de 66 kilomètres, que nous allons faire suivre au lecteur.

L'emplacement du Port-Saïd actuel n'était, en 1859, qu'une plage unie,
battue par les flots de la mer, et déserte à ce point que les premiers travailleurs durent camper sous des tentes. Il fallait, en premier lieu, faciliter
les abords du côté de la mer ; car c'est par Port-Saïd que l'isthme tout
entier devait recevoir d'Europe ses machines, ses matériaux et ses instruments de travail. Nous avons déjà dit qu'en 1860, on y avait établit un
appontement sur pilotis : il s'avançait, en 1862, de 450 mètres dans la mer,
par une profondeur de 3m,50.

Un phare de quatrième ordre (fig. 38) élevé sur une tour en charpente, de
20 mètres de hauteur, et dont le feu était visible jusqu'à 25 milles en mer,
fut élevé, pour guider les navigateurs.

Bientôt, tous les ateliers nécessaires à la grande entreprise qui était
commencée, furent installés à Port-Saïd. On vit successivement s'élever
une scierie à vapeur, une fonderie, un atelier d'ajustage, une chaudronnerie, des forges, une menuiserie, un atelier de charpente, des
machines distillatoires, des boulangeries, etc. On établit ensuite des voies
ferrées, pour transporter les matériaux, après le débarquement sur l'appontement, et les diriger, de là, sur les divers chantiers.

Tous ces travaux furent poussés avec une telle activité que, dès le mois de
janvier 1861, on comptait à Port-Saïd treize voies de fer, d'un parcours total
de 4,500 mètres.

L'appontement de débarquement étant devenu insuffisant, on construisit en mer, à 1,500 mètres du rivage, un îlot, de 60 mètres de long,
sur 20 mètres de large. Il était formé de pieux en fer enfoncés dans
le sol et recouverts d'un tillac. Deux grues à vapeur y furent installées.
Les pierres qu'on y apportait étaient aussitôt immergées ; en sorte qu'au
bout de très peu de temps, les pieux de fer soutenant le pont de l'îlot,
furent entièrement masqués. On s'occupa ensuite de joindre cet îlot à
l'ancien appontement partant de terre, en jetant les blocs de pierre
dans cette direction. Dès que cette sorte de digue fut construite, la
jetée occidentale de Port-Saïd fut exécutée sur une longueur de 1500
mètres.

Le port proprement dit fut l'objet de travaux importants. Plusieurs bassins
furent creusés en 1862 ; l'un, le bassin de l'Arsenal, a un développement d'au moins 150 mètres de long, sur 125 de large ; sa profondeur est
d'environ 2 mètres. L'échange des matériaux se faisait entre les divers ateliers,

par des voies ferrées et par un canal qui les reliait. Enfin, le montage des dragues s'effectuait dans le bassin de l'Arsenal.

Quant à la ville même de Port-Saïd, elle prenait chaque jour de plus grands développements. Elle est bâtie entre le lac Menzaleh et la mer, dans une sorte de terre-plein, établi sur pilotis, à $2^m,50$ au-dessus du niveau de la mer. Les remblais furent opérés en partie avec le produit des dragages, sur une étendue d'environ 55,000 mètres carrés. A mesure que les habitations s'élevaient, des travailleurs les occupaient, tandis qu'à côté se multipliaient les *gourbis* arabes. En avril 1861, par exemple, la population de Port-Saïd s'élevait à peine à 1000 habitants, parmi lesquels on comptait 300 à 350 Européens; un an après, en avril 1862, on pouvait y compter 1000 Européens et 200 ou 300 Arabes. Actuellement on peut évaluer la population entière de la ville à 5,000 âmes, dont 1,200 Européens.

Si, maintenant, nous quittons la ville, pour suivre le tracé du canal maritime, nous verrons que de Port-Saïd à El-Ferdane, c'est-à-dire sur une étendue de 52 kilomètres, ce parcours est toujours couvert d'eau, dans le lac Menzaleh, tandis qu'il n'est submergé que pendant une partie de l'année (à la fin de la crue du Nil) à travers le lac Ballah. Par suite de cette circonstance, le creusement de la première partie du parcours du canal, qui se trouvait dans le lac Menzaleh même, rencontra de sérieux obstacles. Il était difficile de faire des déblais à sec sur un sol constamment imprégné d'eau, et, d'un autre côté, les déblais à la drague étaient impraticables, à cause du peu de profondeur de ces eaux.

Pour vaincre ces difficultés, on subdivisa le travail, en établissant un premier campement à Ras-el-Ech, c'est-à-dire à 16 kilomètres de Port-Saïd; un second à Kantara, entre les lacs Menzaleh et Ballah; un troisième à El-Ferdane, au pied du seuil d'El-Guisr. Alors on commença à creuser, non le véritable canal, mais *une simple rigole maritime*, d'une largeur de 8 mètres et d'une profondeur de $1^m,20$. Cette rigole fut creusée entre Port-Saïd et Ras-el-Ech, et successivement continuée, par Kantara, jusqu'à El-Ferdane. Outre que cette rigole était le commencement même du canal projeté, elle était tout d'abord indispensable pour le ravitaillement continuel des campements du désert, et elle constituait une voie de transport économique, donnant passage aux embarcations et aux chalands.

Dès le mois de mai 1861, Port-Saïd et Kantara communiquaient par cette voie ; au mois de décembre suivant, la prolongation jusqu'à El-Ferdane était livrée à la circulation. Plusieurs points furent ensuite approfondis et élargis, et un pareil travail s'accomplit sur toute la ligne du tracé.

FIG. 38. — PHARE PROVISOIRE DE PORT-SAID (1862).

Plusieurs dragues furent, à cet effet, échelonnées dans le parcours à travers le lac Menzaleh. Leurs déblais, transportés par les chalands ou versés directement sur les bords, formaient, sur ce parcours, une berge, de chaque côté du canal, de 2 mètres d'élévation. L'écartement entre chacune de ces berges était de 56 mètres à la ligne d'eau. Cet immense travail était, en 1862, terminé jusqu'à El-Ferdane, et l'œil du voyageur pouvait, de ce dernier point, embrasser jusqu'à Port-Saïd le développement du canal dans ses proportions définitives.

L'établissement immédiat des berges eut l'avantage d'isoler le canal dans sa traversée des lacs Menzaleh et Ballah, et de le mettre à l'abri des crues qu'y causent l'inondation périodique du Nil ou les invasions de la mer.

Indépendamment de ce premier chenal, tracé le long de la rive égyptienne ou occidentale, un autre chenal, de 20 mètres de large et de 1m,50 de profondeur, était à peu près achevé, du côté de la rive asiatique, ou orientale. Il servit à donner plus de facilité au passage des embarcations qui devaient prendre cette voie pour se diriger dans le désert; tandis que, dans le chenal opposé, les dragues étaient employées sans gêner la navigation, et sans lui créer elles-mêmes un obstacle. Les deux rigoles qui communiquaient entre elles par plusieurs tranchées transversales, furent ensuite successivement réunies, et ce travail forma plus tard le canal définitif.

Le campement d'El-Ferdane était situé au pied des dunes de ce nom, auxquelles fait suite le seuil d'El-Guisr. Ce dernier seuil est un plateau ondulé, d'environ 8 à 9 kilomètres d'étendue. Sa plus grande hauteur s'élève, en un endroit seulement, à 19 mètres au-dessus du niveau de la mer; elle descend, dans sa partie la plus basse, jusqu'à 1m,47. La hauteur moyenne est de 10m,50. Celle des dunes d'El Ferdane n'est que de 4 mètres.

On peut apprécier, par ces chiffres, l'importance du nombre des mètres cubes qu'il y aurait à enlever sur ce point quand il s'agirait d'y creuser le véritable canal de navigation, qui devait avoir 70 mètres de largeur et 8 mètres de profondeur au-dessous du niveau de la mer.

Dès la campagne de 1861, les dunes et le seuil d'El Guisr furent attaqués ; mais le travail prit son entier développement pendant la campagne de 1862 : 10,000 hommes, puis 15,000, enfin 20,000 et 25,000 furent concentrés sur ce point de l'isthme. Avec la pioche égyptienne et la *couffe*, ou le *couffin* (sorte de panier, dans lequel on transporte la terre), les fellahs, dans l'espace de quelques mois, percèrent en entier la crête du seuil.

Toutefois, il ne s'agissait encore, comme nous l'avons dit, que d'ouvrir une petite voie navigable : elle devait avoir ici 2 mètres de profondeur, sur une largeur de 15 mètres. Le *seuil*, depuis les dunes de Ferdane jusqu'au lac Timsah, fut divisé en six chantiers. Vers la fin de la dernière campagne, la moyenne mensuelle des déblais s'éleva entre 500,000 et 550,000 mètres cubes, et toute cette longue rigole, image réduite du futur grand canal, était creusée.

Pendant cette première période, les carrières du Mex, voisines d'Alexandrie, avaient été soumises à une exploitation en règle, et fournissaient des blocs destinés à former les jetées en mer. Deux jetées provisoires, dont l'une avait 275 mètres de long, permettaient aux navires de s'amarrer en toute sécurité.

Les travaux du seuil d'El-Guisr étaient vigoureusement poussés. Un nombre considérable d'ouvriers fellahs étaient rassemblés sur ce point.

L'entrepreneur général, M. Hardon, s'y était établi; il recevait et organisait tous les appareils nécessaires aux excavations et présidait lui-même à ces installations.

Des villages étaient prêts à recevoir les milliers de fellahs qui devaient venir creuser le canal dans le seuil d'El-Guisr.

En 1861, Port-Saïd était déjà devenu une ville de 2,000 âmes et son port avait reçu 135 navires, jaugeant ensemble 29,000 tonneaux. Les carrières de Mex étaient ouvertes, sur une étendue de 500 mètres; les blocs détachés par la poudre, étaient enlevés par trois grandes grues à vapeur, chargés sur des wagons et traînés sur des voies ferrées. Deux jetées, dont l'une avait 275 mètres de long, formaient une darse, dans laquelle les navires pouvaient s'amarrer en toute sécurité. — Le seuil d'El-Guisr était au moment d'être éventré : l'eau, les vivres, les outils, les appareils, les ouvriers, tout était assuré. — Des abris pour recevoir 10,000 travailleurs étaient créés. Les lots à réserver aux fellahs étaient délimités. Enfin, 3,000 ouvriers creusaient le canal d'eau douce, qui devait vaincre à jamais le désert.

En résumé, le parcours de la rigole maritime navigable était établi, en 1861, sur les 66 premiers kilomètres, formant, avec le parcours du lac Timsah, un total de 74 à 75 kilomètres. Il ne restait plus à prolonger cette rigole que sur les 36 kilomètres qui séparent le lac Timsah de Suez et qui étaient répartis comme il suit : 12 kilomètres du lac Timsah aux lacs Amers et 24 des lacs Amers à Suez. Cette dernière portion est presque au niveau même de la mer. Tel fut l'objet de la campagne de 1862-63.

Le lac Timsah, qui séparait la partie du tracé déjà sillonnée par le petit canal maritime de l'autre partie en voie d'exécution, était destiné à servir de port intérieur. Une ville s'élevait déjà sur ses bords ; on y comptait

Fig. 40 — TRANSPORT D'UNE PIÈCE DE DRAGUE A TRAVERS LE DÉSERT

vingt îlots de maisons. Cette ville, qui prit le nom du lac, était bâtie sur des plans arrêtés à l'avance. De larges boulevards plantés d'arbres, des rues longées de *verandas* continues, en faisaient une ville à la fois européenne et orientale.

Des constructions importantes avaient été élevées également à Kantara et à Ferdane. Sur la première section, les travaux que nous venons de parcourir,

FIG. 41. — MONTAGE DE LA PREMIÈRE DRAGUE A PORT-SAID

le voyageur rencontrait donc cinq villes ou villages : Port-Saïd, Kantara, Ferdane, El-Guisr, Timsah.

Nous ne terminerons pas cette revue des premiers travaux du canal maritime sans dire un mot des premières dragues qui furent employées à son creusement. Sans doute les fellahs, à cette période du travail, accomplirent la plus importante et la plus considérable partie du déblaiement, mais les dragues commencèrent aussi à faire leur office.

Ce ne fut pas sans peine, d'ailleurs, que l'on parvint, au début, à faire arriver les dragues sur le lieu des travaux. On commença, comme nous l'avons dit, le creusement du canal en 1859, sur la plage de l'ancienne Péluse, dans un sol absolument marécageux et à demi submergé. Il était impossible de faire arriver en ce point, sur des barques, les lourdes pièces métalliques composant les dragues et les machines à vapeur. Il fallait les débarquer sur la plage, et, morceau par morceau, les faire traîner sur le sol, à grand renfort de chameaux, comme le représente la figure 39. Le bateau qui devait recevoir la drague et sa machine à vapeur, était déjà à flot dans la partie du marécage, ou du lac Menzaleh qu'il y avait à creuser, et on montait sur place l'appareil extracteur, comme le montre la figure 40.

On conçoit combien un tel mode de transport et d'installation était long et dispendieux. Dès que les circonstances le permirent, on fit arriver jusqu'au chantier les bateaux porteurs de leur drague toute montée, et c'est ainsi que, dès 1861, on put consacrer un certain nombre de ces machines au creusement du canal maritime.

CANAL D'EAU DOUCE

Le miracle de Moïse faisant jaillir l'eau d'un coup de sa baguette frappée sur un rocher du désert, tient le premier rang parmi les prodiges attribués à ce prophète. En effet, dans le désert, l'eau potable, c'est la vie. Aujourd'hui, créer un puits artésien au milieu des sables de l'Afrique, c'est s'assurer, au bout d'un certain intervalle de temps, la possession d'une oasis. Chaque jour, les ingénieurs français, grâce à la sonde artésienne, créent dans le désert des centres de culture, et appellent ainsi des populations nomades à la résidence et au travail régulier. La sonde du foreur a peut-être autant contribué que les plus beaux faits d'armes de nos troupes, à la conquête de l'Afrique du Nord. La Compagnie du canal maritime de Suez n'a pas opéré comme nos ingénieurs sondeurs : elle n'a pas fait jaillir des profondeurs du sol des sources artésiennes ; elle a créé un véritable fleuve, dont le volume d'eau dépasse celui de tous les forages réunis que l'on a percés sous le sol du désert, dans nos possessions d'Afrique.

Pour bien comprendre l'utilité du canal d'eau douce dont la Compagnie du canal a doté l'isthme de Suez, il faut connaître les tentatives qui avaient été faites dans ce but.

Avant qu'elle eût commencé ses opérations, Suez, qui n'était alors qu'un village de pêcheurs de la mer Rouge, mourait de la triste mort de la soif ; car, depuis plusieurs siècles, les princes qui gouvernaient l'Égypte, s'étaient peu inquiétés de le désaltérer. Jusqu'à l'époque où le canal des Pharaons qui aboutissait à Suez, comme nous l'avons dit, continua d'apporter à ses habitants l'eau du Nil, c'est-à-dire jusqu'au XVIᵉ siècle environ, l'approvisionnement d'eau douce était suffisant, autant, toutefois, que le canal était en bon état. Mais quand l'incurie des califes qui gouvernaient alors l'Égypte, eut laissé combler ce canal, la pénurie d'eau se fit de plus en plus sentir à Suez. On se contentait de citernes où l'on conservait l'eau des pluies qui tombaient à de rares intervalles, et comme la ville ne renfermait qu'un petit nombre d'habitants, cet approvisionnement naturel pouvait suffire.

Quand le chemin de fer du Caire à Suez fut créé, chaque train apporta à la ville de Suez, déjà un peu plus importante, des citernes de fer pleines d'eau du Nil. Sans ces convois d'eau, Suez aurait péri du supplice de Tantale; et si les citernes n'étaient pas arrivées à l'heure précise, les bateaux à vapeur de la mer Rouge n'auraient pu renouveler les provisions d'eau de leurs chaudières.

Mais donner à boire à Suez ne suffisait pas. Quand la décision fut prise de creuser un canal maritime à travers l'isthme égyptien, et qu'il fallut se préparer à envoyer dans les sables brûlants des milliers de fellahs, la première question qui se posa fut de pouvoir désaltérer toute cette population, et de subvenir, en même temps, aux besoins d'eau qu'exige tout outillage et tout atelier de travail quelconque.

Au commencement des travaux de creusement dans les marécages du lac Menzaleh, on commença par établir des citernes de fer, qui devaient être toujours à proximité des chantiers. L'eau était fournie à ces citernes par des chameliers arabes, qui allaient remplir au Nil des outres, et les apportaient d'une distance de 30 kilomètres. Dans la saison pluvieuse, on trouvait de l'eau plus à proximité, à l'oasis de l'Ouady, la belle propriété agricole de la Compagnie, que nous avons déjà citée. Cependant, deux ans après, 20,000 fellahs allaient travailler dans l'isthme, et il ne fallait pas les laisser manquer d'eau potable. Pour toute ressource de transport, on n'avait encore que des chameaux, et il fallait toujours aller prendre l'eau à 30 kilomètres. Une journée pour aller, une autre journée pour revenir, tel était le temps employé à faire ce voyage. Chaque chameau portait dans deux barils plats, fabriqués pour cet usage, 125 litres d'eau environ, de quoi fournir, chaque jour, à 25 hommes une ration, à peine suffisante, de 5 litres par tête.

Pour un chantier de 20,000 travailleurs, il aurait donc fallu employer au transport de l'eau 800 chameaux, marchant continuellement dans chaque sens. Il arriva même un moment où la Compagnie fut obligée d'avoir 2,000 chameaux faisant constamment cette course de va-et-vient. Ces animaux étaient conduits à travers le désert, par caravanes de 10 à 20.

Ce n'était là pourtant qu'un approvisionnement misérable. La santé, la vie des travailleurs étaient à la merci de l'arrivée des chameliers, qui pouvaient être arrêtés dans leur marche par bien des accidents.

Aussi s'empressa-t-on, pour s'assurer une arrivée régulière d'eau potable destinée aux ouvriers indigènes et aux employés des travaux, d'employer la moitié des travailleurs à ouvrir un canal d'eau douce allant du domaine d'Ouady jusqu'au lac Timsah, et, de là, jusqu'au cœur de l'isthme. Mais ce premier tracé du canal était incomplet. Il fallait prévoir l'extension générale des travaux ; il fallait se dire qu'un jour, quarante mille ouvriers occuperaient les chantiers, et préparer une alimentation d'eau douce en rapport avec cette population de travailleurs. Nous avons déjà dit que, pendant les travaux du chemin de fer du Caire à Suez, dix mille ouvriers étaient morts de soif, dans une seule journée. Il fallait avoir devant l'esprit cet événement funeste, comme un enseignement.

Avant toute arrivée de travailleurs au cœur de l'isthme, on commença donc à creuser le canal d'eau douce qui, empruntant son eau au Nil comme on peut le voir sur notre carte de l'isthme de Suez (page 113), allait presque en ligne droite jusqu'à Néfische et au lac Timsah, et de là, suivant le trajet du canal maritime, aboutissait, comme lui, à Suez.

La Compagnie, dans ses devis préalables, avait affecté une somme de 9 millions au canal d'eau douce.

Une particularité intéressante du canal d'eau douce, c'est qu'il a été conçu et exécuté, non seulement pour servir à apporter l'eau douce sur tout le long du canal maritime et à Suez, mais aussi pour servir de moyen de navigation. Ses dimensions, de 8 mètres de largeur et de 4 mètres de profondeur, le rendent navigable pour les petites barques et les bâtiments légers. Il fut affecté à cet usage dès les premiers temps de son établissement, et il servait à transporter les matériaux au fur et à mesure qu'il était ouvert.

On peut même dire que le canal d'eau douce est venu prendre la place et représente assez exactement l'ancien canal des Pharaons, qui allait du Nil à la mer Rouge, établissant la communication des deux mers, pour les barques et les petits navires.

De sorte que si, par impossible, le canal maritime de Suez venait à être détruit, obstrué ou mis hors d'état de service, par une cause quelconque entre Suez et le lac Timsah, le canal d'eau douce pourrait, dans une certaine mesure, maintenir les communications entre la Méditerranée et la mer Rouge. Il est vrai qu'il faudrait franchir les trois écluses qu'il présente.

Le même canal doit être prolongé du lac Timsah à Port-Saïd, pour augmenter le débit d'eau douce et fertiliser le désert qui a persisté de ce côté de l'isthme. Ce travail est compris dans le programme de l'amélioration du canal.

Mais revenons à l'exécution de ce canal.

Au mois de janvier 1861, l'eau du Nil arrivait au seuil d'El-Guisr. En effet, pendant l'été de 1860, plus de 1,200 ouvriers indigènes avaient été

FIG. 42. — UNE ÉCLUSE DU CANAL D'EAU DOUCE

occupés à creuser la rigole qui devait amener l'eau douce nécessaire aux travailleurs.

En janvier 1861, l'eau douce coulait donc, à ciel ouvert, à travers les sables, jusqu'à Bir-Abou-Ballah, au centre de l'isthme. Là, un réservoir la recevait, et une machine à vapeur l'élevait vers un château d'eau, d'où une double conduite en poterie l'emportait à une seconde machine, l'élevant jusqu'au sommet du seuil. La tranchée avait 27 kilomètres de longueur.

De sa prise de Ras-el-Ouady jusqu'au lac Timsah où il aboutissait, en 1862, le canal d'eau douce avait 35 kilomètres de long, avec une pente de $0^m,478$. Sa largeur, au fond, était de $7^m,70$ et de $12^m,50$ à la ligne d'eau avec $1^m,20$ de profondeur. Il avait nécessité un déblai de plus d'un million de mètres cubes. Six ou 7,000 fellahs l'ont creusé dans l'espace de neuf mois. Il emprunte son eau au Nil par l'intermédiaire du canal de Zagazig, auquel il se relie à son origine à Ras-el-Ouady.

Nous représentons (fig. 41) le canal d'eau douce à l'une de ses écluses.

Dès l'année 1862, ce canal rendait plusieurs services. En premier lieu, il portait au centre de l'isthme les vivres et les approvisionnements nécessaires à la masse des travailleurs, et il se combinait, en quelque sorte, dans ce but, avec le canal maritime aboutissant de l'autre côté à Timsah. Ensuite, il assurait aux travailleurs toute l'eau douce dont ils avaient besoin. Enfin, il arrosait les terres, proverbialement fertiles, dont se compose la vallée de Gessen, entre Ras-el-Ouady et le lac de Timsah. Une ligne télégraphique longeait ce canal dans tout son parcours.

FIG. 43 — OUVERTURE DE LA TRANCHÉE DU CANAL D'EAU DOUCE (1861)

X

Campagne des travaux en 1862 et 1863.

Les travaux continuèrent à Port-Saïd. A la jetée de l'ouest, on ajouta une deuxième jetée à l'est, en noyant 1,000 mètres cubes de blocs, tirés des carrières de Mex.

Cette jetée était destinée à protéger le littoral contre l'action destructive de la mer. Mais comme les fonds étaient très bas, on construisit, à 1500 mètres du rivage, dans la direction de la jetée de l'ouest, un îlot qui pût servir de dépôt provisoire aux cargaisons des navires, et permettre ainsi de réduire considérablement leur stationnement dans la rade. Cet îlot devait mesurer 65 mètres de longueur sur 20 de largeur.

On creusa aussi le bassin de l'Arsenal, dans le port. Le mouvement devint de plus en plus accentué dans le nouveau port. Du 1er mars 1861 au 1er mars 1862, Port-Saïd recevait 206 navires, jaugeant 40,000 tonneaux.

En janvier 1862, la rigole maritime était prolongée de Kantara à El-Ferdane, et l'eau de la Méditerranée arrivait au pied du seuil d'El-Guisr, qu'il restait à franchir pour arriver au lac Timsah.

La rigole maritime fut immédiatement utilisée pour les embarcations et les chalands. Elle avait un tirant d'eau de 1m,25 et une largeur de 8 mètres. Entre Kantara et El-Ferdane, certaines parties avaient 12 mètres. La partie creusée du canal maritime avait déjà 70 kilomètres de longueur.

Pendant que 1,000 fellahs creusaient le canal de Kantara à Ferdane, qui permettait de transporter les matériaux au seuil d'El-Guisr, huit mille autres travailleurs se hâtaient de terminer le canal d'eau douce et de le faire aboutir au lac Timsah.

Comme l'alimentation d'eau douce encore insuffisante ne permettait pas de concentrer tous les travailleurs sur le même point, une partie des ouvriers fellahs avait été dirigée vers Suez. pour le creusement du canal d'eau douce et la continuation du canal maritime au delà du lac Timsah.

On avait dû, pour le creuser, déblayer 1,013,202 mètres cubes, et déjà 3,000 tonnes de vivres avaient suivi ce chemin.

Le 2 février 1862, l'eau du Nil arrivait aux bouches du lac Timsah.

Dans une fête donnée à ses employés, M. de Lesseps prononça, à cette occasion, les paroles suivantes, qui résument, sous un point de vue particulier, les progrès accomplis :

« Messieurs, nous célébrons l'arrivée de l'eau douce dans le désert : c'est un événement ! Il y a sept ans, en décembre 1854, je devais faire la première exploration du désert de l'isthme ; il m'a fallu quinze jours de préparatifs, quarante chameaux, dont vingt pour l'eau, des tentes, des provisions de toute espèce, des gens d'escorte, de service, le tout pour quatre personnes.

« Avant d'arriver au lieu où nous nous trouvons réunis en ce moment, nous avions employé quinze jours et une dizaine de mille francs... En janvier 1862, il y a trois jours, je suis parti du Caire dans une barque ; après quarante heures de trajet, ayant traversé dans ma route, et sur une étendue de trente kilomètres, notre beau domaine de l'Ouady, j'ai débarqué à quelques pas d'ici, n'ayant dépensé que 20 francs.

« Ces deux exemples vous donnent la mesure du résultat obtenu par vos efforts énergiques et intelligents. »

Livrée successivement par parties, au fur et à mesure de leur achèvement, au service des transports, cette rigole arrivait donc maintenant jusqu'au pied du seuil, où existait un bas-fond, dont on avait profité pour la création d'un petit port. Cette voie navigable avait 70 kilomètres de longueur,

Ainsi, en 1862, du Nil et de la mer, de Maxamah et de Port-Saïd, les ouvriers marchaient vers un même but, le lac Timsah, où ils devaient bientôt se rencontrer.

Un seul obstacle les arrêtait encore : c'était le seuil d'El-Guisr, où la Compagnie concentrait toutes ses forces.

Vingt mille fellahs y furent réunis. Le canal maritime avait permis de rassembler en ce point tous les instruments de terrassement. Déjà sur deux chantiers les plus élevés au-dessus du niveau de la mer, on avait obtenu de beaux résultats, car la tranchée avait été creusée à 2 mètres de profondeur (fig. 43).

Pour exécuter les terrassements, on essaya de plusieurs sortes d'appareils. C'étaient : les *wagonnets volants*, de M. Balland ; les *brouettes accouplées*, la drague munie de la toile sans fin. Mais après tous ces essais on reconnut qu'il ne fallait point contrarier les habitudes des fellahs, et l'on en revint au procédé primitif, le plus simple, qui est le transport des terres par des *couffins*.

Les bâtiments et abris élevés le long de la ligne du canal maritime, cou-

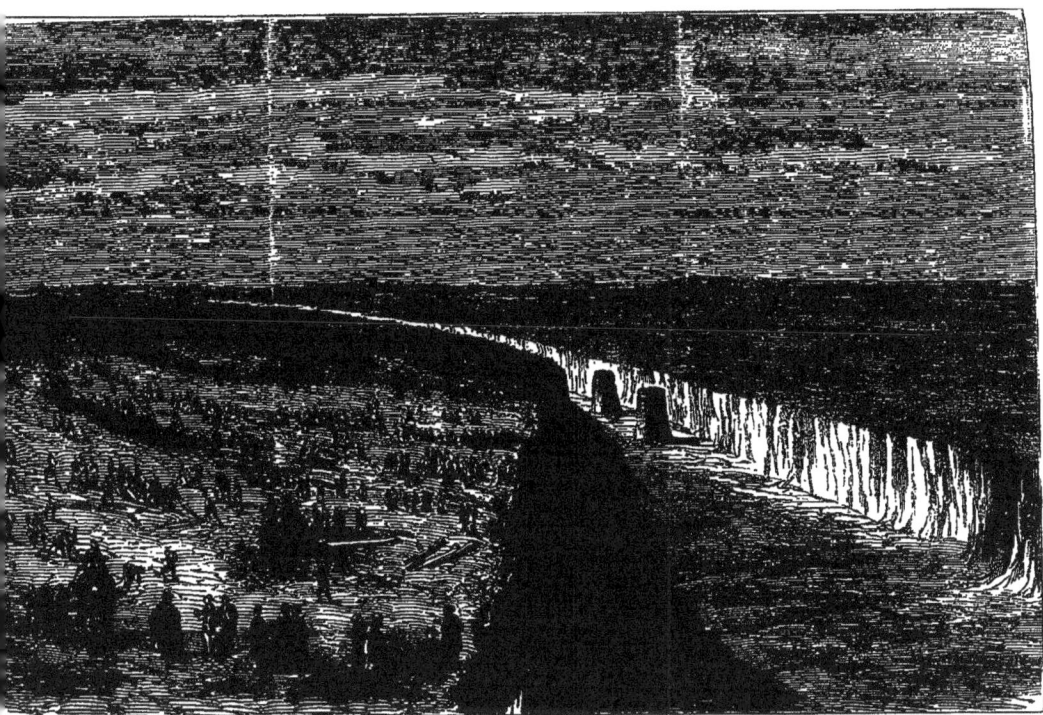

FIG. 44. — TRAVAUX DU SEUIL D'EL-GUISR

vraient une superficie de 37,249 mètres carrés. Sept *gourbis* arabes occupaient un espace de 12,335 mètres carrés.

Pour amener les eaux de la mer jusqu'au cœur de l'isthme, le déblai s'était élevé à 4,350,000 mètres cubes, et la dépense à 2 millions 750,000 francs. Malgré le surcroît de travail qu'avait imposé aux ouvriers, la fatigue de porter la terre à 21 mètres de hauteur, le mètre cube n'était revenu au total qu'à 0 fr. 08 centimes, c'est-à-dire n'avait pas dépassé les évaluations des devis primitifs.

Sur la ligne du canal, les autres travaux se poursuivaient. A Port-Saïd, on construisait les jetées, on draguait le port, on élevait des atelierset des habitations. Des enrochements consolidaient l'appontement, lequel s'avançait à 300 mètres vers la mer. La carrière du Mex fournissait largement les matériaux nécessaires. La fonderie, la forge, la scierie, la chaudronnerie, l'atelier de menuiserie et de charpente, tout cela fonctionnait.

Cent Européens et 3000 Arabes, telle était alors la population de Port-Saïd.

Les bâtiments et abris érigés le long de la ligne des travaux, couvraient une superficie de 37,249 mètres. Sept groupes de maisons arabes, ou villages en pisé (*gourbis*) occupaient 12,335 mètres de terrain.

Vingt-quatre dragues étaient dans l'isthme.

Du lac Timsah au plateau de Toussoun, le canal maritime était ouvert sur une largeur de 58 mètres et une profondeur de 2 mètres au-dessous de la Méditerranée ; et l'on avait déblayé 6 millions de mètres cubes de terres.

Depuis l'achèvement de la tranchée d'El-Guisr, on avait commencé les travaux de la dérivation du canal d'eau douce vers Suez, sur une largeur de 8 mètres au plafond et de 19 mètres 50 à la ligne d'eau, avec un tirant d'eau de 2 mètres. A partir de Nefische, une longueur de 46 kilomètres était ouverte à la navigation.

L'eau douce arrivait déjà jusqu'au seuil ; quelques mois encore et l'alimentation de Port-Saïd n'inspirerait plus d'inquiétude.

Les travaux de ce port continuaient toujours avec la même célérité. Quatre dragues, desservies par des grues, ne cessaient d'extraire des déblais, lesquels servaient à former les remblais du terre-plein de la ville. 17,000 mètres cubes, destinés à l'îlot et aux massifs de la jetée, avaient été immergés du côté de l'ouest ; l'îlot était terminé, et les grues de déchargement qu'on y avait installées, lui permettaient de remplir sa destination.

A l'autre extrémité de l'isthme, du côté de Suez, on poursuivait les études préparatoires. Les appareils d'extraction allaient répondre à tous les besoins ; 21 dragues étaient déjà en pleine activité ; 3 autres étaient sur le point d'être montées. A côté de ces machines, qui enlevaient chacune 10,000 mètres cubes par mois, la Compagnie allait placer 20 nouvelles dragues, qui pourraient extraire, chacune, par mois, jusqu'à 30,000 mètres cubes.

Campagne de 1862 *à* 1863. — Cette campagne embrasse le temps compris entre le 1ᵉʳ mai 1862 et le 15 juillet 1863.

Grâce à l'accélération des travaux, au seuil d'El-Guisr, au mois de novembre 1872, la Méditerranée communiquait avec le lac Timsah, par un canal de 15 mètres de large et de 1ᵐ,50 à 2 mètres de profondeur.

On creusa enfin un second canal parallèle, destiné à isoler le travail des dragues, à faciliter la circulation en débarrassant d'entraves le petit cabotage. On travailla jour et nuit, sans interruption. Sans cesse, de longues files de fellahs montaient les berges escarpées de 25 mètres de hauteur, sur des lattes posées en travers le long des madriers, et allaient jeter au de là de la crête, le sable de leurs *couffins*. La nuit, les travailleurs étaient éclairés par des torches formées de branches d'arbres imprégnées de graisse. Des préposés spéciaux entretenaient constamment ces singuliers flambeaux.

Le 18 novembre, il ne restait plus qu'un coup de pioche à donner pour faire écouler les eaux de la Méditerranée dans le lac Timsah. Il fut donné solennellement, dans une fête présidée par M. de Lesseps. Les ouvriers étaient massés sur la digue établie pour maintenir les eaux. Les consuls de France, d'Italie, de Hollande et d'Autriche, assistaient à cette inauguration. Les travailleurs européens, fellahs et Bédouins, s'étaient répandus sur les bords et les berges du canal. Le cheik Ul-islam et l'évêque catholique d'Égypte, entourés de leur clergé, les consuls, les ingénieurs, les médecins et de nombreux invités, occupaient l'estrade. Ismaïl-Bey représentait le vice-roi.

« Au nom de Son Altesse Mohammed-Saïd, dit M. de Lesseps, je commande que les eaux de la Méditerranée soient introduites dans le lac Timsah, par la grâce de Dieu ! »

Au moment où l'on vit s'élancer l'eau par la coupure bouillonnante, qui entraînait des terres dans sa chute, une immense acclamation s'éleva des deux bords du canal.

Un des assistants, qui a écrit une relation de la cérémonie, termine ainsi son récit :

« Le lendemain, nous sommes partis, en barque, du lac Timsah à Port-Saïd, traversant le seuil, les lacs Ballah et Menzaleh, naviguant dans un magnifique canal. Tout ce que nous avons vu est admirable ; c'est un

FIG. 44. — ENTRÉE DES EAUX DE LA MÉDITERRANÉE DANS LE LAC TIMSAH

travail pharaonique. En présence
des difficultés vaincues, nous
avons compris que des hommes
sérieux aient douté auparavant. »

Le canal maritime était alors
creusé sur une longueur de 75
kilomètres. Pour amener les eaux
de la mer jusqu'au milieu de l'isthme, à travers le seuil d'El-Guisr,
il avait fallu déblayer 4,350,000
mètres cubes de terrain, les
porter à 21 mètres de hauteur.

Que restait-il à faire? A prolonger le canal maritime jusqu'à
Suez. Mais, pour exécuter ce
travail, il fallait encore amener
l'eau douce auprès des travailleurs, et, conséquemment, prolonger le canal d'eau douce de
Bir-Abou-Ballah jusqu'à Suez.

En janvier 1863, on avait exécuté 38 kilomètres du canal
d'eau douce.

Vingt-cinq mille ouvriers égyptiens, conduits par 1,500 Européens, exécutent les tranchées ;
3,500 indigènes sédentaires sont
employés dans les ateliers. Enfin,
1,200 Bédouins sont venus s'installer, en cultivateurs, sur les
terrains de la Compagnie, dans
cette vallée de l'Ouady, où M. de
Lesseps les avait attirés par d'in-
telligentes concessions temporaires de terrains, que le canal
d'eau douce allait rendre cul-
tivables. Tout cela formait une
population fixe de 36,000 ou
38,000 âmes, dans une contrée qui, trois ans auparavant, était inhabitée.

FIG. 45. — ENTRÉE DU CANAL MARITIME DANS LE LAC TIMSAH

Pendant cette même campagne le canal maritime fut creusé du lac Timsah au plateau de Toussoum, sur une largeur de 58 mètres et une profondeur de 2 mètres au-dessous du niveau de la Méditerranée. Les déblais furent de 6 millions de mètres cubes.

A Port-Saïd, à la même époque, on continuait les travaux. Tous les ateliers étaient en activité ; d'immenses magasins étaient construits ; l'îlot était terminé, et assurait les débarquements par tous les temps. Les jetées reçurent 17,000 mètres cubes de blocs, immergés du côté de l'ouest. Quatre dragues extrayaient sans cesse les remblais du terre-plein de la ville. En tout, vingt dragues fonctionnaient sur le parcours du canal maritime, et vingt autres étaient commandées.

A Suez, où un port devait être construit, pour les besoins de la navigation du canal maritime, les travaux d'extraction étaient en pleine activité ; 21 dragues fonctionnaient, et enlevaient chacune 10,000 mètres cubes de déblais par mois. La superficie des bâtiments avait presque doublé depuis un an ; elle était, en avril 1863, de 80,724 mètres carrés.

De plus, l'isthme de Suez était, à la même époque, relié à l'Europe par un télégraphe électrique.

Pendant cette campagne, M. Hardon, l'entrepreneur général des travaux, se retira, bien qu'il eût complètement réussi dans le travail préliminaire qui venait d'être accompli. Mais l'opposition anglaise venait de reprendre, et la Turquie demandait de telles concessions à la Compagnie que les travaux durent être un instant, non suspendus, mais ralentis. Dans de telles circonstances, M. Hardon reprit sa liberté, après avoir reçu le dédit stipulé de 1,200,000 francs.

La Compagnie exécuta, pendant quelque temps, ses travaux elle-même ; mais, dans la campagne suivante, elle adopta le mode d'entreprise à forfait ; ce qui lui paraissait devoir abréger les délais et diminuer la dépense. MM. Borel et Lavalley, d'une part ; M. Couvreux, d'autre part, furent les entrepreneurs des derniers travaux.

XI

Cependant, un événement, funeste pour ses intérêts, vint atteindre l'entreprise du canal. Au mois de janvier 1863, Mohammed-Saïd, son protecteur constant et dévoué, mourait au Caire. Le 16 décembre 1862, se trouvant au barrage du Nil, le vice-roi avait été atteint d'une grave éruption. M. de Lesseps était alors près de son « cher prince ». C'était au moment d'une fête donnée en l'honneur du souverain. Ce dernier, la main appuyée sur l'épaule de M. Lesseps, et regardant, du balcon de son palais, les feux d'artifice, lui montrait, au milieu des flammes de la poudre, le lieu qu'il avait indiqué pour sa sépulture : « Je n'en ai pas pour longtemps, mes amis, disait-il, en s'adressant à Kœnig-Bey et à M. de Lesseps, » qui cherchaient vainement à chasser de son esprit ces tristes pressentiments.

La soirée se passa assez gaiement; et quelques jours s'écoulèrent sans que l'état du prince parût aggravé.

Le 3 janvier, le vice-roi allant mieux, M. de Lesseps crut pouvoir reprendre ses excursions journalières dans les chantiers de l'isthme. Mais en se rendant à cheval d'Ismaïlia à Kantara, pendant la nuit, il apprend, par une dépêche expédiée d'Alexandrie, que le vice-roi, arrivé très souffrant dans cette ville, a succombé, dans la matinée du 18.

« Je suis désespéré, écrivait M. de Lesseps, non pas à cause de mon entreprise pour laquelle je conserve la foi la plus sereine, malgré toute les difficultés qui pourront survenir, mais par cette cruelle séparation d'un fidèle ami qui, depuis vingt-cinq ans, m'avait donné tant de témoignages d'affection et de confiance. »

Ismaïl-Pacha, petit-fils de Méhémet-Ali, fils d'Ibrahim-pacha, succéda à Mohammed-Saïd. A la première entrevue qu'il eut avec lui, M. de Lesseps trouva, chez le nouveau vice-roi, les dispositions les plus favorables pour son entreprise.

« Ce prince, écrivait-il, ne cesse de me répéter qu'il ne serait pas digne d'être vice-roi d'Égypte s'il n'était pas plus canaliste que moi. Il me témoigne beaucoup de confiance et me donne de plus en plus la conviction que son entier concours nous est assuré. »

Quelques jours après, M. de Lesseps écrit encore :

« Je me suis hâté d'arriver à Alexandrie, au moment où le vice-roi devait y débarquer à son retour de Constantinople. J'ai été un des premiers à le voir. Il m'a confidentiellement entretenu de tous les détails de son séjour auprès du Sultan. Le voyage du vice-roi a été excellent pour nous. Je le résume par ces propres paroles de S. A. lorsque je suis allé la féliciter : « Vous auriez été vice-roi d'Égypte en même temps que président de la Compagnie, que vous n'auriez pas mieux fait les affaires du canal de Suez. »

M. de Lesseps avait été séduit, du premier coup, par le nouveau vice-roi; et il envisageait l'avenir avec sérénité. C'était la lune de miel de l'entreprise. Mais les lunes de miel ne sont pas éternelles; celui qui devait y mettre fin, n'était pas loin. L'ennemi veillait dans l'ombre; il guettait le moment d'agir sur l'esprit du successeur de Mohammed.

En effet, depuis le commencement des travaux du canal, l'Angleterre n'avait point désarmé; elle avait continué sourdement son opposition. En vain M. de Lesseps se résignait-il à toutes les concessions et à tous les sacrifices, pour conjurer l'orage; en vain renonçait-il provisoirement à réclamer du vice-roi l'exécution du contrat par lequel le gouvernement épyptien s'était obligé à lui fournir les ouvrier snécessaires à l'exécution des travaux; en vain se mettait-il lui-même en campagne, pour aller recruter des travailleurs libres au fond de la Syrie et de la Palestine, lord Palmerston était implacable. L'élan imprimé aux travaux du percement de l'isthme avait exaspéré les hommes d'État de l'Angleterre. Chaque coup de pioche donné dans les sables du désert, chaque mètre de terre enlevé dans les *couffins* des fellahs, devenaient, à Londres, un nouveau grief. La passion des premiers jours n'avait rien perdu de son animosité. Au Parlement, la guerre du canal était à l'ordre du jour; et l'on se disait, sur les bancs de la Chambre haute : « Le canal de Suez, voilà l'ennemi ! »

Dans la séance du 6 mai 1861, un membre de la Chambre haute, lord Carnarvon, prononça une violente philippique, dont nous ne citerons que ce passage :

« Je ne puis croire que le gouvernement français consente à se laisser compromettre dans le projet d'une Compagnie *en banqueroute*, et qu'il veuille se faire le ravaudeur d'une spéculation qui n'est qu'un leurre aussi grossier et aussi trompeur qu'aucun de ceux qui aient été lancés sur la mer du commerce. »

Voilà dans quels termes on s'exprimait, au sein du parlement anglais, sur le compte d'une Compagnie française dont l'honorabilité ne faisait doute pour personne.

La mort du vice-roi Mohammed parut une occasion favorable au cabinet de Londres pour ruiner, avant qu'elle arrivât à son terme, l'œuvre entreprise par la France, dans l'intérêt de toutes les nations. Au mois de juillet 1863, on apprend, avec surprise, qu'un envoyé du vice-roi d'Égypte, Nubar-Pacha, est arrivé à Constantinople, avec la mission de demander au Sultan, comme suzerain de l'Égypte, la revision des contrats passés entre la Compagnie du canal et le vice-roi défunt.

Il s'agissait : 1° de réduire de 20,000 à 6,000 le nombre d'ouvriers indigènes que le gouvernement égyptien devait fournir aux travaux du canal; 2° de restituer au gouvernement égyptien les terres qui lui avaient été concédées par le précédent vice-roi. De plus, en partant de ce point que le canal devait être une voie destinée uniquement au commerce, et non une voie militaire, on décidait qu'une commission d'ingénieurs serait chargée d'en reviser les dimensions fixées par la Compagnie, et de les ramener, le cas échéant, aux proportions voulues pour conserver au canal son caractère exclusivement commercial. Finalement, on signifiait à la Compagnie, que, dans le cas où elle n'aurait pas souscrit à ces conditions, dans le délai de six mois, les travaux commencés dans l'isthme seraient interrompus par la force.

C'était la diplomatie anglaise qui avait suggéré, ou plutôt dicté au vice-roi, cette réclamation, intrigue machiavélique, ourdie pour disloquer l'entreprise, en lui ôtant ses principaux moyens d'action, c'est-à-dire les ouvriers fellahs.

Le Sultan appuya naturellement les demandes du vice-roi, et, ce point acquis, Nubar-Pacha ne craignit pas de se rendre à Paris, pour demander, sans plus de façons, au gouvernement français son appui contre la Compagnie. Les diplomates ne doutent de rien ; ils aiment à répéter, avec Talleyrand : « Tout arrive. »

Une fois à Paris, Nubar-Pacha commence à circonvenir les hommes politiques les plus importants. Il cherche à obtenir des adhésions parmi les jurisconsultes, et il n'est pas, disons-le, mal accueilli partout.

Le 12 octobre, il notifie ses propositions au Président de la Compagnie, M. de Lesseps. Celui-ci se hâte d'adresser à l'Empereur une pétition, dans laquelle il revendique énergiquement les droits de la Compagnie.

Pendant cet incident critique, qui se prolongea plus d'une année, les journaux anglais, déchaînés par Nubar-Pacha, ne reculaient devant aucun moyen pour décrier l'entreprise du canal.

Cependant, plusieurs mois s'écoulent; alors un mouvement irrésistible se produit dans l'opinion publique, en faveur de la Compagnie, et se traduit bientôt dans une manifestation publique, qui fut entourée d'une grande solennité. Le 11 février 1864, un banquet, où prirent place plus de 1,500 personnes, est offert à M. de Lesseps, dans la nef du Palais de l'Industrie, sous la présidence du prince Napoléon. On trouve dans les *Lettres, journal et documents* de M. de Lesseps le texte des trois discours qui furent prononcés dans ce banquet, par le prince Napoléon, par M. de Lesseps et par Dupin, procureur général à la Cour de cassation.

Le prince Napoléon, abordant la question sous toutes ses faces, défendit avec éloquence la cause de la Compagnie. C'est dans ce discours qu'un appel à la conciliation et à un arrangement se produisit, pour la première fois. De son côté, le procureur général Dupin, dans une vive et piquante allocution, vint formuler ses conclusions en faveur de la Compagnie. Il fut acclamé par l'assistance entière, quand il dit, en terminant, que le jour approchait où le « canal de Suez, après avoir été si longtemps le canal des Tempêtes, deviendrait, pour le monde entier, le canal de Bonne-Espérance ».

La transaction présentée dans le discours du prince Napoléon, ne tarda pas à se produire. Elle apparut sous la forme d'une *sentence*, que l'Empereur des Français fut prié de prononcer lui-même, après une étude approfondie de la question.

Le 8 mars 1864, le *Moniteur officiel* publiait un rapport du ministre des affaires étrangères, Drouyn de Lhuys, à l'Empereur, proposant la formation d'une Commission « destinée à préparer les éléments de la décision que, dans sa sollicitude pour une grande œuvre de civilisation et pour des intérêts français et égyptiens qui se rattachent à un immense intérêt universel, l'Empereur a daigné se charger de prononcer ».

Cette commission devait se composer, et fut composée, après l'approbation dudit rapport, de MM. Thouvenel, sénateur, président; Mallet, sénateur; Suin, sénateur; Gouin, député au Corps législatif, et Duvergier, conseiller d'État.

Le 6 juillet 1864, l'Empereur, déclaré arbitre des questions pendantes entre le vice-roi d'Égypte et la Compagnie du canal, prononçait la sentence que l'on attendait de lui, et dont voici les principaux termes :

« La Compagnie est exonérée de l'obligation qui lui avait été faite d'employer presque exclusivement des ouvriers égyptiens aux travaux du canal; et, de son côté, le souverain de l'Égypte est exonéré de fournir ces ouvriers.

« Le canal d'eau douce est cédé au vice-roi, mais des garanties sont données à la **Compagnie** de son bon entretien.

ISMAIL-PACHA, VICE-ROI D'ÉGYPTE

« La concession générale des terrains est rétrocédée au gouvernement égyptien, moins 3,000 hectares, jugés indispensables aux besoins de l'exploitation, et 19,864 hectares dont la jouissance lui est réservée.

« De justes indemnités sont accordées à M. de Lesseps, en compensation de ces divers engagements apportés aux actes de concession. »

. La sentence prononce que « le règlement du 20 juillet 1856 (relatif aux ouvriers égyptiens), a le caractère d'un contrat, et contient des arrangements réciproques qui devaient être exécutés par le vice-roi et la Compagnie », et fixe, de ce chef, l'indemnité due pour le dommage causé par l'annulation de ce contrat, à 38 millions de francs.

« Le canal d'eau douce devenant la propriété du gouvernement égyptien, ce dernier payera 16 millions de francs. En outre, la Compagnie aura la jouissance exclusive de ce canal jusqu'à l'entier achèvement du canal maritime. L'alimentation régulière de ce canal devra être maintenue, et l'entretien en sera fait par la Compagnie, aux frais du gouvernement égyptien, évalués d'avance à 300,000 francs par an.

« Les 60,000 hectares rétrocédés au gouvernement égyptien, sont évalués à 500 francs l'hectare, et la Compagnie recevra, par conséquent, une indemnité de 30 millions de francs. »

Un tableau annexé à la sentence, régit le mode de payement de ces 84 millions d'indemnité.

En annonçant cette solution aux actionnaires, dans une circulaire, M. de Lesseps s'exprimait ainsi :

« La Compagnie, qui avait accepté d'avance les résultats de l'arbitrage souverain, est reconnaissante d'avoir été l'objet de l'intervention de l'Empereur. L'autorité et la haute équité de cette intervention mettent nos travaux à l'abri de toute difficulté de nature à en ralentir l'achèvement. La sentence concilie les intérêts politiques avec ceux de la Compagnie, et termine, à la satisfaction commune, des dissentiments que nous avions hâte de voir disparaître, pour nous livrer, sans diversion aucune, à l'exécution de l'œuvre, dont l'achèvement est désormais assuré à bref délai. »

« Toutes nos forces, ajoutait M. de Lesseps, vont être maintenant employées à la prompte exécution de cette œuvre. Plus sûrement que jamais, nous pouvons déclarer que nous l'accomplirons. Nous en avons pour garanties : les solutions acquises, les doutes disparus, les incrédulités vaincues, une organisation de travaux dont chacun peut aller, sur toute la ligne de l'isthme, constater le bon ordre et l'activité ; l'établissement d'une première communication entre les deux mers, enfin une situation si heureuse qu'après dix ans de dépenses, de labeurs, de luttes contre les hommes et contre la nature, les ressources financières, nonobstant le surcroît des dépenses résultant de la transformation du travail, assurent la propriété de l'entreprise contre toutes les éventualités. »

Le fondateur de la Compagnie du canal affectait peut-être, pour la sentence impériale, plus de satisfaction qu'il n'en ressentait en réalité. Ce n'était rien moins qu'une révolution complète dans les procédés de travail et dans l'organisation des chantiers, que lui imposait l'arrangement, si laborieusement intervenu à la suite de l'intrigue anglo-musulmane. Il s'agissait, en effet, de substituer le travail mécanique au travail manuel. On retirait à la Compagnie le secours des fellahs, qu'il fallait remplacer par des machines.

C'est pour cela que, le 1er avril, un marché fut conclu avec MM. Borel et Lavalley, entrepreneurs de travaux publics à Paris, pour la continuation et l'achèvement des travaux non encore soumissionnés, c'est-à-dire sur une longueur de 85 kilomètres, y compris la traversée des lacs Amers.

L'entreprise du canal de Suez entre, dès ce moment, dans une période de travail régulier, qui va la conduire, sans secousse sérieuse, jusqu'à l'heure de l'achèvement définitif.

Le travail, énorme, de percement qu'il reste à faire, est confié à divers entrepreneurs.

MM. Dussaud frères sont chargés de construire les jetées de Port-Saïd : 250,000 mètres cubes de blocs devront être immergés.

M. Aïton creusera le canal à travers le lac Menzaleh, de Port-Saïd au seuil d'El-Guisr, et enlèvera 21,700,000 mètres cubes de déblais.

M. Couvreux doit faire passer le canal à travers le seuil d'El-Guisr, en enlevant 9,000,000 mètres de cubes de terres.

MM. Borel et Lavalley doivent achever le canal du seuil d'El-Guisr à la mer Rouge : 24,500,000 mètres cubes de déblais.

La Compagnie se charge, de son côté, d'une partie des travaux.

Pendant que ces entrepreneurs exécuteront leur mandat, diverses modifications se produiront, qui viendront augmenter ou diminuer le nombre de mètres cubes qu'ils se sont engagés à déblayer. L'un d'eux, M. Aïton, renoncera même à la tâche qu'il s'était imposée ; mais sans interruption, sans défaillance, l'œuvre se poursuivra et s'achèvera.

XII

Les machines substituées au travail manuel. — Description des grandes dragues et des élévateurs. — Campagne des travaux de 1864.

C'était, disons-nous, une complète révolution qu'il fallait accomplir dans les travaux du canal, pour se conformer aux exigences de l'Angleterre. Cette jalouse puissance s'était flattée d'arrêter net, par cette nouvelle intrigue, l'œuvre commencée dans le désert; mais elle n'avait pas prévu que le génie mécanique de notre siècle ferait avorter son plan.

Pour enlever la totalité des 70 millions de mètres cubes de terre qu'il s'agissait d'extraire, la Compagnie du canal avait compté, à l'origine, sur le travail des fellahs, tel qu'il était imposé, arrêté et réglé par le second firman de concession de Mohammed-Saïd.

Le terrassier égyptien est un ouvrier expéditif. Il n'a presque pas besoin d'outils. Avec ses mains il creuse la terre; il en remplit des paniers, qu'il porte sur la tête, jusqu'à l'endroit où le contenu doit être déversé, pour former ce qu'on appelle la *banquette*.

Il est particulièrement habile et ingénieux dans ce genre de labeur. Nous en citerons un curieux exemple.

En 1860, quand les travaux commencèrent au milieu des fanges et des vases mobiles du lac Menzaleh, avant que l'on pût introduire les dragues dans ce long marais où la couche de vase n'était guère recouverte que de 20 à 40 centimètres d'eau, les fellahs parvinrent à retirer 400,000 mètres cubes de cette vase demi-liquide, en pratiquant une rigole de 4 à 5 mètres de largeur. Pour cela, ils étaient obligés de prendre la vase entre leurs mains, et de la presser sur leur poitrine, pour en faire égoutter l'eau et en former des masses solides. Pour accélérer le travail et enlever plus de matière, ils avaient imaginé de plaquer la vase égouttée sur le dos du travailleur voisin, qui la retenait avec les bras croisés par devant, et qui l'emportait sur la berge, avec sa propre charge, à peu près comme ferait un manœuvre avec sa hotte.

Les ouvriers fellahs sont donc particulièrement habiles dans l'art des ter-

rassements ; mais le procédé d'extraction et de transport des déblais effectués
à la main, n'est rapide qu'autant que les ouvriers sont très nombreux ; et, dans
tout autre pays que l'Égypte, la dépense aurait été exorbitante. Mais sur l'an-

FIG. 47. — LES PETITES DRAGUES TRAVAILLANT PRÈS DE PORT-SAID

cienne terre des Pharaons, où il est d'un usage immémorial de faire payer aux
populations une partie de l'impôt en travail, l'emploi des hommes aux grands
travaux publics n'a rien qui puisse blesser une philanthropie sincère. La

Compagnie, d'accord avec Mohammed-Saïd, avait cru faire œuvre d'humanité et améliorer le sort des fellahs en les appliquant à un travail salarié, alors qu'ils auraient pu être employés légalement à un travail gratuit.

Les indigènes furent donc utilisés, des le début, pour la construction des digues longitudinales en terre du canal, dans le lac Menzaleh. Ils furent appelés à creuser le canal d'eau douce ; puis, comme nous l'avons dit, on les réunit, au nombre de 20,000, sur le plateau d'El-Guisr, et ils y pratiquèrent le passage pour le canal maritime.

Nul doute que si l'on avait observé les conventions primitives, qui assuraient à la Compagnie la disposition de 20,000 fellahs, ces ouvriers n'eussent mené à bien la tâche qui leur incombait dans le percement de l'isthme.

On en était là, quand la Compagnie, à la suite du débat retentissant que nous venons de rapporter, et de l'arbitrage de Napoléon III, se vit privée subitement de cet élément de travail.

Les opérations commencées furent donc immédiatement suspendues. Il fallait improviser de nouveaux moyens d'exécution, c'est-à-dire substituer la mécanique à l'homme.

La transformation exigée par la politique de l'Angleterre, devait être opérée dans les conditions suivantes :

La Compagnie avait pris possession du désert; elle y était installée. Le canal d'eau douce portait au centre de l'isthme les approvisionnements, le matériel et l'eau potable. Mais les travaux proprement dits du canal maritime se bornaient à peu près aux terrassements, commencés à la main, par les fellahs.

Quelques dragues, de moyenne force, telles que les représente la figure 47, étaient, il est vrai, employées, soit à remblayer le marais autour de Port-Saïd, soit à approfondir le chenal ouvert dans le lac Menzaleh. D'autres dragues plus puissantes avaient été commandées : mais ces mesures prises par la Compagnie, en vue d'une combinaison du travail à bras d'homme avec le travail des machines, ne répondaient plus aux besoins créés par les exigences de l'Angleterre.

Une tranchée, profonde de 2 mètres environ et d'inégale largeur, était ouverte de Port-Saïd au lac Timsah. On l'avait protégée par des berges, qui commençaient à prendre de la consistance.

Du côté de Suez, on n'avait encore donné d'impulsion vigoureuse à aucun travail. La crête du Sérapéum était à peine enlevée. C'est dans cette partie surtout que la Compagnie comptait employer les travailleurs indigènes ; et si elle avait continué à obtenir les escouades de fellahs que lui procurait auparavant le gouvernement égyptien, nul doute que, vers Suez surtout, l'enlèvement des terres à la brouette et au panier n'eût été conduit avec une grande activité.

Dans cette situation, la première chose à faire était de commander des dragues d'une grande puissance et de les commander en grand nombre. Mais comment en combiner les organes ?

Ce n'est pas tout que de faire tourner, au moyen de la vapeur, un chapelet de godets, qui creusent le sol et enlèvent la terre. Il faut verser le contenu de ces godets et le porter quelque part. Ce travail est très long, et, selon les moyens employés, il peut devenir tellement dispendieux qu'il rende impossible l'opération elle-même.

Avec les dragues, telles qu'elles fonctionnent dans nos ports, l'enlèvement des déblais se fait de la manière la plus simple. On les verse dans des caisses placées sur des bateaux, qui accostent la drague. Lorsque ces caisses sont pleines, le bateau s'éloigne, et va les porter le long de la berge. Là sont installées des grues, qui saisissent les caisses, les élèvent, tournent sur elles-mêmes, et peuvent verser ainsi les déblais, à une distance de quelques mètres, dans des wagons de chemin de fer.

Ce procédé est fort simple ; mais il n'est plus praticable lorsqu'il s'agit d'opérer sur des masses très considérables de déblais. Il serait trop lent et trop coûteux.

Avec cette méthode, il eût été impossible de prévoir le terme des travaux du canal égyptien.

On comprit alors la nécessité de construire des appareils nouveaux, appropriés à un travail d'une importance exceptionnelle, dont on n'avait pu prévoir les exigences, et qui entraînait l'emploi de moyens inusités jusque-là.

Pour verser les déblais sur le bord, notamment dans les bassins de Port-Saïd, on avait imaginé de placer sous les godets des dragues, une rigole, en bois ou en tôle, qui recevait les déblais et les laissait couler à terre. L'inclinaison de cette rigole suffisait pour l'entraînement naturel des vases ou des sables extraits par les dragues. Mais cette inclinaison ne pouvait être maintenue qu'à la condition que les dragues restassent près du rivage où l'on jetait leur produit. En reculant ces appareils, pour creuser le canal, à son centre par exemple, c'est-à-dire à 50 mètres du bord de l'eau, ce couloir ne fonctionnait plus. On pouvait l'allonger, mais alors il n'avait plus de pente : les déblais que la drague y eût versés, en auraient encombré l'orifice, et ne seraient pas parvenus jusqu'à terre. Or, en supposant qu'on draguât au milieu du canal, ce n'était pas seulement 50 mètres, ou la moitié de la largeur totale de ce canal, qu'il fallait donner au couloir, mais 10 ou 20 mètres de plus ; car il ne suffisait pas de porter les déblais sur le bord de l'eau, il fallait les jeter beaucoup plus loin, en prévision des élargissements futurs, et surtout pour éviter les éboulements partiels de la banquette dans le canal même.

La solution de ce problème fut trouvée. Quand on voit l'appareil fonctionner, cette solution paraît toute simple : cela prouve seulement qu'elle est bonne. Mais, comme tant de choses simples, les ingénieurs et entrepreneurs la cherchèrent longtemps.

On commença par élever aussi haut que possible le bâti de la drague au sommet duquel montent et tournent les seaux, après leur sortie de l'eau. Pour éviter que ce bâti, fort lourd et qui déplaçait le centre de gravité, n'entraînât la coque de la drague et ne la fît chavirer, on le renforça, au moyen d'une charpente en fer disposée sur les côtés, en s'appuyant sur un chaland.

Le couloir est placé à la hauteur où les godets versent les déblais qu'ils ont apportés du fond. Il n'a pas moins, dans certains cas, de 70 mètres de long ! Qu'on se représente une immense colonne de fer et de tôle qu'on aurait coupée du haut en bas, et dont la moitié serait couchée de manière à former un pont partant de la drague et arrivant à terre. Ce *pont-aqueduc* est supporté, entre la drague et la terre, par un solide appui qui repose sur un *chaland*, autrement dit un bateau plat. Mais il ne touche pas la berge. On le maintient au contraire à une certaine hauteur au-dessus du sol, afin que les déblais puissent tomber commodément à terre, lorsqu'ils auront roulé du haut du couloir jusqu'à son embouchure.

Restait à surmonter la difficulté principale : le défaut d'inclinaison du couloir, dont la pente était nécessairement peu sensible, à cause de sa longueur et du peu d'élévation de son point d'attache et de départ. Comment parviendrait-on à entraîner les déblais jusqu'au bout de cette rigole ?

On avait fait plus d'un essai sur des couloirs moins longs. On avait, par exemple, placé sur les côtés, des hommes munis de perches et de râteaux ; ils poussaient les déblais qui s'arrêtaient en route, et ils dégageaient ainsi la rigole. Mais, appliqué à d'énormes appareils, ce moyen était aussi insignifiant que coûteux. La besogne était bien au-dessus de la force des bras, et les résultats étaient nuls.

Quelqu'un remarqua que les godets, en se renversant pour vider les déblais dans les couloirs, laissaient couler une certaine quantité d'eau qu'ils avaient apportée, mêlée aux débris solides. Cette eau descendait en minces filets qui, s'introduisant entre les monceaux de terre et de sable réunis dans le couloir, les délayait, les désagrégeait, et finalement en entraînait une partie. Ce fut un trait de lumière.

Fig. 48. — GRANDE DRAGUE ET APPAREIL ÉLÉVATEUR

Entretenir dans le couloir un courant d'eau, ni trop fort ni trop faible, — car, trop fort, il aurait passé par-dessus les bords, et, trop faible, il eût été absorbé par les terres amoncelées, — tel était le remède applicable à l'insuffisance d'inclinaison du couloir.

On plaça sur les dragues des pompes à eau mises en action par la vapeur. Ainsi amenée au sommet du couloir, l'eau coula constamment dans la rigole aérienne, entraînant avec elle les produits solides du dragage par l'action de son courant.

La *drague à long couloir*, telle que la représente la figure 48, est, en définitive, l'engin fondamental du percement de l'isthme. Le canal a 160 kilomètres, de Port-Saïd à Suez : plus d'un tiers a été creusé au moyen de la *drague à long couloir*, avec une facilité et une économie qu'il eût été impossible de prévoir, et la Compagnie opposa victorieusement cette invention à ceux qui avaient spéculé sur la retraite des ouvriers indigènes, pour empêcher la construction du canal.

Un grand nombre de dragues échelonnées dans tout le parcours du canal furent pourvues de cet appareil.

Dans tout l'espace compris entre Port-Saïd et le plateau d'El-Guisr à travers les lacs Menzaleh et Ballah, et, au besoin, dans la plaine de Suez, dans tous les endroits où les bords du canal n'ont pas une élévation trop considérable, la *drague à long couloir* fonctionna à merveille.

Il fallait cependant fabriquer un autre appareil mécanique pour verser les déblais sur les berges plus élevées que les dragues mêmes, dans les parties du canal où la pente du long couloir eût été nécessairement en sens inverse qu'elle doit être, c'est-à-dire inclinant de la berge à la drague.

C'est à ce résultat qu'est consacré le puissant appareil que l'on désigne sous le nom d'*élévateur*, et dont nous allons décrire sommairement le mécanisme.

L'*élévateur* qui a été employé aux travaux du canal, concurremment avec les appareils ci-dessus décrits, consiste (fig. 48) en deux poutres de fer, inclinées de bas en haut, jusqu'à une hauteur de 14 mètres. Entre ces deux supports tourne une chaîne sans fin, mue par la vapeur, et sur la chaîne un chariot, lequel, une fois arrivé au sommet, se renverse et répand les déblais qu'il porte.

Ces déblais sont reçus dans des caisses de tôle qu'on accroche au chariot quand il redescend vide, et suivant le mouvement de la chaîne sans fin.

Ainsi, les terres étaient transportées sur la berge, tantôt au moyen des *longs couloirs*, quand le sol était plus bas que la drague, tantôt par les *élévateurs*, quand le sol était plus élevé que l'appareil dragueur, il ne restait plus qu'à pourvoir à ce même transport des déblais dans les parties du canal où ils ne devaient pas être déposés sur les rives. On construisit, dans ce but, des *bateaux-porteurs*. Les uns allaient à la mer : ils étaient construits de manière à s'y maintenir.

Les deux ponts d'un *bateau porteur* (fig. 49) sont placés l'un à l'avant, l'autre à l'arrière du bâtiment; ils servent à l'équipage et à la manœuvre. Le centre du navire est réservé tout entier à la réception des déblais. Il est divisé, par une cloison, en deux cavités, qui descendent jusqu'au fond du bateau, et qu'on remplit des produits du dragage. Quand ces réceptacles sont pleins, on conduit le bateau-porteur en mer, et au moyen d'un levier, on descend les chaînes qui tiennent les portes, trappes ou clapets de fond, comme on voudra les appeler. En s'ouvrant, ces portes laissent tomber les déblais contenus dans les cavités du bateau, qui revient alors prendre place sous les dragues, pour y recevoir un nouveau chargement.

D'autres bateaux de même espèce et ayant la même attribution, étaient destinés à fonctionner exclusivement dans les lagunes que traverse le canal. Sur les uns, les portes étaient au fond, sur les autres elles étaient de côté : ils étaient larges et plats, comme il convient à des bateaux de rivière, au lieu de s'amincir graduellement jusqu'à la quille, comme les bateaux de mer.

Il reste à décrire un dernier appareil : l'*excavateur à sec*, destiné, comme son nom l'indique, à pratiquer les dragages par la vapeur sur les terrains solides. Cet appareil, de l'invention de M. Couvreux, est resté acquis à l'art de l'ingénieur : il est employé aujourd'hui dans les travaux de l'isthme de Panama.

Un *excavateur*, ou une *drague à sec* (fig. 50, page 185), présente les dispositions suivantes :

Un châssis horizontal est supporté par neuf roues, sur une voie à trois rails, de 3 mètres de large, parallèle au talus de la tranchée à élargir. Les roues ont 1 mètre de diamètre et le châssis a 6 mètres de longueur. Il supporte une chaudière à vapeur et deux machines motrices. L'une de ces machines met en mouvement la chaîne à godets, l'autre sert à faire progresser l'appareil. L'élinde qui supporte la chaîne dragueuse, est en porte-à-faux en dehors du châssis, dans un plan perpendiculaire à l'axe de la roue. Elle est suspendue à son extrémité inférieure, par une bigue. On peut en faire varier l'inclinaison à volonté.

L'axe de l'arbre à cames qui entraîne la chaîne des godets dragueurs, est à 5 mètres au-dessus des rails.

Il y a dix-huit godets. Ces godets se déchargent au haut de l'appareil, dans un couloir, qui fait saillie de 3 mètres sur le rail extérieur.

FIG. 49. — GRANDES DRAGUES ET BATEAUX PORTEURS DES DÉBLAIS

La chaudière à vapeur est placée du côté opposé au talus, afin d'équilibrer la chaîne à godets. Cette chaudière est tubulaire : sa surface de chauffe est de 20 mètres carrés.

Le poids de cet appareil est d'environ 22,000 kilogrammes. La machine à vapeur est de la force de 15 chevaux. Son rendement atteint jusqu'à 750 mètres cubes en dix heures, dans les sables peu résistants.

L'*excavateur* est suivi d'un tender, portant les approvisionnements qui lui sont nécessaires. Ce tender est divisé en deux compartiments : l'un, d'une contenance de 5 mètres cubes, est destiné au charbon ; l'autre, d'une contenance de 6 mètres cubes, sert de réservoir à eau.

Les wagons qui reçoivent les déblais, sont sur une voie parallèle à celle de l'excavateur et placée tout à côté. Des embranchements, de distance en distance, leur font franchir en écharpe les talus de la tranchée. Arrivés au sommet, ils sont conduits dans les parties du terrain les plus déprimées, où ils sont vidés. A chaque passe que fait l'excavateur, on avance sur la voie, pour procéder à la passe suivante.

L'*excavateur Couvreux* travaille, d'ailleurs, aussi bien dans l'eau qu'à sec. Il y en avait 16 sur les chantiers de Suez. Ils étaient desservis par 10 locomotives et par 250 à 300 wagons de terrassements.

Quand la tranchée est amenée à sa largeur définitive, à la ligne d'eau et au-dessus, la cuvette est achevée par des dragues ordinaires. Elles versent leurs déblais dans des gabares à clapets de fond, qu'on va vider dans la mer, ou le lac le plus voisin.

Telles sont les machines qui furent employées à l'isthme de Suez, pour le creusement mécanique. Mais cette description technique ne saurait donner une idée de la grandeur, de la nouveauté, de l'immensité du travail accompli. Se figure-t-on bien l'effet produit par 24 dragues à vapeur du système que nous venons de décrire ? Vingt de ces dragues supportent un couloir, dont la longueur surpasse de moitié celle de la colonne Vendôme. On a calculé que ces 24 dragues jetaient *en un mois*, sur la berge du canal, assez de déblais pour couvrir toute la chaussée de l'Avenue des Champs-Élysées, à Paris, entre l'obélisque et l'Arc-de-Triomphe, jusqu'à la hauteur des arbres, c'est-à-dire 2 millions de mètres cubes !

On a encore calculé que la même masse de déblais enlevée *en un mois*, en la supposant étalée sur les boulevards de Paris, de la Bastille à la Madeleine, comblerait toute cette étendue de boulevard, jusqu'au premier étage.

Si on la répandait à la place Vendôme, il faudrait superposer, pour la contenir, cinq carrés de maisons de la même hauteur que celles qui entourent cette place monumentale.

Voilà pour les déblais enlevés en *un mois*. Si on veut considérer la masse totale des terres qui furent enlevées pour creuser le canal entier, on arrivera à un nombre total de 74 millions de mètres cubes de terres. Avec cette masse on pourrait construire une pyramide du même modèle que celles de Thèbes et de Memphis, et qui aurait 1 kilomètre de base et 225 mètres de hauteur.

Les divers mécanismes que nous avons décrits présentaient, pour la plupart, des innovations importantes. Ils sont ingénieux, économiques, et surtout *pratiques*, pour nous servir d'une expression en faveur dans les usines. La science du dragage était encore dans l'enfance au moment où le canal de Suez fut commencé. Jamais les dragues n'avaient été employées à des terrassements aussi considérables. La nécessité, mère de l'industrie, inspira bien la Compagnie. Désormais, on ne craindra plus d'extraire, sous l'eau, les plus grandes quantités de terres. On sait ce que peut faire, sous ce rapport, la mécanique moderne.

Ayant ainsi décrit les machines par lesquelles la Compagnie de Suez dut remplacer les bras des ouvriers, nous pouvons reprendre l'exposition de la suite des travaux accomplis jusqu'à la terminaison de l'œuvre.

Les travaux exécutés dans l'isthme, pendant la campagne de 1864, avaient amené, vers le mois de mars, les résultats suivants :

Entre Port-Saïd et El-Ferdane, les ouvriers déblayèrent 1,200,000 mètres cubes, et retirèrent du lac Ballah un banc de pierre gypseuse, de 131,000 mètres cubes, qui en formait le fond.

Entre le lac Timsah et le Sérapéum, 2,150,000 mètres cubes étaient enlevés (fig. 51, p. 187), et le canal maritime était ainsi allongé de 6,300 mètres.

Pendant ce temps, les ouvriers indigènes attaquaient avec vigueur le seuil de Chalouf, entre les lacs Amers et Suez (fig. 52, p. 189).

Deux prolongements du canal avaient été exécutés, l'un vers Ismaïlia, où aboutit le canal d'eau douce ; l'autre à l'est du lac Timsah, vers le plateau des Hyènes, où l'on exploitait des carrières.

En treize mois, le canal d'eau douce avait été conduit d'Ismaïlia à Suez : il avait nécessité le déblai de 3,347,000 mètres cubes.

Les conduites d'eau douce par les tuyaux de fonte, étaient près d'arriver à Port-Saïd; elles atteignaient Ras-el-Ech, et fonctionnaient sur une longueur de 64 kilomètres.

A Port-Saïd régnait toujours la plus grande activité. Quatre dragues et

Fig. 50. — EXCAVATEUR A SEC

deux grues à vapeur creusaient les bassins. On montait vingt dragues nouvelles, ainsi que des chalands et des grues. La ville, avons-nous dit plus haut,
devait être bâtie sur les remblais formés par les terres ainsi extraites. La
surface remblayée était alors à 2 mètres au-dessus du niveau de la mer et
du lac Menzaleh, et elle occupait un espace de 119,000 mètres carrés.

Du 1er janvier au 31 décembre 1862, il était entré à Port-Saïd, 295 bâtiments, jaugeant ensemble 48,759 tonneaux.

Dès le 10 avril 1864, la conduite d'eau douce distribuait l'eau du

FIG. 51. — TRAVAIL DES DRAGUES AU PIED DU SEUIL DU SÉRAPÉUM

Nil à Port-Saïd, au moyen de bornes-fontaines. Deux réservoirs, l'un
établi sur le plateau d'El-Guisr et d'une contenance de 5,000 hectolitres,
l'autre à Port-Saïd et d'une capacité de 7,000 hectolitres, assuraient
l'approvisionnement d'eau.

Les 13,000 ouvriers indigènes avaient, pendant les trois premiers mois de
l'année, laissé sur les chantiers les traces de leur activité : les déblais qu'ils
avaient exécutés s'élevaient à 2,163,784 mètres cubes.

Enfin, le réseau télégraphique, complètement terminé, répondait à tous
les besoins du service.

Les entrepreneurs se diposaient à remplir les obligations qu'ils avaient
prises, et, parmi eux, quelques-uns s'étaient déjà mis à l'ouvrage.

MM. Dussaud frères avaient installé les logements des ouvriers, et mis en construction un hangar pour la chaux, de 100 mètres de longueur sur 12 mètres de largeur, un appontement, une voie ferrée, ainsi qu'une plate-forme pour l'installation des manèges à mortier. Leur matériel était arrivé ; il se composait d'un bateau à vapeur remorqueur, de la force de 45 chevaux, de chalands, de chaloupes, de locomotives, de locomobiles, de manèges à mortier, de panneaux pour la construction des blocs artificiels, de rails, de coussinets et traverses, ainsi que du petit matériel et de l'outillage.

La Compagnie avait remis à M. Aïton les anciennes dragues en état de fonctionnement ; et cet entrepreneur avait, avec ce matériel, extrait 254,214 mètres cubes, tant à Port-Saïd que dans le canal maritime.

M. Couvreux avait installé, au seuil d'El-Guisr, deux de ses *excavateurs*, desservis par 6,500 mètres de voie ferrée, par 4 locomobiles et 30 wagons à bascule. Le cube des déblais exécutés par cet entrepreneur (61,973 mètres cubes), qui venait à peine d'entamer son travail, faisait deviner à quel chiffre monterait l'extraction, lorsque les excavateurs seraient, comme ils devaient l'être, portés au nombre de quinze.

MM. Borel et Lavalley, dont le marché ne remontait qu'au 1ᵉʳ avril, en étaient encore à étudier les moyens d'exécution qu'ils devaient employer.

Fig. 52. — CREUSEMENT A SEC DU CANAL MARITIME A TRAVERS LE SEUIL DE CHALOUF

XIII

Campagne de 1865 à 1866. — Le 31 janvier 1865, la communication entre Port-Saïd et Suez se trouvant effectuée, moitié par le canal maritime, moitié par le canal d'eau douce, M. de Lesseps adresait aux chambres de commerce de France et de l'étranger, une circulaire, par laquelle il leur annonçait qu'un service de batelage était établi de Port-Saïd à Suez et d'Ismaïlia à Zagazig, desservant toutes les stations de l'isthme.

Des délégués de toutes les nations vinrent alors visiter les travaux. Leur voyage se termina par une déclaration, signée, qui manifestait leur enthousiasme pour l'œuvre de M. de Lesseps. Ils avaient mis vingt-sept heures seulement pour passer de la Méditerranée à la mer Rouge.

Quels sont les travaux qu'il avait fallu accomplir, durant cette période, pour obtenir ce résultat ?

Le travail le plus considérable avait consisté à élargir le canal, dont la largeur fut portée de 56 mètres à 100 mètres. Cet élargissement avait permis de donner à la berge l'inclinaison d'une plage.

Pendant ce temps, la tranchée d'El-Guisr avait été élargie et approfondie. On avait creusé à sec un premier chenal, partant du lac Timsah dans la direction de Suez. Ce canal, une fois rempli, permit aux dragues d'exécuter la presque totalité des déblais, depuis Timsah jusqu'au mamelon de Toussoum. Au delà, un autre chenal, tout pareil, était ouvert sur une longueur de 8 kilomètres. A Chalouf, on avait opéré la laborieuse extraction de 90,000 mètres cubes de terres et de 30,000 mètres cubes de pierres.

Le travail des dragues avait donné au chenal qui conduit dans le bassin de Port-Saïd, une profondeur d'eau de 5 mètres, sur une largeur moyenne de 60 à 100 mètres.

Pour le bassin de Port-Saïd, qui cessait ainsi d'être un lieu de stationnement, la nouvelle direction donnée aux jetées modifiait sa forme et son étendue. Au lieu de présenter l'image d'une grande surface carrée, il allait

ressembler à l'embouchure
d'un fleuve, le long duquel
s'ouvriraient les bassins
transversaux de décharge-
ment. L'entrée de ce grand
bassin était ouverte, dans
toute sa longueur de 200
mètres, à la profondeur de
5 à 6 mètres, et, n'était le
travail des dragues, rien,
dès lors, n'aurait empêché
le stationnement des navires.

Nous n'avons encore parlé
qu'incidemment du travail
consistant à créer les jetées
de Port-Saïd. Nous place-
rons ici l'exposé de cette
partie essentielle de l'œuvre
des entrepreneurs.

Pour créer les puissantes
jetées et les bassins spacieux de Port-Saïd, il fallait
trouver des blocs assez forts
pour résister aux assauts de
la mer. S'il avait fallu apporter de très loin d'énormes
quartiers de roches, pour
les immerger ensuite, jusqu'à
3000 mètres en mer, la dépense aurait été effrayante.
Comme on ne trouvait pas
sur place les pierres dont on
avait besoin, on prit le parti
de les fabriquer de toutes
pièces. Les frères Dussaud,
qui s'étaient particulièrement familiarisés avec ce
genre de travail, dans la construction des jetées d'Alger, de Cherbourg et

Fig. 53. — PORT-SAÏD, EN 1865

FIG. 34. — CHANTIER POUR LA CONSTRUCTION DES BLOCS DE FONDATION DES JETÉES DE PORT-SAÏD

de Marseille, se chargèrent de composer des blocs factices, destinés à supporter les quais et à former les jetées de Port-Saïd.

Nous représentons dans la figure 54 les chantiers de fabrication des blocs destinés à composer ces jetées.

Avec le sable extrait du fond du lac Menzaleh, que l'on mélangeait avec de l'eau et de la chaux du Theil, on obtenait, par l'intermédiaire de broyeurs mécaniques, un mélange silico-calcaire, que l'on coulait dans des moules, de la capacité de 20 mètres cubes. Ce mélange, retiré du moule, étant exposé pendant deux mois au soleil, devenait aussi dur que le granit.

Chacun de ces blocs artificiels pesait vingt tonnes. On les chargeait sur des allèges, qui allaient les jeter en mer, au point déterminé.

Les deux jetées de Port-Saïd ont consommé 25,000 de ces blocs énormes. Elles forment aujourd'hui un abri, de la superficie de 230 hectares ; et elles opposent à l'action des vagues une telle résistance que, par les plus fortes mers, elles protègent les navires aussi bien que les bassins les plus sûrs.

L'installation de MM. Dussaud frères leur permettait d'immerger trente blocs par jour. Aussi les jetées s'élevaient-elles bientôt au-dessus de l'eau. La jetée de l'ouest (fig. 55) atteignait les fonds de 6 mètres, et protégeait déjà les navires ne tirant pas plus de 5 mètres. La jetée de l'est marchait rapidement à la rencontre de celle de l'ouest. Quelque temps encore, et le mouvement de la navigation qui, du 15 juillet 1865 au 15 juin 1866, avait amené à Port-Saïd 595 navires, jaugeant 108, 539 tonneaux, jouirait d'une sécurité complète.

La partie du canal maritime entre le lac Timsah et Suez était attaquée avec vigueur, par MM. Borel et Lavalley. Depuis le lac Timsah jusqu'au sud du mamelon de Toussoum, la portion du canal exécutée par les ouvriers égyptiens, permettait déjà d'enlever les déblais par voie de dragage. A partir de Toussoum, dans la direction des lacs Amers, le chenal était ouvert sur une étendue de 8 kilomètres. Entre les lacs Amers et Suez, on venait d'opérer l'extraction du rocher de Chalouf (longueur : 370 mètres ; 90,000 mètres cubes de terre ; 30,000 mètres cubes de pierre).

Le vice-roi faisait travailler jusqu'à 80,000 hommes à la première partie du canal d'eau douce, allant du Caire au domaine d'Ouady. La Compagnie, de son côté, avait presque terminé le terrassement de 874,000 mètres cubes, que, pour ce dernier ouvrage, la sentence impériale avait mis à sa charge.

Les écluses qui mettaient en communication, à Ismaïlia, le canal maritime, qui descend de Port-Saïd, avec le canal d'eau douce, qui se dirige vers Suez, permettaient d'ouvrir entre les deux mers un service de transport et de transit des marchandises.

Ces résultats étaient d'autant plus remarquables qu'ils étaient obtenus dans cette période de transition qui suivit le départ des fellahs. Depuis le mois de mai 1864, la Compagnie avait renoncé aux ouvriers égyptiens, et, quelques jours après, l'équilibre était rétabli, et les chantiers présentaient la même animation. C'est que les ouvriers libres s'étaient empressés d'accourir, de tous les points du littoral de la Méditerranée et des îles de l'Archipel. Aux Européens n'avaient pas tardé à se joindre des Arabes, des Égyptiens et des Syriens ; de sorte qu'en 1866, on comptait dans l'isthme 7,954 Européens, et 10,806 Africains et Asiatiques.

La substitution du travail des machines au travail des hommes, s'accomplissait donc, dans l'isthme, avec une parfaite harmonie. Depuis le 12 décembre, les entrepreneurs Borel et Lavalley avaient remplacé M. Aïton, qui avait renoncé à poursuivre sa tâche. Le matériel mis en mains des entrepreneurs, consistait en 50 dragues, 20 grues à vapeur, 129 chalands en fer, 600 caisses de déblais et 10 porteurs à vapeur. On avait, en outre, commandé 30 grandes nouvelles dragues, 30 appareils élévateurs, 57 porteurs à vapeur, 90 chalands, 15 bateaux à vapeur, 20 locomobiles, 4 canots à vapeur. Une grande partie de ce matériel était déjà montée, ou en voie de montage, à cette époque.

M. Couvreux avait également cédé à MM. Borel et Lavalley l'entreprise du creusement du canal sous l'eau. Pour le creusement à sec M. Couvreux disposait de 10 excavateurs à vapeur, 30 kilomètres de voies ferrées, 14 locomobiles, 400 wagons de terrassements.

De Port-Saïd jusqu'à Suez tous les chantiers étaient en travail. On constatait chaque jour de nouveaux progrès.

Campagne de 1866 *à* 1867. — Pendant cette période, le service de transit maritime organisé par la Compagnie, est en pleine exploitation, et les recettes figurent déjà dans les états de la Compagnie.

A Port-Saïd, on exécute les jetées. De ce port au lac Timsah, le canal est creusé à 6 et 7 mètres de profondeur, et les talus s'inclinent à 45 degrés.

Du lac Timsah aux lacs Amers, onze dragues fonctionnent activement. Le seuil du Sérapéum est vigoureusement attaqué. Des lacs Amers à Suez, le canal est creusé à sec, et les déblais sont emportés sur les hauteurs.

Dans la rade de Suez, quatre grandes dragues remblayent le terrain concédé à la Compagnie, et creusent un bassin, destiné au matériel d'exploitation. Sur toute la longueur du canal, 60 dragues, 22 plans inclinés et 13,000 ouvriers, travaillent simultanément.

En un mot, sur toute la longueur de l'isthme, la ligne du canal n'était qu'un immense chantier ; le total de la force-vapeur employée était de

Fig. 55. — VUE PRISE SUR LA JETÉE OUEST DE PORT-SAÏD

17,768 chevaux ; la consommation mensuelle de charbon arrivait à 12,219 tonnes ; et sur une population de 25,000 habitants, on comptait 13,000 ouvriers, dont 6,388 indigènes, et 6,990 Européens.

Certes, avant le percement de l'isthme, de grands ouvrages avaient été exécutés en Europe. De 1848 à 1857, *en neuf années*, les dragages de la rade de Toulon étaient montés à 7,400,000 mètres cubes ; de 1862 à 1865, ceux de Newcastle, *en trois années*, comprenaient 7,000,000 de mètres cubes. Mais, *en une année*, la Compagnie avait extrait 10 millions de mètres cubes, c'est-à-dire un tiers de plus qu'on n'avait fait à Toulon en neuf ans, et à Newcastle en trois ans. On pouvait donc, sans témérité, compter sur un enlèvement mensuel de 2 millions de mètres cubes, lorsque 34 nouvelles dragues, que la Compagnie avait commandées, ajouteraient leur puissance d'extraction au travail des anciens appareils.

Le mouvement maritime de Port-Saïd s'était beaucoup accru depuis l'ouverture du transit entre les deux mers. Des marchandises expédiées en Europe, par le roi de Siam, traversèrent l'isthme, et un bâtiment de commerce de 80 tonneaux, *le Primo*, passa de Port-Saïd à Suez.

Campagne de 1867 à 1868. — Le 10 septembre 1868, la jetée de Port-Saïd était achevée, et tous les blocs nécessaires à l'achèvement de la jetée, étaient confectionnés.

Le parfait état du chenal et des bassins était démontré par l'entrée dans le port de nombreux paquebots. Il ne restait plus, entre Port-Saïd et le lac Timsah, qu'à faire les dragages proprement dits.

De Port-Saïd au lac Timsah, M. Couvreux, chargé de percer le seuil d'El-Guisr, termine son mandat, devançant de six mois le terme qui lui avait été assigné. Les travaux complémentaires de dragage sont poursuivis sur le reste du parcours ; le travail de nuit y est organisé. Trente et une dragues fonctionnent sur cette partie du canal.

Du lac Timsah aux lacs Amers, onze dragues sont en travail. Le seuil du Serapéum n'est déjà plus un obstacle.

Les lacs Amers sont prêts à recevoir l'eau qui doit les remplir.

De ces lacs à Suez, 6,000 ouvriers environ creusent le canal à sec, au moyen de 22 plans inclinés, par lesquels les déblais sont emportés sur les hauteurs. Onze dragues fonctionnent du côté de Suez.

Soixante dragues, vingt-deux plans inclinés et 7,500 hommes, sont donc occupés à creuser le canal sur toute sa longueur.

Le mouvement maritime de Port-Saïd s'accroît, surtout depuis que le service de transit fonctionne entre les deux mers. Six grandes Compagnies de navigation viennent, régulièrement, débarquer au port, marchandises et passagers.

On continuait à creuser avec succès le canal maritime jusqu'au lac Timsah, et à faire à sec la partie du canal comprise entre les lacs Amers et l'extrémité sud du seuil de Chalouf. Le même travail s'effectuait sur une longueur de 34 kilomètres, du bassin des grands lacs au branchement de la plaine de Suez, et l'on n'avait plus à exécuter à la drague que la portion restante du canal, pour gagner la rade de Suez (longueur : 14 kilomètres ; cube : 7,919,000 mètres cubes). Ce creusement à sec et ce dragage s'accomplissaient avec une activité merveilleuse.

Pour les travaux à sec, les chantiers comprenaient 6,000 ouvriers, travaillant à la brouette, et 2,000 ouvriers, desservant 22 plans inclinés (chaque plan produisant 250 à 300 mètres cubes de terres par jour).

Dans les travaux de dragages les cinq dragues en activité n'avaient plus, au 15 avril, à enlever que 5,300,000 mètres cubes.

Le télégraphe, installé sur toute la ligne des travaux, et la poste faite régulièrement, pour le service propre à la Compagnie, furent mis alors à la disposition du public.

« Notre télégraphe, écrivait M. de Lesseps, mis en communication avec l'Asie, l'Europe et l'Amérique, nous permet d'échanger en quelques heures nos dépêches entre Paris et tous les chantiers de l'isthme. Ces jours derniers encore (juin 1868), j'ai reçu en deux heures à Paris un télégramme qui m'était adressé d'Ismaïlia. »

Campagne de 1868 *à* 1869. — Au mois de juin 1868, une ligne de chemin de fer était établie entre Suez et Ismaïlia. Au commencement de 1869, les jetées de Port-Saïd étaient terminées ; le chenal avait atteint une profondeur de 9 mètres, jusqu'à l'extrémité de la jetée ouest ; 49 dragues achevaient d'égaliser les profondeurs entre Port-Saïd et les lacs Amers ; le canal avait atteint partout sa largeur définitive.

Le 10 septembre, la jetée de l'ouest, à Port-Saïd, était achevée, et tous les blocs nécessaires pour terminer la jetée de l'est, étaient confectionnés par les entrepreneurs de ce magnifique travail, MM. Dussaud frères.

Port-Saïd, avec ses trois bassins, ses docks, son port d'ancrage et son phare, présentait l'aspect qu'on lui voit aujourd'hui, et que montre le plan que nous en donnons (fig. 56).

Des lacs Amers à Suez il ne restait plus qu'à faire fonctionner les dragues, lesquelles travaillèrent d'abord aux cinq derniers kilomètres du canal qui avoisinent la mer Rouge. Le chenal de Suez était à peu près terminé ; un brise-lames de 1,500 mètres, exécuté en enrochements, protégeait l'entrée du canal maritime.

Les machines semblaient alors participer à la fièvre générale. C'est alors que l'on vit les dragues exécuter, en un mois, deux millions de mètres cubes de déblais !

Cette nouvelle parvint à Paris, en même temps que celle de l'inauguration

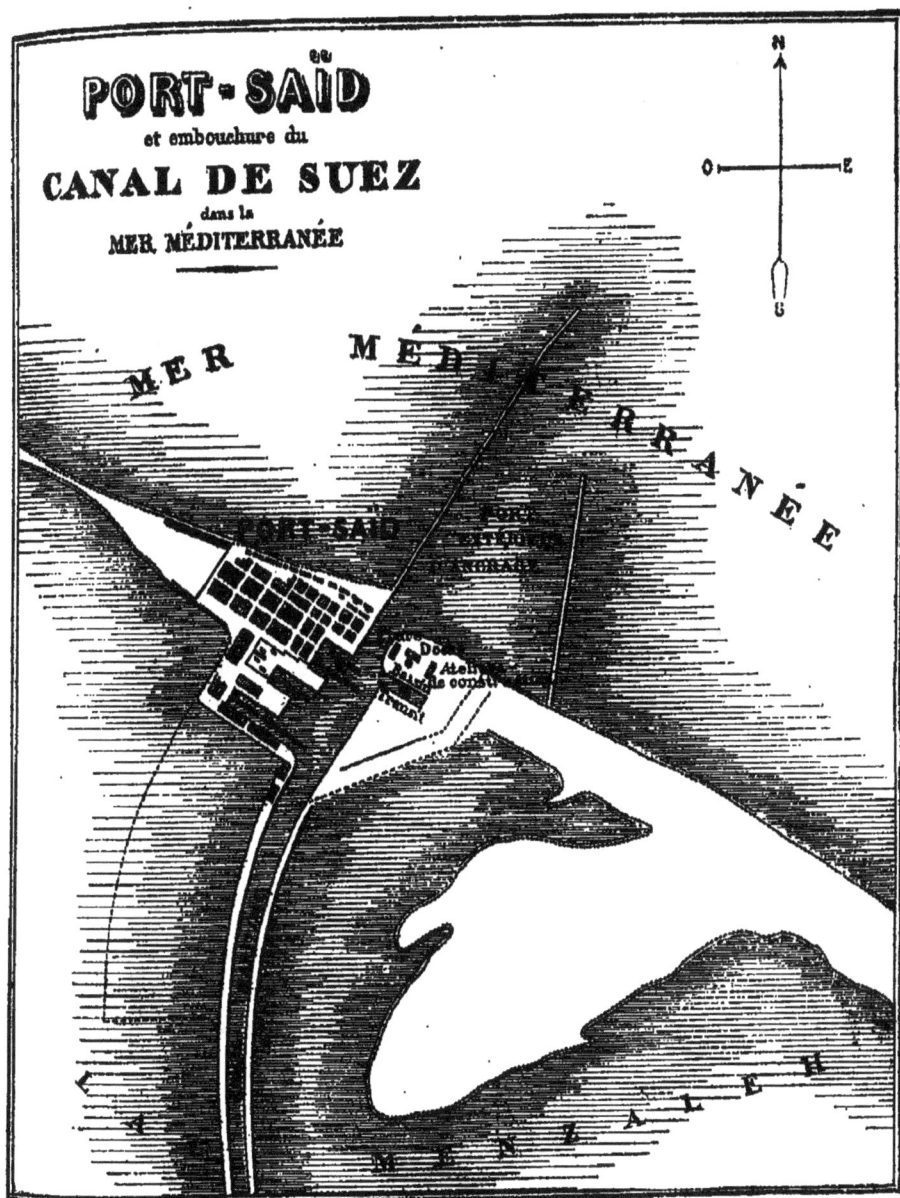

Fig. 56.

du chemin de fer qui reliait Suez à Ismaïlia. La civilisation s'emparait du désert !

A ce moment, les visiteurs affluaient, pour examiner les derniers travaux de l'isthme. De grands personnages de l'Angleterre venaient s'assurer, de leurs yeux, du succès extraordinaire de l'œuvre qu'ils avaient tant critiquée et combattue. Le duc de Saint-Albans écrivait au *Times :*

« Je suis arrivé ici sceptique, et j'en pars ferme croyant en l'achèvement du canal de Suez dans un court espace de temps. »

La sensation produite en Angleterre par cette loyale déclaration, fut profonde. L'incrédulité de nos voisins, déjà fort ébranlée par les secours qu'ils avaient tirés, pour leur expédition d'Abyssinie, du transit établi par la Compagnie à travers l'isthme de Suez, reçut le dernier coup de l'opinion de l'un des membres les plus distingués de leur aristocratie. La lettre du duc de Saint-Albans fut comme le signal d'une agitation qui se répandit partout, et qui eut, en Angleterre, pour résultat pratique d'engager les négociants et les constructeurs de navires à se préparer, afin de profiter à temps de l'ouverture du canal.

Sûr de son succès, M. de Lesseps s'occupait alors de préparer l'organisation de l'exploitation du canal. Une Commission composée de savants et de praticiens compétents fut instituée par lui, pour examiner « les conditions de l'exploitation du canal ».

Le mandat de cette Commission avait été défini, en ces termes, par M. de Lesseps :

« Rendre la traversée du canal la plus rapide et la plus facile possible, pour tous les navires, dans la mesure de la conservation des travaux exécutés et dans les conditions les plus économiques pour la Compagnie, afin de réserver aux actionnaires les bénéfices les plus larges. » « Nous n'attendons, est-il dit dans ce document, en forme de conclusion, que l'expression de votre opinion pour faire connaître à la marine universelle les conditions dans lesquelles le canal maritime de Suez sera définitivement livré à la navigation. »

Le 16 octobre, la Commission se réunissait pour la première fois, et le 1er décembre, elle remettait son rapport, qui servit de base à l'exploitation du canal.

Lord Mayo, gouverneur général des Indes britanniques, et lord Napier, le chef de l'expédition anglaise d'Abyssinie, avaient voulu constater ce qu'on nommait déjà « l'achèvement du canal ».

La *Levrette*, goëlette de la marine impériale française, était partie de Toulon, pour se rendre à Port-Saïd, d'où avec ses canons et son équipage, elle devait traverser l'isthme de la Méditerranée à la mer Rouge. Le 10 décembre, la goëlette française franchit, sans obstacle ni difficulté, toute la longueur du canal, et arriva à Suez.

Le 8 février 1869, le prince héritier d'Égypte, Tewfik-Pacha, visitait, à son tour, les travaux.

Le prince et la princesse de Galles vinrent ensuite. C'était au moment où l'on préparait le *pertuis-déversoir*, par lequel les eaux de la Méditerranée, après avoir traversé le Sérapéum, devaient se précipiter dans les lacs Amers.

Mais pour que l'eau de la Méditerranée fût introduite dans le bassin des lacs Amers, sans occasionner de dommage aux berges du canal d'eau douce, il y avait une opération préalable à exécuter. C'était d'abaisser le plan d'eau du bassin des lacs Amers, et celui du canal d'eau douce, qui y confinait. En effet, le grand chantier de dragage qui fonctionnait au Sérapeum, en eau douce, était plus élevé que le pareil chantier qui fonctionnait en eau de mer, de l'autre côté du barrage de Toussoum. La différence de hauteur entre les deux chantiers, était de 4 mètres.

Il s'agissait de détruire la séparation en terre de ces deux chantiers, et de faire communiquer leurs eaux.

Pour cela, on coupa le barrage en terre de Toussoum, par une saignée étroite. On espérait que, grâce à sa largeur, ce barrage résisterait un certain temps à la pression des eaux se précipitant de l'un à l'autre niveau. Mais la charge d'eau était de 4 mètres de hauteur, et la masse d'eau qui pressait au-dessus du barrage, peut être évaluée à 1 millier et demi de tonnes. Sous cette énorme pression, la saignée pratiquée à la digue, pour laisser échapper le trop-plein de la nappe supérieure de l'eau, fut bien vite élargie. Deux dragues et quelques embarcations à vapeur, qui étaient restées dans le chantier de Toussoum, furent emportées, et l'une fut mise en pièces par le flot qui se précipitait, ruinant et renversant le faible rempart du barrage de terre. C'était comme une avalanche d'eau, qui entraînait tout devant elle, avec un bruit de tonnerre.

La drague, emportée par le courant, parcourut en quelques instants les quatre kilomètres qui la séparaient du lac Timsah. L'autre fut brisée, sur place, par les assauts du torrent.

Quelques heures après, l'équilibre se rétablissait. La nappe d'eau tout entière du Sérapéum, avec les douze dragues et ses quarante engins à vapeur, était descendue de quatre mètres. Les eaux du canal se mêlaient aux ondes salées du lac Timsah.

Le barrage sud du Sérapeum fut, ensuite, à son tour, coupé; et la Méditerranée, avançant de 8 nouveaux kilomètres, venait baigner le pied du pertuis destiné à l'introduire bientôt dans le bassin des lacs Amers.

Tout était prêt, dès lors, pour l'entrée de l'eau de la Méditerranée dans ce bassin.

L'entrée de l'eau de la Méditerranée dans les lacs Amers donna lieu à une grande solennité, dont les annales du canal ont conservé le souvenir.

Cette inauguration eut lieu en présence du prince de Galles, et du souverain de l'Égypte, Ismaïl-Pacha.

Après trois journées consacrées à l'examen de tous les chantiers, depuis Port-Saïd jusqu'à Ismaïlia, le khédive, embarqué sur un bateau à vapeur, qu'escortait toute une flottille, chargée de dignitaires de l'État, avait traversé le lac Timsah, et pénétré dans les tranchées de Toussoum et du Sérapéum. Les flancs des berges portaient les traces du bouleversement causé, quelques jours auparavant, par l'abaissement du plan d'eau jusqu'au niveau de la mer.

Le 14 mars 1869, toute la population de la ville naissante d'Ismaïlia, Arabes et Européens mêlés, ouvriers, employés, fonctionnaires, agents, négociants et marins, se pressait aux abords du chemin de fer, pour saluer de ses acclamations le khédive d'Égypte. Nous ne décrirons pas les incidents de cette arrivée, les banderolles flottant dans l'air, les arcs de triomphe, les trophées composés d'instruments de travail, les cantates et les fanfares, tout le pittoresque et curieux mélange d'une fête orientale, avec son faste et son éclat, combinés avec l'ordonnance régulière et correcte des cérémonies européennes.

A cette réception enthousiaste, en présence de l'œuvre presque entièrement réalisée, et qu'il voyait pour la première fois, Ismaïl Ier dut ressentir dans son âme une joie profonde. Ce qui apparaissait à ses yeux, c'était le désert vaincu et refoulé; c'était la vie transportée sur des sables arides; c'était une nouvelle province ajoutée à ses États; c'était, enfin, la réalisation, dans toute sa splendeur, du rêve du roi Nécos, de Darius, de Ptolémée, de Trajan, d'Adrien, d'Omar et de Bonaparte.

Le khédive fit le meilleur accueil aux principaux chefs de l'entreprise. M. de Lesseps, en lui présentant les employés, lui dit, par une flatterie à laquelle Ismaïl parut fort sensible :

« J'ai l'honneur de présenter à Votre Altesse les employés de l'isthme, *qui sont vos employés.* »

C'était reconnaître la part considérable que le souverain de l'Égypte avait prise au succès de l'œuvre commune.

L'inauguration de l'entrée de l'eau de la Méditerranée dans le bassin des lacs Amers, par le *pertuis-déversoir*, se fit avec un grand éclat. Près du *pertuis-déversoir*, on avait élevé une estrade, composée de palmes et de drapeaux, qui faisait face au chenal d'introduction des eaux dans le bassin

FIG. 57. — ARRIVÉE DU KHÉDIVE ISMAÏL Ier A ISMAÏLIA (4 mars 1869)

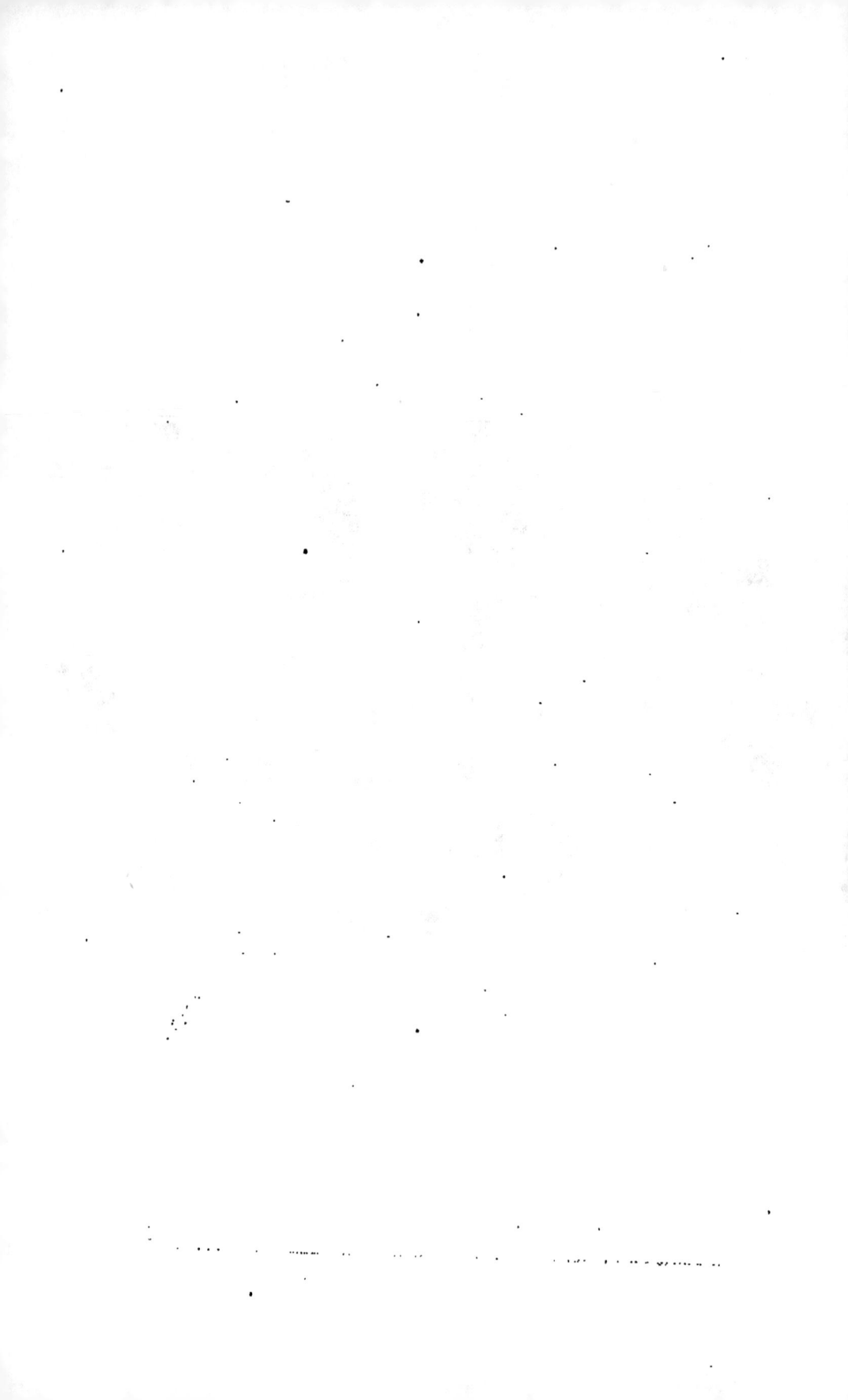

des lacs Amers, et d'où l'on apercevait le déversoir dans tout son développement. De minces poutrelles mobiles étaient disposées le long du déversoir, et des ouvriers se tenaient sur une passerelle, prêts à les enlever, pour livrer passage à l'eau.

Le khédive donne le signal, et la première poutrelle de la travée centrale du *pertuis-déversoir*, est dégagée. Aussitôt, un jet d'eau de mer s'élance par l'ouverture, avec un bruit strident. On enlève successivement les autres poutrelles : le jet devient une gerbe blanchâtre, puis une cascade, qui brille au soleil. Deux, trois, quatre, vingt travées, s'ouvrent tour à tour, et de toutes parts, le flot jaillit autour du roc qui tapisse le chenal, en augmentant progressivement de vitesse. Enfin les 500 poutrelles sont levées, et la nappe d'eau, devenue générale, est un torrent qui passe en mugissant, et se change bientôt en un fleuve boueux, gagnant le centre du bassin des lacs Amers (fig. 58).

Trente-cinq siècles auparavant, s'il faut en croire l'Écriture, les eaux de la mer Rouge s'étaient retirées, pour sauver de la destruction le peuple d'Israël. En ce moment, la Méditerranée accourait, pour prêter son aide à l'achèvement d'une des œuvres les plus merveilleuses du génie humain.

Cette grande opération était l'annonce du prochain achèvement du canal maritime.

Au mois d'août 1869, il ne restait plus à déblayer que 5 millions de mètres cubes ; et le travail devant être complètement achevé dans le mois d'octobre, M. de Lesseps fixait au 17 novembre l'inauguration du canal et sa mise en exploitation.

La situation des travaux expliquait cette promesse.

A Port-Saïd, les jetées étaient terminées par MM. Dussaud frères, depuis le commencement de 1869. Le chenal d'entrée, qui, dès 1868, était creusé à 6m,50 et à 7 mètres, allait atteindre une profondeur de 9 mètres, en arrivant jusqu'à l'extrémité de la jetée ouest.

De Port-Saïd aux lacs Amers le canal avait sur tous les points sa longueur et sa largeur normales, et le travail de 49 dragues n'allait pas tarder à lui donner partout la même profondeur.

Le remplissage des lacs Amers, commencé le 14 mars 1869, devant le khédive et le prince de Galles, justifiait les prévisions des ingénieurs. En effet, dès les premiers jours, le fond du bassin avait été couvert d'eau, et dans les dernières semaines du mois de juillet, le niveau de l'eau s'élevait de 3 à 4 centimètres par 24 heures : la réunion définitive de la mer Rouge à la Méditerranée allait promptement s'accomplir.

Des lacs Amers à la mer Rouge, le travail à sec, au wagon ou à la brouette, était presque entièrement achevé. 11 dragues travaillaient aux derniers 5 kilomètres qui restaient à creuser du côté de la mer Rouge.

A Suez, le chenal, depuis la rade jusqu'au rivage, était à peu près terminé. Enfin, un *brise-lames*, de 1,500 mètres en enrochement, s'étendait en ligne de protection devant l'entrée du canal maritime.

On ne peut se défendre d'un vif sentiment d'admiration quand on considère cette longue lutte de l'industrie humaine contre les obstacles de la nature. A ce sentiment vient se joindre une grande sympathie, lorsqu'on sait que dans la pensée du directeur de l'entreprise, la santé des travailleurs avait toujours tenu la même place que le succès du travail lui-même. D'excellentes mesures sanitaires avaient été prises de bonne heure. Si les ouvriers indigènes travaillaient à la *corvée*, ils pouvaient, du moins, dans les logements salubres qu'on leur avait ménagés, ne pas regretter les masures en terre de leurs villages. Aux yeux de la Compagnie, le fellah était quelque chose de plus qu'une force de chantier : c'était un homme. Aussi, même au milieu des plus rudes travaux, à l'époque de la *corvée*, l'aspect de l'isthme était-il fort intéressant à voir : le travail n'en chassait pas la gaieté.

« A mon dernier voyage dans l'isthme, dit M. de Lesseps, dans une conférence faite en 1862, une famille très distinguée de Milan était venue, pour visiter nos travaux. Je voulus faire jouir cette famille du spectacle que présente un ensemble de vingt mille ouvriers travaillant avec entrain et gaieté. Comme les ouvriers étaient placés sur une seule ligne, au fond de la tranchée, on me demandait : « Où « sont donc les travailleurs ? » La caravane s'avança de quelques pas, et immédiatement elle aperçut cette multitude d'hommes, les uns creusant la terre, les autres la chargeant sur leurs épaules, pour la porter sur la berge, en chantant, et avec une animation que donnent seulement le bien-être et la liberté. Ce spectacle fut si émouvant pour mes visiteurs que je les vis verser des larmes ; ils ne pouvaient autrement exprimer leur admiration. »

Exempts de toute préoccupation, sans inquiétude sur le payement de leurs salaires, les fellahs oubliaient la fatigue du travail. La facilité des communications et le continuel arrivage des navires, assuraient les approvisionnements. Les vivres ne manquaient pas, d'ailleurs. La Grèce et la Syrie envoyaient des viandes fraîches ou du bétail vivant, ainsi que des fruits, des légumes et du gibier. Les logements étaient presque confortables et les prescriptions de l'hygiène parfaitement observées.

On ne sera pas surpris, dès lors, — et c'est un fait sur lequel nous tenons à insister particulièrement — que la mortalité des ouvriers occupés.

Fig. 58. — Entrée de l'eau de la Méditerranée dans le bassin des lacs Amers (14 mars 1869)

dans l'isthme était inférieure à celle que la statistique relevait, à la même
époque, pour l'Europe. En 1863, on ne constatait que 1,40 pour 100 de
décès, et en 1864 que 1,36 pour 100. En 1866, sur une population de
18,605 habitants, composée en grande partie de travailleurs, la mortalité
était de 2,49 pour 100. En 1867, sur 25,770 habitants, elle était descendue à 1,85 pour 100. En 1868, sur 34,258 habitants, à 1,52 pour 100.
On avait cependant, dans cette dernière année, enlevé, soit à sec, soit
par les dragues, 15 millions de mètres cubes. A la même époque, en France,
la mortalité moyenne était de 2,40 pour 100 et celle de l'armée de 1,94
pour 100.

Ce qui a pu contribuer à cette bonne tenue de la santé des travailleurs,
c'est l'abaissement de la température, résultant des vastes surfaces d'eau du
lac Timsah, du bassin du Sérapéum et des eaux répandues sur la surface de
l'isthme. Les pluies, autrefois inconnues dans l'isthme de Suez, commencèrent à s'y montrer dès l'existence de ces vastes nappes d'eau. Et pourtant,
autre fait singulier et difficile à expliquer, l'humidité de l'air ne suivit pas les
pluies. A Ismaïlia, du 1er mai 1866 au 30 avril 1867, il tomba 15^{mm},31 d'eau;
de mai 1867 au 30 avril 1868, il en tomba 89^{mm},75, et l'hygromètre accusait,
pour la seconde année, une humidité de l'air moindre que pour la première.

Le souverain de l'Égypte, après avoir visité les travaux et assisté à l'entrée de l'eau de la Méditerranée dans le bassin des lacs Amers, accomplit
un long voyage en Europe. Il venait inviter les souverains à assister à l'inauguration du grand canal maritime.

De son côté, M. de Lesseps adressait, le 15 juillet, « au commerce et aux
armateurs » l'avis que « le canal maritime serait ouvert à la grande navigation
le 15 novembre 1869, entre les deux mers, dans toute sa longueur et avec
toute sa profondeur, de 8 mètres. » Il ajoutait qu'à l'occasion de l'inauguration, « les navires de commerce et d'État, se présentant aux deux
extrémités du canal, à Port-Saïd et à Suez, pendant les journées des 17, 18
19 et 20 novembre, seraient exempts de tous droits. A partir du 20 novembre, le droit de passage dans le canal serait perçu à raison de 10 francs par tête
de passager, et par tonneau. »

Par une dernière convention, destinée à liquider, pour ainsi dire, l'œuvre
de la construction du canal, le Khédive rachetait à la Compagnie divers
établissements répandus sur toute la ligne, qui allaient devenir inutiles,
à partir de l'époque de l'exploitation : chantiers, magasins, entrepôts, etc.
qu'il eût fallu abandonner, et que le gouvernement égyptien désirait utiliser.
Le Khédive prit à sa charge ces constructions. Il voulut ensuite acheter

les hôpitaux, permettant de conserver les médecins qui s'y trouvaient attachés.

Au milieu d'août 1869, le canal était complètement achevé, sauf quelques approfondissements à faire sur un petit nombre de points. Il ne restait plus qu'à amener les eaux de la mer Rouge dans les lacs Amers, pour les remplir, comme on y avait déjà amené, au mois de mars de la même année, celles de la Méditerranée.

Quant au canal d'eau douce, il était, comme nous l'avons dit, conduit jusqu'à Suez, et, depuis quatre années déjà, il servait à transporter les hommes et les marchandises de l'intérieur de l'Égypte, c'est-à-dire du Caire et de Zagazig, jusqu'à Suez, en suivant à peu près parallèlement la ligne du canal. Il servait donc à transporter les ouvriers et les matériaux nécessaires aux travaux, en même temps que les marchandises et les voyageurs.

Une particularité assez curieuse se rattache à cette mise en service du canal d'eau douce, comme moyen de navigation.

C'est en 1864, avons-nous dit, que le canal d'eau douce, creusé depuis Le Caire jusqu'à Ismaïlia, commença à pouvoir être consacré à des transports dans l'isthme. Mais la civilisation n'avait pas encore pénétré dans les solitudes de cette partie de l'Égypte ; de sorte qu'aucun patron de barque du Nil n'osait s'aventurer sur le canal. On redoutait les Bédouins et leurs excursions, car les caravanes étaient assez fréquemment dévalisées par ces flibustiers du désert.

La Compagnie, pour se tirer d'embarras, fut obligée de s'adresser au vice-roi, et de le prier de réquisitionner des fellahs, capables de conduire des barques. On en revenait à la *corvée*, ne pouvant mieux faire.

Le vice-roi fournit les patrons demandés, et le service de battellerie put commencer sur le canal d'eau douce.

Quelques mois après, un grand cheik de barques du Nil offrit de traiter pour tous les transports, moyennant un rabais de 10 pour 100 sur le salaire payé aux fellahs qui faisaient la *corvée*, pour les transports sur le canal. Il s'engageait à fournir constamment cent barques, d'une contenance moyenne de 16 tonnes.

Au renouvellement du contrat, ce même cheik consentit à un nouveau rabais de 10 pour 100.

Bientôt, enfin, la concurrence entre les divers patrons de barques vint réduire les transports aux dernières limites du bon marché.

La *corvée*, convenablement rétribuée, ne fut donc qu'une courte étape pour arriver au travail volontaire ; ce qui prouve que les plus mauvaises

FIG. 59. — ENTRÉE DES EAUX DE LA MER ROUGE DANS LE BASSIN DES LACS AMERS 15 AOUT 1869.

choses peuvent avoir un bon côté, quand il s'agit d'une entreprise utile.

Le canal d'eau douce était donc, en 1869, depuis plusieurs années, terminé et mis en service. Quant au canal maritime, ainsi qu'il vient d'être dit, il ne restait, pour lui donner son entier achèvement, qu'à faire venir dans les lacs Amers les eaux de la mer Rouge, comme on y avait fait arriver, cinq mois auparavant, les eaux de la Méditerranée.

Au milieu du mois d'août tout était prêt pour cette dernière et suprême opération.

Quelques jours encore et la dernière barrière de terre qui séparait les deux mers, allait être détruite. La mer Rouge, comme impatiente de se précipiter en avant, n'attendait que le signal. Déjà elle remplissait la tranchée de Chalouf. Mais son cours était trop impétueux; ses flots précipités auraient pu ravager et emporter les berges, encore fraîches, du canal. Pour écarter ce danger, on détourna le torrent: on le força à faire un long circuit, avant de pénétrer dans la dépression des lacs Amers, où sa violence serait amortie par la masse d'eau de la Méditerranée, qui occupait déjà cette dépression.

L'ouvrage destiné à l'introduction de l'eau de la mer Rouge dans le bassin des lacs Amers avait été construit à quelques kilomètres au sud de Chalouf, sur un type semblable à celui du *pertuis-déversoir* dont nous avons parlé plus haut (fig. 58, page 209), et avec des dimensions telles qu'il pût facilement débiter de 10 à 12 milliers de mètres cubes d'eau par jour. Avec les 4 ou 5 millions de mètres cubes d'eau que l'on continuerait à donner du côté nord, cela devait faire une quinzaine de milliers de mètres cubes introduits journellement dans les lacs Amers, soit 1,300 milliers de mètres cubes d'eau pour la période des trois mois, que devait durer l'opération. Cette masse d'eau ajoutée à celle que le seul pertuis du Sérapéum avait fournie du mois d'avril au mois d'août, devait suffire et au delà au remplissage complet des lacs Amers.

L'importante opération de la jonction de la mer Rouge et de la Méditerranée dans le bassin des lacs Amers, se fit le 15 août 1869. Les deux mers semblèrent reculer à leur choc mutuel; puis elles revinrent l'une vers l'autre. Elles se reconnaissaient pour s'être déjà mêlées il y avait des milliers d'années. Dans ce vaste bassin où viendraient expirer désormais les marées de la mer Rouge, les deux flots formaient une nouvelle alliance qui devait enserrer, d'une part, les côtes de l'Afrique orientale, l'Inde, la Chine, la Cochinchine et le Japon; d'autre part, Constantinople, Odessa, Brindisi,

Venise, Trieste, Gênes, Toulon, Marseille, Barcelone, et avec ces ports tous ceux du grand Océan qui voudraient s'associer au mouvement de l'avenir.

L'événement de la jonction des deux mers fut célébré par une fête donnée à Suez avec un grand éclat.

Le Khédive avait envoyé, pour le représenter, son ministre des travaux publics, Ali-Pacha Moubarek, lequel présidait la cérémonie. L'introduction des eaux s'opéra avec le plus grand succès, (fig. 58, page 213) et le soir, un grand banquet réunissait les autorités égyptiennes et les agents de la Compagnie.

Le 16 août, l'administration de la Compagnie, à Paris, publiait le *Règlement de navigation* du canal maritime de Suez, dont le premier article est ainsi conçu :

« Article 1er. — La navigation sur le canal maritime de Suez est permise à tous les navires, quelle que soit leur nationalité, pourvu qu'ils ne calent pas plus de 7m, 50, le canal ayant 8 mètres de profondeur.

« Les navires à vapeur pourront naviguer sur le canal avec leur propre propulseur. »

Le 19 août, un télégramme daté de Suez disait :

« Les eaux de la mer Rouge s'écoulent régulièrement, sans déversoir, dans les lacs Amers. La navigation à vapeur est établie sur le canal. »

Il semble que rien ne manquait à la gloire de l'entreprise du canal égyptien, et que ses promoteurs avaient recueilli tous les triomphes que leur orgueil pût désirer. Une dernière victoire leur était pourtant réservée. C'était l'aveu officiel et formel, de la part de l'Angleterre, de son erreur ; la solennelle amende honorable de ses torts, et le démenti catégorique, donné par elle-même, à toutes ses affirmations antérieures, à ses dédains, à ses critiques et jusqu'à ses menaces, qui, un moment, avaient failli amener la guerre en Égypte.

À la politique égoïste, fantasque et tracassière de lord Palmerston avait succédé, dans les conseils de la Reine, la politique plus intelligente de lord Beaconsfield et de lord Derby. Les ingénieurs anglais, revenant de l'isthme, avaient raconté les merveilles dont ils avaient été les témoins, et fait rougir les derniers partisans de l'hérésie scientifique de Robert Stéphenson. Ce canal, que le grand ingénieur avait déclaré tant de fois impossible, existait ; cette absurdité était une réalité, qui allait même rendre à l'Angleterre, plus qu'à toute autre nation, des services immenses, pour ses flottes de commerce et de guerre. Déjà, ses vaisseaux de guerre avaient traversé le canal, pour ramener des Indes des troupes indigènes qui lui avaient été fort utiles dans la guerre contre le roi d'Abyssinie, le negus Théodoros. Les Anglais tirèrent de ce fait cette conclusion, que le canal de Suez leur serait utile, non seulement pour leur commerce, mais aussi pour les opérations accessoires de l'état de guerre.

Aussi le revirement était-il complet, en 1869, et dans le peuple anglais et dans son gouvernement. Si bien que lord Derby fit, en plein Parlement, cette déclaration mémorable :

« Nous reconnaissons qu'au lieu de nous opposer à la grande création de M. de Lesseps, nous aurions mieux fait de nous y associer ! »

Ainsi, l'Angleterre condamnait, répudiait toute son opposition passée !

Et comme les Anglais vont vite en affaires, une fois ce revirement opéré, ils poussèrent leurs convictions à l'extrême. Ces nouveaux convertis devinrent gênants, ces amis du lendemain devinrent indiscrets. Ce canal de Suez qu'ils avaient, pendant quinze ans, repoussé et combattu, une fois exécuté, ils le réclamèrent pour eux seuls. Ils essayèrent de mettre la main sur sa propriété au détriment de ses créateurs et maîtres. Nous verrons plus loin comment se fit cette tentative d'usurpation, qui ne fut pas aussi complète qu'on aurait pu le craindre, grâce aux bonnes mesures qui avaient été prises par avance par le président de la Compagnie. Mais avouez que de pareils agissements ont de quoi confondre un esprit ordinaire ; et qu'il faut juger sévèrement une nation, qui a de ces étranges retours, de ces singuliers caprices, reposant tous, d'ailleurs, sur le même principe, à savoir, la fureur de la domination universelle, la recherche égoïste et constante de ses seuls intérêts.

XIV

L'inauguration du Canal maritime de Suez. — La fête des souverains. — La semaine des prodiges. — Les invités de la seconde catégorie et leurs excursions sur le canal. — Voyages dans la Haute-Égypte des deux groupes d'invités du Khédive.

Les féeries de théâtre finissent par une apothéose. Le canal maritime de Suez, qui fut une des féeries les plus merveilleuses de l'industrie et de l'art contemporains, eut son apothéose : ce fut son inauguration.

Le khédive Ismaïl Iᵉʳ dépassa, dans ces fêtes, tout ce que les siècles précédents avaient produit en matière d'hospitalité. Rien, en Orient, n'a réalisé d'une manière aussi saisissante les contes des *Mille et une Nuits*. Pendant des semaines entières, ce ne fut, dans toute l'étendue de l'isthme, que bals, illuminations, feux d'artifice, parades militaires, *fantasias*, caravanes et danses d'almées, tables servies nuit et jour, excursions et voyages depuis Suez jusqu'à la première cataracte du Nil, promenades dans les villes, et visites aux ruines historiques de Thèbes, ainsi qu'aux pyramides des environs du Caire et de Memphis. L'impératrice Eugénie, alors dans tout le rayonnement du bonheur, présidait à ces éternelles agapes. M. de Lesseps l'avait très heureusement comparée à Isabelle la Catholique patronnant l'entreprise de Christophe Colomb, et le khédive d'Égypte lui témoignait sa reconnaissance par cette réception splendide.

Une quantité respectable de millions fut engloutie dans cette inauguration fastueuse, sans précédents dans les annales de l'histoire contemporaine. Aujourd'hui, pourtant, on se prend à regretter la prodigalité, par trop orientale, dont fit preuve Ismaïl Iᵉʳ. On ne peut s'empêcher de remarquer, en effet, que c'est peu de temps après cette époque que le Khédive se trouva aux prises avec d'énormes embarras financiers, et qu'il fut obligé, pour satisfaire à des engagements inévitables, de faire au plus vite argent de tout. Les Anglais mirent cette situation à profit pour faire un coup de maître. Ils rachetèrent au Khédive les actions du canal qu'il possédait, et qui étaient au nombre de 176,602. De cette manière, devenus actionnaires à peu près au même titre que les souscripteurs français, ils purent aspirer à participer aux destinées de la Compagnie.

Après cette réflexion, les fêtes de l'inauguration du canal perdent quelque peu de leur intérêt, ou plutôt laissent entrevoir derrière leurs splendeurs un voile de tristesse. Arrivons néanmoins à cette dernière partie de notre sujet.

Les invités du Khédive formaient deux catégories. Dans la première, composée de souverains ou d'alliés de souverains, figuraient, avec l'impératrice des Français, l'empereur d'Autriche, le prince royal de Prusse et le prince de Hollande. Dans la seconde se pressaient les simples mortels, que leur notoriété avait désignés à cet honneur, escortés d'un grand nombre de reporters et de dessinateurs, appartenant à tous les journaux de la terre. C'est grâce à ces derniers que, pendant tout le temps que dura cette inauguration, l'attention du monde entier fut concentrée sur le canal de Suez ; et que chacun, grands ou petits, n'eut d'autre souci que d'être mis au courant des réjouissances diverses qui se succédaient sur les rivages du Nil, tout étonnés de voir leur tranquille majesté troublée par cette interminable orgie d'oriflammes, de mâts pavoisés, de pétards, de lampions et de verres de couleur.

L'inauguration du canal de Suez avait attiré en Égypte un concours de spectateurs venus de tous les coins du monde et qu'il serait difficile de dénombrer. Depuis un mois, les paquebots de toutes les compagnies maritimes en relation avec l'Égypte, étaient littéralement encombrés de passagers; les uns appelés par la splendide hospitalité du Khédive, les autres attirés par l'éclat prévu de cette solennité, ou par le désir de visiter ces déserts transformés par le génie de l'homme, et devenus plus célèbres, en peu d'années, que les vieux monuments des Ptolémées et des Pharaons.

Un récit de cette fête a été donné dans la collection publiée par M. de Lesseps, sous ce titre, *Lettres, journal et documents pour servir à l'histoire du canal de Suez*. Nous extraierons de cette relation les passages qui nous paraîtront les plus intéressants pour nos lecteurs.

Nous laisserons donc la parole à l'auteur de cette relation.

« *De Port-Saïd à Ismaïlia.* — Le 13 novembre, dit l'auteur, le Prince et la Princesse des Pays-Bas s'étaient rendus sur leur yacht à Port-Saïd, où se trouvait déjà le Khédive, venu d'Alexandrie sur son magnifique yacht, le *Mahroussa*, accompagné de Chérif-Pacha, de Nubar-Pacha, et de toute une suite de fonctionnaires égyptiens.

« Le 14, M. Ferdinand de Lesseps, avec les membres de sa famille présents dans l'isthme, arrivait également à Port-Saïd, où il trouvait réunie dans le port toute une flotte de navires de guerre et de navires de commerce.

Le 15, l'Empereur d'Autriche, escorté d'une frégate de guerre, entrait dans ce port, au milieu des acclamations des équipages et au bruit des salves d'artillerie; il était accompagné par ses deux principaux ministres, MM. de Beust et Andrassy, par l'amiral Tegethoff et par le baron de Prokech, ambassadeur d'Autriche près la Sublime-Porte.

« Le 16, dès la première heure, de nouveaux navires entraient dans le même port. Ils se succédaient rapidement, et à l'horizon ou en apercevait d'autres qui s'avançaient. Parmi eux se distinguait le *Péluse*, l'un des plus beaux bateaux à vapeur des Messageries impériales, conduisant à Port-Saïd les membres du Conseil d'administration de la Compagnie universelle.

« A huit heures, le Prince royal de Prusse, à bord de la frégate *Hesta*, était à l'entrée du chenal de l'avant-port; bientôt après il prenait place au mouillage qui lui était destiné, et recevait les mêmes honneurs que l'Empereur d'Autriche.

« Cependant, un groupe composé de plus de vingt navires, apparaît dans le lointain et se rapproche vivement des jetées: l'*Aigle*, portant l'Impératrice Eugénie, est signalé. En ce moment le canon éclate de toutes parts, les vaisseaux de la rade répondent aux salves parties de l'intérieur du port; tous les matelots sont sur les vergues, le pavillon national est au grand mât, et tous les vaisseaux sont couverts de pavois. Sur le rivage flottent des millions de banderoles, joyeusement agitées par le vent, et l'*Aigle* fait ainsi son entrée dans le grand bassin, encombré à ce point de navires et d'embarcations, qu'il semble impossible de donner place à la foule des nouveaux arrivants(fig. 60.)

« Le spectacle qui se présente aux regards des voyageurs de l'*Aigle* est des plus imposants; plus de 80 navires, dont environ 50 vaisseaux de guerre, sont rangés dans le port; tous les pavillons de l'Europe y figurent (1). Les salves d'artillerie redoublent. L'*Aigle* s'avance lentement, au milieu des hourras redoublés des équipages de toutes les marines européennes; les sons de la musique se mêlent aux acclamations parties des vaisseaux et à celles de la population groupée sur le rivage; l'enthousiasme est sur tous les visages, l'émotion dans tous les cœurs. L'*Aigle* s'arrête, jette l'ancre, et au milieu de cette scène indescriptible, l'Impératrice exprime les impressions qu'elle

(1) Voici la nomenclature des vaisseaux qui se trouvaient dans le port:
Escadre égyptienne, 6 navires; — escadre française, sous les ordres de l'amiral Moulac, ayant arboré son pavillon sur la frégate *la Thémis*, 6 navires; — escadre anglaise, 12 navires, dont 5 frégates cuirassées; — escadre autrichienne, 7 navires; — escadre de la Confédération de l'Allemagne du Nord, 5 navires; — Russie, 1 navire; — Pays-Bas, 2 navires; — Danemark, 1 navire; — Suède et Norwége, 2 navires; — Espagne, 2 navires. — En outre, deux énormes frégates anglaises cuirassées étaient mouillées en rade, à trois ou quatre kilomètres du port. La marine du commerce britannique était largement représentée.

Fig. 60. — ENTRÉE DE LA FLOTTE FRANÇAISE DANS LE CANAL MARITIME, A PORT-SAID, LE 16 NOVEMBRE 1869

a ressenties par ces mots : « De ma vie, je n'ai rien vu de plus beau ! » Et l'Impératrice venait de voir les fêtes de Venise et de Constantinople, le Grand Canal et le Bosphore !

« Le Khédive, M. Ferdinand de Lesseps et ses fils s'empressèrent de se rendre à bord de l'*Aigle*, pour saluer l'Impératrice ; dans le cours de la matinée l'Empereur d'Autriche et les princes étrangers se rendirent également à bord de l'*Aigle*.

« Une cérémonie religieuse devait précéder l'ouverture du Canal à la navigation générale. Le programme en fut exécuté de point en point. Sur la plage, devant le quai Eugénie, trois estrades élégantes avaient été élevées ; la première, la plus rapprochée du quai, était destinée aux illustres hôtes du vice-roi ; en face, se dressaient, à gauche, l'estrade réservée au service musulman, à droite, l'autel chrétien (fig. 61). C'était une noble et généreuse inspiration du Khédive voulant symboliser par là l'union des hommes et leur fraternité devant Dieu, sans distinction de cultes ; c'était pour la première fois qu'en Orient se voyait ce concours des croyances, pour célébrer et bénir en commun un grand fait et une grande œuvre.

« A une heure, les troupes égyptiennes venaient former la haie entre le débarcadère du port et les estrades ; l'artillerie égyptienne, de son côté, se massait entre la jetée ouest et le lieu de la cérémonie. A trois heures, le Prince de Prusse, le Prince et la Princesse des Pays-Bas prenaient place sur l'estrade, suivis par l'émir Abd-El-Kader, qui s'était embarqué à Beyrouth, sur le navire de guerre français *le Forbin* ; puis M. Ferdinand de Lesseps, les membres du Conseil d'administration de la Compagnie, les états-majors des bâtiments de guerre ancrés dans le port, les ambassadeurs des puissances, les consuls, les membres du clergé catholique, etc., etc. Peu d'instants après, arrivaient le Khédive et l'Empereur d'Autriche donnant le bras à l'Impératrice Eugénie.

« Après la prière musulmane, le grand uléma lut un discours. Un *Te Deum* fut ensuite chanté par le clergé chrétien, et la cérémonie fut close par une longue allocution de Mgr. Bauer, proto-notaire apostolique, consacrée à la glorification de l'œuvre accomplie par M. de Lesseps.

« Le soir, la fête continua par un feu d'artifice donné par le Khédive, et par l'illumination de Port-Saïd, tout parsemé de bannières et de banderoles.

« On rapporte que l'amiral Paris, arrivant d'Alexandrie sur le *Péluse*, fut tellement frappé à l'aspect de ce vaste avant-port, ayant à son sommet une ouverture de 600 mètres, s'élargissant jusqu'à une base de 1800 mètres entre la racine des deux jetées et débouchant sur un bassin de 400 mètres de large, 800 mètres de long, 8 mètres de profondeur, et de ses trois bassins

additionnels, que des larmes mouillèrent ses yeux, et qu'il applaudit, exprimant tout haut son bonheur que le monde fût redevable d'un pareil ouvrage
à la France et à des ingénieurs français.

« Cependant, le moment de l'épreuve décisive était arrivé. Il fallait,
pour répondre à des bruits contraires, depuis longtemps colportés, prouver
que le canal répondait à sa destination, c'est-à-dire pouvait recevoir une
flotte entière. Depuis plusieurs jours, on préparait tout, pour commencer
l'épreuve et franchir le passage qui sépare les deux mers.

« Dans la nuit du 16 au 17, on apprenait à Port-Saïd un accident, peu
important en lui-même, mais fâcheux pour l'impression qu'il pouvait produire. Un navire de la marine égyptienne, le *Latif*, et un navire de guerre
français, la *Salamandre*, avaient été envoyés en éclaireurs, pour expérimenter
la route. La *Salamandre*, bien commandée et bien gouvernée, avait effectué,
sans la moindre difficulté, tout le trajet entre Port-Saïd et Ismaïlia, et le
matin du 17, elle jetait l'ancre dans le lac Timsah. Le *Latif* avait été moins
heureux : entre Port-Saïd et Kantara, une fausse manœuvre l'avait jeté en
dehors du chenal, très nettement tracé pourtant, par des bouées, et il était
venu s'échouer sur la *risberne*. Cet accident n'avait pas empêché le passage
de la *Salamandre*, qui marchait après le *Latif* ; donc le chenal principal était
libre. Mais il s'agissait de savoir quelle était l'étendue du mal, et quels
pouvaient être les dommages causés par cet échouage. Des secours immédiats furent expédiés de Port-Saïd. Dans la nuit, S. A. le Khédive partit pour
Ismaïlia ; il s'arrêta sur le théâtre de l'accident ; il dirigea lui-même les
opérations, avec une remarquable sagacité, et en peu de temps, le *Latif*,
remis à flot, gagnait, par ses ordres, Kantara, où il devait stationner en
gare, afin de saluer les navires qui allaient passer devant lui.

« Dès huit heures du matin, toute une flotte s'ébranlait, pour entrer dans
le canal : l'*Aigle* ouvrait la marche. A huit heures et demie le yacht impérial
en franchissait l'entrée, masquée par deux colossales pyramides en bois ; en
une heure un quart il était à Raz-el-Ech, à 14 kilomètres de Port-Saïd, et
à midi et demi, il passait devant Kantara. Il avait fait, en quatre heures,
44 kilomètres, et malgré ses 18 mètres de largeur et ses 99 mètres de
longueur, il n'avait cessé de gouverner avec la plus grande précision.

A Kantara, où il recevait le salut du *Latif*, il trouvait deux immenses tertres,
formées par le travail des excavateurs, ornant les deux rives recouvertes
de verdure, et surmontés de grandes inscriptions à jour, faites en feuillage,
sur l'une desquelles on lisait : *Vive l'Impératrice!* et sur l'autre : *A Ismaïl, la
ville de Kantara.* Les bords du canal étaient parés de longues guirlandes
de verdure.

Fig. 61. -- CÉRÉMONIE RELIGIEUSE CÉLÉBRÉE POUR L'INAUGURATION DU CANAL, LE 17 NOVEMBRE 1869

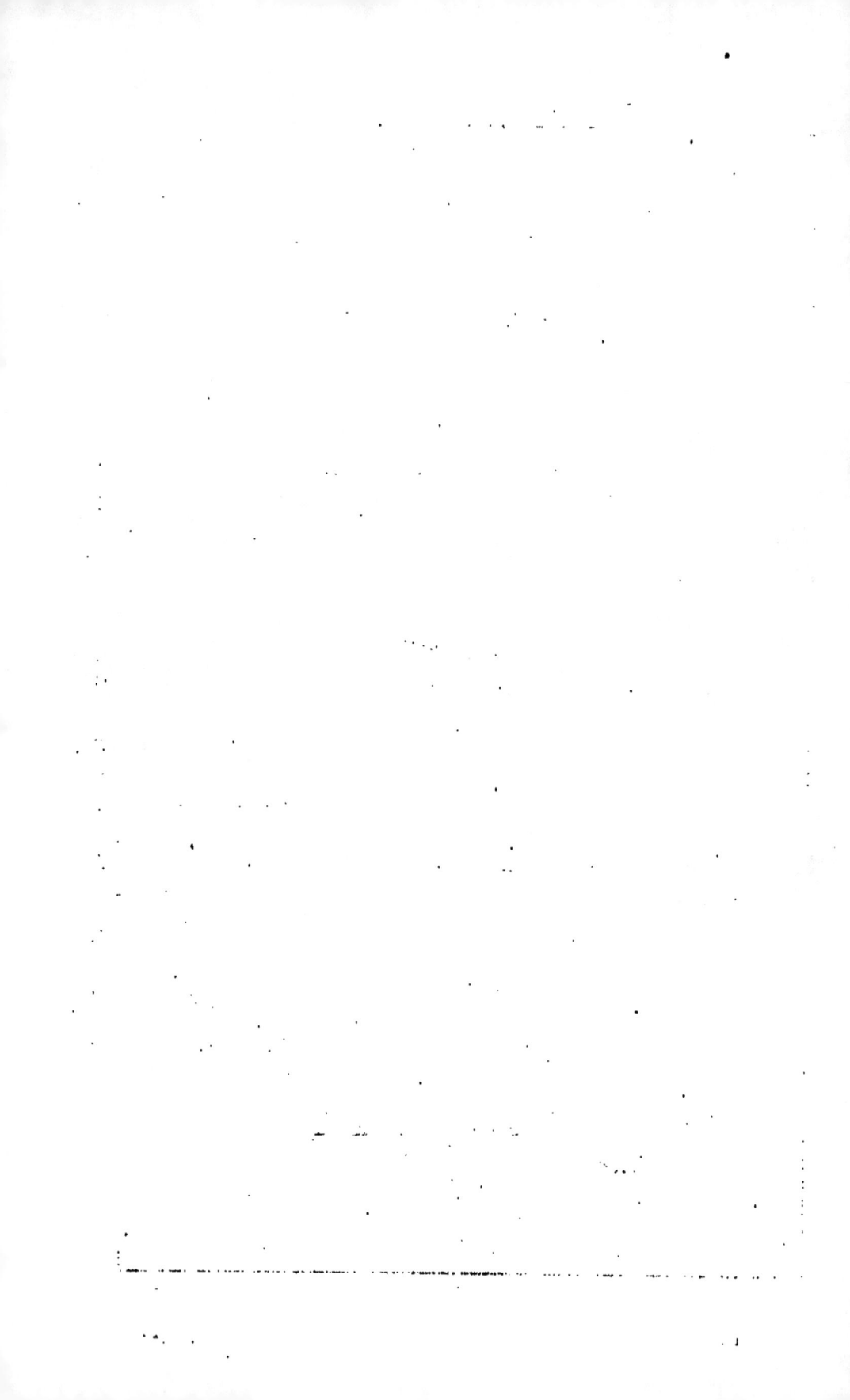

« Après l'*Aigle*, venaient : sur son yacht, l'Empereur d'Autriche, M. Voisin-Bey, directeur général des travaux, et deux autres vapeurs, portant, l'un, la suite de l'Empereur d'Autriche, et l'autre, le baron de Prokech, son ambassadeur à Constantinople ; puis le Prince royal de Prusse sur son yacht, avec M. Laroche, ingénieur chef de la division de Port-Saïd ; le Prince et la Princesse des Pays-Bas, avec M. Ruyssenaers, consul général des Pays-Bas et vice-président de la compagnie universelle, et M. de Gioia, ingénieur chef de la division d'El-Guisr. Sur la *Psyché*, étaient lord Elliot, ambassadeur d'Angleterre près la sublime Porte, et lady Elliot, et sur le *Vladimir*, le général Ignatieff, ambassadeur du Czar près la même cour, et madame Ignatieff. Après ces hauts personnages venait une longue file de vaisseaux d'État et de commerce, espacés de façon à éviter les abordages, et que nous retrouverons tout à l'heure, au terme de cette première étape.

« *Ismaïlia.* — Sur ces entrefaites, un mouvement immense se produisait à Ismaïlia. Une multitude, de toutes les couleurs, de tous les costumes, s'amoncelait dans les larges rues de cette naissante cité, ressemblant à un vaste berceau de feuillage et de fleurs.

« A tout instant défilaient, montés sur des chameaux ou des dromadaires, les fiers Bédouins du désert, portant leur fusil en bandoulière ; des chameaux conduits par des hommes à pied, chargés de vivres, de tentes et de tous les ustensiles accessoires. Tous les cheiks de villages égyptiens semblaient s'être donné rendez-vous devant le lac Timsah, tant leur foule était nombreuse. Les invités et les touristes européens cherchaient des logements et n'en trouvaient pas ; car tous les hôtels et même les maisons particulières, étaient, non pas occupés, mais encombrés. Heureusement, la vigilance du vice-roi avait pourvu à cette difficulté ; et par ses ordres, des lignes de tentes, contenant plusieurs lits, étaient dressées le long du canal d'eau douce, et offraient un abri, fort apprécié, en ce moment de détresse. Les indigènes, de leur côté, avaient élevé leurs tentes, sans ordre, entre la ville et le canal d'eau douce ; mais ce désordre ne laissait pas que d'être pittoresque. A toute minute ces multitudes grossissaient, et d'après un calcul du Khédive, elles ne s'élevaient pas, dans les journées du 17 et du 18, à moins de 100,000 âmes. L'agitation était grande dans ces foules, mais c'était une agitation joyeuse et confiante. On connaissait là les faits dans leur vérité ; on savait que les mesures prises ne laissaient pas de doute sur le résultat final ; mais on n'en attendait pas moins avec impatience l'arrivée de l'*Aigle* et de la flotte qui le suivait, et dont le télégraphe avait annoncé le départ de Port-Saïd.

« Toute la population s'était portée sur les hauteurs du seuil d'El-Guisr, et là, échelonnée le long des berges, elle guettait avec anxiété le moindre navire panaché de fumée qu'elle eût pu apercevoir à l'horizon. Enfin, vers quatre heures et demie, des vapeurs noirâtres apparaissent, non en avant, mais en arrière du lac Timsah, non du côté de Port-Saïd, mais du côté de Suez. On s'étonne, on s'interroge, et l'on apprend que ces vapeurs sont les avant-coureurs de trois navires égyptiens qui étaient à l'ancre dans la mer Rouge, et qui achevaient de franchir le canal, entre Ismaïlia et Suez.

« Presque en même temps, l'*Aigle* faisait son apparition, entre les deux berges de la gigantesque tranchée du seuil d'El-Guisr ; le yacht impérial s'avançait sur ces eaux tranquilles, lentement, avec une sorte de majesté calme, en silence, comme recueilli dans la pensée de ces nouvelles destinées dont il était l'inaugurateur (fig. 62).

« Dès que l'*Aigle* est à portée de la voix, les acclamations éclatent, les vivats à l'Impératrice se mêlent au nom de M. Ferdinand de Lesseps ; l'Impératrice, elle-même, stimule cet élan ; elle signale, en quelque sorte, aux spectateurs M. de Lesseps, comme le premier sur qui doit se porter leur enthousiasme ; et c'est dans un mouvement indescriptible de ravissement, mêlé d'attendrissement, que toute cette foule émue regarde passer ce beau navire, portant la bonne nouvelle de l'union accomplie entre l'Occident et l'Orient.

« Une demi-heure après, le yacht impérial entrait dans le lac Timsah, où il était accueilli par les saluts des trois navires de guerre égyptiens, qui entraient en quelque sorte du côté de Suez, comme pour lui souhaiter la bienvenue, tandis que l'Impératrice entrait du côté de Port-Saïd. A ces saluts se mêlaient les décharges des batteries de terre, desservies par un régiment d'artillerie que le Vice-Roi avait fait venir à Ismaïlia pour la circonstance ; les sons, plus bruyants qu'harmonieux, de tous les instruments de musique que les Arabes possèdent pour témoigner leur allégresse ; enfin les clameurs, à la fois enthousiastes et reconnaissantes, des races si diverses qui se pressaient autour de ce spectacle, unique dans l'histoire des réceptions royales (fig. 63, page 233).

« Dès que l'ancre fut jetée, le Khédive s'empressa de se rendre à bord de l'*Aigle*, et, après avoir présenté ses hommages à l'Impératrice, se jeta avec effusion dans les bras de M. de Lesseps.

« En effet, ce vaisseau impérial, porté par les flots réunis de la Méditerranée et de la mer Rouge, au-dessus de cette dépression, autrefois desséchée, c'était la gloire de son règne, l'immortalité de son nom ; c'était plus encore, c'était l'Égypte signalée à la reconnaissance des peuples, par un des plus grands services qu'ait reçus l'humanité.

Fig. 82. — ARRIVÉE DE L'*Aigle* A LA STATION D'EL-GUISR LE 17 NOVEMBRE 1869

« L'entrée de l'Empereur d'Autriche dans le lac Timsah et celle des autres grands personnages royaux et diplomatiques que nous avons déjà cités, suivit de près celle de l'Impératrice. Les mêmes honneurs leur furent rendus, à mesure qu'ils arrivaient.

« Pendant ce temps, la ville d'Ismaïlia et la plage s'illuminaient. Les tentes innombrables qui couvraient les bords du canal d'eau douce, couvert lui-même de *dahabiehs* (barques du Nil), qui avaient transporté à Ismaïlia les familles des pachas et des grandes notabilités de l'Égypte, formaient une ligne de lumière qui s'étendait sur tout le front de la ville, depuis le village arabe, au sud, jusqu'au chalet du Vice-Roi, au nord; le chalet lui-même était brillamment éclairé. Des milliers de convives étaient reçus et se succédaient aux tables qu'avait fait préparer, sur plusieurs points, la munificence du Vice-Roi. Une fête arabe, comme il est probable que l'Égypte n'en avait jamais vue, se tenait sur ce vaste espace, et pendant que tout était joie, chants et allégresse, la flotte, qui, le matin, était partie de Pord-Saïd, à la suite de l'*Aigle*, venait, navire après navire, s'ancrer au lac Timsah.

« Dans la matinée du 18, le lac Timsah, comme port central de l'isthme, était inauguré par plus de cinquante navires égyptiens, français, anglais, autrichiens, allemands, hollandais, russes, espagnols, italiens, norwégiens, suédois, tous pavoisés, les uns représentant la puissance de leur pays, les autres sa richesse et son commerce.

« Ce spectacle, on le comprend, exerçait sur la foule la plus profonde impression. Sous ce ciel bleu, resplendissant de soleil et reflété par ses eaux, le lac était magnifique. L'aspect de tous ces navires chargés de rois et des grands personnages de l'Europe, avec leurs formes gracieuses, leurs agrès pavoisés de couleurs éclatantes, faisait l'effet d'un rêve ou d'un conte de fées.

« La journée du 18 devait être consacrée à donner aux personnages réunis en ces lieux le temps de se communiquer leurs sentiments et d'échanger leurs félicitations. A deux heures l'Impératrice, l'Empereur d'Autriche, la Princesse royale de Prusse et les princes qui avaient assisté à l'inauguration, traversèrent de nouveau la ville, au son des musiques militaires, au milieu des flots pressés de la population, entre deux haies de soldats, dans les voitures de la cour égyptienne, pour aller rendre au Khédive, dans le palais qu'il venait de se faire construire, à Ismaïlia, la visite qu'il leur avait faite à bord de leurs yachts.

« Le soir, un bal brillant réunissait encore au palais tous ces augustes hôtes de l'Égypte. On pouvait y voir toutes les décorations et tous les uniformes de l'Europe et de l'Orient. 4 à 5,000 personnes remplissaient à peine de vastes salons. Le départ de l'Empereur d'Autriche et de l'Impératrice Eugénie était salué par un splendide feu d'artifice.

« *Du lac Timsah aux lacs Amers.* — L'*Aigle* et les yachts royaux devaient continuer leur trajet vers Suez. Il avait été résolu que, comme nouvelle preuve de la bonne navigation du canal, la petite escadre française jetterait l'ancre dans le beau bassin des lacs Amers, et y passerait la nuit. En conséquence, le 19, à midi et demi, l'*Aigle* quittait le lac Timsah, et, après avoir traversé le Sérapéum, mouillait, à quatre heures et demie, au phare sud des lacs Amers. Avant la nuit, quinze autres navires étaient mouillés autour de lui.

Il y avait quelque chose d'imposant et de solennel dans ce groupe de vaisseaux immobiles, isolés de toute population, entourés par le désert, sous ce ciel étoilé, dans cette splendide nappe d'eau amenée là par le génie de l'homme et aussi vaste que le lac de Genève. Pendant la soirée, les souverains et les princes ne cessèrent d'échanger entre eux des visites, et les navires eux-mêmes se saluaient par des fusées et des feux d'artifice.

« *Des lacs Amers à Suez.* — Le lendemain, 20, l'*Aigle* se mettait en route, à sept heures moins un quart : il entrait triomphalement dans la mer Rouge, à onze heures et demie.

« Ainsi le problème du passage était résolu ; le yacht impérial avait franchi en seize heures, sans accident, sans arrêt dans ses périodes de navigation, toute la ligne du canal maritime, depuis le grand bassin de Port-Saïd jusqu'à la rade de Suez.

« Immédiatement, ce fait décisif et définitif était constaté dans le journal de bord.

« Pendant toute la journée, les navires qui étaient au lac Timsah, arrivaient dans la mer Rouge, et la rade présentait à l'œil du spectateur le magnifique spectacle de plus de 50 navires de tous pavillons et de tous rangs disséminés sur ses vastes espaces.

« Dans l'après-midi, le Khédive, l'Empereur d'Autriche, le Prince royal de Prusse, les ambassadeurs d'Autriche, de Russie et d'Angleterre, partaient pour le Caire, où les attendaient de nouvelles fêtes. Ils étaient suivis, le lendemain, par le Prince et la Princesse des Pays-Bas.

« *Retour à Port-Saïd.* — Le 21, l'*Aigle* reprenait la route de Port-Saïd, et traversait, avec la plus grande facilité, les lacs Amers et le Sérapéum. Il entrait dans le lac Timsah, après sept heures et demie de marche. Il séjournait de nouveau devant Ismaïlia, le 22. Le 23, il partait de son mouillage, à six heures et demie du matin, et rentrait à Port-Saïd à deux heures de l'après-midi, c'est-à-dire après sept heures et demie, temps égal à celui qu'avait

FIG. 63. — ARRIVÉE DE LA FLOTTE FRANÇAISE A ISMAÏLIA, LE 18 NOVEMBRE 1869

pris la traversée de Suez à Timsah. Le trajet total d'un bout à l'autre du canal n'avait duré que quinze heures.

« Les navires qui, après avoir suivi l'Impératrice à Suez, retournaient, à son exemple, à Port-Saïd, arrivaient aussi dans des conditions de navigation bien supérieures à celles que plusieurs d'entre eux avaient éprouvées en allant. Ces navires, du 21 au 28, étaient au nombre de 45. »

Ainsi se termina ce voyage mémorable, dont l'histoire conservera un ineffaçable souvenir.

Après la série des fêtes du 13 au 20 novembre, après cette semaine féerique consacrée à l'inauguration proprement dite du canal, en présence des souverains, des princes et des ambassadeurs, l'*Aigle*, portant l'Impératrice Eugénie, remontait le Nil, et le cortège impérial parcourait, en grande pompe, la haute Égypte, visitant Karnak, Louqsor et toutes les colossales ruines des édifices majestueux de l'ancienne Égypte, toujours royalement hébergé et vivant à *gogo*, au milieu des splendeurs réunies de la civilisation moderne et des reliques de l'histoire.

On vient de lire, dans les extraits du récit de l'historiographe de l'inauguration du canal de Suez, la suite méthodique des fêtes officielles qui furent données du 13 novembre 1869 au 20 du même mois, pendant la traversée de la flotte impériale française et étrangère de Port-Saïd à Ismaïlia, et retour à Port-Saïd. Les fêtes données aux invités de sang royal étaient terminées ; mais non toute la série de ces fêtes. Outre ces voyageurs de haut parage, le Khédive avait invité, comme nous l'avons dit, au début de ce chapitre, un *servum pecus*, de qualité sociale moins éclatante, mais qui tenait pourtant un rang élevé dans l'opinion publique, par sa notoriété ou ses talents. Il nous reste à raconter l'odyssée voyageuse de cette seconde catégorie de touristes.

La seconde catégorie d'invités, embarqués sur le *Mœris*, était arrivée à Alexandrie, dès le 21 octobre. On y remarquait : Théophile Gautier, les peintres Gérome, Fromentin et Tournemine, — Kœmpfen, aujourd'hui directeur des Beaux-Arts. — le chimiste Berthelot, aujourd'hui sénateur de la République, — le chimiste Wurtz, plus tard sénateur, — le baron Thénard, — M. Young, du *Journal des Débats*, — M. de Quatrefages, de l'Institut, — M. Camille Pelletan, aujourd'hui député, — M. d'Almeida, physicien, — Paul Broca, mort sénateur, en 1880, — Charles Blanc, de l'Académie des beaux-arts, — de Chennevières, conservateur des musées, — le Dr Hamy, anthropologiste, — le professeur Marey, de l'Académie de médecine, — les frères Braün, photographes, — M. Franchot, ingénieur, — M. Guillaume, directeur de l'École des beaux-arts, — M. Jamin, physicien, — M. Pichot, de la *Revue britannique*, — M. Lucien Marc, de l'*Illustration*, —M. Morel Stopp, de l'*Univers illustré*, — M. Breguet, ingénieur, — le docteur Tex, d'Amsterdam — plus, divers savants étrangers invités en Suisse, en Prusse, en Hollande, en Autriche et en Italie.

A l'arrivé du *Mœris*, M. de Lesseps vint, dans un canot à vapeur, accoster le bâtiment, et monta à son bord, pour y accueillir les arrivants.

Après un séjour à Alexandrie, les invités du vice-roi se rendirent à Port-Saïd, pour commencer leur visite au canal des deux mers.

Nous laisserons ici parler un des invités, M. Morel Stopp, de l'*Univers illustré*, qui a donné un récit succinct de cette partie du voyage, c'est-à-dire de la traversée du canal de Port-Saïd à Ismaïlia.

« Le canal de Suez est large, dit M. Morel Stopp, comme la Seine au pont Royal. Il part en ligne directe jusqu'au premier lac, et cette belle ligne est d'un effet imposant; je ne m'atendais nullement à cette impression de grandeur. Une chaussée d'environ deux mètres le sépare des lagunes qui entourent Port-Saïd. Cette rive s'élève peu à peu et devient, en arrivant à Ismaïlia, une falaise fort élevée·

« Sur de grands bancs de sable à droite, on aperçoit une innombrable multitude de flamants roses ; je ne crois pas exagérer en évaluant leur nombre à six ou huit mille.

« Nous avançons: les stations et les chantiers sont pavoisés ; la ville naissante de Kantara a couvert ses dunes de verdures et des lettres gigantesque, dessinent, sur le ciel, les noms d'Ismaïl et de l'Impératrice. On dépasse les immenses élévateurs de la Compagnie, qui, de loin, semblent de gigantesques crocodiles accroupis au bord de l'eau. Montés sur les dragues énormes, les ouvriers saluent et acclament chaque navire.

« On arrive, par un coude, au lac Balah. Un petit vapeur turc est échoué contre le bord ; conduit par un pilote inexpérimenté, il s'est enfoncé dans le sable, et *l'Aigle*, en passant, lui a défoncé un de ses tambours. En approchant d'Ismaïlia, on commence à entendre le grondement lointain de l'artillerie ; deux batteries, établies sur les rives du lac Timsah, saluent la flotte qui entre majestueusement; la nuit qui commence à tomber ajoute à la grandeur de la mise en scène ; au fond du lac, la ville d'Ismaïlia, entièrement illuminée, se reflète dans l'eau comme une de ces cités embrasées qu'on voit dans les féeries.

« Des miracles ont été faits pour loger et nourrir tout ce monde, et cependant ils n'ont pas toujours suffi. Des tentes sont installées sur toutes les places; on s'entasse cinq ou six dans la même chambre; le palais du gouvernement est converti en un vaste restaurant, auquel sont annexés deux autres hangars immenses. Là des tables, fort luxueusement servies, reçoivent incessamment un flot de consommateurs. Invités ou non, tout le monde est servi sans contestation. Naturellement, dans cette cohue, le service ne peut être fait comme au café Anglais; quelques-uns se plaignent ; ils ont raison et ils ont tort.

FIG. 64. — LES PYRAMIDES DU CAIRE

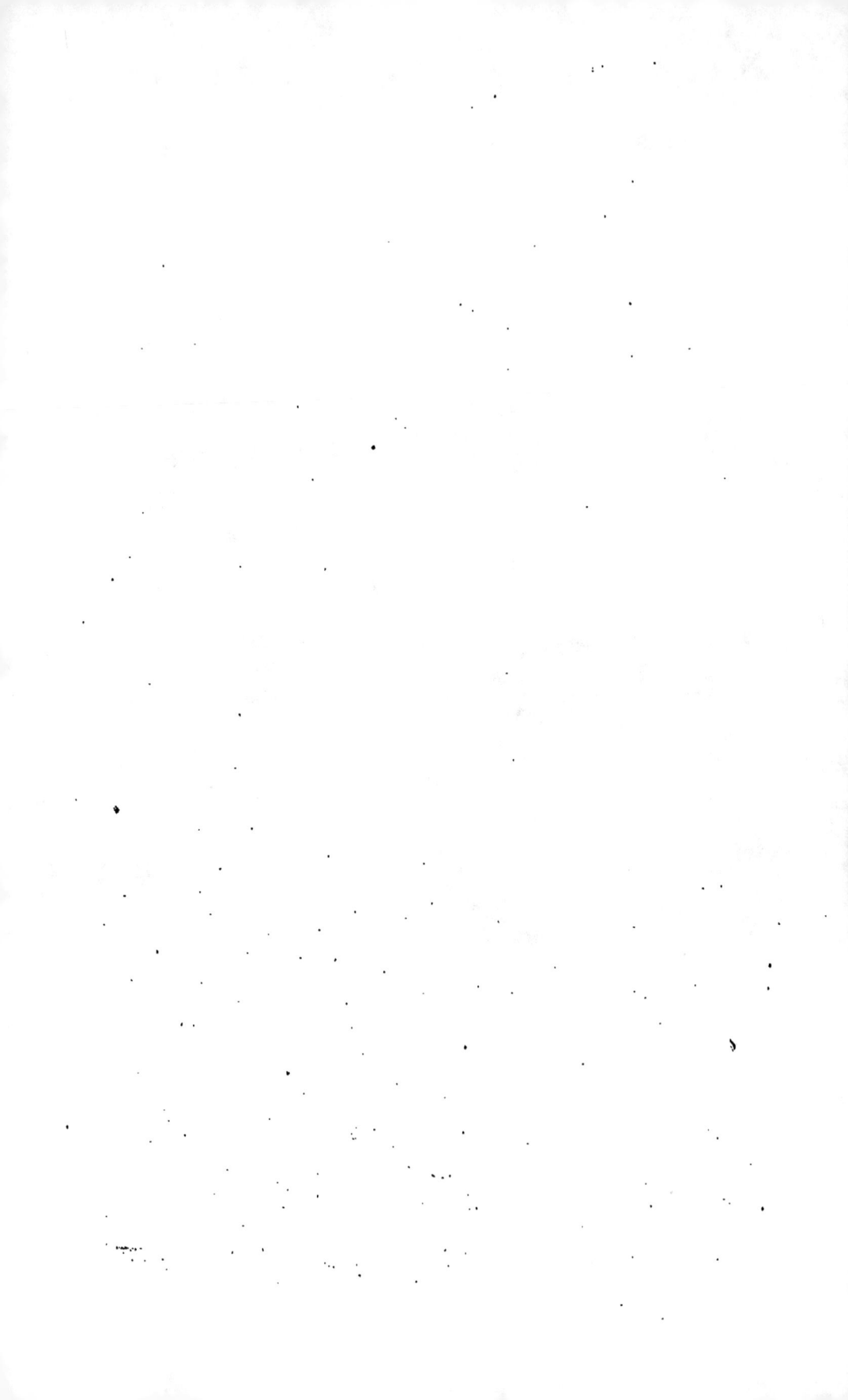

« L'aspect d'Ismaïlia est fantastique; les cheiks arabes ont installé, le long du canal d'eau douce, d'immenses et magnifique tentes brodées, en étoffes de toutes les couleurs, et jonchées des plus riches tapis. Ces beaux vieillards à barbe blanche, étendus sur des divans, vêtus d'un riche costume et portant à leur ceinture des ar-

FIG. 65. — MANIÈRE D'ESCALADER UNE PYRAMIDE

mes magnifiques, appellent de la main l'étranger qui touche leur seuil, et lui font offrir des sorbets, du café et des chibouks. Des musiciens arabes font résonner de tous côtés leurs tambours et leurs hautbois aigres ; des almées chantent ou dansent dans des baraques illuminées et entourées d'une gaze rouge, qui donnent à ces tranges beautés un aspect fantastique ; des cavaliers de Syrie défilent, portant leur long fusil appuyé sur le pommeau de leur selle ; des chameaux circulent gravement dans la foule, portant des hommes noirs aux grands manteaux rayés et aux lances démesurées, et au milieu de tout cela, pas une seule femme indigène, rien que des Européennes.

« Le soir, la ville est illuminée. Une multitude de petites lanternes, disposées en girandoles, se croisent, s'élèvent dans tous les sens, et forment de véritables murs de lumière : les mâts, les cordages, les bordages des *dahabiehs* et des navires sont illuminés de la même façon ; je doute que nulle part on revoie jamais chose pareille.

« On se presse, chez M. de Lesseps pour le féliciter ; une députation russe lui inflige cinq ou six discours, auxquels il lui faut répondre. Les troupes égyptiennes défilent devant sa porte, sapeurs en tête. Rien de drôle comme ces têtes noires sous ces grands bonnets, et encadrées dans ces immenses tabliers ; cela n'est pas très-oriental, mais, en revanche, c'est fort grotesque. Le colonel, tout en or, marche en tête, devant les sapeurs. A la suite des lanciers, marche une sorte d'omnibus, traîné par six chameaux que montent des Bédouins, et destiné, dit-on, à l'Impératrice.

« Dans le jour, une *fantasia*, ou course à cheval, est donnée par les cheiks, devant le pavillon du vice-roi. Le soir grand bal ; une foule énorme se presse dans des salons absolument européens. Les uniformes de toutes couleurs s'y coudoient. Quelques chefs arabes, en costume magnifique, se promènent gravement en se tenant par la main, et font tout leur possible pour n'avoir pas l'air étonné. Les souverains arrivent : on se presse, on se bouscule, on se rue sur leur passage, absolument comme en Europe ; on monte sur les chaises, sur les tables, comme s'ils étaient de véritables bêtes curieuses ; on prétend que les souverains ne détestent pas cela.

« Une immense salle irrégulière, à laquelle on descend par un perron, a été bâtie sur un terrain contigu au palais ; un souper superbe y est servi sur des tables contenant au moins quatre cents personnes. J'aperçois des chefs arabes plongeant gravement leurs mains dans les plateaux de sucreries (et ils ne se servent jamais de mouchoirs !), fouillant pour trouver le morceau qui leur plaît, y mordant et le rejetant au milieu des autres s'ils ne le trouvent pas à leur goût. Les invités européens, d'ailleurs, rivalisent de bon goût avec les Africains et les Asiatiques. Dès dix heures, toutes les places sont occupées par des soupeurs résolus, qui ont le courage d'attendre jusqu'à minuit, devant leur assiette vide, que le signal des nourritures soit donné par les têtes couronnées ; celles-ci s'abritent des regards peu discrets derrière une muraille de plantes aux larges feuilles, disposée au fond de la salle. »

Le 22 novembre, les invités de deuxième catégorie partirent pour la haute Égypte, et alors commencèrent les visites aux localités célèbres, qui ont laissé de si curieux souvenirs, et qui frappent si vivement l'esprit de l'homme initié à l'histoire politique de l'Égypte et à ses chefs-d'œuvre artistiques.

Entre temps, les mêmes excursionnistes avaient fait leur visite obligatoire aux pyramides qui avoisinent le Caire, ainsi qu'aux ruines de Memphis.

La moitié des invités fît l'ascension de la Grande Pyramide de Chéops ; ce qui n'est à la portée que des personnes assez agiles, car il faut, comme

FIG. 66. — VISITE DES INVITÉS DU KHÉDIVE AUX RUINES DE THÈBES

on le sait, se faire hisser en l'air par les deux bras d'un fellah posé sur l'assise supérieure de pierres, tandis qu'un autre fellah, du gradin inférieur, vous pousse par le bas des reins, révérence parler. Ceux que leur timidité, leur indolence ou leur âge, retenaient au pied du monument, regardaient

FIG. 67. — TEMPLE D'ABYDOS

faire les autres. Ils se disaient que du haut des pyramides quarante siècles les contemplaient, et cela suffisait à leur gloire.

Le cortège de l'Impératrice continua de remonter le Nil jusqu'au tropique, après avoir franchi les deuxième et troisième cataractes du Nil.

Nous citerons la dernière partie du récit de M. Morel Stopp concernant le voyage dans la Haute-Égypte des invités de second choix.

« Le temple de Denderah est la première ruine que nous ayons visitée; elle est située à environ deux kilomètres du Nil, en face de la petite ville de Kenèh. Des ânes, que nous remarquions depuis quelque temps sur des chalands, joints à ceux

FIG. 68. — UN OBÉLISQUE A KARNAK·

qu'on a pu se procurer dans le pays, et à quelques chevaux harnachés à l'arabe, nous portent au but de notre excursion, à travers un bois de dattiers et de gommiers (sorte de mimosa). Il y a quelques jours encore, le Nil baignait le pied de ces arbres, et le sol détrempé était devenu impraticable; deux mille fellahs y ont été envoyés par le gouverneur à l'annonce de notre arrivée, et en une nuit,

FIG. 69. — L'OBÉLISQUE DE LOUQSOR

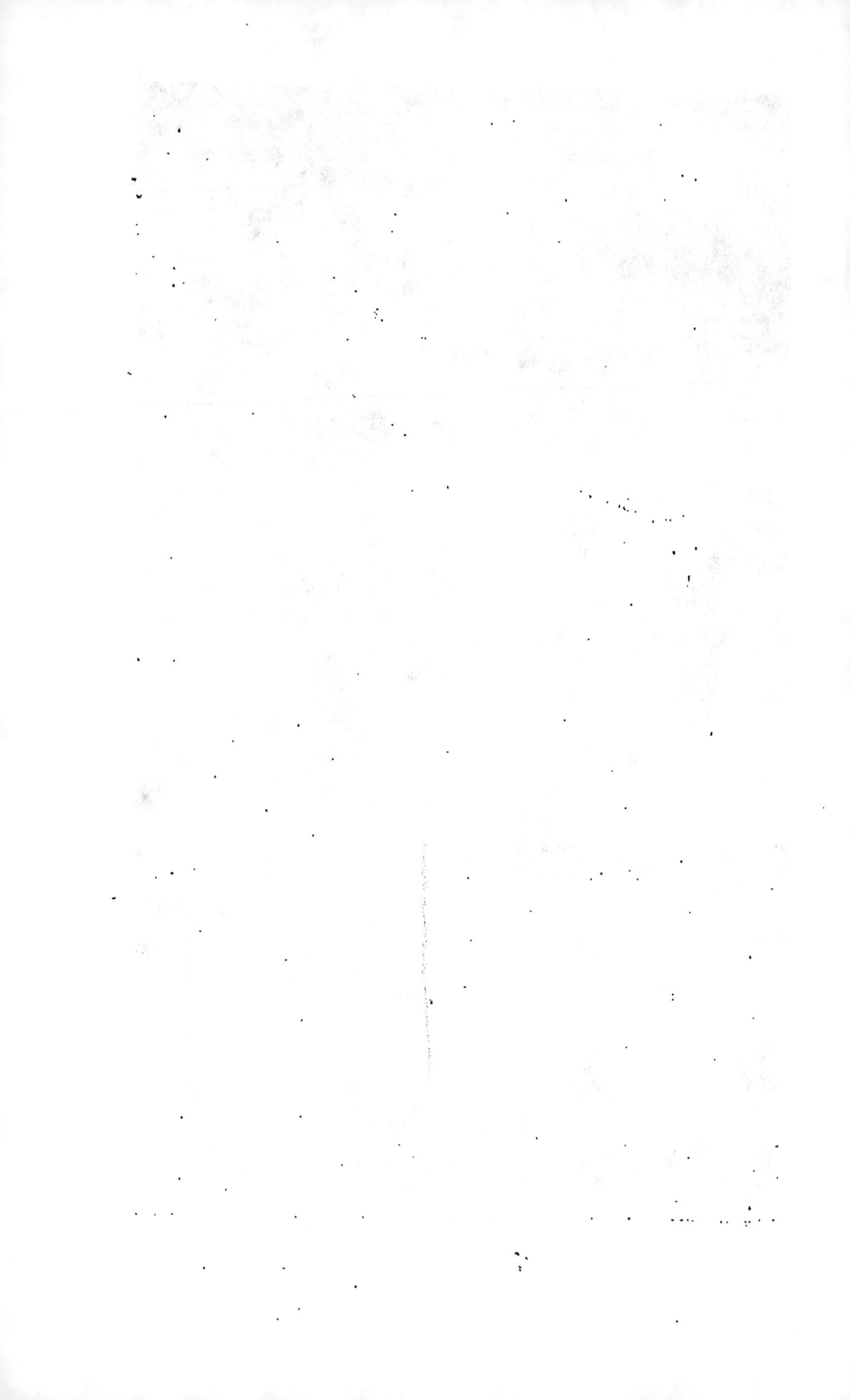

une chaussée de deux mètres d'élévation était établie et nous livrait passage. Ce n'est pas plus difficile que ça, dans ce pays-ci.

« Le temple de Denderah nous a fait à tous — à différents degrés, sans doute, — une très grande impression. C'est un des temples les plus grands et les mieux conservés de la Haute-Égypte, quoique d'une *mauvaise époque*, au dire des savants. Il paraît que cet édifice, presque moderne, ne mérite en aucune façon le respect dû à ses frères aînés : le drôle n'est âgé que de deux mille ans !

« Une foule d'Arabes, contenue avec peine par des *cawas* à cheval, était accourue pour voir les invités de l'*effendineh* (c'est le nom qu'ils donnent au vice-roi), nous entourant d'une curiosité bienveillante et quelque peu intéressée. Des domestiques, avec des paniers remplis de rafraîchissements et de provisions, étaient aux ordres des palais altérés ou affamés.

« Le soir, à Keneh, une réception hospitalière, avec la traditionnelle *fantasia*, nous attendait chez le consul de France et de Prusse. Ce fonctionnaire représente à la fois les deux puissances. Je me demande quelle attitude il prendrait vis-à-vis de lui-même si la guerre, — ce qu'à Dieu ne plaise, — éclatait entre ces deux nations ; il est vrai que, ne sachant pas un mot de français ni d'allemand, il lui serait plus facile de garder la neutralité.

« C'étaient toujours les mêmes almées (nom spécial des *chanteuses*, mais que les Européens appliquent improprement aux danseuses, et qui est généralement adopté), les mêmes danses, la même musique, le même café et les mêmes chibouks. Nous autres, habitués à des spectacles moins grossiers, nous avons assez vite été las de celui-ci ; mais la partie musulmane de l'auditoire y paraissait prendre un plaisir extrême, et de nos bateaux, où nous nous étions retirés un à un, nous pûmes nous endormir au bruit lointain des tarabouks, accompagnés par le chant nasillard des almées. La fête, dit-on, se prolongea fort avant dans la nuit.

« La ville de Keneh, pittoresquement assise au bord du fleuve, pourrait être vraiment appelée la Cythère égyptienne. Des femmes à la peau couleur de bronze, des Nubiennes noires comme du jais, souvent jolies et presque au sortir de l'enfance, comme feu Joseph, se tiennent sur les portes, vêtues de couleurs éclatantes et couvertes de riches colliers. Nonchalamment accroupies et formant des groupes pittoresques, elles permettent au voyageur pudique de jeter sur elles un regard curieux.

« De Keneh, huit heures de navigation sur le Nil nous amènent à Louqsor, au centre de l'ancienne ville de Thèbes, dont la vaste enceinte s'étendait sur les deux rives du fleuve, comme Paris sur celles de la Seine. Quelques pauvres villages arabes, construits en terre grise, occupent seuls l'emplacement de la cité disparue et se groupent autour de ses temples en ruines.

« La première visite est pour le temple de Karnak, vaste enceinte, peuplée d'immenses édifices. La salle principale de ce temple contient entre ses murs cent trente-quatre colonnes d'au moins trois mètres de diamètre et de plus de vingt mètres de hauteur. Tout cela est couvert d'hiéroglyphes, de grandes figures dont un grand nombre a conservé sa peinture, de sculptures d'une délicatesse et d'une conservation inouïes ; et l'on reste stupéfait quand on pense que tout cela était fait 1450 ans avant Jésus-Christ !

« A Louqsor, outre les restes d'un grand temple, on voit, sur une petite place, le frère de l'obélisque que les Français sont fiers de contempler sur la place de la Concorde; je lui ai trouvé l'air assez insouciant de cette lointaine séparation.

« Les monuments situés sur l'autre rive sont de beaucoup plus nombreux et plus variés. Une longue file de vigoureux petits ânes, envoyés à l'avance, a transporté pendant deux jours la caravane aux temples de Quournah, de Deir-el-Bahari, de Deir-el-Medineh, de Medinet-Abou, au Ramesséum et aux tombeaux. Chaudes journées! La plupart de ces ruines sont en plein désert; on marche à la file, sur un sol brûlant, sans un arbre, sans un brin d'herbe, au milieu de rochers jaunes, aux formes grandioses et aux fermes arêtes. Le pied des ânes et des chameaux chargés de vivres, qui suivent la caravane, résonne sur le caillou blanc, et nos ombres bleues se découpent nettement sur le sable. Malgré la fatigue, l'impression est nouvelle et saisissante : on parcourt ces grands temples, avec leurs épaisses colonnades, leurs colosses rangés comme de gigantesques factionnaires. On se glisse dans ces tombes souterraines, en réveillant des centaines de chauves-souris effarées, qui viennent se jeter dans les flambeaux et vous effleurer le visage. On s'arrête, pour déjeuner à l'ombre des vieux murs du Ramesséum, élevé par Ramsès II, le Pharaon des Hébreux, et l'on salue, en passant, les colosses de Memnon, dont le Nil débordé réfléchit encore les silhouettes monstrueuses. Parfois, parmi les pierres arides, vous heurtez du pied quelques ossements blanchis, enveloppés de lambeaux jaunâtres et traînés çà et là par les vautours; ce sont les corps des rois et des reines qui courbaient les peuples sous leurs pieds. J'ai ramassé un de ces pieds-là, et je le rapporte dans ma malle. »

La fête terminée et les lampions éteints, les invités de la seconde catégorie reprirent le chemin de la Méditerranée. Deux bateaux à vapeur les attendaient à Alexandrie, d'où ils partirent, le 24 novembre, les uns pour Brindisi, les autres pour Marseille, emportant des souvenirs pour de longs jours.

Notons, pour terminer ce chapitre, que c'est pendant les fêtes d'inauguration du canal, que M. de Lesseps se maria, ou, pour mieux dire, se remaria. Une jeune créole, fille d'un consul du Mexique, résidant au Caire, avait su fixer son cœur. C'est ce qui donna lieu à un assez joli mot. Le correspondant d'un journal de Paris écrivait, dans son *Courrier d'Égypte* :

« Après avoir marié la Méditerranée et la mer Rouge, M. de Lesseps vient de se marier lui-même. ».

Celui qui commettait ce trait d'esprit, était M. Émile Zola,

« Qui depuis... mais alors il était *reporter!* »

FIG. 60. — VUE GÉNÉRALE DE PORT-SAÏD ET DE L'ENTRÉE DU CANAL MARITIME

XV

Un voyage pittoresque sur le canal de Suez.

Nous entreprendrons, maintenant, avec le lecteur, un rapide voyage le long du canal maritime, dont nous venons de faire connaître l'origine, les progrès et le mode d'exécution. Nous supposerons qu'un navire arrive d'un port de la Méditerranée à Port-Saïd, qu'il s'engage dans le canal, et qu'il le parcoure jusqu'à son *terminus*, c'est-à-dire jusqu'à Suez, de manière à voir passer sous ses yeux tous les sites pittoresques semés sur le parcours du canal.

Sur la plage de l'ancienne Péluse, dont il ne reste plus un vestige, sur une langue de terre large de quelques centaines de mètres, et qui était alternativement couverte par la mer, par les eaux du Nil et celles du lac Menzaleh, M. de Lesseps donna, en 1859, le premier coup de pioche, qui marquait le point de départ du futur canal maritime. Aucun navire n'avait jamais osé aborder ces bas-fonds. C'est sur cette plage inhospitalière et déserte que fut bâti Port-Saïd. C'est là que l'on créa un port maritime, avec une profondeur de 8 mètres d'eau, et des jetées qui, pour le protéger, avancent l'une de 1000 mètres, l'autre de 1,600 mètres dans la mer.

Aujourd'hui Port-Saïd, quoique d'un développement relativement assez lent, est une belle ville maritime. Nous représentons, dans une vue panoramique (fig. 71), Port-Saïd et ses jetées à l'entrée du canal.

Les deux jetées qui le protègent sont écartées de 1,400 mètres l'une de l'autre, et c'est par cette route, tracée en pleine mer, que les vaisseaux qui doivent traverser le canal, pénètrent dans la rade.

Le premier bassin à l'ouest, en entrant dans le port, dit *bassin du commerce* (fig. 70), et qui est destiné au cabotage, est dragué seulement à 6 mètres de profondeur. Il a 200 mètres de long et 200 mètres de large. C'est au fond de ce bassin que le transit a construit ses magasins et sa gare de matériel. Les dimensions du *bassin de l'arsenal*, qui se développe à la suite, et qui sert au garage, sont de 150 mètres, sur 200. Le dernier bassin, dit *grand bassin*, ou *bassin Schériff*, a des fonds de 7 et 8 mètres. Il mesure 900 mètres de longueur et environ 400 mètres de largeur. C'est là que stationnent les grands navires à vapeur.

Le dernier bassin, qui s'étend le plus au sud, présente une superficie de 4 hectares.

Au fond de la rade artificielle construite pour éviter les ensablements, on a élevé un phare, des docks, des ateliers de toute nature. La ville de Port-Saïd s'élève en face de la Méditerranée, de chaque côté des brise-lames de l'ouest. Les ports de commerce s'ouvrent sur la rive droite du canal, en arrivant par la Méditerranée.

Sur le terre-plein formé des dragages opérés au fond de la mer, et sur lequel se développe la ville de Port-Saïd, ont été construits de magnifiques ateliers, des bâtiments d'administration, des magasins et des dépôts de première importance ; une douane, deux hôpitaux, l'un européen, l'autre arabe, une chapelle catholique, avec une école de petits garçons ; un couvent de sœurs du Bon-Pasteur, avec une école de petites filles ; une chapelle grecque, une mosquée, des bains publics, un théâtre et deux marchés.

C'est la Compagnie qui a construit les églises des différents cultes, et qui pourvoit au payement des frais que comporte leur célébration. Pour elle, pas de religion d'État ; sa tolérance est universelle.

Pendant que la cité européenne de Port-Saïd sortait de la lagune, avec ses jetées, ses quais et ses bassins, monuments d'une civilisation industrieuse, on vit, pour ainsi dire, s'attacher à ses flancs une sorte d'échantillon de la vie arabe. C'était un hameau qui naquit peu à peu des habitations d'un certain nombre de fellahs, venus à Port-Saïd pour y exercer les métiers de porte-faix, de manœuvre ou de porteur d'eau. Ils commencèrent par se construire de simples *gourbis*, c'est-à-dire des habitations en planches et en nattes. Mais bientôt le *gourbi* fut remplacé par une petite maison à un étage ; de sorte qu'aujourd'hui quinze cents Égyptiens habitent le *village arabe*, où l'on peut étudier les mœurs typiques de leur pays.

En 1869, une partie de ce village fut incendiée, mais le dommage fut réparé promptement. Quand l'Arabe eut retiré des décombres fumants les écus qu'il avait enterrés sous le sol, il se mit à rebâtir philosophiquement sa demeure, et l'on ne reconnaît plus les effets du feu.

Le *village arabe* est aujourd'hui un faubourg de Port-Saïd.

Une agglomération de cabanes, située à 6 kilomètres de la ville, peut être considérée, malgré la distance, comme un autre faubourg de Port-Saïd. Nous voulons parler de Gemileh (fig. 72).

Placé à l'entrée du *goulot* (*boghaz*) par lequel la Méditerranée communique avec le lac Menzaleh, Gemileh est le lieu favori de promenade des habitants de Port-Saïd, qui aiment à s'y rendre à cheval. Il n'est pourtant habité que par quelques pêcheurs arabes, que l'on voit toujours à demi couverts de vêtements sordides, et vivant dans une entière et constante promiscuité avec les oiseaux de mer, apprivoisés par leurs soins, et surtout avec le gros et grave pélican.

Hôte favori de la pauvre cabane du pêcheur fellah, le pélican amuse les enfants, et remplit, en même temps, une haute mission d'hygiène. Il

FIG. 70. — BASSIN DU COMMERCE, A PORT-SAÏD

sert à purifier l'habitation et la plage environnante, en ingurgitant, dans son vaste et puissant estomac, les restes de poissons épars sur le sol, objets qui, sans ce grand purificateur donné par la nature, altéreraient singulièrement la pureté de l'air et la salubrité du logis.

Ce gros être emplumé et pansu, remplit admirablement sa fonction tutélaire : il ne se repose pas un instant, il est sans cesse à l'œuvre ; bien supérieur, en cela, aux commissions d'hygiène de nos quartiers, qui font tant d'embarras et si peu de besogne.

En quittant Port-Saïd, le navire s'engage dans le lac Menzaleh, au milieu d'un chenal, qui n'est autre chose que la tête du canal maritime.

Le lac Menzaleh est une immense surface d'eau marécageuse, couverte de petites îles, séparée de la Méditerranée par une langue de terre très mince, et qui n'a que deux ou trois ouvertures communiquant avec la mer.

Ce qui frappe d'abord le voyageur qui traverse le lac Menzaleh, c'est la prodigieuse quantité d'oiseaux marins qui vivent sur ses eaux. Pour se faire une idée du nombre extraordinaire de ces volatiles, il nous suffira de dire que le naturaliste allemand Brehm a prétendu que, pour se nourrir, la population ailée du lac Menzaleh absorbe chaque jour 30,000 kilogrammes de poissons. Aussi quelle aubaine pour le chasseur, que ces marécages ! L'histoire du baron de Munchausen, popularisée par l'imagerie enfantine, nous dit qu'un jour, cet étonnant baron perça et embrocha, par le cou, avec la baguette de son fusil, toute une bande de canards ! Le fait paraît moins invraisemblable quand on voit, surtout au temps de la couvée de ces oiseaux, d'innombrables légions emplumées habiter les petites îles et les roseaux du lac. Canards, oies, chénolopex, cigognes, hérons, pélicans, *abou-monas* et flamants aux riches couleurs, dont quelques chasseurs seulement, parmi les gens de Menzaleh, connaissent les stations, mouettes, hirondelles de mer, aigles et faucons, dorés ou noirs, qui tuent, à leur tour, les meurtriers ailés du poisson, se trouvent assemblés dans ce véritable paradis des oiseaux. Le chasseur qui va d'île en île, monté sur son bateau, peut faire ici un butin immense, surtout s'il sait diriger sa frêle embarcation, de sa propre main. L'eau est presque partout peu profonde, et ne submerge les îles les plus basses que pendant le temps d'inondation.

Peut-être ce lac immense sera-t-il un jour rendu à la culture. On ne peut, en effet, mettre en doute qu'une partie des larges espaces aujourd'hui couverts par les eaux, n'aient été autrefois des champs et des pâturages, et n'aient nourri du bétail et des bergers.

Le dessèchement du lac Menzaleh exécuté pour livrer les terres à la culture, pourrait être rémunérateur; car le Nil, qui dépose depuis des siècles son limon au fond de son lit, donnerait à la terre une grande fertilité. On trouve encore, sur plusieurs des îles qui parsèment le lac, des traces d'anciennes cultures agricoles, qui n'ont disparu que depuis quelques siècles. Sur l'île de *Tannis*, il reste peu de chose de l'ancienne ville d'*Isis*, mais on y voit encore de grandes ruines d'édifices. Les historiens arabes racontent qu'au temps des Califes, à l'époque de la Renaissance, nulle part on ne tissait mieux les étoffes de luxe que dans la ville d'*Isis*, qui, dès lors, devait être le centre d'une région très manufacturière. Le damas, les gazes fines et les riches draps d'or de *Tannis*, renommés dans tout l'Orient, enrichissaient, au seizième siècle, les habitants de ces villes dont on ne voit aujourd'hui que quelques ruines ; et les descendants des riches citoyens de

Fig. 71. — PORT-SAID, ET ENTRÉE DU CHENAL MARITIME DANS LE LAC MENZALEH

Tannis et d'Isis, simples pêcheurs de marais, gagnent misérablement leur vie avec le filet et la voile.

Raz-el-Ech (fig. 73), autrefois simple îlot, composé de vases et de boue, est la première station du canal maritime, après le lac Menzaleh. On arrive ensuite à la deuxième station du canal, à Kantara.

Kantara était avec Péluse, Tannis, Rhamsès, Daphné, etc., une des grandes villes qui attestaient la richesse et la prospérité de l'ancienne Égypte. Elle ne comptait pas moins alors de six cent mille habitants. C'était une place frontière, de la première importance, car elle était sur la route qui amenait en Égypte les caravanes arrivant de Syrie. Les ruines de Tell-ès-Semoût occupent la place même des anciens travaux de garde et de défense que les Pharaons avaient élevés dans l'isthme de Suez, pour protéger le delta du Nil, contre les ennemis qui le menaçaient, du côté de l'Asie. Setif Ier fit construire, en l'honneur de son père, des édifices dont les débris se sont conservés dans le voisinage de Kantara. Son fils, Rhamsès II, acheva le monument auquel ils appartiennent.

Comme l'indique son nom (Kantara signifie *pont*, en arabe),

FIG. 72. — GEMILEH

un pont avait été jeté sur la branche pélusiaque du Nil. C'est sur ce pont que passaient les riches caravanes venant de Thèbes, et apportant, du fond de la Nubie, la myrrhe, l'argent, la poudre d'or et l'ivoire, à cette opulente Syrie qui, à cette époque, comptait cent villes puissantes.

Que reste-t-il aujourd'hui de l'orgueilleuse Thèbes, des temples de Balbek et de Jérusalem, des flottes de Tyr et des ateliers de Sidon? Un souvenir obscur, la solitude et l'abandon.

C'est environ 344 ans avant Jésus-Christ, que Kantara fut détruite par les conquérants venus de la Perse qui s'étaient emparés de l'Égypte, après avoir pris et détruit Péluse. Sur son emplacement un centre de population dut exister, sous la domination romaine; car les travaux qui ont été exécutés

FIG. 73. — RAZ-EL-ECH

pour le canal maritime, ont fait découvrir, au milieu de ses ruines, neuf lampes antiques, d'origine romaine ou chrétienne, portant la marque de fabrique, A, avec une ancre et trois amphores, ou lacrymatoires, de la même époque.

Kantara n'est aujourd'hui qu'une station du canal maritime de Suez, un *garage*, comme on l'appelle. Sa population est, pourtant, de plus de 5,000 habitants. Elle est bâtie sur les lieux occupés jadis par l'antique cité du même nom. Des cabanes en planches, des ateliers, des magasins, ont remplacé les temples et les palais. O destinée des choses et dérision du sort ! Un *buffet* de voyageurs, où moyennant 3 fr. 50 on trouve à déjeuner à l'*instar de Paris*, occupe l'emplacement des anciennes mosquées. Ce buffet, mi-partie en bois, mi-partie en briques, rappelle les restaurants des bords de la Seine, aux portes de Paris.

Disons, pour rendre à ce tableau un peu de couleur locale, que quelques

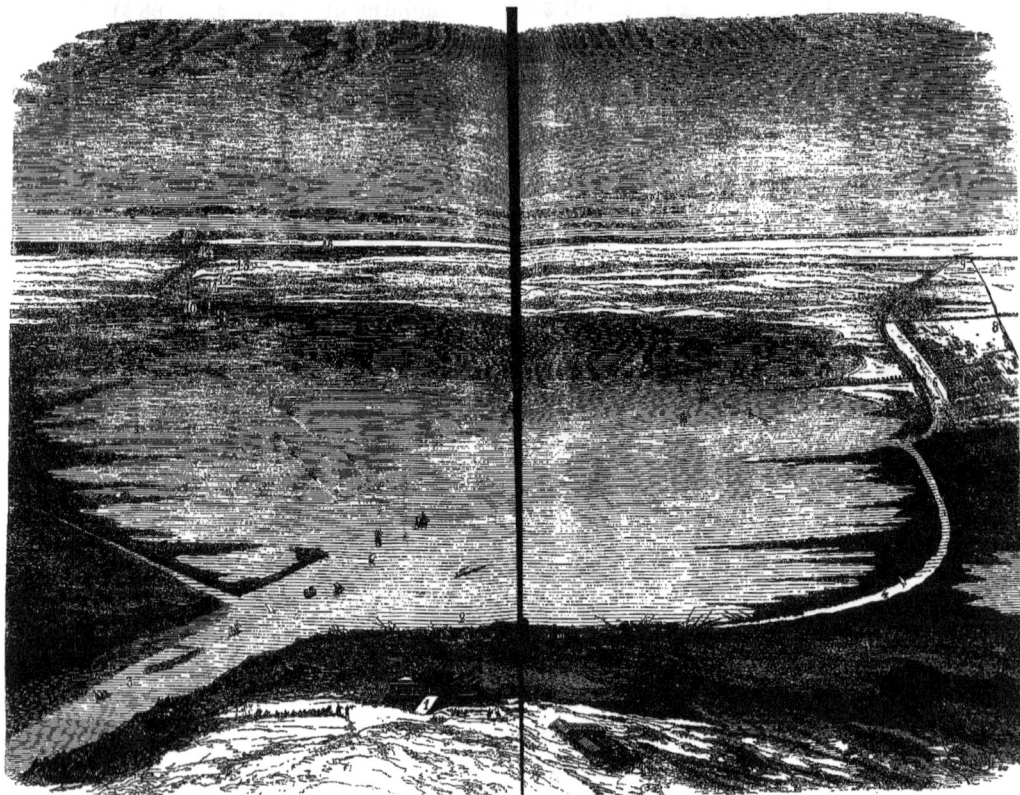

Fig. 74. — VUE GÉNÉRALE DU LAC TIMSAH, PRISE DU CHALET DU VICE-ROI.

1. — Chalet du vice-roi.
2. — Ancien chenlier.
3. — Entrée du canal maritime dans le lac Timsah.
4. — Canal d'eau douce.
5. — Usine Lasseron.

6. — Ismaïlia.
7. — Embarcadère.
8. — Chemin de fer d'Ismaïlia.
9. — Chemin de fer de Suez.
10. — Canal maritime sortant du lac Timsah.

11. — Gébel-Mariam.
12. — Tousoum et le scheik Ennedeck.
13. — Station de Sérapeum.
14. — Les lacs amers.

15. — Forêt d'El-Amback.
16. — Gébel-Genéfé.
17. — Suez.
18. — Bir-Abou-Ballah.

almées, avec leur costume mauresque, aux couleurs voyantes et leurs colliers de sequins, viennent souhaiter la bienvenue aux voyageurs, et leur faire admirer, par quelques pas gracieux, leurs allures originales et leur corps bien modelé.

Mais les danses des almées ne retiennent pas longtemps le voyageur, qui se hâte de remonter sur le navire, pour continuer sa route le long du canal.

On traverse le lac Ballah, qui n'offre à l'œil que des bords arides et des touffes de roseaux, et l'on atteint le seuil d'*El-Guisr*.

FIG. 75. — KANTARA

C'est la partie du canal qui a présenté le plus de difficultés aux ingénieurs et aux ouvriers. Tandis qu'ailleurs le sol plat de l'isthme n'offrait que peu d'obstacles, il fallut ici percer un mouvement de terrain haut de 16 mètres.

La tranchée qui a été pratiquée au seuil d'*El-Guisr*, forme une berge de 19 mètres de haut, et le canal n'a, en ce point, que 60 mètres de largeur. Si l'on veut mesurer le travail effectué au seuil d'*El-Guisr*, on n'a qu'à franchir un escalier de bois, long de cent dix marches, qui rampe le long de la dune, et vous conduit au sommet, c'est-à-dire à l'ancien niveau du sol du désert.

Un peu en dehors de la ville, s'élève la mosquée de Mariam, avec son blanc minaret, du haut duquel, matin et soir, le *muezin* appelle les croyants à la prière.

Cependant, la vapeur entraîne le navire, et, quittant la station d'*El-Guisr*, on entre dans les eaux du lac Timsah.

La vaste nappe d'eau que le canal forme après le seuil d'*El-Guisr*, et qui s'étend, en plein désert, au milieu de l'isthme, est une véritable mer intérieure, de 2,000 hectares de superficie, et de 15 kilomètres de tour ; ses dimensions ne sont pas moindres que celles du lac de Genève, ou de la petite rade de Toulon.

Avant les travaux, ce lac n'était qu'une étroite cuvette vaseuse, bordée de roseaux et circonscrite au fond d'un bassin de sable. Aujourd'hui, cette cuvette est devenue un réservoir immense, dans lequel la Méditerranée jeta 64,000,000 mètres cubes d'eau. L'opération de son remplissage par les eaux de la mer, dura cinq mois.

Depuis *El-Guisr* les rives du canal n'offraient qu'un aspect uniforme

FIG. 73. — L'ÉGLISE CATHOLIQUE D'EL-GUISR

et triste, avec des berges d'une stérilité désespérante. Tout change au lac Timsah. On a devant soi un panorama de 18 lieues de tour.

Nous représentons dans la figure 74 la vue générale du lac Timsah, avec l'indication de tout ce que peut embrasser l'œil du spectateur, en le supposant placé sur l'une des rives, au haut du chalet du vice-roi.

Le palais du Khédive, qu'il faut signaler d'abord, puisque c'est le point d'où est pris notre dessin, domine le lac et ses environs. A sa gauche s'ouvre l'entrée du canal maritime venant de Port-Saïd, et celle, bien moins importante, d'une rigole conduisant en ligne droite, aux carrières dites du *plateau des Hyènes*.

De ces carrières ont été extraites, en presque totalité, les pierres qui sont entrées dans les différentes constructions d'Ismaïlia, ou dans les enrochements de certaines portions de berges. De ce même côté, et en suivant toujours les bords du lac, on découvre un ancien four à chaux, et les bâtiments d'exploitation d'une carrière abandonnée.

En reportant les yeux sur la droite, on voit se jeter dans le lac un embranchement du canal d'eau douce. Cette rigole, qui suit les contours du lac, remonte vers Ismaïlia, où elle se relie au canal d'eau douce, au moyen de deux écluses de 3 mètres, destinées à compenser la différence de niveau qui existe entre les eaux du Nil et celles de la Méditerranée.

Séparée du lac par ce branchement, la ville d'Ismaïlia, la capitale de l'isthme, se développe à l'ouest. Un peu en avant de la cité nouvelle, on aperçoit la fumée de l'usine, dont les puissantes pompes envoient l'eau douce à Port-Saïd. Cet autre nuage de fumée, qui s'élève au-dessus de la ville,

FIG. 77. — LA MOSQUÉE D'EL-GUISR

et sur son arrière-plan, est celle des locomotives qui chauffent dans la gare du chemin de fer du Caire à Suez. La première station de ce railway, celle de Nefiche, laisse voir ses toits, qui pointillent au milieu des sables.

De l'autre côté du lac, en face et encore un peu sur la droite, on distingue le village de Bir-Abou-Ballah.

Enfin, en revenant à gauche, le regard embrasse l'autre entrée du canal maritime, qui, à l'extrémité sud-ouest du panorama, sort du lac Timsah, au pied d'une hauteur appelée *Gebel-Mariam*, pour se diriger vers Suez, par le Sérapéum, les lacs Amers et Chalouf.

Un petit groupe d'habitations signale un *garage* établi sur ce point.

Sur cette langue de terre que coupe et traverse le canal maritime, et qui sépare le lac Timsah des lacs Amers, on voit briller au soleil les dépôts calcaires des bancs de Mourah, près Toussoum ; puis le campement où avait été établi un barrage, destiné à maintenir les eaux de la Méditerranée ; et le seuil du Sérapéum, dont le percement n'a pas coûté moins d'efforts et de fatigues que la tranchée du seuil d'El-Guisr.

Au delà se développe l'immense nappe d'eau, qui forme les lacs Amers.

Sur les bords des lacs Amers et tout à fait sur la gauche, on entrevoit une masse de points noirs qui tachent l'horizon. Ce sont les cimes des tamaris qui constituent la forêt d'El-Amback, noyée aujourd'hui sous les flots de la Méditerranée. Au delà, et se rapprochant de l'ouest, l'œil reconnaît une

FIG. 78. — LE CHALET DU VICE-ROI A ISMAÏLIA

ondulation de terrain, qui accuse la position du Gebel-Geneffé, au pied duquel la Compagnie avait établi un campement.

Enfin, à l'extrême arrière-plan, et comme pour indiquer la dernière station du canal maritime, on voit le mont Attaka détacher, sur le fond des sables lointains, sa masse allongée.

Tel est le superbe panorama qu'on découvre du haut du chalet du vice-roi.

Faisons remarquer que la tranchée par laquelle le canal maritime débouche dans le lac Timsah, sépare deux continents. A droite, en effet, est l'Asie, à gauche, l'Afrique : d'un côté le Sinaï, de l'autre le Nil. Une nappe d'eau bleue représente la frontière ; les deux terres n'en faisaient

FIG. 79. — LA VILLE D'ISMAÏLIA

qu'une autrefois; aujourd'hui le canal, s'interposant entre elles, forme leur limite bien distincte. Mais cette limite n'a pas été creusée pour les désunir; car le canal de Suez, agent civilisateur par excellence, est destiné à répandre ses bienfaits sur l'une et l'autre rive.

On aperçoit, sur la rive asiatique, une enceinte de vieilles murailles. Ce n'est que l'ancien four à chaux du *plateau des Hyènes*, dont la position est indiquée dans notre vue panoramique du lac Timsah.

La situation du plateau des Hyènes sur le bord du lac, lui donne une certaine valeur, au point de vue pittoresque. Lorsque, au soleil levant, ses murailles se profilent à l'horizon, on croirait voir une forteresse placée là pour défendre les abords du désert. Le corps principal ressemble assez à une

FIG. 80. — LE FOUR A CHAUX DU PLATEAU DES HYÈNES

vieille tour féodale, et, avec un peu de bonne volonté, on croirait y reconnaître des bastions, des créneaux et des meurtrières.

Ce prétendu château fort n'est qu'un ancien four à chaux, quelque chose d'assez banal. Mais pour celui qui aime à évoquer les souvenirs des œuvres ayant laissé leurs traces dans l'histoire du développement de l'humanité, ce four à chaux n'a rien de vulgaire. Il a, en effet, fourni la matière des ciments aux constructions du canal. Perdu aujourd'hui au milieu des tamaris, il se repose de ses travaux, et semble se consoler de son inactivité en contemplant les merveilles qu'il a contribué à édifier. Sans doute ses feux sont éteints depuis longtemps, et le plateau des Hyènes ne rayonne plus de ses rouges clartés; mais il a contribué à l'une des grandes œuvres du siècle, il a servi à quelque chose; bien différent, en cela, de la plupart des hommes, qui disparaissent sans avoir servi à rien!

Sur la rive gauche du lac Timsah, nous voyons s'étager les maisons et le port d'Ismaïlia.

Pendant le creusement du canal, la ville naissante d'Ismaïlia fut le point central des travaux, et, en cette qualité, elle servit de quartier général au directeur de l'entreprise, M. Voisin-Bey, ainsi qu'à de nombreuses escouades de manœuvres, aux trafiquants ou aux hôteliers, que l'esprit du lucre avait attirés dans le désert, à la suite des ingénieurs et des ouvriers, pour subvenir à leurs besoins et tirer profit de l'avidité avec laquelle tous ces hommes se jetaient sur les délassements et les plaisirs. Sortie, pour ainsi dire, de terre, par le coup de baguette de ces magiciens modernes qui s'appellent les ingénieurs, la ville grandit avec une rapidité qui tenait du prodige. Bientôt le canal d'eau douce, venant arroser son territoire desséché, permit d'y faire des plantations, d'y tracer des allées et d'y dessiner des jardins. Le Khédive s'y fit bâtir un château. La maison de ville de M. de Lesseps, la ferme qu'il possède dans la campagne, les jolies maisons des employés supérieurs et des entrepreneurs, la gare du chemin de fer, les hôtels et les magasins, forment à Ismaïlia un tableau des plus gais.

Placée au milieu du parcours du canal maritime, à égale distance de Port-Saïd et de Suez, Ismaïlia (fig. 79) compte aujourd'hui six mille habitants, dont un tiers d'Européens. Ses environs ont dû au canal d'eau douce leur transformation : ils sont égayés par de nombreux et riants jardins. Baptisée du nom du vice-roi Ismaïl, la ville date de 1862. C'est là qu'est le siège de l'administration de la Compagnie. Dans le parallélogramme qu'elle forme entre le canal d'eau douce et le lac Timsah, ce beau lac bleu, de neuf milles de circonférence, on voit de nombreux magasins, deux hôtels, quatre ou cinq cafés, une école, une église catholique, une mosquée, un bureau télégraphique, un jardin public et un hôpital. On y remarque, en outre, les habitations de M. de Lesseps et de l'ingénieur en chef des travaux, et la maison du gouverneur égyptien.

Ismaïlia possède encore un grand hôpital pour les Européens et les Arabes. Un quai, de près de 2 kilomètres de longueur, sur 40 mètres de largeur, borde, en ligne droite, le canal d'eau douce, qui sépare Ismaïlia du lac Timsah. Le quai est planté de deux rangées d'arbres, destinés à abriter du soleil cette belle promenade.

La route de l'*appontement*, également plantée d'arbres et longue d'un demi-kilomètre, s'embranche perpendiculairement au quai, et traverse le canal, au moyen du pont-levis de l'écluse. Cette route aboutit au débarcadère du lac Timsah, où les embarcations viennent accoster.

Ismaïlia est appelé à devenir, en même temps qu'un port de commerce important, un port d'apprentissage pour les élèves de la marine égyptienne. Il est question d'y créer une école de mousses, qui auront le lac pour champ de leurs évolutions.

FIG. 81. — LE PALAIS DU VICE-ROI, A ISMAÏLIA

Ne quittons pas Ismaïlia sans dire un mot de l'alimentation de cette ville en eau douce. La distribution d'eau potable pour Ismaïlia et pour tous les garages établis sur le parcours du canal, depuis Ismaïlia jusqu'à Port-Saïd, se fait au moyen d'une conduite forcée en fonte, d'une longueur total de 80 kilomètres, et dans laquelle les puissantes pompes de l'usine installée à Ismaïlia, refoulent les eaux du canal d'eau douce. Il était difficile d'atteindre autrement le but, quand on sait que, pour arriver à Port-Saïd, il faut traverser les hauteurs du seuil d'El-Guisr et les marécages du lac Menzaleh.

Plusieurs rues d'Ismaïlia sont pourvues d'une borne-fontaine, ou d'une

FIG. 82. — VOITURE D'ARROSAGE

bouche d'eau. L'arrosage des rues se fait au moyen de petites voitures à larges roues, portant un récipient, à l'extrémité duquel est adapté un robinet distributeur.

Les petites voitures d'arrosage ne sont pas attelées à un cheval, mais à un chameau, animal d'une hauteur de jambes et d'une encolure exagérées. C'est un mélange de civilisation et de couleur locale. L'attelage est d'un effet bizarre. Le véhicule paraît tout petit, proportionnellement à la structure haute et grêle de l'animal de trait. On dirait une voiture de *bébé* traînée par un éléphant. Le cornac du chameau, accoutumé, comme tous les Orientaux, à ne s'étonner de rien, fait son devoir en conscience, et inonde dogmati-- quement les places et les rues que l'administration lui prescrit d'arroser.

Un petit monument remarquable par sa légèreté et son élégance, c'est la gare du chemin de fer qui va d'Ismaïlia à Suez, avec embranchement sur Zagazig et le Caire. Une veranda court tout autour du bâtiment principal. Ses légers cintres sont supportés par de sveltes colonnettes, qui s'appuient sur un soubassement en briques. La voie n'est défendue par aucune barrière. Aussi les fellahs marchands d'oranges et les ânes, avec leurs âniers, encombrent-ils les rails. Les uns et les autres se sont familiarisés avec la

FIG. 83. — LA GARE DU CHEMIN DE FER D'ISMAÏLIA

locomotive; si bien qu'à un moment donné, on ne sait quels sont ceux qui crient le plus fort, ou des gosiers arabes, ou des coups de sifflet de la locomotive.

Tout cela n'empêche pas que le service ne se fasse très bien. Sur toute la ligne, indigènes et locomotives, chacun conserve sa liberté, parce que l'Arabe, à l'exemple de l'Américain, a l'horreur de toute espèce de réglementation.

En sortant du lac Timsah, le navire reprend le canal maritime qui doit aboutir à Suez. Mais ici la vue du voyageur est peu séduite; les berges du canal ne confinent qu'à des plaines arides et sans caractère.

On passe au pied de la *montagne de Marie* (*Gebel Mariam.*) C'est sur cette montagne, selon la légende arabe, que Marie la prophétesse, sœur de Moïse et d'Aaron, venait se plaindre à Dieu, et s'élevait contre son frère, l'élu de l'Éternel, celui que les marabouts appellent le *parleur de Dieu*. Moïse, pour la punir, frappa sa sœur de la lèpre. Cette légende ne fait que reproduire le récit biblique. Il est, en effet, question dans l'*Exode* (chapitre XV), de Marie, la prophétesse. Après le passage de la mer Rouge, il est dit, au verset 20 : « Et Marie, la prophétesse, sœur d'Aaron, prit un tambour en sa main, et toutes les femmes sortirent après elle, avec des tambours et des flûtes, et Marie

Fig. 84. — GEBEL MARIAM

leur répondait : « Chantez à l'Éternel, car il s'est hautement élevé ; il a jeté « dans la mer le cheval et celui qui le montait. »

La montagne de Marie (*Gebel Mariam*) domine la petite vallée de Gessen dans laquelle Joseph, devenu premier ministre des Pharaons d'Égypte, avait fait venir, avec ses frères, tout le peuple pasteur d'Israël, qui l'habita pendant plus de quatre cents ans.

Aujourd'hui le *Gebel Mariam* entamé, sur son flanc occidental, par la pioche des travailleurs, ne présente, lorsqu'on passe, en bateau, à ses pieds, qu'une falaise de sables, haute de 25 mètres. De son sommet, qui forme une immense table, on jouit d'une vue magnifique. Vers le sud, le regard se perd dans l'horizon bleu du ciel et des eaux transparentes du lac Timsah. Devant soi Ismaïlia, et dans le fond, comme un point, aux teintes vagues et indécises, le chalet du vice-roi. A droite et à gauche, s'étendent les profondeurs sablonneuses du désert.

Toussoum, que l'on rencontre ensuite, est le plus ancien campement établi dans le désert par la Compagnie. Ce n'est qu'un hameau, composé de petites maisons de bois et de briques.

Non loin du campement de Toussoum se voit le tombeau d'un cheik, ancien chef de la tribu des Annedi, mort en odeur de sainteté musulmane. Ce bienheureux, disent les croyants, a passé le *sirate*, ce pont tranchant comme le fil d'un sabre, qui s'étend de l'Enfer au Paradis.

Le cheik Ennedek, dit la légende musulmane, était riche ; il possédait de nombreux troupeaux et de superbes jardins. Après son pèlerinage à la Mecque, il fut visité par l'esprit de Dieu. Il s'empressa, dès lors, de renoncer aux biens de ce monde. Un jour il appelle autour de lui tous les pauvres de sa tribu, et leur distribue tout ce qu'il possède. Ensuite il se retire sur le *Gebel Mariam*, et consacre désormais sa vie à l'étude des livres saints, au jeûne et à la prière. Il vivait dans un *gourbi*, loin des hommes, s'apprêtant à mouair dans l'esprit de Dieu. Sa réputation de sainteté ne tarda pas à se répandre dans le pays ; et de tous les points de l'Égypte, on venait le visiter, lui demander des amulettes et prier avec lui. Pour prix de ses leçons, il ne demandait à chaque visiteur qu'une pierre. Il n'était pas difficile de le contenter. On ramassait, dans les alentours de Toussoum, un fragment des bancs calcaires qui s'étendent à fleur du sol, sur un parcours de plus de trois lieues, et, en arrivant, on le déposait religieusement auprès du gourbi du cheik vénéré.

C'est avec les pierres apportées par les pèlerins, qu'est bâti, aux bords du lac Timsah, le tombeau du cheik Ennedeck, dont la coupole couronne encore aujourd'hui un monticule de sable que l'on voit indiqué sur les cartes du canal de Suez.

A Toussoum, on est en plein pays biblique. On se trouve, en effet, dans cette terre de Gessen, où, à chaque pas, le peuple juif a laissé ses empreintes ; car il y fut cantonné plus de quatre siècles.

Près de Toussoum est la colline du *Sérapéum*, où le canal d'eau douce rencontre le canal maritime, pour le côtoyer ensuite jusqu'à Suez.

Le *Sérapéum* est un monticule long de 10 kilomètres et de 15 mètres de hauteur. C'est aujourd'hui un *garage* important, moitié arabe, moitié européen. Pendant les travaux d'excavation du canal, le chantier du Sérapéum fut, avec celui du seuil d'El-Guisr, le plus intéressant et le plus animé. Là, comme à El-Guisr, il fallut percer, pour ouvrir le canal, une profonde tranchée, à travers une montagne de sable.

On entre alors dans le bassin allongé des *lacs Amers*, qui n'est, comme nous l'avons dit, dans un autre chapitre, qu'une dépression du sol que sont venues remplir les eaux de la Méditerranée et de la mer Rouge. Aujourd'hui, les lacs Amers forment une sorte de mer, qui tire un caractère grandiose de sa situation en plein désert. Ses ondes paisibles sont enfermées dans des rives d'un sable fln. que recouvre déjà une végétation luxuriante.

Avant le remplissage des lacs Amers, le fond de la dépression était occupé par une forêt de tamaris séculaires, groupés au sommet de buttes, composées de sables, de racines et de détritus amoncelés. C'était la forêt d'*El-Amback*.

Depuis le remplissage des lacs Amers, la forêt d'*El-Amback* (fig. 86) est sous l'eau, et les branches maîtresses de ses arbres sont noyées. On n'aperçoit que les cimes de leurs rameaux ondulant au-dessus de la surface du lac, et émiettant sur les vagues irisées, leurs grappes de fleurs roses.

La forêt submergée d'*El-Amback* est d'un grand effet quand on la contemple vers le soir. Lorsque le soleil vient à disparaître, et qu'il embrase de ses derniers rayons les noires silhouettes des tamaris élevant au-dessus de l'eau leurs rameaux feuillus, on croirait voir sortir des eaux la forêt noyée de Merlin, et l'on prête l'oreille au mélancolique frémissement de la brise du soir, comme si l'on entendait les plaintes de quelque fantastique habitant de cette forêt enchantée.

Mais on est bientôt tiré de sa rêverie. Tous les oiseaux de marais qui font de ce lieu leur quartier général, les grues, les cigognes, les ibis, les chevaliers, les avocettes, les kamichis, les flamants, les oies, les canards, les pélicans, sifflent, crient, gloussent et croassent, de manière à vous ramener à la réalité de la simple nature.

Au sortir des *lacs Amers*, on est au campement de Chalouf.

C'est à Chalouf seulement que l'on rencontre des bancs de roches qu'il fallut faire sauter à la mine. Mais les roches n'offrent pas plus de difficultés aux ingénieurs que les sables, les argiles ou les vases, et la drague en eut vite raison.

Les bords du canal, qui s'avance en ligne droite, sont d'un aspect assez triste, mais le voyageur s'en inquiète peu, car il aperçoit devant lui Suez, c'est-à-dire le simple village de pêcheurs arabes, devenu, par la destinée des événements, la grande ville de l'avenir; Suez qui comptait 5,000 habitants au commencement des travaux du canal, et qui en compte aujourd'hui 30,000!

Nous donnons, dans la figure 85, une grande vue panoramique de Suez, avec sa rade, ses jetées et son terre-plein.

Au commencement de ce siècle, Suez, pays de la soif, était privé, à ses alentours, de toute végétation. Aujourd'hui, grâce au canal d'eau douce qui vient d'Ismaïlia, l'eau court les rues. En voie de grande prospérité, Suez est égayé de jardins, qui n'ont rien à envier à ceux du Caire et d'Alexandrie.

La masse noire de la montagne de l'*Attaka* s'étend à la gauche de Suez, laissant descendre ses dernières pentes jusqu'à la mer Rouge.

Les montagnes de l'Attaka sont très abruptes du côté de Suez.

Sur la rive d'Asie, de l'autre côté de la mer Rouge, s'étend une vaste plaine, légèrement ondulée, et composée de sable et de galets. Cette plaine, dominée au dernier plan par les montagnes de Syrie, s'élève de plusieurs mètres au-dessus du niveau de la mer. C'est à travers cette plaine que se dessine la courbe de sortie du canal maritime, large, en ce lieu, de 80 mètres, et dont l'entrée est protégée par la jetée qui pointe son musoir jusque dans la grande rade. Le chenal, qui s'ouvre en éventail, est large de 300 mètres, avec une profondeur de 9 mètres.

Entre la ville et la rade qui forme le canal maritime, s'élève à 3^m, 36 au-dessus du niveau des basses eaux, et à 1 mètre au-dessus des plus hautes marées de la mer Rouge, le terre-plein créé par la Compagnie, et sur lequel on a construit des baraquements, des bureaux, des magasins et des ateliers de réparation pour son matériel. Au milieu de ces constructions ont été creusés le bassin de radoub et le grand *port Ibrahim*, qui se trouve adossé à l'ouest du terre-plein.

Le bassin de radoub ne le cède en rien aux plus grands ni aux plus beaux bassins des arsenaux de l'Europe. Quant au port, il est suffisamment protégé contre les vents violents par la digue, de 1 kilomètre de long, qui relie le terre-plein à la terre ferme, et par le brise-lames, dont le musoir est à 800 mètres de celui du terre-plein.

Un chemin de fer a été construit sur cette digue, pour relier le bassin de radoub à la ville.

Le terre-plein de Suez est regardé aujourd'hui comme l'un des séjours les plus agréables de l'isthme. La température, en été, y est plus tolérable qu'ailleurs, et l'on voit verdir des jardins sur ce sable qui, naguère, reposait au fond de la mer Rouge. La population maritime tend à se déplacer de Suez, et à s'établir sur ce terre-plein.

Au-dessus du terre-plein, à l'est, et séparé par un bras de mer, s'élève, au milieu des lagunes, le campement de la *quarantaine*.

Le panorama que nous parcourons se fond, au nord, dans un lointain vaporeux, formé par les hauteurs du Gebel-Geneffé, au pied duquel passe le canal d'eau douce, qui vient alimenter Suez.

Rien de plus curieux, ni de plus animé, que le port de Suez. Les paquebots de l'Inde et de l'Australie, ceux de la *Compagnie péninsulaire et orientale*, viennent y jeter l'ancre, deux fois par mois. Les *Messageries*

Fig. 85. — VUE GÉNÉRALE DE SUEZ, SUR LA MER ROUGE, AVEC L'EMBOUCHURE DU CANAL MARITIME ET LE TERRE-PLEIN

1. — Jetée est.
2. — Rade de Suez.
3. — Entrée du canal maritime.
4. — Canal d'eau douce.
5. — Ville de Suez.
6. — Montagne de l'Attaka.
7. — Chemin de fer allant de la ville aux travaux du port.
8. — Dock de radoub.
9. — Établissement de la compagnie de Suez.
10. — Campement de la quarantaine.
11. — Désert de la rive Asie.
12. — Montagne de Syrie.
13. — Gebel-Genefié.
14. — Bassin de la compagnie de Suez.
15. — Bouées marquant le chenal du canal maritime.

FIG. 86. — LA FORÊT, NOYÉE, AUX BORDS DES LACS AMERS

maritimes de France ont dans ce port un service semblable. Les corres-
pondances de l'Inde, de l'océan Pacifique et de l'Europe, s'échangent sur ces
quais (fig. 88). Les embarcations de tous ces paquebots, les canots des navires

FIG. 87. — UNE RUE A SUEZ

de guerre, les bateaux de pêche, les navires caboteurs de la mer Rouge,
dont la coque conserve encore la coupe des galères antiques, sillonnent
incessamment les eaux de cette vaste rade, si merveilleusement encadrée.

Une des choses les plus curieuses de Suez, c'est son bazar, réunion de
boutiques où est engouffré un océan de richesses et qui a suivi la pro-

gression imprimée à la ville elle-même par le percement de l'isthme.

A Suez, on trouve tous les types de la population égyptienne, qui est, comme on le sait, fort mêlée. Les Arabes et les Coptes (restes des anciens indigènes) en forment la plus grande partie. Après les Arabes paysans, c'est-à-dire les *fellahs*, viennent les Turcs, qui, avec quelques Arabes, gouvernent le pays ; puis des Arméniens, des Juifs, des nègres. On y trouve enfin un assez bon nombre d'Européens. Les femmes sont vêtues d'une simple tunique, qui enveloppe leur corps souple, et tombe, à plis droits, jusqu'à leurs pieds. Le visage est voilé, selon les prescriptions du Coran. Un masque d'étoffe brune et tricotée est maintenu à la racine du nez, par une agrafe en bois doré qui s'applique sur le front. Ce voile descend jusqu'aux genoux. Les yeux seuls sont libres, et la physionomie reste à peu près complètement insaisissable. Les mendiantes seules ont le visage découvert.

En résumé, la traversée du canal de Suez est bien différente de ce que l'on s'imagine communément. On est porté, en effet, à penser que le canal égyptien traverse une plaine aride et brûlante, et que ses berges ne sont entourées partout que de mornes solitudes. Le travail a transformé de tous points cette partie du désert ; il l'a changée en une suite d'oasis, où les produits de la civilisation créent, pour le voyageur, un véritable bien-être ; — ou l'on brave impunément les rayons brûlants du soleil dans des habitations confortables ; — où des jardins ombreux réunissent les palmiers, la vigne et les saules aux tamaris ; — où des fontaines, coulant au milieu des villes, rafraîchissent l'air, et font naître une riche végétation. Ajoutez qu'à l'intérieur de l'isthme, les moyens de transport sont assurés, non plus, comme autrefois, par des chameaux, à la fatigante allure, ou par des voitures aux ressorts primitifs, qui vous arrachaient les entrailles, mais par d'élégants bateaux à vapeur, bien aménagés, ou par des chemins de fer, qui conduisent, en quelques heures, d'une mer à l'autre.

Voilà ce qu'ont fait la science et l'art de l'ingénieur, secondés par une volonté intelligente, forte et immuable.

FIG. 88. — DÉBARQUEMENT DES MARCHANDISES SUR UN QUAI DE SUEZ

XVI

Développement de la navigation sur le canal de Suez depuis son inauguration. —
Fixation des droits de tonnage.

C'est le 17 novembre 1869 qu'eut lieu l'inauguration du canal maritime de Suez. A partir de ce moment, le mouvement maritime suivit une progression rapide.

En 1870, 486 navires, jaugeant 435,911 tonnes, traversaient le canal, procurant une recette de 5,159,327 francs. Le nombre des voyageurs ayant effectué la traversée du canal, était de 26,758.

En 1871, 765 navires, d'un tonnage de 761,467 tonnes, passaient par le canal, et la recette produite par leur seul passage s'élevait à 8,993,732 francs. Le nombre des voyageurs était de 48,421.

C'est dans le courant de cette même année, 1871, que se posa la question du tonnage, qui ne devait être entièrement résolue que cinq années après.

N'ayant pas à nous étendre ici sur le côté technique de la question, nous nous bornerons à enregistrer les faits principaux. On verra que la question était pleine de difficultés.

Nous avons dit qu'en 1869, une commission avait été instituée, pour examiner les conditions de l'exploitation du canal, c'est-à-dire les droits à fixer pour le transit des navires selon leur tonnage. Cette commission avait été d'avis qu'en attendant un règlement international, la compagnie devait s'en tenir au tonnage établi par les *papiers de bord*, sans distinction de pavillon.

Seuls, parmi les clients du canal, les navires anglais avaient des *papiers de bord*, contenant, sous le titre de *gross tonnage*, l'énonciation d'un tonnage spécial, en même temps qu'ils mentionnaient un tonnage, dit *de registre*, lequel correspondait au tonnage officiel des autres nations. Le conseil d'administration de la Compagnie avait adopté, provisoirement, ce dernier tonnage.

Mais, dès ce moment, la Compagnie se proposa d'examiner la possibilité et l'opportunité d'une mesure générale à prendre, afin qu'une égalité complète pût exister entre les divers pavillons, quant à la perception des droits pour le passage du canal, et qu'il lui fût permis d'assurer cette perception sans contestation.

La question était complexe. Une commission d'enquête, composée d'hommes dont les lumières et la compétence étaient partout reconnues, fut constituée par M. de Lesseps, pour l'examiner.

Le résumé des travaux de cette commission servit de thème aux délibérations du Conseil d'administration, qui décida, le 4 mars 1872, que le droit spécial de navigation de 10 francs par tonne, serait perçu sur la *capacité réelle* des navires, et que le *gross tonnage*, ou *tonnage brut* inscrit sur les papiers de bord des navires jaugés d'après la méthode anglaise, servirait de base à cette perception.

Une Compagnie française de navigation, les *Messageries maritimes*, soutenue par les armateurs anglais, intenta à la Compagnie une action judiciaire devant le tribunal de commerce, pour faire décider qu'elle avait outrepassé les droits que lui conféraient l'acte de concession et les statuts. Le tribunal de commerce accueillit d'abord la prétention ; mais son jugement fut infirmé par un arrêt de la cour d'appel de Paris, qui confirmait le droit de la Compagnie.

Dans l'intervalle, le Sultan avait été saisi de la question, et il avait reconnu que la taxe du canal était due, conformément aux termes du firman de concession, sur la capacité utilisable des navires, et non sur les *papiers de bord*. Mais cette solution n'était pas de nature à satisfaire les adversaires de l'entreprise ; et bientôt après, à l'instigation de l'ambasasadeur d'Angleterre, aidé de deux de ses collègues étrangers, une commission, composée des représentants des principales puissances, fut nommée, avec mission de déterminer un tonnage universel en rapport avec la capacité utilisable des navires.

Cette commission était animée d'un parti pris bien évident, car elle refusa, dès ses premières séances, d'entendre M. de Lesseps, dont la haute expérience pouvait lui être d'un si grand secours. Elle adopta un tonnage d'une inexactitude qui fut plus tard mathématiquement démontrée.

M. de Lesseps, en ce moment en Égypte, refusa d'abord d'appliquer sa sentence. On vit alors la flotte turque, portant des troupes, et des canons arriver devant Port-Saïd, pour imposer cette décision à la Compagnie, au nom du Sultan. A la sollicitation du khédive Ismaïl, et reconnaissant qu'en définitive, une diminution de tarif serait favorable au développement des recettes du canal, M. de Lesseps entama de nouvelles négo-

FIG. 89. — LE CANAL MARITIME DE SUEZ

ciations, d'accord avec le Vice-Roi, pour faire revenir les puissances maritimes à de plus justes appréciations.

M. de Lesseps avait en ce moment, pour adversaires, et les puissances maritimes et les clients du canal. Mais il ne désespéra ni du droit de la Compagnie, ni de son avenir. Il entreprit de se concilier les intérêts dissidents, et de faire revenir les puissances sur leur décision. Ses efforts furent couronnés de succès, et aboutirent finalement, après de longues négociations, à une convention, en date du 21 février 1876, dont voici le texte :

Entre M. Ferdinand de Lesseps, président-directeur de la Compagnie universelle du Canal maritime de Suez, ayant pleins pouvoirs du Conseil d'administration, d'une part ;

Et M. le colonel John Stokes, autorisé par le Gouvernement de Sa Majesté Britannique, d'autre part,

A été convenu ce qui suit :

ARTICLE PREMIER.

M. de Lesseps s'engage à faire accepter d'avance par ladite Compagnie tout ce qui a été fait à Constantinople relativement à la question de tonnage pour le tarif de transit par ledit Canal de Suez, conformément au rapport final de la Commission internationale du 18 décembre 1873, et adopté par la Porte Ottomane.

ART. 2.

En échange de cette déclaration, le Gouvernement britannique se chargera des négociations qui auront pour résultat de remplacer la disposition actuelle sur l'abaissement de la surtaxe, par un arrangement en vertu duquel le premier abaissement de 50 centimes commencerait le 1er janvier 1877 ; le deuxième abaissement de 50 centimes, le 1er janvier 1879 ; le troisième, le 1er janvier 1881 ; le quatrième, le 1er janvier 1882 ; le cinquième, le 1er janvier 1883 ; et le sixième, le 1er janvier 1884. De sorte qu'à partir de cette dernière date, la surtaxe serait éteinte et le maximum de 10 francs par tonne du tonnage net officiel serait seul prélevé.

ART. 3.

M. de Lesseps prend l'engagement que la Compagnie exécutera les travaux extraordinaires de construction en dehors des travaux d'entretien ordinaire, pour une somme d'un million de francs par an, pendant trente ans.

ART. 4.

Aussitôt que le gouvernement britannique aura fait connaître à M. de Lesseps le résultat favorable de la négociation dont il s'agit à l'article 2 ci-dessus, M. de Lesseps retirera toutes ses protestations contre la Porte Ottomane.

Fait au Caire, en double original, le 21 février 1876.

Signé : FERD. DE LESSEPS.

J. STOKES.

En vertu des anciennes dispositions, la surtaxe de trois francs par tonne, devait être réduite de 50 centimes, lorsque le tonnage net des navires employant le canal aurait atteint 2,100,000 tonnes; c'est-à-dire qu'en trois ou quatre ans la surtaxe aurait été probablement éteinte. La nouvelle convention substituait à cette disposition une réduction successive à dates fixes; de telle sorte qu'il fallait sept années pour supprimer la surtaxe; l'abaissement devant ainsi correspondre, dans une équitable mesure, à la progression du transit, et l'abaissement des quatre premières étant inférieur de moitié à celui des années suivantes.

La clause relative à la dépense de 30 millions de francs en trente ans, pour l'amélioration du canal, était prévue dans des documents officiels antérieurs à la convention. Les armateurs devaient y gagner un surcroît de sécurité et de rapidité dans le transit, et la Compagnie la suppression d'une cause de conflit avec les puissances maritimes.

Cependant le mouvement de la navigation à travers le canal n'avait pas cessé de suivre une progression constante. Son développement considérable démontrait, dès la fin de l'année 1881, la nécessité d'apporter des améliorations au canal. Aussi M. de Lesseps demandait-il à l'Assemblée générale du 12 juin 1882, de perfectionner l'œuvre plus rapidement que ne l'avait prévu la convention du 21 février 1876.

On s'occupait de mettre en pratique les vues du Président de la Compagnie, lorsqu'un événement de la plus haute gravité vint soumettre le canal de Suez à l'épreuve la plus critique qu'il eût encore traversée. Nous voulons parler de la violation de la neutralité du canal, faite à main armée, par l'Angleterre, en 1882. Pour exposer cet événement, dont l'importance saute suffisamment aux yeux, nous avons besoin de rappeler à nos lecteurs les incidents politiques et militaires dont l'Égypte fut le théâtre à cette époque.

XVII

La guerre en Égypte, en 1882. — Le canal de Suez et les Anglais. — Violation de la neutralité politique du canal. — Les événements d'août 1882. — Résistance de M. de Lesseps aux flottes britanniques. — Déclaration, par les puissances européennes, du principe de la neutralité du canal de Suez.

Après l'inauguration du canal de Suez, en 1869, le vice-roi Ismaïl-Pacha avait obtenu du Sultan le droit de porter le titre de *Khédive*, qui augmentait son autorité, et, contrairement à la loi musulmane, celui de transmettre héréditairement le trône à sa descendance directe. En 1872, il obtint encore le droit d'augmenter ses forces militaires, et en 1873, l'autorisation de conclure des traités de commerce sans l'assentiment de la Turquie. En même temps, il s'annexait la province du Darfour.

Le prestige politique dont Méhémet-Ali avait entouré l'autorité des souverains de l'Égypte, n'avait donc fait que s'accroître sous Ismaïl Iᵉʳ, puissamment aidé par un ministre habile, Nubar-Pacha. Malheureusement, Ismaïl Iᵉʳ, qui faisait pénétrer la civilisation moderne sur l'antique terre d'Égypte, n'avait pas répudié les coutumes des souverains orientaux, en fait de finances. Il ne cessait de contracter des emprunts; il dépensait sans cesse et sans compter. On a vu, par le faste inutile dont il entoura les fêtes de l'inauguration du Canal de Suez, comment il se plaisait à jeter, comme on dit, l'argent par les fenêtres. Après cette époque, ce système ruineux ne fit que s'aggraver. Ce n'étaient, par toute l'Égypte, que riches palais, pour tous les membres de la famille khédivale. On transformait le Caire à l'européenne; on l'*Haussmannisait*, par toutes sortes de bouleversements de places et de rues. On construisait un opéra, où l'on faisait représenter, à grands frais, l'*Aïda* de Verdi; et une nuée de fonctionnaires grevaient, sans utilité, le budget de l'État.

Tout cela se faisait grâce à des emprunts à des taux usuraires, c'est-à-dire à 12 p. 0/0 par an, avec remboursement à des délais très rapprochés; de sorte que le taux annuel de certains emprunts allait jusqu'à 25 p. 0/0 Bref, en dix ans de règne, Ismaïl Iᵉʳ avait trouvé le moyen d'emprunter près de deux milliards et demi de francs. Les créanciers de cette dette étaient presque tous des Français et des Anglais.

Mais tout a une fin, en ce monde; et en fait de finances d'État, la fin des dépenses exagérées, trop longtemps poursuivies, c'est la banqueroute. La banqueroute de l'Égypte était imminente, et le trône du Khédive était à deux doigts de sa perte. Les gouvernements anglais et français intervinrent, pour prendre en main les droits des créanciers de l'État égyptien. C'est ainsi que s'établit ce que l'on nomma le *contrôle anglo-français*, c'est-à-dire la déchéance financière du Khédive, et le droit accordé à la France et à l'Angleterre, d'administrer ses finances à sa place, pour obtenir le remboursement des dettes de l'Égypte aux prêteurs européens. La dette fut unifiée, et fixée au chiffre de *deux milliards deux cent soixante-quatre millions*. Deux contrôleurs généraux, nommés, l'un par la France, M. de Blignières, l'autre, par l'Angleterre, M. Wilson, furent chargés de la direction de la *caisse de la dette*, et investis de droits spéciaux sur les revenus de l'État.

Le *contrôle anglo-français* était en train de reconstituer les finances égyptiennes; mais le bouillant Khédive supportait mal l'ingérence de l'Europe dans les affaires de sa vice-royauté. Il entra en lutte ouverte contre les contrôleurs anglo-français. Le dissentiment arriva à l'état aigu, et tourna mal, d'ailleurs, pour le Khédive; car, à l'instigation de l'Angleterre, la Turquie intervint, et, usant de son droit de suzeraineté, déposa de son pouvoir Ismaïl, et institua à sa place son fils aîné, Tewfick. Exilé d'Égypte, Ismaïl Ier n'obtint pas même la permission d'aller vivre à Constantinople; il se retira à Naples, où il réside encore.

Le firman d'investiture de Tewfick retirait une partie des droits concédés antérieurement aux khédives d'Égypte. Ce firman porte que les impôts seront perçus au nom du Sultan; que la monnaie sera frappée à son effigie; que le taux du tribut annuel à payer à la Porte Ottomane sera de dix-huit millions et demi. Diverses conditions de suzeraineté de la part du Sultan, sont stipulées, à l'encontre du Khédive.

Mais le khédive Tewfick est impuissant à empêcher les désordres financiers, résultant de l'excès des dépenses de son prédécesseur. Un parti national se forme contre lui. Une révolte militaire éclate. Un colonel des troupes égyptiennes, Arabi-Pacha, se met à la tête du mouvement, et force le Khédive à céder sur tous les points. Dès lors, Arabi-Pacha règne en maître. Il dicte ses volontés à la Chambre des notables, comme au Khédive; et l'Égypte est au moment de retomber dans le triste état de misère et de désordres d'où l'avait tirée le génie de Méhémet-Ali.

L'Angleterre et la France se décidèrent à envoyer à Alexandrie une flotte,

pour protéger leurs nationaux, et tenter de mettre de l'ordre dans le pays.
Le 20 mai 1882, un *ultimatum* fut adressé au Khédive, ou plutôt à ses

LE KHÉDIVE TEWFICK

ministres en état de rébellion contre lui, et investis de la toute-puissance.
On demandait l'expulsion d'Arabi-Pacha, et celle des colonels qui avaient

fait avec lui le *pronunciamiento*. Mais le parti d'Arabi-Pacha était toujours le maître à Alexandrie, et l'autorité du Khédive y était nulle. Le désordre était, d'ailleurs, à son comble dans les autres villes égyptiennes. Le 11 juin 1882, on massacrait les chrétiens à Alexandrie, en dépit des vaisseaux cuirassés, français et anglais qui stationnaient dans la rade.

Les négociations pour obtenir le rétablissement de la tranquillité dans la vallée du Nil, ayant échoué, l'Angleterre se décida à agir. La politique française, mal inspirée peut-être, ayant décidé que nous ne prendrions aucune part à l'intervention en Égypte, le cabinet de Londres resta libre d'agir à sa guise.

L'Angleterre opéra, dans ces circonstances, avec sa violence et sa brutalité habituelles. Le 11 juillet et jours suivants, Alexandrie fut bombardée, sans aucune sommation, par la flotte, que commandait l'amiral Seymour. Les édifices les plus importants de la ville, les mosquées, les bazars, les forts, criblés d'obus, ne furent, après les trois jours que dura le bombardement, qu'un monceau de ruines. La protection promise par l'Angleterre aux intérêts de l'Égypte se traduisait par la dévastation et l'incendie d'une riche et paisible cité, sans motif avouable.

Cependant la guerre n'était pas terminée par cet acte barbare. Arabi résistait au général Wolseley. Les troupes anglaises forcèrent le canal et débarquèrent à Ismaïlia. Une bataille eut lieu à Tel-el-Kébir, près de l'isthme de Suez. S'étant acheminé vers Tel-el-Kébir, le général Wolseley en enleva les ouvrages, et mit en fuite ses défenseurs. On les poursuivit, et on fit deux mille prisonniers, parmi lesquels Arabi. Deux jours après, les Anglais entraient au Caire, et le Khédive y rentrait à leur suite.

Nous allons pouvoir expliquer maintenant comment et dans quelles conditions s'opéra l'acte qui a été justement reproché à l'Angleterre : la violation de la neutralité du canal.

En même temps que la flotte anglaise faisait son apparition à Port-Saïd, après le bombardement d'Alexandrie, le bruit se répandait, en Europe, que les Anglais se préparaient à s'emparer du canal.

Ce bruit prenant de la consistance, M. de Lesseps, qui se trouvait en France, expédia à Ragheb-Pacha, premier ministre du gouvernement égyptien, la dépêche suivante :

Paris, le 24 juin 1882.

« On répand avec persistance en Europe le bruit que la liberté et la sécurité du « transit par le canal de Suez serait menacée. J'affirme à tous la sagesse du gouver- « nement égyptien, et je proteste que cette nouvelle n'a pas le moindre fondement.

FIG. 91. — LE FORT DU PHARE D'ALEXANDRIE, APRÈS LE BOMBARDEMENT

« Néanmoins, je craindrais que, si elle n'était pas immédiatement démentie, il n'en
« résultât des complications fâcheuses. Le gouvernement égyptien devrait tout de
« suite proclamer hautement qu'il se porte garant de la libre circulation du canal
« et du complet fonctionnement de l'entreprise. Il serait utile que vous me commu-
« niquiez par le télégraphe le texte de cette proclamation solennelle.

                                                            « Ferd. DE LESSEPS. »

Le ministre d'Égypte, Ragheb-Pacha, répondit, d'Alexandrie, le 25 juin,
à M. Ferdinand de Lesseps :

« Les bruits qui vous sont parvenus sur le manque de sécurité pour le trafic par
« le canal sont complètement imaginaires. Je vous remercie de les avoir démentis,
« et je me hâte d'ajouter que le gouvernement de Son Altesse reconnaît qu'il est
« de son devoir de maintenir la tranquillité du pays en général et du canal en par-
« ticulier. Vous pouvez donc être persuadé que rien ne troublera la sécurité de
« votre œuvre.

                                                            « RAGHEB. »

Cependant, les événements se précipitaient. Après avoir averti les navires
marchands de leur nationalité de ne pas entrer dans le canal, les Anglais
y pénétrèrent, avec leur flotte de guerre, au mépris de l'acte de concession.

Le 8 juillet, à 3 heures 15 du soir, l'agent supérieur de la Compagnie en
Égypte, M. Victor de Lesseps, transmettait, d'Ismaïlia, le télégramme suivant :

« Les commandants des navires de guerre anglais à Port-Saïd et à Suez nous
« avisent que, conformément aux ordres de l'amiral Seymour, ils avertissent
« les navires anglais de ne pas entrer dans le canal.

« Rien ne justifie cette mesure.

« J'ai protesté, par une lettre qu'ont remise nos agents principaux de Port-Saïd
« et de Suez, contre cette violation de la neutralité du canal, et tenu le gouver-
« nement anglais responsable de toutes les conséquences et dommages pouvant
« résulter de cet abus de la force et de cet acte de violence.

« Tout notre personnel sur la ligne du canal est ferme à son poste.

                                                            « Victor de LESSEPS. »

Cet avis ne concernait que les bâtiments de la marine marchande
britannique ; car, trois jours après, les navires de guerre anglais, quittant la
rade de Port-Saïd, pénétraient dans le canal, et ceux de Suez suivaient
cet exemple.

C'était là une violation flagrante du traité de concession de 1854, qui
interdit aux flottes tout acte de guerre dans le canal.

M. de Lesseps partit aussitôt pour l'Égypte. Embarqué le 13 juillet, il
arrivait le 19, à Alexandrie, d'où il gagnait promptement Port-Saïd.

Le 22 juillet, il télégraphiait à Paris ce qui suit :

« Nous sommes arrivés à Port-Saïd. Victor et moi, nous partons pour Ismaïlia
« et Suez. Tout marche comme à l'ordinaire, grâce à l'attitude de notre personnel.
« Arabi-Pacha a déclaré qu'il respectera la neutralité du canal. »

Le 25 juillet, à 1 heure du soir, autre dépêche expédiée d'Ismaïlia.

« J'ai parcouru toute la ligne du canal. Tout va bien.
                                        « Ferdinand DE LESSEPS. »

La population arabe et européenne de Port-Saïd était très émue ; car on
annonçait comme imminent le débarquement des troupes anglaises.

M. de Lesseps, revenu à Port-Saïd, s'empressa de réunir les notables
indigènes et les *ulémas*, afin de rassurer les habitants. Si cette émotion eût
persisté dans Port-Saïd, les indigènes auraient abandonné la ville, et le
transit dans le canal aurait été forcément interrompu.

Les Arabes, ennemis déclarés des Anglais, soutenaient ouvertement la
résistance que l'Égypte leur opposait, grâce aux forces nationales réunies par
Arabi-Pacha. Aussi ne faut-il pas être surpris si, à la suite de la réunion,
faite à Port-Saïd, des indigènes notables et des *ulémas*, M. de Lesseps reçut
une dépêche, en langue arabe, ainsi conçue :

« Je vous remercie de ce que vous avez fait pour empêcher le débarquement
« des troupes étrangères à Port-Saïd et de vos efforts pour donner la tranquillité
« d'esprit aux indigènes et aux Européens.
                                        Signé :
                « Le Ministre de la guerre et de la marine d'Égypte. »

Le signataire de cette dépêche s'intitule ministre ; mais il faut entendre
ministre d'Arabi-Pacha, qui était alors considéré comme le maître de
l'Égypte.

C'est dans le même esprit que les chefs bédouins des régions orientales
situées entre le canal de Suez et le Nil, vinrent se mettre à la disposition
de M. de Lesseps. Arabi leur avait recommandé d'obéir au Président de la
Compagnie du canal.

M. de Lesseps se mit en rapport avec le commandant d'un vaisseau
cuirassé anglais, et lui proposa de monter à cheval, et d'aller constater
ensemble l'entière sécurité des environs d'Ismaïlia, ainsi que l'absence de
troupes égyptiennes.

A ce moment, toute personne ayant un laissez-passer de M. Ferdinand
de Lesseps, pouvait circuler en Égypte, jusqu'au Caire. Des négociants qui

FIG. 92. — RUINES DE LA MOSQUÉE D'IBRAHIM, APRÈS LE BOMBARDEMENT D'ALEXANDRIE

avaient abandonné leurs intérêts, profitèrent de ces laissez-passer, pour rentrer dans la ville, qu'ils s'étaient empressés d'abandonner.

M. de Lesseps pouvait alors, avec raison, prétendre que les Anglais seuls menaçaient la neutralité du canal de Suez, par la prétention inadmissible qu'ils affichaient, de faire la police du canal.

Il était constaté que l'on ne voyait aucun corps de troupes égyptiennes le long du canal et dans toute son étendue. Cependant les convois de débarquement de troupes se succédaient dans ses eaux. L'amiral anglais, après avoir dirigé deux convois de débarquement vers Suez-ville, qui est au fond du golfe de Suez, loin du canal maritime, se préparait à diriger un troisième convoi vers la même destination, en passant par le canal maritime.

C'était là un nouvel acte de violation de la neutralité. Aussi M. de Lesseps envoya-t-il aussitôt la dépêche suivante, au commandant de la flotte, l'amiral Hoskins :

« Ismaïlia, 2 août, 5 heures soir.

« J'apprends que le troisième convoi de débarquement anglais à Suez passe par « le chenal du canal maritime. C'est un acte de guerre qui constitue une violation « flagrante de la neutralité du canal, et contre lequel je proteste formellement. « L'opération du débarquement peut s'effectuer par le golfe, comme l'ont fait les « deux premiers convois, mais toute action de guerre dans la zone du Canal « maritime peut avoir pour la navigation générale du Canal les conséquences les « plus graves, dont je rends hautement le gouvernement de S. M. B. responsable.

« Ferdinant de LESSEPS. »

Puis, il quittait aussitôt Ismaïlia, pour Suez.

L'amiral anglais ne tint aucun compte des protestations du représentant de la Compagnie de Suez. Il ne mit point de façons à faire annoncer un prochain débarquement de troupes à Ismaïlia.

M. de Lesseps se rendit alors à bord de l'*Orion*, avec l'agent supérieur de la Compagnie, pour signifier verbalement à l'amiral une protestation énergique, et lui signaler les conséquences de cette violation des droits de la Compagnie internationale, droits garantis par le Sultan.

A la seule nouvelle d'un débarquement possible des Anglais, la population d'Ismaïlia, se souvenant du désastre d'Alexandrie, bombardée sans sommation, était frappée de terreur.

Les Arabes allaient quitter la ville ; ce qui aurait conduit à l'arrêt de la navigation dans le canal, et à des actes de guerre dans les limites neutralisées du canal. En effet, les troupes égyptiennes se trouvaient, en ce moment, à Nefiche, à peu de distance d'Ismaïlia, mais hors des limites neutres, et elles avaient ordre d'Arabi, de respecter sur toute la ligne, sa neutralité.

M. de Lesseps se rendit auprès de l'amiral Hoskins, et le décida à suspendre le débarquement, ou, du moins, à ne l'opérer que lorsque M. de Lesseps aurait pris, à Ismaïlia, de concert avec les habitants, les mesures nécessaires.

Sur cette assurance, la population d'Ismaïlia, tranquillisée, rentra dans son calme habituel.

Toutefois, on apprenait d'Ismaïlia, le 6 août, que les commandants

FIG. 93. — LA DERNIÈRE RAISON DE L'ANGLETERRE

anglais des navires de guerre mouillés dans le Canal, devant Ismaïlia, provoquaient les indigènes, pour avoir un prétexte de débarquement.

M. de Lesseps avait fait savoir à l'amiral Hoskins, qu'il se proposait de demander aux puissances européennes l'envoi de bâtiments de guerre, qui ne débarqueraient point leurs matelots, mais qui se tiendraient en observation, et par leur présence dans la rade de Port-Saïd, constitueraient une protection suffisante pour empêcher une violation de la neutralité du canal. Mais l'amiral anglais n'avait voulu entendre à rien, se fondant sur ce que le khédive Tewfick lui avait donné pleins pouvoirs pour agir en Égypte.

M. de Lesseps crut devoir informer de cette situation le Conseil d'administration de la Compagnie. A cet effet, il adressa une dépêche à Paris, le 4 août, demandant que le Conseil se réunît immédiatement.

Le Conseil se réunit extraordinairement, le 5 août, et prit la résolution suivante :

FIG. 94. — LES CANONNIÈRES ANGLAISES SUR LE LAC TIMSAH

« Le Khédive, dont le pouvoir n'a pas été jugé suffisant pour réunir, sans
« l'autorisation du Sultan, la Méditerranée à la mer Rouge, ne peut avoir une
« autorité plus étendue lorsqu'il s'agit de porter atteinte aux stipulations formelles
« de l'acte de concession,

« L'accord même des auteurs de la concession ne pourrait modifier l'engage-
« ment solennel qu'ils ont contracté envers le monde entier, en déclarant la neu-
« tralité du Canal de Suez,

« Le maintien de cette neutralité, jusqu'ici respectée, et qui exclut tout acte
« de guerre dans le Canal, constitue pour la Compagnie une obligation qui est la
« base de sa concession.

« Notre Compagnie ne saurait se prêter à une violation d'une neutralité
« qui est la garantie du commerce de toutes les nations.

« Aucun gouvernement n'amènerait le Conseil d'administration à accepter la
« responsabilité d'actes préjudiciables à toutes les nationalités intéressées à la
« liberté permanente de la navigation dans le Canal de Suez.

« Notre Société purement commerciale ne peut qu'opposer la proclamation de
« ces principes à d'injustifiables prétentions politiques.

« Le Conseil s'associe donc, hautement, au nom du droit menacé, aux protes-
« tations de son président.

« Il exprime sa gratitude à M. Ferdinand de Lesseps et à tout le personnel de la
« Compagnie. »

La résolution qui précède fut transmise aux représentants des puissances
à Paris, par la lettre dont la teneur suit :

Paris, le 7 août 1882.

M...

Par une lettre en date du 8 juillet dernier, M. Ferdinand de Lesseps a eu l'honneur de vous communiquer des instructions qu'il venait d'adresser par le télégraphe
à l'agent supérieur de notre Compagnie en Égypte, relativement à la neutralité
du Canal maritime de Suez.

Il vous exprimait, en même temps, la pensée que vous jugeriez sans doute à
propos de signaler à votre gouvernement l'utilité pour chaque puissance maritime
ayant intérêt au libre transit du Canal de Suez, d'envoyer un bâtiment de guerre
en observation à Port-Saïd.

Par une dépêche datée d'Ismaïlia, le 4 août, M. Ferdinand de Lesseps a fait
connaître à notre Conseil d'administration que l'amiral anglais lui avait écrit sa
décision de prendre, malgré ses protestations, les mesures nécessaires pour
occuper le Canal, s'appuyant sur une lettre du Khédive qui lui donne tout
pouvoir pour agir.

Le Conseil, réuni extraordinairement, a pris une résolution que j'ai l'honneur
de vous transmettre en copie, conformément à l'invitation qui m'en est télégra-
phiquement transmise d'Ismaïlia par M. Ferdinand de Lesseps.

Dans ce même télégramme M. Ferdinand de Lesseps, en nous signalant les
démonstrations guerrières des commandants anglais dans le lac Timsah, provo-

quant les indigènes et pouvant entraîner des actes de guerre dans la zone neutre du Canal, ajoute que la protection navale collective des puissances, sans débarquement, serait une solution désirable, susceptible d'empêcher une violation imminente d'une neutralité garantie par le Sultan à la marine universelle.

Veuillez agréer, etc.

Le vice-président du Conseil d'administration,

Signé : Charles DE LESSEPS.

Dans la nuit du 18 au 19 août, entre 1 heure et 5 heures du matin, le télégraphe de la Compagnie ayant été coupé près de Suez, M. Ferdinand de Lesseps adressa la lettre suivante à l'amiral anglais Hewett, commandant à Suez :

« Monsieur l'amiral,

« Je viens d'apprendre que cette nuit, un poteau du télégraphe de la Compagnie « a été scié au kilomètre 156, par des mains européennes, et à la faveur de projec- « tions de lumière électrique venant de Suez, afin d'arrêter nos communications, « qui, d'ailleurs, vont être rétablies d'un autre côté.

« La nouvelle s'est répandue que des troupes anglaises se disposaient à débar- « quer sur les rives du Canal.

« En conséquence de ces circonstances, je m'adresse à l'honneur d'un officier « général de la marine britannique, le priant de donner ses ordres pour que les « navires anglais chargés de passagers, civils ou militaires, et auxquels nos « règlements ne nous permettent pas de refuser des pilotes, ne soient pas destinés « à opérer un débarquement sur un point quelconque du Canal neutralisé par un « firman de S. M. Impériale le Sultan, et garanti par les récentes déclarations de « la grande majorité des puissances maritimes.

« Vous n'ignorez pas, Monsieur l'amiral, que plusieurs de ces puissances ont « envoyé des navires de guerre à Ismaïlia et à Port-Saïd, pour être les témoins du « respect d'une loyale neutralité pouvant seule assurer la libre continuation de la « navigation universelle d'une mer à l'autre.

« Je crois devoir mentionner le regrettable précédent de la déclaration faite à « Port-Saïd par les commandants de l'*Orion* et de la *Coquette*, qui, ayant annoncé « leur transit pour Suez, se sont arrêtés à Ismaïlia, où ils sont encore, sans avoir « cessé de faire des démonstrations guerrières qui, heureusement, n'ont pas causé « de désordres parmi notre paisible population.

« Agréez, etc.

« Ferdinand DE LESSEPS. »

Le 19 août, à 5 heures du matin, l'amiral Hewett informait l'agent principal du transit de la Compagnie à Suez, qu'en vertu d'instructions du gouvernement anglais, il interdisait l'entrée du canal, jusqu'à nouvel ordre, à tous les navires, grands ou petits, et même aux canots de la Compagnie du Canal; et qu'au besoin, il aurait recours à la force, pour empêcher toute

Fig. 95. — UN AVANT-POSTE ANGLAIS SUR LES BORDS DU CANAL DE SUEZ

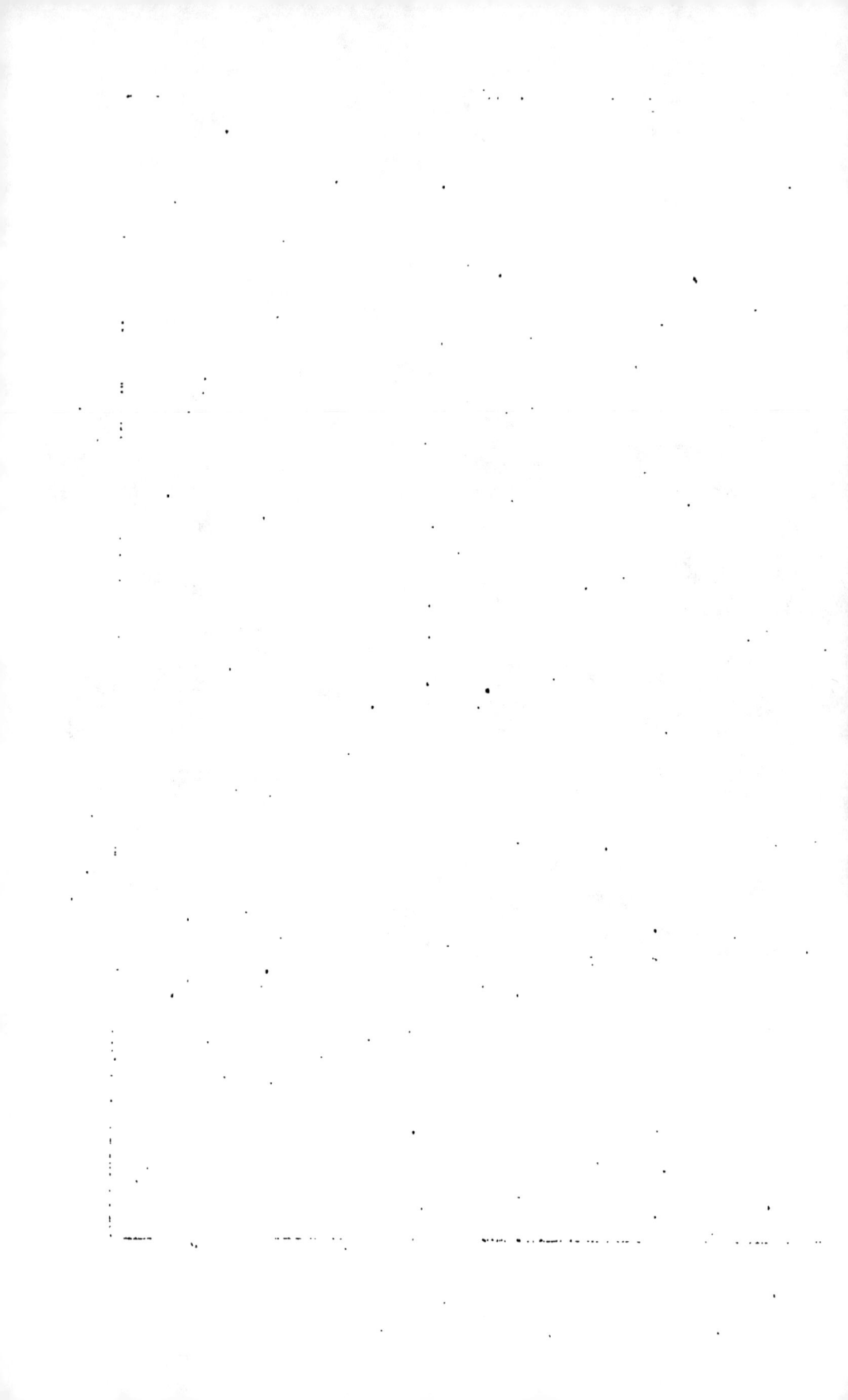

contravention à ses ordres. En outre, l'amiral fit placer, à l'entrée du canal, un canot de guerre armé.

M. de Lesseps protesta contre cet acte de violence et de spoliation.

Le même jour, le conseil judiciaire de la Compagnie du canal de Suez, réuni à Paris, sous la présidence de M. Sénard, prenait la délibération ci-après :

« Le gouvernement anglais prétend être en droit, soit en son nom personnel, soit comme mandataire du gouvernement égyptien, de faire acte de guerre sur le Canal maritime de Suez ou sur ses dépendances.

Déjà la Compagnie universelle du Canal maritime de Suez a souffert des dommages de diverse nature.

Le Conseil judiciaire de la Compagnie, consulté sur la valeur des prétentions du gouvernement anglais, et sur l'étendue des droits qui appartiennent à la Compagnie,

Après en avoir délibéré,

Est d'avis des résolutions suivantes :

La Compagnie universelle du Canal, maritime de Suez doit maintenir ses précédentes revendications en faveur de la neutralité du Canal qui importe à toutes les nations et à celles mêmes qui croiraient avoir aujourd'hui intérêt à la violer.

La Compagnie doit spécialement, au point de vue des conventions intervenues entre elle et le Khédive et approuvées par le Sultan, s'opposer à toute action de guerre du gouvernement anglais.

Forte de ces conventions, qui sont la loi commune des parties contractantes et ne peuvent être révoquées que de leur consentement mutuel, la Compagnie doit protester contre la prétention du gouvernement anglais, se disant mandataire du Khédive, de faire aucune entreprise sur tout ou partie du Canal ou de ses dépendances ; la Compagnie, même avec l'autorisation du Sultan et à plus forte raison sans cette autorisation, ne pouvant être inquiétée dans la libre et paisible jouissance de sa concession.

La Compagnie doit protester, en outre, contre l'usage que le gouvernement égyptien ferait, au profit d'un gouvernement étranger, de prétendus droits qui, s'ils existent, n'appartiendraient qu'à lui-même personnellement, sans délégation possible.

Enfin, la Compagnie doit protester contre toute entreprise, qui, malgré la volonté des représentants légaux de la Société, serait faite sur le canal par le gouvernement anglais, actionnaire de la Société, et obligé, à ce titre d'actionnaire, à ne porter aucune atteinte à la chose commune, et à se conformer aux résolutions prises par les représentants légaux de la Société.

La Compagnie doit, par suite, faire les plus expresses réserves quant aux conséquences de tous actes qui seraient déjà intervenus ou qui interviendraient à son préjudice, afin de réclamer par les voies de droit, devant la juridiction compétente, les indemnités et dommages-intérêts dont le gouvernement anglais serait passible, notamment comme actionnaire de la Société, et ce, sans préjudice des actions individuelles appartenant aux neutres contre le gouvernement anglais, pour la réparation des dommages causés à leur marine, à leur trafic, et, en général, à leurs personnes ou à leurs biens. »

A la même date, vers neuf heures du matin, un canot de l'Amirauté, armé en guerre, s'engageait dans le Canal, et se plaçait au musoir, pour arrêter la poste et les canots à vapeur. Rien, pourtant, en apparence, ne légitimait cette manifestation guerrière ; de sorte que la population d'Ismaïlia avait repris tout son calme.

La confiance était si complète, que, le 19 août, il y avait bal chez le chef de service du domaine de la Compagnie, et que toute la population européenne d'Ismaïlia, le personnel de la Compagnie, ainsi que les principaux fonctionnaires égyptiens, assistaient à la soirée, qu'avait encore animée la présence des officiers des navires de guerre espagnols et autrichiens. A deux heures du matin, tout le monde rentrait.

Chacun commençait à s'endormir, lorsque, vers trois heures, les rues retentirent de cris de guerre, qui se mêlaient au bruit de la fusillade et du roulement des canons traînés au pas de course.

C'étaient les marins de l'*Orion* et du *Carysfort* qui débarquaient, sans même avoir prévenu les habitants qu'ils eussent à rester chez eux, pour ne pas s'exposer à être tués dans les rues.

Répandus dans la ville, les marins des équipages anglais distribuaient un peu partout des coups de fusil. Sur qui tiraient-ils ? Nul ne saurait le dire, car aucun ennemi n'était devant eux.

Peu après le débarquement, l'*Orion* et le *Carysfort* se dirigeaient vers Néfiche, et envoyaient des obus sur cette ville, et même à travers le désert.

La fusillade dura toute la nuit, dans les rues d'Ismaïlia. Au point du jour, elle cessait dans la ville européenne, après n'avoir fait heureusement qu'une victime. C'était un Hollandais, qui reçut un coup de fusil, à bout portant, pour ne pas avoir répondu au qui-vive d'un marin.

Dès le lever du jour, les marins anglais se dirigent sur le village arabe. Il n'y a là aucun ennemi, pour riposter. Cependant, comme, en temps de guerre, il faut que les fusils servent à quelque chose, on tire sur les femmes et les enfants du village, qui fuient vers le désert, en poussant des cris d'épouvante. Quelques agents de police d'Ismaïlia se trouvaient dans le village ; on les fait prisonniers, sans qu'aucun cherche à se défendre. L'un d'eux est tué par derrière, pendant qu'il cherche à s'échapper, avec sa famille.

La fusillade ne cessa que vers deux heures du matin, mais le canon continua à tonner, et il ne cessa de retentir sourdement jusqu'au 21.

Fig. 96. — UN CORPS DE GARDE ANGLAIS A ALEXANDRIE

En débarquant, les Anglais s'étaient empressés de couper les fils du télégraphe allant à Suez et à Port-Saïd. Le capitaine Fitz-Roy occupait les bureaux du port, et les canots de la Compagnie avaient été saisis. Ismaïlia était bloqué.

Dans l'après-midi, M. de Lesseps s'occupa de mettre en sûreté les familles de son personnel. En effet, comme 300 marins anglais seulement occupaient en ce moment Ismaïlia, les Égyptiens qui campaient à Néfiche pouvaient songer à prendre l'offensive et à attaquer les envahisseurs de l'Égypte. M. de Lesseps jugea donc prudent de faire coucher sur le lac Timsah les femmes et les enfants de ses employés. Quant à lui, il était décidé à ne pas quitter la ville, et tout le reste de son personnel manifestait la même intention.

Les familles se rendent donc à l'appontement du lac Timsah, pour aller coucher dans des navires. Mais le capitaine Fitz-Roy s'oppose à leur départ. L'agent supérieur de la Compagnie s'empresse d'écrire une lettre au capitaine Fitz-Roy. Celui-ci répond, à sept heures du soir, que les familles des employés sont libres de quitter Ismaïlia, mais qu'il entend que M. de Lesseps et tout le personnel de sa compagnie y passent la nuit ; car il croit être attaqué dans quelques heures. « Il y aura, écrivait le capitaine « Fitz-Roy, une bataille dans Ismaïlia, et je veux que M. de Lesseps, et tout « son personnel s'y trouvent. » — « Je suis le maître, maintenant », ajoutait, orgueilleusement, le capitaine anglais.

Ces paroles étaient tout simplement odieuses, et en même temps bien gratuites, puisque M. de Lesseps et tout son personnel avaient déclaré d'avance, qu'ils entendaient ne pas sortir d'Ismaïlia, dans ce moment critique.

En définitive, une partie des familles des employés rentra en ville ; l'autre reçut l'hospitalité à bord de la frégate cuirassée espagnole, *Carmen*, et de la canonnière autrichienne, *l'Albatros*.

Heureusement, la nuit se passa sans incidents. Le silence des rues ne fut troublé que par les obus que les canonniers du *Carysfort* et de l'*Orion* envoyaient sur Néfiche, pour s'entretenir la main.

Le jour étant venu, les habitants d'Ismaïlia se réveillèrent au milieu de plusieurs milliers de soldats de l'infanterie anglaise, qui remplissaient la ville. Le lac Timsah était encombré de navires ou de transports de guerre.

Même chose se passa à Port-Saïd.

Dans la nuit du 19 au 20, les Anglais avaient débarqué dans cette ville, dès le matin, et avaient pris possession des bureaux de la Compagnie du canal, d'où ils avaient expulsé l'agent du transit. Des navires de guerre et des transports s'engageaient dans le canal, sans amener de pilote et sans payer les droits de passage. Une drague était saisie, au kilomètre 16, par des marins de la *Penelope;* enfin, Kantara était occupé par les troupes.

L'amiral Seymour et le général Wolseley arrivèrent à Ismaïlia, le 21 au matin, ainsi que l'amiral Hoskins.

Le même jour, l'amiral Seymour demandait à la Compagnie de reprendre son service. En effet, plusieurs navires anglais étaient engagés dans le canal, et il leur fallait des pilotes, pour s'y diriger.

Les agents de la Compagnie répondirent, très nettement, à l'amiral, qu'ils ne pourraient reprendre leur service que si les éléments de leur exploitation leur étaient rendus; c'est-à-dire si l'interdit de circulation qui avait été imposé aux canots de la Compagnie, à Ismaïlia, était levé, et si les communications télégraphiques étaient rétablies avec Suez; en un mot; si la Compagnie se retrouvait dans la libre possession de ses services. On assurait qu'alors, on donnerait aux navires anglais des pilotes, et qu'on les ferait passer aussi rapidement que possible, étant d'ailleurs bien entendu que l'amiral Seymour assumait sur lui la responsabilité des retards et des dommages déjà causés au commerce, ou qui pourraient résulter des mouvements de ses navires et de ses opérations militaires.

L'amiral accepta cette responsabilité, sous réserve de l'adhésion du général Wolseley.

Le 21 août, à six heures du soir, M. de Lesseps télégraphiait à Paris, de Port-Saïd :

« Après deux jours de crise difficile, ayant interrompu le transit; et le débar-« quement des Anglais à Port-Saïd et à Ismaïlia étant un fait accompli, un *modus* « *vivendi* a été établi, de manière à permettre le fonctionnement régulier du transit. « Je pourrai, dans quelques jours, rentrer à Paris. La sécurité du personnel est « complète.

« Ferdinand DE LESSEPS. »

En somme, du 1er au 20 août, par sa seule présence, M. de Lesseps tint en échec les flottes britanniques, prêtes à agir dans le canal, et l'on peut croire qu'elles auraient procédé à Ismaïlia et à Port-Saïd, comme elles l'avaient fait à Alexandrie, c'est-à-dire en y portant le feu et la dévastation. De tels actes de guerre auraient été désastreux pour le canal maritime, qui se serait peut-être trouvé obstrué pour plusieurs mois. Certes « la force » en cette circonstance, prima « le droit »; mais son triomphe fut de courte durée, et notre vaillant compatriote réussit à éviter une catastrophe. L'acte de violence que l'on est en droit de reprocher à l'Angleterre, qui ne craignit pas de fouler aux pieds des conventions mutuelles et des engagements pris solennellement par toutes les nations de l'Europe, ne s'accomplit, d'ailleurs, grâce à l'attitude de M. de Lesseps, qu'après des hésitations et des lenteurs, qui sauvèrent l'œuvre nationale et universelle du canal de Suez.

M. de Lesseps sortit donc victorieux de cette lutte ; mais sa tâche n'était pas, pour cela, terminée. Une agitation était entretenue, en Angleterre, contre la Compagnie du canal de Suez. Cette nouvelle levée de boucliers avait eu pour origine les mesures de quarantaine imposées aux navires, par suite de l'existence du choléra en Orient. On faisait un grief à la Compagnie de mesures dont elle n'était nullement responsable, et qui allaient même contre ses intérêts.

D'autres différends s'étaient élevés entre la Compagnie et ses clients anglais. Ils étaient de deux sortes, et d'apparence contradictoire : les armateurs anglais demandaient, d'une part, l'amélioration du canal maritime, ce qui devait naturellement entraîner des dépenses; et, d'autre part, des détaxes, c'est-à-dire une diminution de recettes.

Une entente avec les armateurs devait, dans la pensée de M. de Lesseps, concilier cette contradiction. Associer les clients du canal maritime à la prospérité de l'entreprise, telle était l'idée qui avait été inscrite dans l'exposé des motifs de l'acte de concession, et dont il n'avait cessé de chercher la solution.

Un accord intervint entre le gouvernement anglais et la Compagnie, qui réalisait ce vœu ; mais il ne put même pas être examiné au Parlement, tant le trouble causé par les récentes agitations était profond en Angleterre.

Dans ces conditions, M. Ferdinand de Lesseps écrivit à M. Gladstone, pour le prier de ne pas se considérer comme lié envers les armateurs et envers lui-même, par les termes du dit accord.

Le retrait de cet accord fut comme le signal d'une recrudescence d'agitation en Angleterre. Dans la presse anglaise et dans les *meetings*, un mouvement extraordinaire se produisit. On menaçait la Compagnie de faire ouvrir, par une compagnie rivale, ce qu'on appelait un « nouveau canal » ; et l'on s'attaquait au « privilège exclusif » en vertu duquel les capitaux s'étaient groupés pour assurer l'exécution de l'œuvre. De longs débats se produisirent à la Chambre des communes, qui donnèrent, toutefois, une complète satisfaction à la Compagnie.

Pendant ce temps, M. Ferdinand de Lesseps ne s'était pas laissé détourner de son but; et des négociations s'étaient engagées entre son fils, M. Charles de Lesseps, vice-président de la Compagnie, et les principaux clients du canal. Ces négociations furent habilement menées, et l'entente s'établit dans un *meeting*, qui fut tenu à Londres, le 30 novembre 1883, et auquel étaient présents les membres de l'*Association des armateurs de navires à vapeur* engagés dans le commerce de l'Orient.

En conformité de l'entente intervenue, une commission consultative internationale fut instituée, pour formuler un avis sur les dispositions à prendre, « en vue d'un trafic prochain dépassant 10 millions de tonnes, pour que la voie maritime directe creusée entre Port-Saïd et Suez, permît le croisement des navires en marche, dans les conditions les plus satisfaisantes possible de sécurité et de rapidité pour les armateurs, et avec le minimum de dépense pour la Compagnie. »

Cette commission se réunit, pour la première fois, le 16 juin 1884.

Les trois combinaisons suivantes, étudiées par les services compétents de la Compagnie, furent soumis à son examen :

A. Doublement de la voie maritime, par élargissement pur et simple;

B. Doublement de la voie maritime, par élargissement avec voies séparées;

C. Doublement mixte par la combinaison des deux premières hypothèses.

Après en avoir délibéré, la commission consultative internationale adopta, à l'unanimité, le 19 juin, la résolution suivante :

« La commission incline en faveur de l'élargissement pur et simple, sous réserve
« de l'opinion qui pourrait être exprimée par la sous-commission qui se rendra
« sur les lieux. »

Le 20 juin, la commission consultative internationale procéda à la formation de la sous-commission destinée à se rendre en Égypte.

Cette sous-commission arrivait à Port-Saïd le 21 novembre, et terminait ses travaux le 4 décembre.

Après un examen attentif des lieux et une enquête auprès des capitaines et des pilotes, elle confirmait la décision de l'élargissement pur et simple du canal.

La commission consultative internationale reçut, le 11 février 1885, communication du rapport de la sous-commission, et se prononça, de nouveau, à l'unanimité, pour un « élargissement pur et simple du canal « maritime de la Méditerranée à la mer Rouge, comme préférable à tout « autre système. »

La profondeur actuelle étant de 8 mètres, la commission a estimé « que le programme d'exécution successive des travaux devrait être arrêté en vue de porter d'abord la profondeur à 8ᵐ,50, avec un approfon-dissement de 50 centimètres réservé comme dernière phase d'exécution des travaux d'amélioration du canal maritime. »

La commission a, en effet, divisé en trois phases successives l'exécution du programme complet et définitif de l'élargissement et de l'approfondissement du canal, d'une mer à l'autre.

Le programme complet comporte les élargissements du plafond du canal comme ci-dessous :

1° Entre Port-Saïd et les lacs Amers : 65 mètres dans les parties droites; 75 mètres dans les courbes d'un rayon de plus de 2,500 mètres; 80 mètres dans les courbes d'un rayon inférieur à 2,500 mètres;

2° Entre les lacs Amers et Suez : 75 mètres dans les parties droites; 80 mètres dans les courbes.

Quant à l'éclairage des ports, au balisage du canal et aux moyens d'amarrage, la commission a constaté qu'il n'y avait pas à prévoir, de ce chef, de travaux « d'améliorations quelconques », la Compagnie ayant fourni « au transit des navires toutes les facilités qu'il pouvait raisonnablement attendre d'elle ».

La commission a, enfin, adopté le programme pratique des exécutions successives, présenté par l'ingénieur de la Compagnie.

Les actionnaires ont ratifié cet arrangement dans leur réunion générale de 1885.

Il nous reste à parler de la question politique concernant la neutralité du canal. Cette question a été posée dans le sens des vœux unanimes des nations maritimes.

Des négociations entamées entre l'Angleterre et les divers gouvernements de l'Europe, ont tendu à faire du canal de Suez une voie neutre, mise en dehors de tout complot armé.

Le principe de cette neutralité du canal se trouve, de fait, inscrit dans l'article suivant de l'acte de concession du vice-roi Mohamed-Saïd :

« Article 14. — Nous déclarons solennellement, pour nous et nos successeurs, « sous la réserve de la ratification par S. M. I. le Sultan, le grand canal maritime « de Suez à Péluse et les ports en dépendant, ouverts à toujours, comme passages « neutres, à tout navire de commerce traversant d'une mer à l'autre, sans aucune « distinction, exclusion ni préférence de personnes ou de nationalités, moyennant « le payement des droits et l'exécution des règlements établis par la Compagnie « universelle concessionnaire pour l'usage dudit Canal et dépendances. »

Cet article de l'acte de concession suffit pour consacrer le principe de la neutralité politique du canal, dans le présent et dans l'avenir.

De plus cette neutralité, absolue et respectée, a été consacrée deux fois, — et l'on sait l'importance qu'a pour la diplomatie le fait accompli. Lorsque, en 1870, la France et l'Allemagne se trouvaient en état d'hostilité, des navires de guerre français et allemands, qui se rencontrèrent dans les eaux du canal de Suez, se saluèrent, au lieu d'échanger des coups de canon. Lorsque, plus tard, la Turquie et la Russie se trouvèrent aux prises dans la péninsule des Balkans, les navires de guerre russes et turcs se respectèrent, en se rencontrant dans les eaux du canal ; et ce fut alors à la demande de l'Angleterre même que la Russie reconnut cette neutralité.

Ces constatations auraient suffi pour établir à jamais, de la manière la plus absolue, la neutralité du canal de Suez, si l'Angleterre n'avait pas, depuis, donné le déplorable exemple de sa violation. Et c'est pour cela que les puissances maritimes intéressées, ont entamé des négociations pour consacrer définitivement entre elles une neutralité qui, cependant, remarquons-le bien, existe déjà de fait.

LE CANAL MARITIME DE PANAMA

Le succès du percement de l'isthme de Suez devait amener à entreprendre la coupure de l'isthme de Panama, par un canal permettant aux navires de tout tonnage d'éviter l'immense et dangereux circuit du cap Horn, et de passer sans transbordement de l'océan Atlantique à l'océan Pacifique. Ce que l'ouverture du canal de Suez avait fait pour la navigation par le cap de Bonne-Espérance, l'établissement d'un canal maritime à travers le continent de l'Amérique centrale, devait le faire pour la navigation par le cap Horn. On devait, au moyen d'un canal traversant le continent américain dans sa partie centrale, épargner aux bâtiments partis d'Europe le parcours énorme qu'ils sont obligés d'exécuter pour arriver de l'océan Atlantique à la Californie, au Pérou, au Chili, à la côte occidentale du Mexique, etc., comme aussi abréger singulièrement la route aux bâtiments américains ayant à passer de l'Atlantique au Pacifique, et réciproquement.

Jusqu'à l'ouverture du canal de Suez, l'idée de couper l'isthme de Panama dans le point où se dressent les derniers contreforts des Cordillères, avec des pics de 60 mètres de hauteur, en moyenne, aurait été considérée comme un acte de folie. Mais l'expérience acquise dans le percement de l'isthme égyptien; les méthodes nouvelles de nivellement mises en pratique dans ces immenses chantiers; les dragues, d'une puissance jusque-là inconnue, dont les ingénieurs et entrepreneurs du canal de Suez avaient doté l'industrie des terrassements, encourageaient à examiner de plus près le problème. Peu à peu la confiance entra dans les esprits, et on osa envisager en face cette question redoutable.

Sans doute on avait, jusque-là, songé bien des fois à faire franchir aux vaisseaux le continent de l'Amérique centrale; mais on n'avait projeté que des canaux à écluses, empruntant l'eau des fleuves ou des lacs. A partir de 1869, c'est-à-dire de l'ouverture du canal maritime de Suez, on osa concevoir l'idée d'un canal maritime, qui couperait la suite de montagnes et de vallées composant ce sol tourmenté.

Le chemin de fer que les ingénieurs de l'Amérique centrale avaient réussi à créer, en 1855, à travers les Cordillères de l'isthme de Panama, dans sa partie la plus rétrécie, avait, pour ainsi dire, tracé d'avance la voie au futur canal. Le problème était simplifié : il n'y avait qu'à chercher les moyens de substituer à la voie ferrée un canal maritime; et les procédés dont l'art de l'ingénieur disposait depuis le percement de l'isthme de Suez, légitimaient l'espoir d'une réussite.

Enfin, en 1879, la résolution fut prise, à la suite d'un Congrès tenu à Paris, et composé de cent personnages appartenant à la haute science et aux services publics de toutes les nationalités, de faire passer le canal inter-océanique du port de Colon, dans l'océan Atlantique, à celui de Panama, sur l'océan Pacifique, en coupant hardiment, par une section verticale, la chaîne de montagnes qui s'étend d'un bout à l'autre de cette région, et en suivant les vallées résultant de l'écartement de ces mêmes montagnes.

Depuis l'année 1882, cette entreprise extraordinaire est commencée, et, au moment où nous écrivons, des chantiers considérables occupent, d'une extrémité à l'autre, l'isthme de l'Amérique centrale, pour l'exécution de l'un des plus étonnants travaux que l'industrie moderne ait osé entreprendre.

Nous consacrerons cette Notice à l'exposé des opérations diverses qu'il faut accomplir pour percer l'isthme américain. Mais avant d'arriver au canal inter-océanique, tel qu'il s'exécute actuellement, il sera indispensable, pour la clarté de notre exposé, de faire connaître les nombreux projets qui avaient été conçus jusqu'à ce jour pour la jonction des deux océans qui baignent l'Amérique, et d'examiner, au point de vue historique et critique, les deux systèmes qui se sont toujours partagé les préférences des hommes de l'art, Américains ou Européens, à savoir, le canal à écluses, utilisant les lacs et les fleuves du pays, et le canal maritime direct et à niveau. On sait que c'est le canal à niveau qui a définitivement prévalu, et que l'on est en train d'exécuter.

I

Histoire des divers projets de jonction des deux océans Atlantique et Pacifique. — Les conquérants espagnols. — Projet de Nunez de Balboa et de Fernand Cortèz. — Projets d'Antonio Galvao. — L'Espagne crée, à travers l'isthme de Panama, une route de communication terrestre, d'un océan à l'autre. — L'expédition du flibustier Morgan, à Panama.

On peut dire que l'idée de joindre l'un à l'autre les deux océans Atlantique et Pacifique, s'est présentée dès la découverte de l'isthme de Panama. On sait que ce fut le navigateur espagnol, Nuñez de Balboa, qui, en 1513, eut la gloire de découvrir et de franchir le premier cet isthme. Arrivé sur la ligne de faîte de la chaîne des Andes, qui se rétrécit considérablement en ce point, Nuñez de Balboa eut la joie de voir à ses pieds, du haut de ce belvédère naturel, l'un et l'autre Océan.

Il lui vint aussitôt à l'esprit cette idée, que l'on pourrait naviguer d'une mer à l'autre en utilisant le cours des fleuves du Darien. Mais il n'eut pas le temps de donner suite à cette pensée ; car, épuisé par ses longues fatigues, il paya bientôt de sa vie ses importantes découvertes géographiques, et les efforts qu'il avait accomplis pour fonder la première colonie durable dans l'isthme américain.

Le conquérant du Mexique, Fernand Cortèz, avait à peine fait la découverte de l'océan Pacifique, qu'il fut frappé de l'utilité et de la possibilité d'une communication entre les deux mers. Il espéra longtemps que cette communication avait été créée par la nature, et il la fit chercher depuis la frontière du Mexique, à Téhuantépec, jusqu'à Panama. Ces recherches ayant échoué, Fernand Cortèz s'occupa des moyens de créer artificiellement une communication maritime entre les deux Océans. En 1528, dix ans à peine après la prise de Mexico, il adressait au roi d'Espagne le premier plan qui ait été conçu sur cette question, et qui devait en provoquer tant d'autres.

C'est au fond du Mexique, à Téhuantépec, que le navigateur et conquérant espagnol avait songé à établir une voie de communication maritime. Édifié sur la configuration de l'empire des Aztèques, il se proposait de faire creuser un canal maritime à travers l'isthme de Téhuantépec, et il fit reconnaître soigneusement le terrain par don Gonzalo Sandoval. Lorsque l'empereur Charles-Quint lui retira le gouvernement civil du Mexique, Fernand Cortèz insista, dans ses lettres, sur la nécessité d'ouvrir une communication maritime entre les deux Océans.

Malheureusement, l'Espagne prêta peu d'attention à ces idées, et les projets qui lui furent adressés, pendant trois siècles consécutifs, sur un objet qui se liait à ses intérêts les plus puissants, allèrent s'enfouir inutilement dans les archives de l'Escurial.

Charles-Quint était déjà resté indifférent à la proposition d'un autre navigateur, Angel Saavedra, qui, interprète des idées de Nuñez de Balboa, lui avait proposé, en 1520, de percer l'isthme du Darien, pour y établir un canal à écluses. Ce que l'Espagne attendait du nouveau monde, c'était de lui fournir de l'or, et non d'en demander.

En résumé, Fernand Cortèz proposait le percement par Téhuantépec, tandis qu'Angel Saavedra insistait pour la traversée par le Darien, au moyen d'un canal à écluses.

En 1550, Antonio Galvao, navigateur portugais, mit en avant quatre projets, qui devaient, plus tard, être repris et approfondis avec une grande science et une incomparable ardeur.

On doit à un géographe espagnol, M. Pereira de Païva, une note sur le *percement de l'isthme de Panama au seizième siècle*, donnant l'analyse d'un ouvrage d'Antonio Galvao, publié en 1550, sous ce titre : *Traité des voies diverses et détournées par lesquelles sont venus le poivre et l'épice, et des découvertes anciennes et modernes faites jusqu'à l'an* 1550. D'après Galvao, on pourrait ouvrir un canal maritime : 1° entre le golfe d'Uraba et le golfe de San Miguel ; 2° à travers l'isthme de Panama ; 3° le long du San Juan, en utilisant le lac du Nicaragua ; 4° enfin par l'isthme mexicain.

Malheureusement, les données sur lesquelles s'appuyait le navigateur portugais, étaient vagues : elles indiquaient des directions générales et non des tracés définis. A cette époque, d'ailleurs, la géographie de l'isthme américain n'existait pas : on se heurtait à chaque pas aux accidents de l'un des terrains les plus difficiles du globe, à des forêts tropicales épaisses et impénétrables, enfin à l'hostilité des indigènes, les plus redoutables du nouveau monde.

Les explorations se succédèrent dans l'isthme, avec plus ou moins de succès. Telles furent celles des Moralès, Menesès, Espinosa, Pedrarias, Andagova, etc., etc., mais aucune n'apporta de solution.

FIG. 97. — LES ESPAGNOLS OUVRENT, DANS LES FORÊTS VIERGES DE L'ISTHME DE PANAMA, LA « ROUTE DU ROI »

Il est curieux de savoir que notre compatriote, Samuel Champlain, l'illustre colonisateur du Canada, et le fondateur de Québec, a, l'un des premiers, exprimé l'idée de percer l'isthme de Panama.

« En ce lieu de Panama, écrivait Samuel Champlain, en 1599, s'assemble tout l'or et l'argent qui vient du Pérou, où l'on les charge et toutes les autres richesses, sur une petite rivière qui vient des montaignes, et qui descend à Portouella, laquelle est à quatre lieues de Panama, dont il faut porter l'or, l'argent et autres marchandises sur mulets; et estant embarqués sur ladite rivière, il y a encore dix-huit lieues jusqu'à Portuella. L'on peult juger que si ces quatre lieues de terre qu'il y a de Panama à ceste rivière, estoient coupées, l'on pourroit venir de la mer du su en celle de ça, et par ainsy l'on accourciroit le chemin de plus de quinze cents lieues; *et depuis Panama jusques au destroit de Magellan, ce seroit une isle*, et de Panama jusques aux terres naufes une autre isle, de sorte que toute l'Amérique seroit en deux isles. »

Dès le seizième siècle, un Français, on le voit, songeait au percement de l'isthme de Panama, et il en entrevoyait parfaitement les conséquences économiques.

Le Pérou, conquis par les Espagnols, était devenu, à la fin du seizième siècle, leur plus riche domaine. Le gouvernement de la métropole dut se préoccuper sérieusement de se mettre en communication avec les fertiles régions des Incas. Le voyage par le cap Horn, ou plutôt le détroit de Magellan, alors le seul connu, était bien long, et exposait à de nombreux accidents de mer les navires qui transportaient les barres d'or et d'argent du Pérou aux ports de l'Espagne. C'est alors que vint l'idée de créer une route de terre à travers l'isthme de Panama, afin de pouvoir transporter à l'océan Atlantique les produits du Pérou, sans contourner l'Amérique méridionale.

Voici la combinaison qui fut adoptée par le roi d'Espagne.

Chaque année, à une époque déterminée, un convoi de navires, parti du Pérou, venait aborder à la côte occidentale de l'Amérique; tandis qu'un autre convoi de navires, parti de Cadix, arrivait et attendait sur l'océan Atlantique. Entre les deux ports d'atterrissage on traça, du mieux que l'on put, une route à travers les montagnes et dans l'épaisseur des forêts vierges (fig. 97). Les marchandises, après transbordement, pouvaient ainsi passer d'un océan à l'autre, et être réembarquées sur l'Atlantique.

C'est encore, du reste, ce qui a lieu aujourd'hui. Seulement, le moyen de communication est un chemin de fer, au lieu d'une route.

Mais sur quel point de l'isthme les Espagnols avaient-ils établi leur route traversière?

L'exploration du terrain fut faite certainement par ces étonnants *adelan-tados*, qui, dès le seizième siècle, n'auraient peut-être plus rien laissé à découvrir en Amérique, si les travaux dont on leur avait confié l'exécution, n'étaient restés ensevelis, comme des secrets d'État, dans les archives de Madrid.

La route adoptée par le gouvernement d'Espagne fut, en effet, celle que la science et l'industrie ont, par leurs représentants les plus autorisés, reconnue la meilleure de notre temps, et après des études topographiques, exécutées depuis le Tehuantépec jusqu'au Dárien. C'est la même que les ingénieurs américains adoptèrent, en 1855, pour y créer le chemin de fer de Colon à Panama; c'est la même enfin que le Congrès du canal inter-océanique de Paris a choisie, en 1879, pour y faire passer un canal à niveau plein.

La ligne du chemin de fer et celle du canal maritime de Panama aujourd'hui en cours d'exécution, ne sont, en effet, que des variantes de l'ancienne route royale d'Espagne. Toutes trois aboutissent à la baie de Panama, en partant de points rapprochés de la même région du littoral oriental de l'isthme, au sud de l'embouchure du Rio Chagres.

En 1670, la route que suivaient les marchandises du Pérou, à destination de l'Espagne, à travers l'isthme de Panama, était constituée comme il suit.

Cette route comprenait deux voies, ayant pour points de départ, au rivage atlantique, l'une Porto-Bello, l'autre Saint-Laurent de Chagres. Elles aboutissaient toutes deux à la ville de Panama, en formant un angle très ouvert, dont le sommet était le point commun d'arrivée.

Ces deux routes représentaient ce qu'on nommerait actuellement la grande et la petite vitesse.

De Porto-Bello partait un chemin muletier, serpentant à travers la forêt, étroit, peu nivelé, suivant les accidents de terrain, mais pavé dans les endroits marécageux. Il traversait quelques bourgades de relais, dont la principale était Pequeñi.

Par ce chemin passaient, à dos de mulet, les dépêches, les passagers, les barres d'or et d'argent du Pérou, les marchandises de faible poids, ainsi que le mercure, dont le monopole soumettait au bon plaisir du vice-roi du Pérou la riche industrie des mines de ce pays. C'était la voie rapide.

De Saint-Laurent de Chagres à Cruces, la route n'était autre que le fleuve Chagres, lui-même. Un service de transports y était organisé, au moyen de bateaux à fond plat, de soixante pieds de longueur, sur vingt-cinq de largeur.

Sur ces bateaux on embarquait les marchandises lourdes ou encombrantes.

A l'embarcadère de Cruces, où le fleuve cessait d'être navigable, s'effectuait le débarquement et la mise à l'entrepôt. De là, bien qu'on ne fût qu'à huit lieues de Panama, c'était encore un étroit chemin muletier qui conduisait à cette ville.

Pour les besoins du service sur les deux routes, l'administration espagnole n'entretenait pas moins de deux mille mulets.

Nous ajouterons que l'Espagne conservait avec un soin jaloux le secret de cette voie de communication, qui était absolument fermée aux étrangers.

Les rois d'Espagne avaient créé cette route à travers les forêts et les solitudes de l'isthme, dans une pensée de commerce et d'industrie, et ils en retiraient tous les avantages sur lesquels ils avaient compté. Ils n'avaient pas

FIG. 98. — SAINT-LAURENT DE CHAGRES

prévu que cette facilité offerte aux transports, à travers un pays à demi sauvage, pourrait être, accidentellement, mise à profit par le brigandage et la rapine.

C'est pourtant ce qui arriva, par l'infernal génie d'un des plus terribles flibustiers dont l'Amérique ait conservé le souvenir. Nous voulons parler de Morgan, qui, en 1670, accomplit, grâce à la route de Chagres, le plus extraordinaire de ses actes de piraterie.

La route de Chagres conduisait, à travers les forêts et les cours d'eau, à Panama, ville alors très importante, et qui renfermait de grandes richesses. Morgan, ce Mandrin des savanes, connaissait à peu près l'itinéraire de la *route du roi d'Espagne*, mais il n'aurait pas osé s'engager, sans guides, au milieu de ces inextricables forêts et de ces cours d'eau perfides. Dérobé avec grand soin à la connaissance des étrangers, le secret du passage de l'isthme était si difficile à pénétrer que personne, hors les employés du service du roi, ne se flattait de le connaître. Morgan pensa qu'il trouverait de bons guides en s'adressant à des indigènes de Panama.

Il y avait alors, au bagne de l'île de Sainte-Catherine, deux hommes, originaires de ce pays, l'un indien, l'autre métis, qui avaient été employés au transport des marchandises dans l'isthme. Morgan alla les trouver; il fit ses conditions avec eux; et après avoir payé leur libération du bagne, il les emmena avec lui, à Saint-Laurent de Chagres, où il était en train de lever une véritable armée, composée de flibustiers de tous les pays, mais surtout espagnols, anglais et indigènes.

Le 18 janvier 1670, Morgan partait de Saint-Laurent de Chagres, se dirigeant sur Panama, avec un corps de treize cents flibustiers et boucaniers. Il remonta le fleuve sur des bâtiments légers. Il avait embarqué quelques canons; mais cette artillerie ne devait lui servir à rien, car il fallut la laisser à Cruces, leur poids ne permettant pas de les amener plus loin. D'ailleurs, Morgan n'avait pas besoin de canons pour s'emparer de Panama : les terribles fusils de ses boucaniers lui suffisaient.

Dès le 19, les eaux du fleuve étant trop basses, on fut obligé de s'embarquer sur des bateaux à fond plat.

Le 21, l'expédition avait dépassé la région marécageuse. Les petits bâtiments ne pouvaient plus servir ; mais on continua d'avancer, en faisant aller une partie des hommes par terre et les autres dans les barques.

Le 24, on arrivait à Cruces, la dernière place où l'on pouvait remonter le fleuve. Là toute la troupe prit terre.

Le 25, Morgan engagea tout son monde dans un chemin à mulets, où, parfois, deux hommes seulement pouvaient passer de front. Après diverses escarmouches, il se présentait, le 26 janvier, devant Panama, n'ayant mis que neuf jours pour traverser l'isthme.

Le lendemain, il attaquait et prenait Panama. Quelques jours après, il pillait et brûlait cette ville, alors dans toute sa splendeur commerciale, puis, il repartait, chargé de butin, et revenait à Saint-Laurent de Chagres, d'où il s'embarquait pour la Jamaïque.

Après le départ des flibustiers, les malheureux habitants de Panama revinrent, et se mirent à rebâtir leur ville, à quelque distance de son premier emplacement. Mais le souvenir de cette terrible aventure n'engageait pas le roi d'Espagne à entretenir la route de l'isthme. Elle fut très négligée jusqu'à la décadence de la domination espagnole, et redevint à peu près à son ancien état sauvage ; de sorte que les indigènes disaient alors, que la route de Panama était « dans les pieds des mulets et des nègres ».

Quand la souveraineté de l'Espagne eut disparu au Chili comme au Mexique ; quand les guerres continuelles des peuples de l'Amérique centrale contre les conquérants espagnols, commencèrent à détacher de la mère patrie les immenses colonies hispano-américaines, le passage de l'isthme fut de moins en moins fréquenté.

Les relations entre la côte de l'océan Pacifique et l'Europe devenaient, pourtant, chaque jour, plus nombreuses et plus importantes ; mais elles s'effectuaient par la voie maritime du cap Horn ; de sorte que la route de l'isthme finit par être, pour ainsi dire, oubliée.

La recherche d'un passage pour les navires de l'Océan à l'autre, à travers

FIG. 99. — BAIE DE PANAMA

le continent américain, cessa donc d'occuper les peuples de l'Amérique pendant tout le reste du dix-septième siècle. Le passage par le cap Horn suffisait au commerce, qui avait organisé ses flottes marchandes pour cette navigation. La question ne devait être reprise qu'à la fin du dix-huitième siècle.

C'est en 1780 que l'on voit entreprendre, pour la première fois, une véritable exploration scientifique de l'isthme de Panama, dans le but d'y établir une voie de communication maritime. Organisée par le roi d'Espagne, Charles III, et dirigée par deux ingénieurs, l'un français, Martin de la Bastide, l'autre espagnol, don Manoel Galistro, elle avait pour objet le percement d'un canal à travers l'isthme de Panama.

Malheureusement, quand Martin de la Bastide et Manoel Galistro revinrent, en Espagne, chargés de notes et de documents, on ne pensait plus à l'isthme de Panama. Le gouvernement était tout entier aux questions de politique européenne que soulevait la Révolution française. D'ailleurs, Charles III mourut bientôt, et avec lui s'évanouirent les espérances des ingénieurs de l'expédition.

Cependant le vice-roi de la Nouvelle-Espagne, don Antonio de Bacareli, pour témoigner de sa bonne volonté, avait fait faire, dans le même temps, plusieurs explorations dans l'isthme, par les officiers du génie Coral et Cramer.

Vers la même époque, l'Angleterre s'occupait aussi de cette question, parce qu'elle s'était créé des intérêts dans le Honduras. Le ministre Pitt l'avait comprise dans ses plans généraux d'agrandissement politique et commercial de l'Angleterre. En 1790, une expédition anglaise, dirigée par un jeune officier, qui devait être plus tard l'illustre Nelson, entrait dans les eaux du fleuve Saint-Jean. Le jeune officier était chargé, par le gouvernement anglais, de reconnaître le passage par le Nicaragua, et de conquérir, en même temps, le pays.

Nelson s'avança, par le fleuve Saint-Jean, jusqu'au lac de Nicaragua ; mais il fut arrêté par la résistance opiniâtre du fort San Carlos, et par la maladie, qui décima ses hommes. Il fut forcé de rebrousser chemin, après des pertes sensibles. 4,000 soldats ou marins anglais périrent par le soulèvement du pays, dirigé, a-t-on dit, par une femme, par l'aïeule du général Martinez, qui fut plus tard président de la république de Nicaragua.

II

Les études du canal des deux Océans, au dix-neuvième siècle. — Voyage d'Alexandre de Humboldt dans l'Amérique centrale. — Projets d'un canal à écluses par le Nicaragua. — Le canal Napoléon. — L'ingénieur Garella produit un projet complet de canal à écluses par le Nicaragua.

Jusqu'au commencement de notre siècle, les projets conçus par les ingénieurs espagnols ou anglais, pour la coupure de l'isthme américain, n'avaient jamais présenté le caractère de précision nécessaire à un travail de ce genre. C'est en 1804 que les conditions rigoureuses de la solution de ce problème scientifique, furent posées par une main jeune encore, mais qui préludait de la manière la plus brillante à d'admirables travaux. C'est à Alexandre de Humboldt que l'on doit cette œuvre remarquable. Après son mémorable voyage à travers les Cordillères, de Humboldt, dans son *Essai politique sur la Nouvelle-Espagne*, fit connaître le résultat de ses observations, et présenta cinq tracés différents pour la coupure du continent américain. L'œuvre du naturaliste allemand fut le point de départ de toutes les études ultérieures sur cette question.

De Humboldt insistait particulièrement sur les avantages que paraissait offrir le Darien. L'autorité de son nom et celle de l'amiral Fitz-Roy, qui embrassa ses vues, firent considérer cette partie de l'isthme comme la terre promise aux perceurs d'isthme. Pendant les trois premiers quarts de notre siècle, le Darien fut l'obstacle, la pierre d'achoppement, que rencontra sans cesse le canal inter-océanique. C'est en 1877 seulement, qu'après deux laborieuses explorations, MM. Wyse et Reclus vinrent dissiper les espérances que ce prétendu *lieu du canal* avait si longtemps entretenues.

Les guerres du premier empire français n'avaient pas encore pris fin lorsque l'attention des Espagnols se reporta sur le canal inter-océanique. En 1814, les Cortès firent signifier au vice-roi de la Nouvelle-Espagne d'avoir à entreprendre le percement de l'isthme de Téhuantèpec. Mais la guerre d'indépendance, qui détacha le Mexique de l'Espagne, laissa à un nouveau gouvernement le soin de poursuivre l'entreprise.

En 1821, une grande révolution politique s'accomplit dans l'Amérique centrale, qui, secouant le joug séculaire de la monarchie espagnole, conquit, par la voie des armes, son indépendance, qu'elle a toujours conservée depuis. On vit alors se développer, dans la jeune république du Nicaragua, tous les courages que la liberté fait éclore. En 1823, la première assemblée constituante du Nicaragua était à peine réunie, qu'un des membres de cette assemblée, un citoyen de cet État, don Antonio de la Cerda, prit l'initiative d'une proposition tendant à faire décréter la coupure de l'isthme à travers le Nicaragua. En même temps, plusieurs Compagnies américaines se présentaient, pour exécuter les travaux.

Ces propositions ayant été accueillies, le gouvernement local, au mois de juin 1825, fit connaître les principes sur lesquels la concession devait reposer; et, le 14 juin 1826, une société de New York, sous la direction de M. Palmer, obtint le premier traité qui ait été consenti à cet égard avec le gouvernement américain.

Malheureusement, cette Compagnie avait mal étudié le côté pratique de la question. L'entreprise fut considérée comme mauvaise, au point de vue financier, à cause de la restriction imposée par les écluses, aux recettes progressives. Le projet échoua, par défaut de capitaux, et la position redevint libre.

Deux ans après, on vit surgir un promoteur bien inattendu, car ce n'était rien moins qu'une tête couronnée : le roi de Hollande, Guillaume Ier. Ce prince, l'un des hommes les plus instruits de son temps, était aussi l'un des souverains les plus riches de l'Europe. La Hollande lui doit des créations de premier ordre. Guillaume avait été séduit par cette gigantesque entreprise, dont il avait calculé tous les résultats, et il n'hésitait point à consacrer une partie de sa fortune à cette création exceptionnelle. Un plénipotentiaire, le général Nerveer, fut envoyé par lui à Guatemala, pour traiter des conditions de l'entreprise.

L'intervention d'un roi devait introduire dans les arrangements beaucoup de largeur théorique et un grand libéralisme pratique; elle devait surtout enlever à l'opération industrielle tout caractère de spéculation. Les travaux, bien que très sommairement étudiés, allaient commencer, lorsque vint à éclater, à Bruxelles, la révolution de 1830, qui amena la disjonction de la Belgique du royaume des Pays-Bas. Les préoccupations personnelles du roi Guillaume durent l'emporter sur ses projets d'entreprises financières à l'étranger, et le canal inter-océanique sombra dans la tourmente politique qui ébranlait la Hollande.

A partir de cette époque, et pendant quinze ans, diverses combinaisons, plus ou moins sérieuses, furent tentées en Amérique, sans qu'aucune pût aboutir (1).

Cette question était donc à peu près oubliée en Europe, lorsqu'elle eut, en Angleterre et en France, un retentissement et une popularité inattendus. Une brochure contenant un projet, complet et approfondi, parut à Londres, en 1846. C'était, sans contredit, le travail le plus remarquable que ce grand intérêt social eût encore inspiré. L'auteur de cette étude était le prince Louis-Napoléon, le captif du château de Ham, celui qui devait s'appeler, plus tard, Napoléon III (2).

Au mois d'avril 1846, le représentant du Nicaragua, M. Marcoletta, signait, avec le prince Louis-Napoléon, un traité, qui conférait à ce dernier tous les pouvoirs nécessaires pour organiser en Europe une Compagnie, destinée à ouvrir au commerce du monde une nouvelle route, sous le nom de *Canal Napoléon*. Ce projet fut bien près de s'accomplir.

Le prince Louis-Napoléon travaillait alors dans sa prison, qu'il appelait l'*Université de Ham*. Il avait réussi, comme il vient d'être dit, à se faire accorder, par le gouvernement du Nicaragua, la concession du canal interocéanique, qui aurait porté le nom de *Canal Napoléon*. Pour ce travail, il avait mis à profit les observations faites sur les lieux par un officier de marine, M. Doré, capitaine de vaisseau. Il avait même envoyé d'autres personnes en Amérique. Son plan était parfaitement conçu ; et ceux qui sont venus après lui, ont tiré parti de ses idées concernant la navigation générale des deux mondes, et les rapports futurs des peuples entre eux, l'isthme américain une fois traversé par un canal maritime.

Après avoir rédigé son projet, le Prince écrivit à M. Thiers, qui était alors ministre du roi Louis-Philippe, pour lui demander sa liberté. Il promettait de renoncer à la politique : il voulait se rendre en Angleterre, et se mettre à la tête d'une Compagnie, pour la création du canal des deux Océans. M. Thiers ne répondit pas: tel fut l'ordre du roi. C'est alors que le Prince, sous le costume d'un ouvrier, s'évada du fort de Ham, d'où il gagna l'Angleterre.

Il allait partir pour le Nicaragua, lorsque la révolution de 1848 vint changer sa résolution. Mais quelle suite d'événements eût été empêchée si

---

(1) Il ne faut pas négliger de rappeler ici un remarquable ouvrage de Michel Chevalier, relatif à la *jonction des deux Océans*, qui parut vers cette époque.

(2) Imprimée en anglais, à Londres, en 1846, la brochure du prince Louis-Napoléon avait pour titre : *Le Canal de Nicaragua où Projet de jonction des océans Atlantique et Pacifique au moyen d'un canal*, par Louis-Napoléon Bonaparte ; elle ne fut distribuée qu'à de rares exemplaires. Au mois de mai 1849, la traduction de cette brochure parut dans la *Revue britannique*.

Louis-Philippe, qui avait déjà fait grâce de la vie au jeune prince, lui eût, alors, rendu la liberté !

Il est assez remarquable que ce soit précisément à l'époque où l'Amérique

FIG. 100. — LES BORDS DU LAC DE NICARAGUA

commençait à se préoccuper du projet du prince Louis-Napoléon, concernant les travaux à exécuter dans l'État de Nicaragua, que M. Guizot, ministre des affaires étrangères, confia à un ingénieur français, le soin

FIG. 101. — LE LAC DE NICARAGUA

d'étudier la même question. On dirait que, dans cette circonstance, le gouvernement de Louis-Philippe ayant été informé du projet du prince Louis Bonaparte, cherchait à se substituer à lui, pour l'exécution de cette œuvre.

Nous avons dit que le prince Louis-Napoléon, en 1843, engageait un officier de la marine française, le capitaine Doré, sur le point de partir pour l'Amérique centrale, à faire des observations sur la possibilité de creuser un canal maritime, qui reliât l'océan Atlantique à l'océan Pacifique par les lacs de Nicaragua et de Léon. C'est justement, nous le répétons, au moment où le

FIG. 102. — TYPES D'INDIGÈNES DE L'ÉTAT DU NICARAGUA

prince Louis-Napoléon faisait ainsi commencer les études préliminaires sur le tracé le plus avantageux à adopter pour un canal maritime, c'est-à-dire au mois de septembre 1843, que le gouvernement français envoyait Garella en

FIG. 103. — VUE GÉNÉRALE DE NICARAGUA

Amérique ! En rapprochant ces dates, on est porté à croire que la mission donnée à Garella par le gouvernement français fut le contre-coup du travail du prince Louis-Napoléon.

Quoi qu'il en soit, Garella avait l'ordre de se rendre à Panama, pour étudier la question de la jonction des deux mers par le percement de

l'isthme, et de chercher une solution pratique pour cette jonction. M. Cour-
tines, conducteur des ponts et chaussées, lui était adjoint, pour le seconder
dans ses opérations sur le terrain.

Garella passa deux années à explorer l'isthme de Panama. En 1845,
il adressait au gouvernement de Louis-Philippe un rapport sur le résultat
de ses travaux. Un extrait de ce rapport a été publié, pendant la même

FIG. 104. — VILLAGE DE L'ÉTAT DE NICARAGUA

année, sous ce titre : *Projet d'un canal de jonction de l'océan Pacifique
et de l'océan Atlantique à travers l'isthme de Panama.*

Arrêtons-nous un instant, pour donner quelques renseignements biogra-
phiques sur l'ingénieur Garella, un peu oublié aujourd'hui.

Fils d'un de nos meilleurs inspecteurs généraux des pont et chaussées,

FIG. 105. — LA RADE DE GREYTOWN, SUR L'OCÉAN ATLANTIQUE

Napoléon Garella était né en 1809, sur la route de Lucques, au milieu d'un
voyage de sa mère. Il semblait ainsi prédestiné à une existence errante et
agitée ; sa vie ne fut, en effet, qu'un long voyage.

Après de brillantes études au lycée de Marseille, reçu, à seize ans, à
l'École polytechnique, Garella choisit la carrière des mines. Envoyé en
Corse, il débuta par la publication d'un mémoire sur la constitution géologique de cette île. Ce travail attira sur lui l'attention du gouvernement, et

lui fit confier les études du projet de canal à travers l'isthme de Panama.
Après trois années de pénibles explorations et de fatigues sans nombre,

FIG. 106. — HABITATION SUR LE FLEUVE SAN JUAN, DANS L'ÉTAT DE NICARAGUA

Garella revint en France, dans un état de santé déplorable, et atteint du
mal qui devait plus tard l'enlever. .

A peine remis de ses fatigues, Garella fut chargé, par le gouvernement

FIG. 107. — LE FLEUVE SAN JUAN (SAINT-JEAN), DE NICARAGUA

sarde, de recherches sur de prétendus dépôts aurifères en Savoie, et il refusa
ensuite les offres brillantes qui lui furent faites pour rester attaché au service
de ce pays. Envoyé en Algérie, en qualité d'ingénieur en chef des mines,

pour les trois provinces, il prépara les matériaux et réunit tous les

FIG. 108. — LA CATHÉDRALE DE RIVAS (NICARAGUA)

éléments qui devaient faire connaître toutes les richesses métallurgiques de notre colonie africaine.

FIG. 109. — LA VILLE DE RIVAS (NICARAGUA)

En 1852, Garella abandonna et la France et sa famille, pour aller, à Porto-Rico, diriger une exploitation de minerais aurifères et en simplifier le traitement. A son retour, il fut chargé par le gouvernement français, pen-

FIG. 418. — GARELLA OPÈRE UN NIVELLEMENT DANS LE NICARAGUA (ANNÉE 1843)

dant la guerre de Crimée, et sur la demande du gouvernement ottoman, de faire des recherches et des essais sur des houilles nouvellement découvertes à Héraclée (Asie Mineure). Ce dernier voyage lui fut fatal. Atteint, au milieu de ses travaux, de la dyssenterie, il voulut remplir sa mission jusqu'au bout; mais, affaibli par les privations et par les fatigues de la traversée, il arriva malade à Paris, et depuis il ne fit que languir.

Garella est mort le 26 mai 1858, après quinze mois de souffrances, pendant lesquelles il eut encore la force de doter la science d'un appareil important, l'*objectif panoramique*, applicable à la photographie. Cet instrument permet de recevoir sur la plaque photographique collodionnée, l'image d'une vue extérieure, dans un rayon extrêmement étendu.

Napoléon Garella était connu, dans le corps éminent auquel il appartenait, comme possédant au même degré les connaissances requises pour faire, à la fois, un excellent ingénieur des mines et un ingénieur des ponts et chaussées tout à fait hors ligne. C'est en raison de cette double et rare faculté que le gouvernement de Louis-Philippe, qui visait à l'économie, mit à profit son immense savoir pour lui confier la mission de Panama, dont il aurait fallu, sans cette circonstance, charger deux ingénieurs de spécialité différente.

Le projet de Garella relatif au canal du Nicaragua, différait complètement de celui du prince Louis-Napoléon. Ce dernier proposait d'établir la navigation inter-océanique en profitant des conditions naturelles des localités, à savoir : le grand fleuve San-Juan, ou Saint-Jean, qui débouche dans l'océan Atlantique et aboutit au lac de Nicaragua, et le lac de Léon (Managua), qui lui fait suite ; de telle sorte qu'une fois ce dernier lac franchi, il ne restait plus qu'une coupure d'une très faible longueur à exécuter dans l'isthme, pour déboucher, non loin de la ville de Léon, dans l'océan Pacifique. (Voir la carte de la page 351, fig. 115.)

Laissant de côté ce plan, l'ingénieur français proposait de creuser le canal dans le point le plus rétréci de l'isthme, c'est-à-dire dans les environs de Panama. L'idée était séduisante, sous le rapport de l'extrême brièveté du parcours, mais elle soulevait une difficulté qui parut alors insurmontable : il fallait couper les Cordillères, dans un point où l'on avait estimé 140 mètres de hauteur. On ne put songer sérieusement à exécuter ce projet (1).

Le tracé de Garella, dressé conformément aux exigences de la science moderne, était terminé en 1846 ; mais la Compagnie française qui avait défrayé l'exploration, mit des lenteurs dans l'exécution. Survinrent les événements

(1) Cependant le projet de Garella avait été reconnu parfaitement exécutable par le Conseil supérieur des ponts et chaussées de France, en 1844.

de 1848. La concession accordée à la Compagnie française par le gouvernement local fut périmée. C'est alors que les Américains eurent l'idée de construire un chemin de fer pour relier les deux Océans, et, malgré toutes les critiques, cette idée, comme nous le verrons, se réalisait six années après.

Pendant que Garella s'occupait de ces études, divers ingénieurs américains s'appliquaient aux mêmes recherches.

En 1850, le général du génie américain, Bernard, chargé d'étudier un tracé de chemin de fer à travers l'isthme de Téhuantépec, déclara que la région était une des moins favorables à l'établissement de communications entre les deux Océans.

Cette conclusion n'était pas du goût des politiciens des États-Unis, qui voulaient que les voies inter-océaniques fussent sous la main de leur gouvernement. Les ingénieurs américains se rejetèrent sur le Honduras, mais les travaux de Squiers, Trautwine et Jeffer eurent pour résultat d'écarter tout projet de percement par cette voie. Ils se rabattirent enfin sur l'ancien projet du prince Louis-Napoléon, c'est-à-dire le canal par le Nicaragua ; car le San Juan, le grand lac et le peu de hauteur de la Cordillère en ce point paraissaient offrir des conditions séduisantes. Les ingénieurs Childs et Fay se livrèrent aux premiers travaux techniques, et conclurent, hâtivement, de la manière la plus favorable. On devait, à plusieurs reprises, revenir à cette voie, qui a joui, pendant trente ans, d'un crédit exceptionnel.

Le Darien avait été le grand objectif de la plupart des ingénieurs américains dont nous venons de rappeler les travaux. Malgré l'insuccès de leurs aventureuses recherches, l'histoire conservera leurs noms avec reconnaissance. On savait que, dans cette région, deux grands fleuves, l'Atrato, du côté du Pacifique, la Tuyra, du côté de l'Atlantique, ne sont séparés des deux Océans en un certain point, que par une distance de quelques lieues ; si bien que, d'après les Indiens, « on pouvait aller d'une mer à l'autre, en portant pendant une heure sa barque sur le dos ».

Cependant, aux États-Unis même, les idées de Humboldt et de Fitz-Roy sur l'apparente dépression de la Cordillère, dans l'isthme du Darien, avaient toujours des partisans. C'est ce qui détermina un riche banquier de New York, M. Kelley, à défrayer plusieurs explorations dans cette direction.

Ces explorations furent exécutées en 1852 par Trautwine, en 1853 par Lane et Kennisch ; mais elles n'aboutirent, ni à la détermination d'un bon tracé, ni à une connaissance satisfaisante de la géographie de l'isthme. Le docteur Cullen, qui plaidait alors la cause du Darien, signalait, d'après des explorations incomplètes, qu'il existait une vallée par laquelle, en remontant le Savannah, on déboucherait, par une altitude insignifiante, dans la baie de Calédonie. La foi du docteur dans cette voie mystérieuse gagna tous les esprits aventureux, et les explorations se multiplièrent dans cette direction.

Malheureusement, elles eurent presque toutes une issue tragique, en raison de l'état à demi sauvage des contrées à explorer. Crossmann se noie, en voulant franchir la baie de Greytown, au début même de son voyage ; Patterson périt, avec ses Écossais, dans les environs de Lara ; Strain, parti de la baie de Calédonie, s'égare, et sans instruments, sans vivres, prenant le Chucunaque pour le Savannah, il erre, de longs jours, dans une forêt impitoyable. Les privations et les fatigues tuent dix-sept de ses compagnons ; lui-même, trop durement éprouvé, meurt en mettant le pied sur la terre des États-Unis. En 1853, Gisborne rebrousse chemin, devant l'attitude menaçante des Indiens, et, pendant la même année, les hommes de Prévost tombent sous les flèches indiennes.

Les appréciations les plus contraires se font jour, et ne peuvent être réduites à néant, faute de chiffres. En 1858, le général du génie Michler reprend les études de Trautwine, et propose un tracé dans les vallées de la Tuyra et de l'Atrato.

III

Les études des ingénieurs américains dont il vient d'être parlé eurent, au moins, une conséquence d'une importance fondamentale : elles amenèrent la création d'une voie ferrée de Colon à Panama, c'est-à-dire sur la ligne de la plus courte distance à travers l'isthme.

Pour apprécier toute l'importance, toute l'utilité, de cette voie ferrée, il faut savoir quel était l'état de la route suivie par les piétons, les cavaliers et les marchandises, avant sa création.

Nous avons dit que l'ancienne route du roi d'Espagne, la « route pavéro », comme on l'appelait, bien qu'elle ne fût pavée que dans les parties marécageuses, avait fini par disparaître, sans laisser de traces, et que les lianes, les fougères et les sapins avaient repris leur ancien domaine. La découverte des gisements aurifères de la Californie vint rendre, de nouveau, ce chemin nécessaire.

En 1847, une foule d'aventuriers d'Europe et d'Amérique partaient à la conquête de la nouvelle Toison d'or. Alors, les silencieux parages de Porto-Bello et de Chagres virent arriver une affluence de navires. De nombreux passagers en descendaient, poussant résolument vers l'océan Pacifique, à travers l'isthme. Mais ils rencontraient bien des difficultés pour franchir cette distance. La nature sauvage avait repris ses droits, et à peine retrouvaient-ils, à travers les forêts et les marais, quelques vestiges de l'ancien pavé des rois d'Espagne. On passait néanmoins. Quand la fièvre de l'or poussait en Californie des troupes d'émigrants venus de toutes les parties du monde, la traversée de l'isthme américain se faisait, partie sur des embarcations, partie sur des mulets, en suivant une route dangereuse, où des bandits s'embusquaient, pour dépouiller les heureux mineurs de leurs sacs à pépites, ou les trop confiants émigrants de leur petit capital et de leur pacotille. Souvent les cours d'eau qui traversaient les forêts, devenaient trop bas pour recevoir les embarcations même ayant le plus faible tirant d'eau. Alors, il fallait s'embarquer sur un radeau, et à force de bras et de gaffes, franchir ces passages difficiles.

Pour donner une idée générale des difficultés de ce voyage, nous dirons comment, en 1851, cinq voyageurs, parmi lesquels se trouvait un Français, M. de Herrypont, firent la traversée de cette étroite bande de terre de l'Amérique centrale.

Nous emprunterons ce récit à un article du journal *l'Exploration*.

« Chargés de nombreux bagages, dit l'auteur de cet article, M. André

FIG. 111. — PONT SUR LA ROUTE DE PORTO-BELLO, DANS L'ISTHME DE PANAMA

Brisson, les cinq voyageurs débarquèrent sur l'une des plages qui avoisinent le fort San Lorenzo, à l'embouchure du Rio Chagres.

« A cette époque, deux tout petits bateaux à vapeur remontaient cette rivière ; mais ils ne faisaient leur service que quand le rio coulait à pleins bords et quand il se trouvait réuni un nombre de voyageurs suffisant pour qu'il valût la peine de chauffer un de ces *steam launch*.

« Nos voyageurs arrivaient à la saison sèche, qui dure de janvier à août ; il leur fallut donc fréter des embarcations indigènes. Ces canots, de toutes grandeurs, étaient halés à terre : les uns creusés dans un tronc d'arbre, semblables à des pirogues caraïbes, les autres construits à l'européenne.

« Tous ces bateaux étaient entourés par une foule de mariniers de toute couleur, de nègres surtout, qui offrirent aux voyageurs de les transporter jusqu'à Gorgona, les canots ne pouvant en ce moment — on était en mars — remonter jusqu'à Crucès, faute d'eau.

« Nos compatriotes, après de longs débats, finirent par s'entendre avec des nègres de Saint-Domingue, qui leur louèrent deux canots de quatre à cinq mètres de longueur, — de vrais joujoux, comme on voit, munis d'un tentelet et manœuvrés par un patron et deux rameurs.

« A cette époque, il fallait être bien armé pour oser traverser l'isthme de Panama ; aussi, avant de partir, le patron noir fit-il des recommandations toutes spéciales à ces passagers, tout en chargeant lui-même un lourd revolver américain à six canons. En effet, en ce temps-là, il ne se passait pas de jour

FIG. 112. — INDIGÈNES DE L'ISTHME DE PANAMA

où il n'y eût sur la rivière quelque vol ou quelque assassinat. Quinze jours avant l'arrivée des Français, quatre individus et trois femmes avaient été égorgés pendant leur sommeil, et les assassins, non contents de les dépouiller, avaient commis mille atrocités sur leurs cadavres.

« Les rives du Rio Chagres, vers son embouchure, sont peu élevées, ce qui les rend sujettes aux inondations. La végétation y est basse ; mais, plus à l'intérieur, on voit la forêt grandir, et le sol se couvrir d'immenses figuiers et de groupes de hauts palmiers.

« Pendant qu'ils naviguaient lentement, nos voyageurs purent observer que les eaux du Rio Chagres, dont la largeur est à peu près celle de la Marne, près de Paris, sont encore saumâtres à quatorze milles de l'océan Atlantique, c'est-à-dire au village de Gatun, où ils arrivèrent à sept heures du soir

Fig. 113. — ÉPISODE D'UN VOYAGE À TRAVERS LA FORÊT VIERGE, SUR LA ROUTE DE PANAMA

et où ils se couchèrent, tant bien que mal, dans leurs canots mêmes.

« A deux heures du matin ils reprirent leur marche ascendante et arrivèrent à *Los dos Hermaños* pour déjeuner. Un grand bateau mis à sec sur la plage, couvert d'un toit et percé d'une porte, composait l'unique habitation de ce lieu et s'intitulait modestement *American Hotel*.

« Au delà de *Los dos Hermanos*, la végétation est plus belle et plus variée. L'élévation des berges, empêchant leur inondation, rend le climat de l'intérieur du pays beaucoup moins malsain qu'on ne serait porté à le croire quand on visite le village de *Navy-Bay*, aujourd'hui Colon-Aspinwall, point que les ingénieurs du chemin de fer inter-océanique ont adopté pour *terminus* sur l'Atlantique, afin d'éviter le port de Chagres, qui eût exigé des travaux dispendieux pour devenir accessible aux navigateurs.

« Il était quatre heures du soir quand les canots arrivèrent au village de San Pablo, où l'on s'arrêta ce jour-là. A partir de ce point, il fallut substituer le radeau à la barque, et la gaffe à l'aviron, ou plutôt la perche à la pagaye, la rivière au-dessus de San Pablo offrant de nombreux rapides et étant encombrée d'arbres engagés dans la vase, de ces *snags* si redoutés des pilotes des steamers du Mississipi (fig. 113).

« Nos voyageurs débarquèrent dans un « American Hotel » dont les murs étaient de bambous et de feuilles de palmier, comme ceux de toutes les huttes ou *ajoupas* du pays. Ils passèrent la nuit dans un hamac, et avec le jour ils reprirent leur navigation, qui se termina sans accident fâcheux, bien que, un peu avant d'arriver à Gorgona, les canots eussent dû franchir des rapides réputés dangereux.

« En ce temps-là presque toutes les maisons du village étaient des « Hôtels Américains », et quels hôtels ! Quelques-uns étaient en planches, la plupart en bambous. C'est là qu'il fallait faire marché avec des muletiers pour le transport des voyageurs et de leurs bagages jusqu'à Panama, c'est-à-dire jusqu'à la mer Pacifique.

« Après bien des déboires nos compatriotes finirent par s'entendre avec un *arriero*, qui leur fit payer cinquante-six francs par mulet de selle et trente francs par quintal espagnol (46 kilos), pour le transport des menus bagages sur une distance d'environ neuf lieues. Pour les gros bagages et les pièces un peu volumineuses, la route était si difficile qu'il fallait les transporter à l'épaule. Ce transit par *cargador* coûtait alors 63 francs le quintal espagnol. C'était aussi au moyen de *cargadores*, portant un long bambou sous lequel était suspendu un hamac, qu'on transportait les femmes et les malades. Ce voyage coûtait 150 francs. Au reste tous ces prix étaient très variables ; car au retour, — huit mois après, — nos compatriotes payèrent 90 fr. par mulet, et on leur assura que le mois précédent cette rançon avait atteint deux onces d'or.

« Le lendemain, à neuf heures, les voyageurs étaient en selle sur une route, ou plutôt par un sentier, qui traversait de splendides forêts. Le chemin n'était pas trop mauvais alors ; mais il était facile de constater que pendant la saison des pluies il devait être absolument impraticable. De même que sur les bords de la rivière on rencontrait, de temps à autre, de ces « American Hotels », qui, situés en pleine forêt équatoriale, avaient l'apparence de véritables coupe-gorge ; ce qui n'empêchait pas que tout rafraîchissement s'y payait au poids de l'or, bien qu'il fût absolument exécrable.

« Dans l'après-midi, les cavaliers firent halte près d'une colline appelée le Morro de Fuerza où, dans une de ces *auberges des Adrets* américaines, ils obtinrent une méchante assiette de riz, du mauvais biscuit et une bouteille de vin détestable, pour la somme de sept dollars, soit 36 francs 75 de notre monnaie !

« A sept heures du soir, ils entrèrent dans « l'American Hotel » de Dominica, pour y passer la nuit, et là ils rencontrèrent des voyageurs, qui, moins heureux qu'eux, avaient eu à subir toute sorte de vexations et de mésaventures. »

La route de Dominica à Panama est unie et facile ; aussi les Français l'eurent-ils bientôt achevée. Ils entrèrent alors dans un faubourg entouré de vergers et de cultures, et bientôt ils furent à Panama même.

Ils avaient été favorisés, et cependant ils avaient mis *cinq grands jours* à faire un trajet que le chemin de fer actuel fait en *quatre heures* ; encore n'avaient-ils pas tous leurs bagages et durent-ils attendre quelques jours pour rentrer en possession des équipages que transportaient les *cargadores*. Enfin, non seulement ils avaient perdu beaucoup de temps, mais encore ils avaient fait de très grosses dépenses.

Cet état de choses dura jusqu'à l'année 1855, époque à laquelle l'ingénieur américain Totten, dont les patientes explorations avaient fait reconnaître le trajet le plus court, le plus direct, d'un Océan à l'autre, commença la construction d'une voie ferrée reliant les deux Océans, par Colon et Panama.

Ce chemin de fer avait été concédé, le 15 avril 1850, à une Compagnie américaine, constituée à New-York, en 1849. Il fut commencé en 1851, par le colonel Totten, qui en dirigea les études et l'exécution.

Les Américains construisirent ce railway avec leur audace accoutumée, marchant, la boussole à la main, d'un Océan à l'autre, comblant des marécages, détournant des rivières, traversant des torrents, contournant des montagnes, montant, descendant, serpentant, mais allant toujours droit devant eux, jusqu'à ce qu'un jour le sifflement de la locomotive vint à retentir dans des parages où l'on n'avait jamais entendu que le chant des oiseaux et les hurlements des animaux sauvages.

A travers l'isthme américain, des milliers de voyageurs font maintenant, on quatre heures, un trajet qui demandait autrefois plusieurs jours, avec des dépenses énormes et des fatigues inouïes.

Le chemin de fer de l'isthme de Panama fut inauguré le 29 janvier 1855. Il avait été établi avec une telle hardiesse, et il courait tant de légendes sur sa construction, que l'on s'étonnait, au début, que l'on trouvât des conducteurs et des employés pour s'exposer tous les jours aux dangers du voyage.

Ce n'était pas sans terreur que l'on voyait les rails sur lesquels on glissait, supportés, à des hauteurs prodigieuses, par des échafaudages à peine étayés, et reposant sur un sol mobile, que les pluies torrentielles creusaient et menaçaient d'entraîner. Dans certains points, on était suspendu sur l'abîme, sans protection, sans garde-fou, et quand le niveau des rails avait été détruit par l'affaissement d'un des côtés du talus, on voyait les wagons s'incliner sur la pente. Alors, au souvenir de tout ce que l'on avait entendu raconter, on craignait de rouler, avec les wagons, dans d'affreux précipices. Heureusement, la réalité n'était pas aussi effrayante. Les conducteurs de trains étaient prudents. Ils avançaient doucement, faisant à peine 10 à 12 milles à l'heure, serrant les freins à chaque instant, et prenant toutes les précautions possibles ; ce qui n'empêcha pas, un jour, un des ponts en charpente de s'enfoncer, sous le poids de la locomotive.

Pour répondre aux craintes qui avaient été exprimées, la Compagnie avait toujours sous la main une armée de nègres et d'Indiens, qui travaillaient, sur toute la ligne, à consolider les échafaudages et à élever des remblais. On finit par améliorer beaucoup cette voie, et la rendre exempte de tout danger. Il ne faut pas oublier, d'ailleurs, que le trajet de l'isthme de Panama sur ce railway, était beaucoup moins dangereux que celui que l'on faisait dans l'isthme, quelques années auparavant, alors qu'on allait à dos de mulet, sous la conduite de nègres, qui volaient ou même tuaient les voyageurs, et où les fatigues, les nuits passées à la belle étoile, et l'exposition à des émanations marécageuses, occasionnaient souvent des fièvres dangereuses et opiniâtres.

A partir de l'année 1860, le chemin de fer de Colon à Panama, parfaitement consolidé, commença à faire un service tout à fait régulier. Le voyageur qui parcourt aujourd'hui ce railway, l'esprit débarrassé de toute crainte, peut admirer à son aise les merveilleuses beautés de la flore tropicale. Il y a, dans ces forêts, un incroyable amas des plantes les plus belles, où l'on compte, par millions, les palmiers, les cactus, et les bananiers sauvages. Au milieu de cette luxuriante végétation, les arbres les plus grands, les plus touffus, chargés des plus brillantes fleurs et de fruits exquis, se rapprochent, s'enlacent, se confondent, et se réunissent parfois les uns aux autres, au moyen de lianes d'une longueur démesurée, qui ressemblent à des millions de cordages partant de millions de mâts fantastiques. Ici, sur le bord de la voie, se trouvent d'innombrables pieds de sensitives, qui, par le mouvement imprimé au sol, ferment leurs feuilles et se recoquillent sur elles-mêmes. Là, ce sont des liserons, aux corolles rouges, bleues, azurées, ou bien des légumineuses grimpantes, aux fleurs en grappes, qui, revêtant toutes les couleurs du prisme solaire, recouvrent des herbes gigantesques, enveloppent des arbustes hauts comme des maisons, et forment des berceaux onduleux, ou bien des surfaces végétales sous lesquelles on n'aperçoit pas la plus petite trace du sol. Ce spectacle dure quatre heures.

La traversée de l'isthme de Panama en chemin de fer est donc aujourd'hui chose facile pour les voyageurs et leurs bagages. Quant aux marchandises amenées par les bâtiments, il faut qu'elles soient débarquées à Colon, chargées sur les wagons et réembarquées sur un autre bâtiment, à Panama. Ces transbordements compliqués ne sont pas du goût des armateurs ; ce qui fait que le railway ne transporte que ce que l'on ne peut pas faire passer ailleurs. Ce trafic restreint suffit, toutefois, pour donner un revenu de 15 à 16 p. 100 du capital employé dans sa construction.

Pour parer aux ennuis et aux frais des transbordements on eut, vers 1880, une idée bizarre et au moins hardie. On proposa de transporter sur les rails de la voie ferrée, un navire tout entier, avec sa cargaison. On avait déjà mis cette idée en avant pour une voie de ce genre à créer dans l'isthme de Téhuantépec. Les journaux américains et anglais ont eu l'air de s'occuper sérieusement de ce projet, et ont fait paraître de 1880 à 1885 des dessins pittoresques représentant un navire installé sur des trucs particuliers, remorqués par plusieurs locomotives. Nous reproduisons ici (fig. 114) un de ces dessins.

Nous n'avons pas besoin de dire qu'un tel projet conçu pour une voie ferrée à créer dans l'isthme de Téhuantépec, n'avait rien de raisonnable ; appliqué à la voie du chemin de fer de Colon à Panama qui n'avait pas été construite, pour traîner de pareilles masses.

FIG. 114. — PROJET DE TRANSPORT D'UN VAISSEAU SUR UN CHEMIN DE FER, DANS L'ISTHME DE TÉHUANTÉPEC

IV

Projet de jonction des deux Océans par un canal à écluses traversant le Nicaragua et le lac de ce nom. — Traité Belly conclu avec l'État de Nicaragua. — Études de Thomé de Gamond pour l'exécution de ce canal.

Le chemin de fer de l'isthme de Panama avait un peu ralenti l'ardeur des projets d'un canal maritime. Douze ans s'étaient passés depuis la publication du travail de Garella, et cette question paraissait oubliée en Europe et dans le nouveau monde, lorsqu'un publiciste français, Félix Belly, ancien rédacteur en chef du *Pays*, osa reprendre, sur les lieux, ce projet, dont l'importance et l'opportunité ressortaient suffisamment des divers événements politiques qui agitaient alors l'Amérique centrale, et dont nous omettrons le récit. Félix Belly comprit que le meilleur moyen de mettre les jeunes républiques de l'Amérique centrale à l'abri des audacieuses invasions des États-Unis et de ses flibustiers, c'était de réunir entre elles, pour en faire une puissance sérieuse, ces républiques, jusque-là fâcheusement divisées par une hostilité, fatale à leurs intérêts communs. On pouvait arriver à ce résultat en décrétant l'exécution du projet étudié par Garella, c'est-à-dire d'un canal de communication des deux mers, passant par l'État de Nicaragua, projet que l'on acceptait faute d'autre, malgré ses défauts bien connus.

Ayant réussi à éclairer sur leurs véritables intérêts politiques et commerciaux les représentants et les deux présidents des républiques de Costa-Rica et de Nicaragua, MM. Mora et Martinez, notre compatriote parvint à conclure et à faire signer, à Rivas, capitale du Nicaragua, un traité, qui prit le nom de *Convention de Rivas*, et dont tous les journaux publièrent le texte, à la fin du mois de juillet 1858.

Ce traité était conclu entre les gouvernements de Nicaragua et de Costa-Rica, d'une part, et, d'autre part, entre MM. Félix Belly et Millaud. Il avait le triple avantage de résoudre une question de limites, controversée depuis vingt ans, d'unir intimement, par une solidarité d'engagements et d'intérêts, deux pays jusque-là rivaux et toujours sur le point de succomber aux audacieux envahissements des États-Unis, enfin de forcer l'Europe, par l'appât de grands bénéfices, à diriger ses capitaux vers ces belles régions. Grâce à ce traité, les dissentiments qui divisaient depuis trente ans les deux peuples, pouvaient être aplanis.

Après la signature de la *Convention de Rivas*, Félix Belly, libre de choisir le tracé à adopter pour le futur canal maritime, reprit sur les lieux l'étude technique de cette question, déjà faite tant de fois. Le plan du prince Louis-Napoléon fut adopté par Félix Belly. Il restait seulement à donner, par un travail technique définitif, un corps précis à cette combinaison. De retour à Paris, Félix Belly confia ce soin à Thomé de Gamond, l'ingénieur qui s'était illustré par le beau projet d'un tunnel sous-marin entre l'Angleterre et la France, auquel nous avons consacré une longue Notice dans le deuxième volume du présent ouvrage.

Conformément au système du prince Louis-Napoléon, Thomé de Gamond établissait la communication entre les deux Océans en profitant d'abord du cours du fleuve Saint-Jean, depuis son embouchure dans l'Atlantique jusqu'à son origine dans le lac de Nicaragua. Cette partie, la plus développée du tracé de Thomé de Gamond, était empruntée, sans modification notable, au projet napoléonien. Le nouveau tracé s'en écartait ensuite en ce que, au lieu de se diriger vers le lac de Managua, pour le franchir, comme le proposait le prince, il traversait brusquement le lac de Nicaragua, de l'est à l'ouest, dans sa plus courte section, pour aboutir à la Sapoa, non loin de Moracia. C'est au sortir du lac seulement que commençait le canal maritime proprement dit, devant couper le massif de l'isthme par une profonde tranchée, pour déboucher enfin dans l'océan Pacifique, dans la baie de Salinas.

Selon le tracé de Thomé de Gamond, la ligne de navigation à parcourir pour relier les deux Océans n'avait pas moins de soixante lieues, à travers l'une des plus belles contrées du globe. Ce parcours paraît d'abord considérable, relativement à la largeur de la petite langue de l'isthme de Panama, qui n'a que douze lieues ; mais on va voir bientôt qu'au point de vue du creusement proprement dit, le tracé de Thomé de Gamond attaquait en réalité cet isthme là où il est le plus étroit.

En effet, si on suit le tracé sur la carte ci-jointe (fig. 115), on voit que, au moyen de la ligne de navigation déjà existante sur le fleuve Saint-Jean et sur le lac de Nicaragua jusqu'à Moracia, la plus grande partie du parcours inter-océanique est déjà franchie par la navigation sur le fleuve et le lac. On remonte ensuite le cours, également navigable, de la Sapoa, pendant près de deux lieues. Une pirogue ou un léger steamer qui accomplirait ce voyage, parvenu au cirque de Las Vueltas, sur la Sapoa, ne se trouverait plus

séparé de l'océan Pacifique *que par un isthme de trois lieues de largeur.*
C'est cet isthme que Thomé de Gamond proposait de couper par une pro-

CARTE DE L'AMÉRIQUE CENTRALE
avec le tracé du Canal Napoléon
et du Canal Belly, dans l'Etat de Nicaragua. (1858)

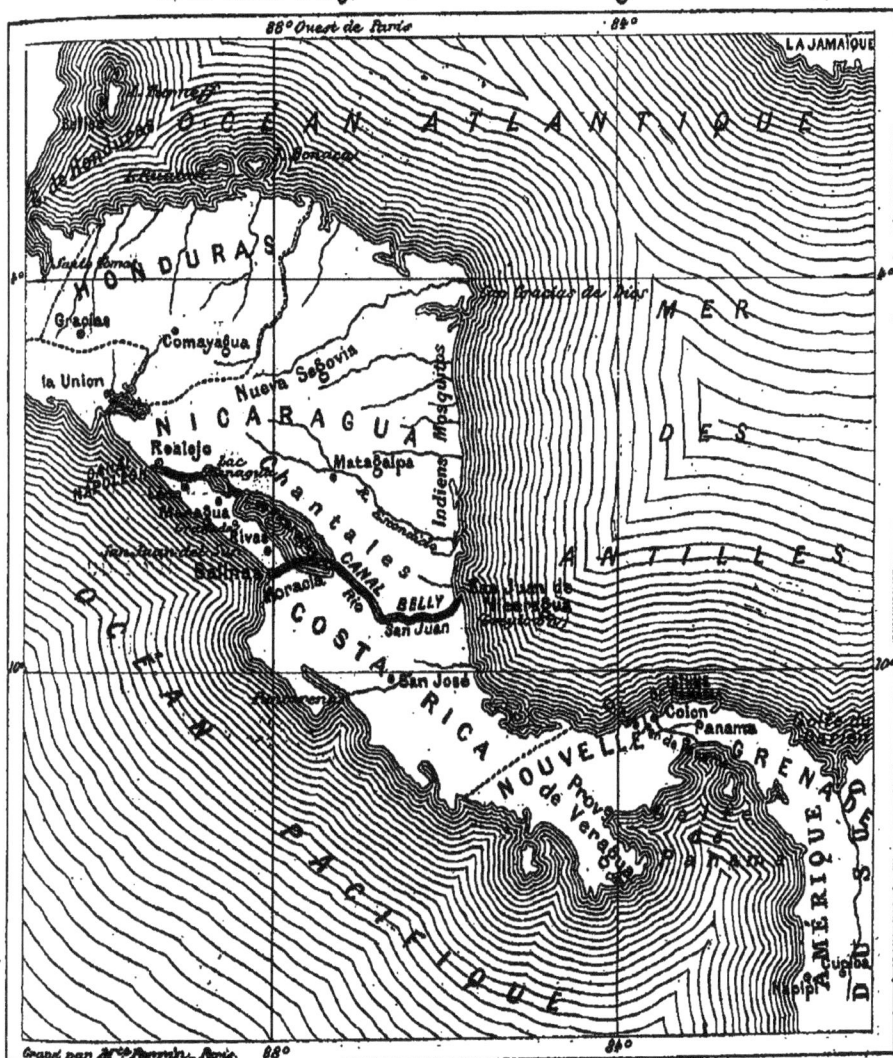

Fig. 115.

fonde tranchée, pour déboucher dans la magnifique baie de Salinas, où,
d'après le projet, on aurait créé un port.

Ainsi, amélioration, pour le passage des gros navires, d'une ligne de navigation déjà existante sur un parcours de 57 lieues, et coupure du relief de
l'isthme par une tranchée de 3 lieues seulement, ouverte dans le col de

Salinas : telles sont les deux propositions fondamentales sur lesquelles reposait le projet de Thomé de Gamond. Son tracé était un canal à point de partage, dont le réservoir supérieur était le lac de Nicaragua. Les eaux du lac se déchargeaient dans chacun des deux océans, Atlantique et Pacifique, par deux versants. L'un de ces versants était le fleuve San Juan canalisé, aboutissant à l'Atlantique, à San Juan del Norte. L'autre versant descendait à la coupure de l'isthme, dans la baie de Salinas, sur l'océan Pacifique.

Le point de partage du canal était, nous l'avons dit, le lac même de Nicaragua, vaste mer intérieure de 40 lieues de long, sur 15 de large, et présentant une surface de 6 milliards de mètres. Ce prodigieux réservoir est situé à 36 mètres au-dessus de l'Atlantique et à 38 mètres au-dessus du Pacifique. Sa profondeur moyenne dépasse 10 mètres, et les plus grandes profondeurs sondées descendent jusqu'à 84 mètres. Le lac est alimenté par quarante rivières, dont plusieurs sont navigables. Les variations de son niveau, selon la sécheresse et les pluies, oscillent dans une zone de 2 mètres. Quelques travaux de draguage, défendus par des jetées, auraient suffi pour établir partout un fond de 8 mètres, qui aurait permis aux navires de 2000 tonnes de passer, ainsi qu'aux frégates de premier rang et aux vaisseaux de ligne, allégés de leurs canons.

Un mot sur chacune des deux branches orientale et occidentale du canal proposé par Thomé de Gamond.

La branche orientale du canal de Nicaragua est le fleuve Saint-Jean lui-même, dont le parcours est de 175 kilomètres, depuis son origine dans le lac, au seuil de San-Carlos, jusqu'au port San Juan del Norte, sur l'Atlantique. Ce fleuve, qui, par sa largeur et sa profondeur, est comparable au Rhône, est entravé, dans son lit supérieur, par des barres de roches qui déterminent une série de *rapides*, dont la présence est un obstacle à la navigation. Thomé de Gamond se proposait de faire abattre ces roches par la mine. Les fonds vaseux auraient été approfondis par la drague à vapeur, et les berges relevées par des endiguements. La profondeur du fleuve aurait été ainsi réglée au tirant d'eau de 8 mètres, par l'abaissement du plafond et par la sur-élévation de la surface. Cette importante modification dans le régime du fleuve aurait été obtenue au moyen de sept écluses, réparties sur son cours, lesquelles auraient racheté aux trois quarts la pente naturelle du fleuve Saint-Jean. Cette pente, qui est actuellement d'un cinq-millième, serait réduite au vingt-millième. Le courant continu du fleuve ainsi canalisé n'opposerait plus d'obstacle sérieux à la remonte, et serait suffisant pour conduire à la mer les troubles que ses eaux tiennent en suspension.

La branche occidentale du canal projeté est une grande coupure artificielle pratiquée à travers l'isthme de Salinas. Le canal emprunte, pendant

FIG. 416. — SAN JUAN DEL SUR (OCÉAN PACIFIQUE)

plus d'une lieue, le cours navigable du Rio Sapoa, et conduit les eaux du lac
dans un bief de niveau, jusqu'au milieu de cet isthme. Il s'échappe de ce

IV.

45

point par une immense tranchée, dont le point culminant a 40 mètres de hauteur : puis rachetant, par 6 écluses, la dénivellation du Pacifique (38 mètres), il descend dans la baie de Salinas, qui est un des meilleurs mouillages du Pacifique.

« La tranchée du col de Salinas exigera, disait Thomé de Gamond, un déblai de 11 millions de mètres cubes. Le creusement du canal de Salinas produira 7,400,000 mètres cubes de déblai. Le canal de Salinas sera muraillé dans tout son parcours. Il aura 22 kilomètres de longueur, 44 mètres de largeur et 8 mètres de profondeur. Les sas de ces écluses, comme ceux du fleuve Saint-Jean, auront 30 mètres de largeur, 80 mètres de longueur, et leurs portes seront ouvertes à 15 mètres. Ils recevront à chaque éclusée 4 navires assortis, et pourront, aux époques de grande activité, livrer passage à plus de 300 navires par jour. »

D'après Thomé de Gamond, quatre années auraient suffi à l'exécution de cet ensemble de travaux, c'est-à-dire la canalisation du fleuve Saint-Jean et la tranchée de Salinas, qui devait recevoir le canal maritime proprement dit. Quant au capital nécessaire au parfait achèvement de ces travaux, Thomé de Gamond avançait le chiffre de 120 millions.

Thomé de Gamond avait même calculé, par avance, les revenus de ce canal maritime.

Déjà, dans son mémoire, le prince Louis-Napoléon avait tenté une évaluation de ce genre. Il estimait à 15 millions de francs les revenus du canal étudié par lui. Il s'appuyait, pour cela, sur le mouvement de navigation du cap Horn, tel qu'il avait été constaté en 1843. Mais combien la situation économique et commerciale de ces régions avait changé depuis cette époque! En 1843 et même en 1846, les gisements aurifères de l'Australie et de la Californie n'étaient pas découverts ; — le commodore Perry, de la marine américaine, n'avait pas encore forcé les portes du Japon ; — on ne connaissait de la Chine que Canton ; — le guano des îles Chincha n'était pas devenu une nécessité pour l'agriculture ; — le Pérou et le Chili n'avaient pas encore de commerce, parce qu'ils n'avaient pas de stabilité ; — les îles Sandwich n'étaient qu'un point négligé dans l'océan Pacifique ; — les grands steamers et les fins clippers qui, aujourd'hui, sillonnent l'Océan dans tous les sens, commençaient à peine à essayer leurs forces contre le vieux matériel de la marine à voiles. Une révolution se préparait dans la circulation métallique, dans la navigation internationale, dans les relations du continent austral et de la Polynésie avec l'Europe, ainsi que dans l'application de la vapeur à des constructions navales d'un tonnage énorme; mais cette immense révolution n'était pas même entrevue à cette époque. On peut dire qu'entre les années

1846 et 1858, il y a, au point de vue économique, un siècle de distance.
En 1846, le prince Louis-Napoléon portait à 900,000 tonneaux à peine

Fig. 117. — GREYTOWN, PORT DE SAN JUAN DE NICARAGUA (OCÉAN PACIFIQUE)

la contenance des navires qui doublaient chaque année le cap Horn, et,
dans ce chiffre, la Californie et les îles Sandwich ne figuraient guère que
pour mémoire. Aujourd'hui, le seul port de San Francisco accuse, dans
ses relevés de douanes, un mouvement de 1 million de tonneaux, et celui

de Honolulu, la capitale de Kamehameha IV, de 227,000 tonneaux. N'est-ce pas dire que toutes les appréciations du projet de 1846 se trouvaient singulièrement dépassées?

Par ces considérations, Thomé de Gamond évaluait à 50 millions le revenu annuel du canal inter-océanique.

Ainsi, une dépense de 120 millions et un revenu de 50 millions, voilà, d'après ses promoteurs, quels étaient les deux termes de l'opération.

Le projet étudié avec cette précision de vues, par Thomé de Gamond, fut au moment de recevoir son exécution. Mais les circonstances étaient peu favorables à une entreprise de cette importance. Des révolutions politiques continuelles agitaient les républiques de l'Amérique centrale ; et, d'un autre côté, les Américains ne voyaient pas de bon œil qu'une œuvre, qu'ils considéraient comme nationale, fût entreprise par des mains françaises.

En définitive, le projet du canal de jonction des deux mers à travers le Nicaragua, canal à écluses, mettant à profit les lacs naturels, bien que très séduisant, et au fond, très réalisable, fut abandonné.

Seulement, les longues études dont cette question avait été l'objet, avaient mis en évidence tous les avantages de l'entreprise, et démontré que, moyennant une dépense médiocre, les résultats à espérer étaient immenses pour le commerce de toutes les nations, particulièrement pour celui des deux Amériques.

On voit par cet historique rapide des diverses phases de cette question, que la pensée première du percement de l'isthme de Panama, pour la jonction des deux océans, est d'une date bien ancienne ; qu'elle n'est pas le propre d'un seul homme, mais qu'en réalité elle appartient à tous. Au seul aspect de la carte d'Amérique, il n'est personne qui n'ait songé à trancher la langue de terre qui unit les deux continents américains, pour éviter à la navigation l'immense détour par le cap Horn. Telle fut l'idée qu'émit le premier Nuñez Balboa, et, après lui, Fernand Cortèz, le conquérant du Mexique. Ce projet fut successivement repris, depuis le seizième siècle jusqu'à nos jours, par une série d'illustres promoteurs de l'entreprise. Bien qu'il y ait loin de cette idée à son exécution, l'histoire ne saurait trop honorer les hommes qui, les premiers, ont étudié une question de cette importance, et qui, par leur éminent patronage, ont rendu plus facile l'œuvre de ses heureux réalisateurs.

C'est sous l'empire de cette admiration légitime que nous avons cru devoir rappeler, après la proposition de Nuñez Balboa et celle du conquérant du Mexique, Fernand Cortèz, les efforts successifs d'Antonio Galvao, du ministre Pitt, d'Alexandre de Humboldt, du roi de Hollande, Guillaume Ier,

FIG. 118. — RIVIÈRE ET PORT DE RÉALEJO (OCÉAN PACIFIQUE)

de Garella, de Michel Chevalier; sans oublier une foule de navigateurs ou d'ingénieurs, tels que Moralès, Menesès, Espinosa, Pedrerias Andagova, et plus tard, Squiers, Trautwine et Jeffers, Childs et Fay, Fitz-Roy et Kelley, le docteur Cullen, Crossmann, Petterson, Strain, Gisborne, Prévost et Michler, enfin le travail produit sur cette question, en 1846, par le prince Louis-Napoléon, repris et complété par Félix Belly, puis étudié, au point de vue technique, par Thomé de Gamond.

Nous avons à suivre maintenant les progrès de ces mêmes études jusqu'au moment où elles aboutissent enfin à un résultat pratique, par la résolution, prise, en 1879, d'ouvrir le canal maritime de Colon à Panama.

V

L'ouverture du canal de Suez à la grande navigation, qui eut lieu en 1870, vint imprimer une grande activité aux travaux concernant la communication des deux Océans qui entourent l'Amérique. C'est, en effet, depuis 1871 que les explorations se suivirent de près. Savantes, hardies, persévérantes, elles revinrent, riches en documents précieux, prêtes à éclairer cette question, si remplie d'inconnues.

En même temps, les études géographiques, jadis si négligées en France, étaient remises en honneur, à la suite de nos désastres militaires, qui en démontrèrent l'utilité. A partir de cette époque, les grandes questions qui touchent à la géographie cessèrent d'être le domaine d'un nombre restreint de privilégiés ; elles commencèrent à passionner le public.

Les Américains, qui depuis de longues années, s'intéressaient aux études concernant le canal inter-océanique, entrèrent dans cette voie avec plus de résolution. En 1870, le gouvernement des États-Unis forma une commission d'ingénieurs, de marins, d'astronomes et de physiciens, qui eut pour mission de parcourir l'isthme de l'Amérique centrale, et d'en donner une topographie rigoureuse, afin de pouvoir se prononcer sur la valeur des différentes solutions essayées jusque-là concernant l'exécution d'un canal maritime entre les deux Océans.

Ce n'était pas une tâche facile ; car le sol de cette partie du continent américain est tantôt noyé par des marécages, tantôt occupé par d'épaisses forêts, qui n'offrent pour abri au voyageur, au savant, comme à l'aventurier, que quelques huttes perdues dans les bois, ou de rares villages, habités par des indigènes et des nègres, qui vivent tous à grand'peine dans ces lieux à demi sauvages. Les géomètres de l'expédition d'Égypte, en 1798, avaient eu à lutter contre les dangers et les empêchements de la guerre : les explorateurs américains, en 1870, n'avaient devant eux que les difficultés de la nature, mais, pour être d'une espèce différente, les obstacles étaient tout aussi grands des deux côtés.

La commission des savants américains accomplit sa tâche avec un dévoûment remarquable. On s'était partagé le pays, et depuis Téhuantépec au nord, jusqu'au Darien, au sud, on étudia toute la région pour laquelle des projets avaient été formulés.

Le commodore Shaffeld parcourut le Téhuantépec, afin de contrôler les divers projets qui avaient été proposés pour cette région ; tandis que les *commanders* Hatfield et Lull exploraient le Nicaragua, si bien étudié par Garella, et Thomé de Gamond. En même temps, le Darien était exploré par le *commander* Seldfridge et le lieutenant Collins.

Les études de terrain durèrent trois ans. Elles eurent pour résultat une série de projets, tous dressés avec soin, mais où dominait à peu près exclusivement l'idée d'un canal à série d'écluses. Il y avait de grandes lacunes dans l'examen topographique de la région de Panama fait par les ingénieurs des États-Unis, parce qu'il ne pouvait être question, là, d'un canal à écluses, et que l'idée de trancher les hauteurs des Cordillères apparaissait encore comme un trait d'audace téméraire, impossible à formuler sérieusement.

En définitive, le travail des ingénieurs des États-Unis, tout approfondi qu'il était, n'avança guère la question, et l'on ne voit pas bien ce qu'il ajouta aux données précédemment acquises par les études que Garella avait faites sur le terrain, avec le secours de nombreux instruments d'arpentage.

L'année 1871 vit la création d'une institution excellente. Nous voulons parler d'un *Congrès des sciences géographiques*, qui se réunit, pour la première fois, à Anvers. Parmi les questions qui furent agitées devant ce Congrès, se trouvait le percement de l'isthme américain. On tomba d'accord pour considérer la question du percement de l'isthme comme réclamant une prompte solution, dans l'intérêt de l'industrie, de la marine et du commerce universels, à qui de nouveaux champs de production étaient devenus indispensables. La coupure des Cordillères s'imposait comme le point de départ d'une ère exceptionnellement active de trafic nouveau et fructueux; mais les études des ingénieurs des États-Unis n'étaient pas encore publiées, de sorte que les éléments manquaient au *Congrès géographique* d'Anvers pour cette discussion. On dut se contenter d'examiner un projet dû à deux explorateurs français, MM. de Lacharme et Gogorza, consistant à couper les Cordillères au Darien, entre les cours navigables de la Tuyra, de l'Atrato et de son affluent, le Caquiri. Un savant américain, le

FIG. 119. — LA COMMISSION DES INGÉNIEURS AMÉRICAINS FAISANT DES LEVÉS DE PLAN A PARAISO (1871)

général Heine, qui assistait au Congrès, prit la défense de ce projet, qui exigeait le creusement d'un immense tunnel sous les Cordillères. Le Congrès vota la délibération suivante :

« *Le Congrès recommande le travail de M. Gogorza à l'attention des grandes puissances maritimes et de toutes les sociétés scientifiques.* »

Une deuxième réunion du *Congrès des sciences géographiques* eut lieu à Paris, en 1875, dans les salles encore debout du Palais des Tuileries, où l'on avait rassemblé une très importante collection d'objets et de documents relatifs à la géographie et à la géodésie. La question du percement de l'isthme américain revint sur le tapis ; mais les documents manquaient encore pour traiter la question à fond, on n'était pas plus riche en renseignements qu'en 1871.

On savait seulement qu'il existait quatre projets différents pour la traversée de l'isthme, projets que nous résumerons dans le tableau qui suit :

1. Tracé par l'isthme de Téhuantépec :

        Longueur . . . . 240 kilomètres ;
        Nombre d'écluses . . . . 120 ;
        Temps du passage . . . . 12 jours.
        On ne peut faire qu'un canal à écluses.

2. Tracé par le lac de Nicaragua :

        Longueur . . . . 292 kilomètres ;
        Nombre d'écluses . . . . 14 ;
        Temps du passage . . . . 4 jours 1/2.
        On ne peut faire qu'un canal à écluses.

3. Tracé par l'isthme de San-Blas :

        Longueur . . . . 53 kilomètres ;
        Tunnel long de . . . . 16 kilomètres ;
        Temps du passage . . . . 1 jour.

4. Tracé du Darien par l'Atrato-Caquiri :

        Longueur . . . . 290 kilomètres ;
        Nombre d'écluses . . . . 2 ;
        Tunnel long de . . . . 4 kilomètres ;
        Temps de passage . . . . 3 jours.

On dut se contenter, dès lors, d'émettre des idées générales, en exprimant le désir qu'un Congrès international fût convoqué à bref délai, pour réunir et coordonner tous les documents utiles, et formuler un avis en pleine connaissance de cause, sur la possibilité technique et financière de l'œuvre.

On était sous l'impression du succès toujours grandissant du canal de Suez; de sorte que le créateur de ce canal, M. Ferdinand de Lesseps, fut écouté par le *Congrès géographique*, comme une autorité de premier ordre. M. de Lesseps, pour la première fois, posa devant ce Congrès un principe qui devait plus tard dominer toute la question. Il déclara que les projets conçus jusque-là, qui comportaient un canal à série d'écluses, devaient être rejetés, et qu'il fallait absolument créer, d'une mer à l'autre, un canal à niveau et sans écluses, comme le canal de Suez.

Sans se prononcer sur l'opinion émise par M. de Lesseps, l'assemblée, après une discussion assez longue du vœu à formuler, adopta la résolution suivante :

« *Le Congrès exprime le vœu que les gouvernements intéressés à l'ouverture d'un canal inter-océanique en poursuivent les études avec le plus d'activité possible, et s'attachent aux tracés qui présentent les plus grandes facilités d'accès et de navigation.* »

C'était un vœu bien anodin, une formule vague, qui n'excluait mais ne recommandait aucun système, et qui n'ajoutait que peu aux idées débattues dans le précédent Congrès.

Cependant, à l'issue du *Congrès des sciences géographiques* tenu à Paris en 1875, un *comité français* se forma, pour l'« *étude du percement d'un canal inter-océanique* », sous la présidence de l'amiral de la Roncière le Noury et la vice-présidence de M. Meurand, président de la *Société de Géographie commerciale*. MM. Daubrée, Levasseur et Delesse, membres de l'Institut, faisaient partie de ce comité.

En même temps, une *Société civile*, constituée par M. le général Türr et M. B. Wyse, envoyait un groupe d'explorateurs dans le Centre-Amérique. Les explorateurs envoyés étaient MM. Cœllo, ingénieur en chef des ponts et chaussées; A. Reclus, lieutenant de vaisseau; Bixio, officier d'ordonnance du roi d'Italie; Gerster, Brooks et de Lacharme, ingénieurs.

Une deuxième exploration, — composée de MM. Verbrugghe, Sosa et de Lacharme, — fut organisée, pour compléter les travaux de la première.

L'agitation commencée en 1871, pour le percement de l'isthme américain, prenait de très grandes proportions dans les deux mondes. Les industriels, les marins et les commerçants de toutes les nations, « s'impatientaient de l'obstacle s'opposant encore aux échanges entre les deux grands Océans. »

L'expédition qui avait été décidée par la *Société française d'études*, se

Fig. 120. — MM. B. WYSE ET A. RECLUS PROCÈDENT A L'ÉTUDE TOPOGRAPHIQUE DE L'ISTHME DE PANAMA (1876)

mit bientôt en route pour l'Amérique. Composée du lieutenant B. Wyse, Armand Reclus, lieutenant de vaisseau, Bixio, officier d'ordonnance du roi d'Italie, Gerster, Brooks, Lacharme et Musso, elle explora les divers passages du Darien, la voie Tuyra-Acanti, l'isthme de San Blas et l'isthme de Panama. Toutes les vallées du versant méridional de la Cordillère furent reconnues, depuis le golfe de San Miguel jusqu'à Panama (fig. 120).

Trois membres de l'expédition, MM. Bixio, Brooks et Musso, succombèrent à la fatigue et à la maladie. Ils furent remplacés, dans la seconde période de l'exploration, par MM. Verbrugghe et Sosa.

L'expédition terminée, MM. Wyse et Reclus rapportèrent au *Comité français d'études* de Paris tous les documents nécessaires pour soumettre la question à un Congrès international (1). On disait partout, en effet, que les études faites étaient suffisantes, et que le moment d'agir était venu.

La réunion d'un Congrès international où la question serait examinée et résolue, fut donc décidée.

En 1879, le *Congrès international d'études du Canal inter-océanique* se tint à Paris, sous la présidence de M. de Lesseps, avec les vice-présidents, dont les noms suivent: Le contre-amiral Ammen, représentant les États-Unis de l'Amérique du Nord; le général sir John Stokes, représentant l'Angleterre; le vice-amiral Likhatchef, représentant la Russie; le commandeur Negri Cristoforo, représentant l'Italie; le colonel Cœllo, représentant l'Espagne.

Le 15 mai 1879, s'ouvrit, dans l'hôtel de la *Société de géographie*, la première des séances de cette assemblée.

Des quatre coins du monde étaient venus des hommes distingués, d'une impartialité sévère et d'un admirable dévoûment scientifique, qui, pendant quinze jours, travaillèrent sans relâche, et apportèrent l'autorité de leurs noms et leur expérience au service d'une étude, importante entre toutes.

Les pays les plus divers figuraient au Congrès. Le Mexique y prenait part, avec l'ingénieur F. de Garay, et la Chine, avec le mandarin Li-Shu-Chang. Les États-Unis étaient représentés par l'amiral Ammen, dont la science étendue rendit de grands services, le commandant Selfridge et l'ingénieur Menocal, deux esprits distingués et sympathiques. Les pays d'Europe avaient envoyé les premiers de leurs géographes et de leurs ingénieurs : sir John Hahskaw et sir John Stokes, le commandeur Cristoforo Negri, M. de Gioia, l'ingénieur Dirks, qui créa le canal d'Amsterdam, et son collègue

(1) *Rapports sur les études de la Commission internationale de l'isthme américain*, par B. Wyse et Armand Reclus, lieutenants de vaisseau, et P. Sosa, ingénieur. In-4°, avec planches. Paris, 1879, chez Lahure.

Conrad, le président Cérésole, le colonel Cœllo, le docteur Broch, l'amiral Likatcheff, le colonel Wouvermans, M. d'Hane Stenhuys. Il faudrait les citer tous, pour bien montrer quelle pléiade de savants éminents avaient accepté le rôle qui leur avait été offert dans cette réunion.

Parmi les plus compétents dans la question technique des travaux à exécuter, citons : MM. Couvreux, l'entrepreneur du canal de Suez, Louis Favre, le regretté entrepreneur du tunnel du mont Saint-Gothard ; Daniel Colladon, le savant physicien génevois, à qui l'on doit l'installation et la construction des machines à air comprimé dans les galeries des deux souterrains des Alpes ; Lavalley, l'entrepreneur des dragages du canal de Suez ; Dirks, ingénieur en chef du Waterstaat de Hollande ; Voisin, ancien directeur général des travaux de Suez, etc., etc.

En inaugurant le *Congrès international*, M. Ferdinand de Lesseps s'exprima ainsi :

« Mes remerciments ne peuvent manquer de s'adresser aux hommes éminents venus de toutes les parties du monde, sans autre souci que de prononcer, en toute impartialité, le verdict de la science sur la question si souvent agitée du Canal inter-océanique ; question qui, grâce à vous, va recevoir enfin une solution définitive. »

Quatre-vingt-dix-huit membres du Congrès prirent part aux études et aux délibérations quotidiennes, du 15 au 29 mai 1879.

L'utilité d'un canal mettant en communication la mer des Antilles et l'océan Pacifique, était incontestable ; mais à quel point précis devait s'ouvrir ce canal ? Devait-on creuser un bosphore artificiel, au moyen de tranchées approfondies plus bas que le niveau des mers ; ou bien fallait-il recourir à l'expédient des écluses, au moyen desquelles les déblais à effectuer sont diminués dans une notable proportion, mais au détriment des facilités de la navigation future ?

Pouvait-on songer, pour remplacer les tranchées trop profondes, qu'il serait impossible de percer sous les Cordillères, à creuser un tunnel pouvant laisser passer dans sa sombre et immense galerie, les gigantesques navires qui traversent les Océans ?

Toutes ces questions se posaient devant le Congrès, qui sut y répondre avec sagesse et autorité, mais sans vouloir empêcher que la discussion restât ouverte aussi longtemps qu'il était nécessaire.

Pour épargner autant que possible le temps, le Congrès fut subdivisé en cinq commissions, dont chacune se chargea d'étudier l'une des parties du sujet très complexe auquel il fallait répondre.

La première commission, présidée par M. Levasseur (de l'Institut), fut une *commission de statistique*, chargée d'évaluer le trafic probable du canal, c'est-à-dire de compulser les états de douane de tous les ports d'Europe et d'Amérique, pour dire quel tonnage, d'après toutes les prévisions, serait appelé à transiter d'un océan à l'autre, à travers le Canal américain. Comme il s'agissait d'une souscription publique à ouvrir, sans rien demander aux gouvernements, en laissant à l'entreprise son caractère industriel, en écartant toute ingérance politique, il importait de savoir si les capitaux engagés trouveraient une rémunération suffisante dans le mouvement maritime qui se ferait à travers le canal. La première commission devait calculer ce mouvement.

La seconde, qui porta le titre de *commission économique*, compléta la tâche de la première. Après avoir calculé le nombre des tonnes de marchandises qui prendraient la voie du Canal inter-océanique, il fallait savoir quel revenu donnerait ce trafic, et calculer, en conséquence, quel tarif de passage on pourrait imposer aux bâtiments transitants. Il fallait, dès lors, savoir quelles économies seraient la conséquence du percement de l'isthme américain ; quelle influence le Canal exercerait sur le commerce et l'industrie de chaque nation, et quels débouchés nouveaux il ouvrirait à l'industrie du monde entier. La seconde commission, dont le rapporteur était M. L. Simonin, eut pour mission d'examiner, dans ce but, les résultats économiques et financiers de l'œuvre.

Le rôle de la troisième commission fut plus technique. La réunion de marins qui le composait, devait discuter l'influence du Canal sur les constructions navales, élucider le régime des vents et des courants aux abords des divers canaux soumis à l'examen du jury, indiquer les conditions que la sécurité et la facilité du passage devaient réclamer. Cette commission calcula la vitesse des bâtiments d'après les dimensions de la voie d'eau, et présenta ses observations sur le rôle des écluses et des tunnels dans un canal destiné à recevoir les plus grands navires connus.

La quatrième commission, ou *commission technique*, devait donner son avis sur chacun des tracés présentés au Congrès par leurs auteurs. Différant en cela des autres sections, dont le rôle était d'une nature plus générale, elle devait discuter chacun des projets, au point de vue de l'art de l'ingénieur, en faire ressortir les avantages ou les difficultés, et déterminer la dépense qui résulterait de chacun d'eux, tant pour la construction du Canal que pour son entretien annuel.

La cinquième commission, qui porta le nom de *commission de voies et moyens*, eut à reprendre, en la complétant par des chiffres plus détaillés, l'œuvre de la seconde commission, et à fixer d'une manière précise le tarif qu'il y aurait lieu d'établir, en tenant compte des revenus probables du canal et du capital engagé pour son établissement et son exploitation.

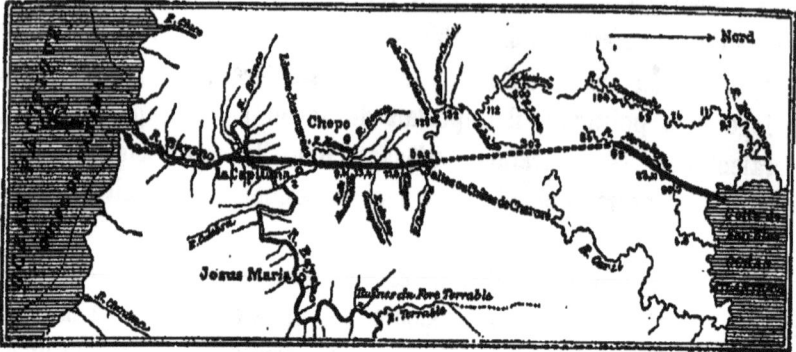

FIG. 121. — CARTE DU PROJET DE CANAL MARITIME PAR LE GOLFE DE SAN-BLAS

Les résultats généraux des débats du Congrès de 1879 sont consignés dans les procès-verbaux des séances, et surtout dans les remarquables

FIG. 122. — CARTE DU PROJET DE CANAL MARITIME PAR L'ISTHME DE PANAMA

rapports des commissions. C'est dans ces rapports, qui resteront comme les archives de l'histoire du canal américain, qu'il faut lire les renseignements,

FIG. 123. — CARTE DU PROJET DE CANAL MARITIME PAR LE LAC ET LE FLEUVE SAINT-JEAN DE NICARAGUA

si variés et si nombreux, les descriptions savantes, les études approfondies, qui se développèrent devant l'assemblée.

Cinq tracés devaient être étudiés par la *commission technique*. Ces cinq tracés donnaient lieu à quatorze projets, se rapportant pour la plupart à des canaux à séries d'écluses. Ces cinq projets étaient : 1° le canal par l'isthme de Téhuantépec ; — 2° le canal du Nicaragua ; — 3° la coupure des Cordillères par l'isthme de Panama ; — 4° la coupure de la même chaîne par San-Blas ; — 5° le tracé du Darien, par l'Atrato et le Caquiri.

Avant de procéder à l'examen de ces cinq tracés, la *commission technique* posa le système général selon lequel serait créé le nouveau canal maritime.

Le canal inter-océanique, comme le canal de Suez, devait être à une seule voie, avec garages, de distance en distance, pour les croisements des navires.

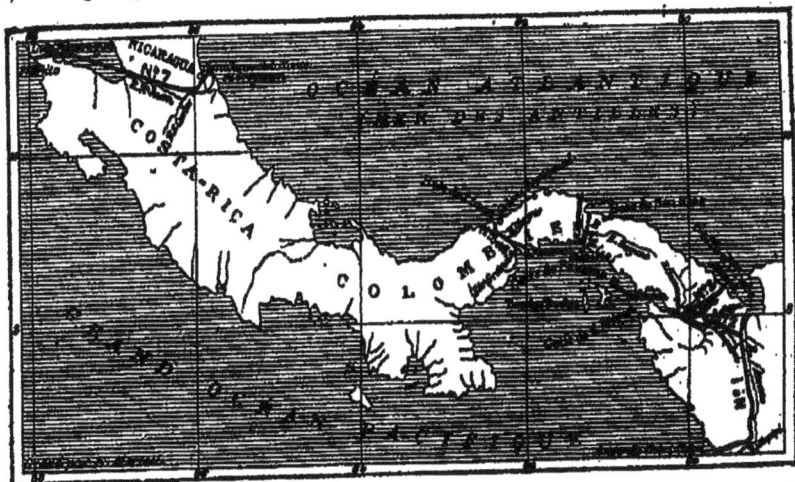

Fig. 124. — CARTE RÉSUMANT LES TROIS PRINCIPAUX PROJETS DE CANAL MARITIME A TRAVERS L'AMÉRIQUE CENTRALE

Ces garages ne seraient pratiqués que d'un même côté du canal, et auraient 500 mètres de longueur. Ils seraient établis de 10 en 10 kilomètres. La largeur du canal, à la base, serait de 22 mètres, avec 8^m,50 de profondeur comptée en contre-bas du niveau des plus basses eaux dans le canal, afin d'offrir une marge suffisante pour les envasements qui pourraient se produire, et qu'il faudrait enlever périodiquement. La largeur à la ligne d'eau serait d'environ 56 mètres. Les talus, convenablement inclinés suivant la tenue des roches, se prolongeraient jusqu'à 2 mètres au-dessus du niveau de l'eau, et seraient surmontés d'une banquette de 2 mètres de largeur. Le rayon minimum des courbes du tracé serait fixé à 2,000 mètres.

Chacun des projets présentés au Congrès devait passer au crible de ces exigences techniques, et le plus grand nombre ne pouvait y résister.

On écarta, par ces raisons, le tracé par Téhuantépec, comme étant d'une longueur excessive (240 kilomètres), et entraînant une durée de passage de douze jours, avec un nombre d'écluses incroyable (120) ; et celui du Darien, par l'Atrato et le Caquiri, pour lequel il fallait une longueur de 290 kilomètres, dont 4 kilomètres en tunnel, et qui exigeait, en même temps, deux écluses, en nécessitant une traversée de trois jours.

Il restait donc en présence trois projets : 1° celui du Nicaragua, qui comportait 14 écluses ; 2° celui de Colon à Panama, qui était à niveau plein ; 3° celui par le San Blas, qui demandait un long tunnel sous la montagne. Nous représentons dans trois cartes (fig. 121, 122, 123) ces trois projets.

Le tracé par le lac de Nicaragua fut défendu avec persistance et réunit un assez grand nombre de suffrages. Nous avons décrit ce projet avec détails, en faisant connaître les études de Thomé de Gamond ; mais un ingénieur nouveau venu, M. Blanchet, lui avait donné une autre physionomie. Il est donc nécessaire d'y revenir ici.

Nous avons dit que dans le Nicaragua, à l'altitude de 33 mètres au-dessus du niveau des deux Océans, il existe un lac, d'une superficie de 650,000 hectares et d'une profondeur de 25 mètres, qui ressemble à une mer intérieure. Ce lac a un émissaire sur l'Atlantique, par où s'écoule le trop-plein de ses eaux : c'est le fleuve San Juan, ou Saint-Jean, qui est navigable sur la plus grande partie de son étendue, et qui ne présente dans son parcours que deux *rapides* pouvant arrêter la navigation. Au lieu de chercher à vaincre ces *rapides*, le nouveau promoteur français du canal par le Nicaragua, M. Blanchet, proposait de sur-élever le niveau des eaux du lac, en plaçant une digue transversale sur le San Juan. Tout le terrain entre cette digue et le lac se trouvant ainsi inondé, M. Blanchet créait une digue semblable du côté de Rivas et du Rio-Grande ; puis il rachetait, au moyen de sept écluses de chaque côté, la différence de niveau entre le lac et les deux Océans. L'ingénieur français évaluait la dépense de ce canal à 220 millions de francs seulement, tandis que le projet présenté par les ingénieurs américains, avec le même parcours, et qui comportait 21 écluses, exigeait une dépense de 500 millions.

Comparé à celui de Colon à Panama, le canal de Nicaragua a une longueur quadruple (292 kilomètres, au lieu de 73) ; mais il faut compter près de 90 kilomètres par le lac ; restent 175 kilomètres par le fleuve San Juan, et 27 environ pour le trajet par Rivas et le Rio-Grande.

En partant de l'Atlantique, où se trouve Greytown, le port de San-Juan, qu'il faudrait rétablir. Le canal côtoierait le fleuve San Juan. Les bords de ce fleuve sont couverts de forêts vierges ; il y a cependant, çà et là, quelques habitations de planteurs. Après avoir franchi l'escalier des sept écluses, on arriverait dans le haut du fleuve San Juan, et de là, au lac de Nicaragua.

Entre le lac et l'océan Pacifique, le canal passerait près de Rivas, chef-lieu de la province de ce nom.

Après Rivas, on rencontrait de nouvelles écluses ; enfin on arriverait au port de Brito, qui n'est encore qu'un mouillage inhospitalier ; mais l'art de l'ingénieur en ferait bien vite un port maritime de premier ordre, qui marquerait l'entrée du canal sur le Pacifique, comme Greytown (San Juan) sur l'Atlantique.

M. de Lesseps, et avec lui les marins faisant partie du *Congrès géographique de* 1879, repoussaient le projet par le Nicaragua, parce qu'il nécessitait 14 écluses : c'était limiter, gratuitement, le nombre des navires qui pouvaient passer par le canal. En outre, sous le climat humide et chaud de l'isthme, les appareils produisant les mouvements de descente et de

Fig. 126. — CÔTÉ EST DE PANAMA

remonte de l'eau dans les écluses, devraient se détériorer rapidement, exiger des réparations fréquentes et amener des arrêts périodiques de navigation.

« Vous me reprochez mes quatorze écluses, répliquait M. Blanchet, mais j'ai trouvé le moyen de n'en employer que deux : une sur le versant de l'Atlantique, l'autre sur le Pacifique. Ce seraient deux écluses à très grande dénivellation ; car elles ne mesurent pas moins, chacune, de 40 mètres de hauteur. Elles ont été imaginées par les ingénieurs Pauchet et Sautereau, calculées et complétées par le constructeur Eiffel, qui est prêt à les exécuter. Aujourd'hui, du reste, avec les accumulateurs hydrauliques du système Armstrong, la manœuvre de ces gigantesques appareils, écluses ou ponts-tournants, n'est qu'un jeu. »

C'est ainsi que les deux projets rivaux, celui de Colon à Panama et celui par le Nicaragua, se faisaient loyalement la guerre, devant la *commission technique*, qui écoutait chacun avec impartialité, décidée à prononcer avec la droiture d'un juge désintéressé.

Les Américains, c'est-à-dire les délégués et les explorateurs des États-Unis, l'amiral Ammen, les commandants Lall et Selfridge et l'ingénieur Menocal, penchaient pour le canal de Nicaragua ; la plupart des ingénieurs français pour le canal de Panama.

La question fut vidée par un vote de 78 voix contre 8, qui écarta défini-

FIG. 127. — FAUBOURG DE PANAMA

vement le projet par le lac du Nicaragua, en raison surtout des difficultés qu'aurait présentées son exploitation.

Il ne restait donc en présence que la coupure de l'isthme de Panama en tranchant la chaîne de montagnes qui règne en ce point d'un bout à l'autre de l'isthme, et suivant les vallées laissées par l'écartement de ces montagnes. Ici, deux projets se présentaient : celui qui passait par San Blas, celui qui allait de Colon à Panama, en suivant à peu près la ligne du chemin de fer.

Dans l'isthme de Panama, auprès du village de San-Blas, l'isthme présente son minimum de largeur. La distance entre les deux Océans est seulement de 53 kilomètres, tandis qu'elle est de 73 kilomètres de Colon à Panama. Cette condition serait décisive pour le choix de l'emplacement d'un canal, si, malheureusement, la Cordillère n'offrait en ce point une hauteur excessive (300 mètres). Il aurait été impossible de pratiquer dans la montagne une telle coupure; on n'y songeait pas, d'ailleurs. On proposait seulement d'ouvrir sous la Cordillère un tunnel, qui aurait eu la

Fig. 128. — CATHÉDRALE DE PANAMA

longueur de 16 kilomètres, et qui aurait eu assez de hauteur et de largeur pour livrer passage aux navires. On invoquait l'exemple des tunnels du mont Cenis et du mont Saint-Gothard, pour faire accepter l'idée d'un tunnel aussi colossal. Mais quelle hauteur exacte aurait-il fallu pour donner passage aux navires? En raison des mâts des navires de haut bord, on calculait que le tunel aurait dû avoir 85 mètres de hauteur, sept fois la hauteur du tunnel du mont Saint-Gothard. Tout cela n'était pas sérieux, car il y a des limites à l'audace humaine.

Aussi le projet du canal à niveau par le San Blas fut-il unanimement écarté.

Ce fut donc un projet de canal maritime à niveau, allant de Colon à Panama, basé sur les travaux de MM. B. Wyse, officier de notre marine, et Armand Reclus, appartenant également à la marine française, qui fut adopté.

MM. Wyse et Reclus, dans leurs études pour un canal à travers les Cordillères, de Panama à Colon, avaient formulé deux solutions pour le passage de la montagne : creuser sous le point le plus élevé, la Culebra, qui n'a pas moins de 100 mètres d'altitude au-dessus du niveau moyen de la mer, sur une longueur de 150 mètres, un tunnel, par les procédés qui avaient si bien réussi au mont Cenis et au mont Saint-Gothard, et faire passer les navires sous ce tunnel, — ou bien couper hardiment la montagne, y pratiquer une véritable brèche de Roland, en réunissant sur ce point toutes les forces dont disposent aujourd'hui la science et l'industrie.

Après de longues délibérations, la commission technique se prononça contre le tunnel, et adopta la coupure de la Cordillère à ciel ouvert. Les succès obtenus dans le percement de l'isthme de Suez, donnaient l'espoir de la complète réussite de ce hardi nivellement, quelle que fût son importance, à la condition d'y mettre le nombre voulu de machines et de travailleurs.

Le 29 mai 1879, le Congrès vota, par 78 voix contre 8, et 12 abstentions, la décision suivante :

Le Congrès estime que le percement d'un Canal inter-océanique à niveau constant, si désirable dans l'intérêt du commerce et de la navigation, est possible.

Et que ce Canal maritime, pour répondre aux facilités indispensables d'accès et d'utilisation que doit offrir avant tout un passage de ce genre, devra être dirigé du golfe de Limon à la baie de Panama.

Voilà avec quelle majorité fut accueilli le projet du canal à niveau allant de Colon à Panama, et comment furent couronnés les efforts hardis et persévérants de nos compatriotes, les lieutenants B. Wyse et Armand Reclus. Si l'on examine, d'ailleurs, le caractère des votes, on peut bien dire que c'était la presque unanimité ; car parmi les opposants et les abstentionistes figuraient les représentants des États septentrionaux de l'Amérique centrale, que les avantages locaux rendaient plus sympathiques au canal du Nicaragua.

C'est, en définitive, le tracé de Garella, de Totten, de B. Wyse et Armand Reclus, que le Congrès adoptait. Ce tracé coupe l'isthme à la hauteur du 9° parallèle, entre le golfe de Limon, sur l'Atlantique, et la baie de Panama sur le Pacifique. Il est deux fois moins long que le canal de Suez, car il n'a que 73 kilomètres, au lieu de 162 ; il offre deux ports excellents sur les Océans, le voisinage de deux villes pleines de ressources, une contrée peuplée, et il se trouve près d'un chemin de fer en pleine exploitation.

Quand on se rappelle combien de gens et des plus éminents ont déclaré impraticable le percement de l'isthme de Suez, on sent s'évanouir les doutes qui peuvent subsister à l'encontre d'une œuvre aussi colossale. Que d'objections n'élevait-on pas sur la possibilité de creuser le canal égyptien ! Comment créer un port dans le golfe de Péluse et ses plages marécageuses ? Comment traverser les barres du lac Menzaleh, fouiller le seuil d'El-Guisr, enlever les sables du désert, installer des chantiers à 25 lieues de tout village, dans un pays sans habitants, sans eau, sans routes ? Comment remplir le bassin des lacs Amers, pour empêcher les sables d'envahir le canal ? N'étaient-ce pas là autant de folies ? Ces folies sont aujourd'hui des réalités. Tout fait donc espérer que le canal de Panama ne sera pas plus difficile à mener à bien que le canal de Suez.

Dans ce Congrès mémorable, la lutte s'était posée, ardente et catégorique, entre le canal à série d'écluses et le canal à niveau. On vient de voir que ce fut ce dernier système qui l'emporta. La question étant d'une grande importance technique, nous consacrerons la fin de ce chapitre à reproduire les considérations par lesquelles M. de Lesseps entraîna la décision du Congrès en faveur d'un canal à niveau, de préférence à un canal comportant des écluses.

Voici donc les arguments que fit valoir M. de Lesseps à l'encontre de tous les canaux à série d'écluses, et en faveur du canal à niveau plein, de Colon à Panama.

M. de Lesseps établit fort bien qu'un canal à écluses, comme on le proposait pour le canal du Nicaragua, n'est plus en rapport avec les énormes dimensions que l'on donne aujourd'hui aux navires ; — que les rivières, qui ont des angles très aigus, ne pourraient recevoir les grands bateaux à vapeur que l'on construit aujourd'hui, — qu'en outre, le passage des écluses entraîne un temps considérable, temps que ne peuvent perdre les énormes paquebots actuels, ayant quelquefois 2,000 francs de frais quotidiens. ..

« Aujourd'hui, dit M. de Lesseps, avec les grands vapeurs rapides, dont la longueur va jusqu'à 140 mètres, on ne peut pas suivre les cours des rivières qui ont des angles très aigus. Il est donc nécessaire de faire des canaux maritimes ayant des lignes presque droites, ou au moins des courbes qui aient 2,000 mètres, au minimum, de rayon ; de sorte qu'il serait impossible, avec les rivières d'Amérique, d'avoir des lignes assez droites pour ces grands bâtiments. La navigation autrefois était à voiles, et on comprend parfaitement que les Américains, dont la marine à vapeur n'est pas encore très développée, aient cherché à trouver un passage en rapport avec leurs bâtiments à voiles, qui peuvent perdre du temps. C'est alors qu'ils se sont attachés à l'étude du canal du Nicaragua, qui semblait le plus approprié à la navigation à voiles, parce qu'il y a dans le milieu un réservoir inépuisable, le lac de Nicaragua ; de sorte que l'idée première a été conçue d'après les anciennes habitudes de la navigation.

« Le canal de Suez a prouvé tout cela par l'expérience. Lorsqu'on en commença les études, la moyenne des navires allant des Indes en Europe, était de 500 tonnes. On voit maintenant dans le canal des bâtiments de 4,000 à 5,000 tonnes, qui transportent des régiments entiers, de 1,500 à 2,000 hommes, avec femmes et enfants. Il faut donc comprendre que la navigation s'étant modifiée et les bâtiments à voiles n'ayant plus la même importance pour la grande navigation, un canal approprié à la grande navigation actuelle devenait nécessaire.

« Les anciens voiliers ne peuvent pas transporter de grandes charges de marchandises. C'est pour cela qu'on a allongé les bâtiments à vapeur. Autrefois, un bâtiment mesurait en longueur quatre ou cinq fois sa largeur ; on avait des bâtiments de 30 ou 40 mètres de longueur seulement. A l'heure qu'il est, c'est jusqu'à treize fois la largeur des navires qu'on leur donne en longueur. Il faut donc faire des canaux en rapport avec ces dimensions des bâtiments et permettant à ceux-ci de transiter rapidement, quand on songe surtout que maintenant un bateau à vapeur de 4,000 à 5,000 tonnes, dépense 1,500, 2,000 à 2,500 francs par jour, et ne peut pas, dès lors, augmenter les arrêts dans son voyage. Il fallait donc chercher le canal le plus facile de tous pour le mouvement de la navigation.

« Le canal de Nicaragua ne serait pas dans ces conditions. Le projet de ce canal est dans la partie, non pas la plus large, mais à peu près la plus large de l'isthme ; il a 292 kilomètres de longueur et 14 écluses. Si, dans le principe, il était rationnel de chercher à se servir de l'eau intérieure pour faire un canal maritime, quand il n'y avait que des bâtiments à voiles, aujourd'hui que la vapeur a allongé les navires dans une proportion inouïe,

FIG. 129. — VUE DE COLON, SUR L'OCÉAN ATLANTIQUE

il faut répondre aux exigences de cette navigation. On ne pouvait pas penser, au milieu de notre siècle, qu'il y aurait des bâtiments de 140 mètres de longueur, et cependant les ingénieurs du canal de Suez avaient prévu la nécessité des courbes à grands rayons, qui permettraient aux plus grands navires de traverser facilement le canal.

« Un bâtiment, de la longueur fabuleuse de 150 mètres, pourrait passer par le canal de Suez. S'imagine-t-on bien ce que c'est qu'un bâtiment de 150 mètres de long ? Si l'on va sur une route, la distance d'un hectomètre à l'autre est presque à perte de vue. « Dans ces conditions, les bâtiments à vapeur, peuvent transporter les marchandises à meilleur marché que les bâtiments à voiles. On voit des navires à vapeur chargés de grains, ou de marchandises les plus communes, qui traversent le canal, venant des Indes et d'Australie, et qui supportent parfaitement les frais de navigation ; les assurances, du reste, ont beaucoup diminué. Mais il est évident que des bâtiments à vapeur de 140 mètres de long, dépensant 2,000 francs par jour, ne peuvent pas s'arrêter. Quand ils sont dans le canal de Suez, à peine ont-ils pris leurs papiers qu'ils s'en vont immédiatement. De sorte qu'aujourd'hui il est complètement impossible de faire un canal maritime avec écluses. »

M. de Lesseps déclara formellement au *Congrès géographique de Paris*, en 1875, qu'il ne donnerait jamais son adhésion, à cause de l'expérience du canal de Suez, à un projet qui consisterait à faire aller les navires d'une mer à l'autre par le moyen des eaux intérieures, c'est-à-dire avec des écluses.

« Le passage d'une écluse, dit M. de Lesseps, emploie au moins une heure. Ainsi, à Bordeaux, on a inauguré, en 1879, un magnifique dock flottant, pour les grands paquebots. Il y a une écluse qui a été admirablement construite par les forges du Creusot. Une seule personne peut manœuvrer les portes d'entrée et de sortie ; les portes s'ouvrent avec une profondeur d'eau de 8 mètres à 8m,50 ; c'est un progrès énorme. Eh bien, malgré tout, on lit dans les journaux, que le *Congo*, de la *Compagnie transatlantique*, est resté une heure et demie pour effectuer sa manœuvre. Donc, c'est une heure et demie perdue, sans compter le temps qu'il faut pour ralentir la marche du bâtiment. Un certain nombre de navires dans le canal, entraveraient bientôt le transit.

« On a prétendu que le canal à écluses par le Nicaragua serait moins cher que le canal maritime. Or, l'un a 292 mètres de long, l'autre 73 mètres. On a, dans l'un et l'autre projet, deux montagnes à trancher. Bien que du côté de Panama, la montagne soit plus élevée, celle qui est du côté de

Nicaragua est plus compacte. A Panama on a bien un point de 100 mètres de hauteur, mais ce n'est qu'un point, ce n'est qu'une flèche.

« Dans le projet par le Nicaragua, sur 39 courbes, ou tranchées ou remblais, 28 n'ont que des rayons insuffisants, descendant jusqu'à 670 mètres. Or, avec les navires d'aujourd'hui, il faut 2,000 mètres de rayon pour qu'un navire puisse tourner; il est impossible qu'un navire de 140 mètres puisse tourner dans un rayon de 800 mètres.

« On a dit que les Américains étaient opposés à l'entreprise. Il faut comprendre la situation. Voilà un peuple qui, depuis vingt ans, a envoyé à grands frais, c'est-à-dire avec une dépense de 30 millions, les hommes les plus considérables de l'Amérique, pour étudier la topographie de l'isthme. Leurs meilleurs ingénieurs et leurs meilleurs marins ont parcouru toutes les côtes de l'Atlantique et du Pacifique, pour examiner tous les passages; mais leurs études n'avaient pas fourni la solution pratique, parce qu'ils en étaient toujours au canal à série d'écluses, pour les raisons indiquées plus haut. Il appartenait au Congrès de 1879 de donner enfin la bonne solution.

« Les Américains ont eu comme une espèce de saisissement quand ils ont vu triompher un système qui leur avait échappé, à eux, qui avaient tant étudié la question. Ce sont là choses qui arrivent constamment; il faut en prendre son parti.

« L'entreprise, a-t-on encore objecté, empiétait sur les droits des Américains. On prétend qu'ils doivent être les maîtres de tous les canaux qui pourraient se faire. C'est une erreur, attendu que les États-Unis de Colombie sont souverains et indépendants, aussi bien que les États-Unis de l'Amérique du Nord ou plusieurs autres États intermédiaires. La république de l'Équateur, le Vénézuéla, le Chili, le Guatémala, la Colombie, sont tous des États indépendants; de sorte que cette objection n'a pas de raison d'être. Le président de la république des États de Colombie a ratifié le traité qui autorise le percement de l'isthme par la *Société française* présidée par M. de Lesseps. »

« Une dernière considération, ajoute M. de Lesseps. Il n'y a pas, dans l'isthme de Panama, de tremblements de terre. Un ingénieur allemand fit cette motion : « Il faut choisir surtout Panama, parce qu'il n'y a pas de tremblements de terre. » Et M. Daubrée, directeur de l'École des mines, qui présidait la *Commission technique* ajouta : « En effet, d'après nos cartes géologiques, il n'y a pas de tremblements de terre dans cette partie du monde. »

« Songez à ce que produirait un tremblement de terre : les écluses se disjoindraient. Voyez les difficultés énormes qu'il y aurait à vaincre, les talus qui pourraient descendre : toutes les dépenses pourraient être perdues. Le lac de Nicaragua est au milieu de cinq volcans, tandis qu'à Panama il n'y a pas de volcans. Un inspecteur général des ponts et chaussées disait : « Un des grands motifs du choix de Panama fait par la Commission, a été cette certitude qu'il n'y avait pas de tremblements de terre ; car avec des tremblements de terre, si l'on fait des tranchées dans les montagnes, la plus légère oscillation du globe engloutirait les navires. »

Tel est, à peu près, le plaidoyer que le grand perceur d'isthmes présenta au *Congrès géographique de Paris* en 1879, et telles sont les considérations qu'il reproduisait dans les conférences publiques qu'il entreprit pendant la même année, pour convertir le public à ses idées.

VI

Tracé du canal maritime. — Hauteurs des cols de montagnes à couper. — Mode d'exécution. — Le Chagres. — Le réservoir du Chagres à créer, pour prévenir les crues et les inondations. — La tranchée de Culebra. — Les ports sur les deux Océans.

Nous arrivons à la description du canal maritime, à son tracé et à son mode d'exécution. Mais pour faire bien comprendre ces diverses particularités, il faut donner une idée générale de la géographie de l'isthme américain.

L'isthme de Panama s'étend sur 2,300 kilomètres de longueur, allant du nord-ouest au sud-est. Les côtes seules et les bords de quelques fleuves importants, sont peuplés: l'intérieur du pays est peu habité; car sa population totale se chiffre par trois millions d'âmes, tandis que, pour la France, une égale superficie en compte sept à huit fois davantage. Le pays ne renferme que quelques routes, qui sont insuffisantes et mal entretenues. On compte, comme voies de communication, sur des rivières, particulièrement sur le Rio Chagres. Mais les cours d'eau sont souvent entrecoupés par des *rapides*, à pente brusque, où les eaux se précipitent, comme d'une cataracte. Pour franchir ces passages, les Indiens quittent leurs pirogues, et ils les transportent sur leur dos, ou bien à force de bras, jusqu'après le *rapide*; mais les voyageurs étrangers, qui n'ont pas d'aussi légères embarcations, sont souvent arrêtés court par ces accidents de navigation.

Le climat de l'isthme de Panama est excessif: c'est-à-dire que la chaleur y est extrême une partie de l'année, et que les pluies, toujours très abondantes, y durent six mois par an. La quantité de pluie qui tombe annuellement, à Panama, est évaluée au chiffre extraordinaire de 3 mètres, alors qu'à Paris, par exemple, il tombe annuellement $0^m,564$ d'eau; à Bordeaux $0^m,650$; à Londres $0^m,546$; à Bruxelles $0^m,715$; à Rome $0^m,784$; à Florence $0^m,915$.

Il n'est pas étonnant qu'avec une température élevée et une telle abondance de pluies, la végétation se développe très vite. Aussi la vie organique est-elle réellement exubérante dans l'isthme américain. Partout, à l'intérieur de l'isthme, on trouve des forêts vierges, avec leurs grandes fougères, leurs cocotiers, leurs cactus et leurs aloès gigantesques ; des fourrés dans lesquels les lianes forment un lacis inextricable, où l'indigène se fraye un passage étroit avec la hache ou le couteau. L'arche de Noé semble avoir déversé sur cette langue de terre ce qu'elle contenait de pire : jaguars, serpents à morsure dangereuse, caïmans à la gueule épouvantable, araignées monstrueuses et scorpions venimeux. En revanche, le pays se prête d'une façon étonnante à la culture, ainsi qu'à la vie industrielle, qu'il attend pour se transfigurer.

La partie la plus étroite de l'isthme se trouve à 49 kilomètres de Panama, entre l'embouchure du Rayano et la baie de San Blas, sur l'Atlantique. La distance des deux mers n'y est, comme nous l'avons dit dans le chapitre précédent, que de 53 kilomètres ; elle atteint 73 kilomètres à Panama ; mais la Cordillère, qui, au droit de San Blas, s'élève à plus de 300 mètres, éprouve avant Panama une dépression considérable, sur une longueur d'environ 45 kilomètres, depuis les *Altos de Maria Enrique* jusqu'aux flancs escarpés du *Cerro de Trinidad*. Dans la partie orientale de cette étendue, on remarque quelques collines, qui sont appelées *los Ormigeros*. Plus loin, la Cordillère, vue de la mer, se présente comme un plateau très boisé, sillonné par quelques cols.

Le plus abaissé de ces passages est le col de la Culebra, situé au nord-ouest de Panama. Son altitude est de 101 mètres au-dessus du niveau moyen de l'Océan. Le chemin de fer de Colon à Panama remonte les pentes de la Culebra.

Sur le versant méridional de la Cordillère, les cours d'eau sont de peu d'importance ; mais sur l'autre versant, un fleuve considérable, le Chagres (*Rio Chagres*) coule au pied des montagnes. Près du village de Matachin, le Chagres reçoit le Rio Obispo, qui descend du col de la Culebra, se détourne vers l'ouest et y porte ses eaux, généralement troubles, en suivant un lit sinueux ouvert dans une vallée, qui est marécageuse en plusieurs endroits.

La superficie du bassin de cette rivière paraît être de 2,650 kilomètres carrés. L'altitude de Matachin au-dessus de la mer, est de 13 mètres seulement.

Au même lieu, le débit moyen du Chagres est évalué à 100 mètres cubes par seconde. Il atteint 500 ou 600 mètres dans les crues ordinaires. Certaines crues exceptionnelles donnent même l'énorme débit de 1200 mètres par seconde.

Ces conditions topographiques et climatologiques posées, arrivons au tracé du canal.

Il prend son origine sur l'océan Atlantique, à Colon (autrefois Aspinwal) dans la baie de Limon ; traverse le seuil de Loma del Mono, se développe dans la vallée du Chagres, qu'il abandonne, à Matachin, pour celle de l'Obispo ; franchit, par une tranchée, la Cordillère, au col de la Culebra, et suivant la vallée d'un cours d'eau connu sous le nom de *Rio Grande*, arrive dans l'océan Pacifique, près de Panama, en face de Perico. Sa direction générale est celle du nord-ouest au sud-sud-est.

La longueur totale du canal, depuis la baie de Limon jusqu'à Périco, est de 73 kilomètres.

Sa largeur est la même que celle du canal de Suez : 22 mètres ; mais sa profondeur est un peu plus grande : 8 mètres, ou 8^m,50, afin que les navires ayant un tirant d'eau de 8 mètres, comme on en voit maintenant un certain nombre, puissent passer sans encombre.

Au passage de la Cordillère, sur une longueur de 25 kilomètres, on a fixé la largeur du canal à 24 mètres, et sa profondeur à 9 mètres.

Des lisses en bois, fixés de chaque côté, à la hauteur de la ligne d'eau, protégeront les navires contre tout frottement sur les rochers.

Le canal devant être à une voie, comme celui de Suez, on a projeté six gares de croisement, de grandes dimensions.

Nous ajouterons que le canal sera pourvu d'une écluse, ou, pour parler plus exactement, d'une *porte de marée*, aux abords de Panama. Le *Congrès de Paris* a pensé que, vu la grande différence des niveaux entre les océans Pacifique et Atlantique (2 mètres à 6 mètres, à Colon, pour 0^m,30 seulement, à Panama), il s'établirait un courant, qui nuirait à la navigation. En conséquence, et malgré les répugnances pour tout obstacle à la navigation que professent les auteurs du projet qui nous occupe, le canal aura une *porte de marée* à Panama. Les eaux seront maintenues au niveau, peu variable, qu'elles affectent dans l'océan Pacifique.

Les hommes les plus compétents du *Congrès géographique* n'ont pas été parfaitement d'accord sur le temps qu'exige le passage d'un grand navire à une écluse ; mais il a été reconnu que, eu égard à l'irrégularité des arrivages, un seul *sas* ne pourrait suffire au mouvement commercial qui doit se produire. On a donc adopté une *porte de marée* à trois *sas* indépendants, dont chacun sera muni de quatre paires de portes, deux d'*ebbe* et deux de flot. La variation des niveaux relatifs rend cette disposition nécessaire.

Les navires qui arriveront du Pacifique à Panama, s'y arrêteront, pour régler diverses formalités, acquitter le péage et prendre quelques approvisionnements. Cette obligation entraînera un temps plus que suffisant pour

CARTE GÉNÉRALE DE L'ISTHME DE PANAMA
avec le tracé du Canal des deux océans.

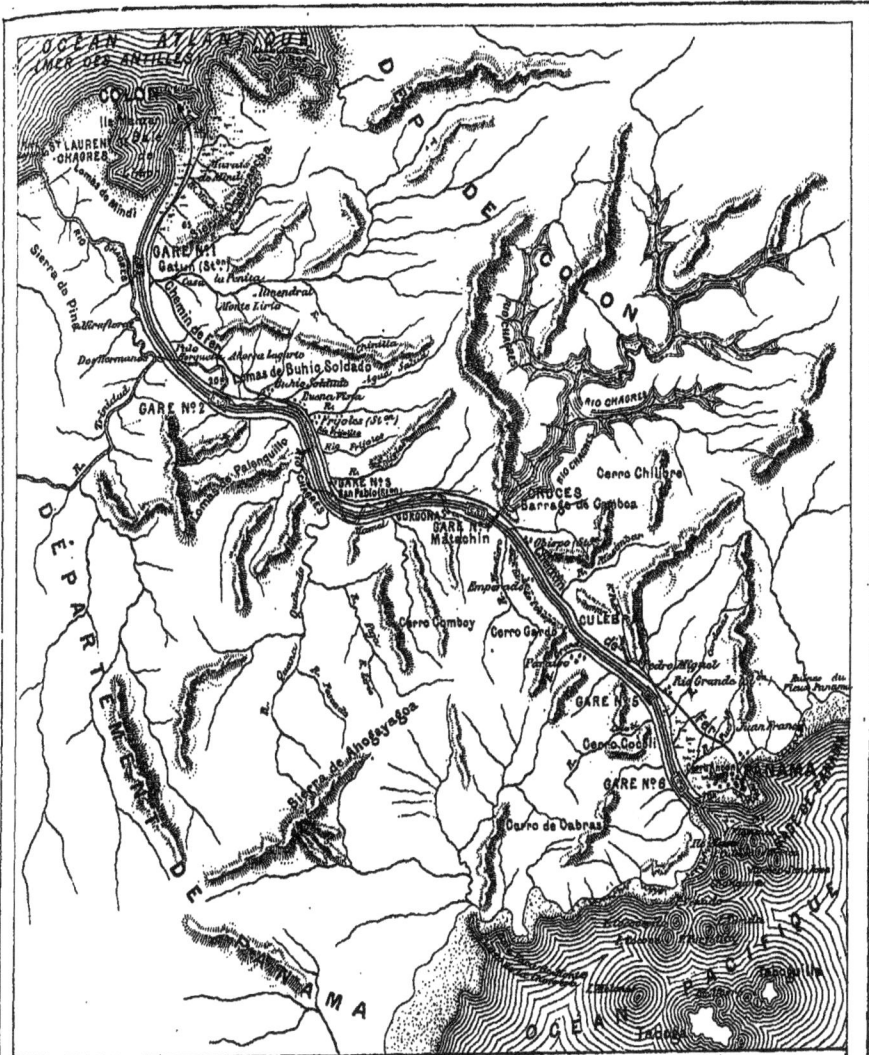

OCÉAN ATLANTIQUE
MER DES ANTILLES

COLON

DÉPARTEMENT DE COLON

GARE N°1
Gatun (St°)

GARE N°2

GARE N°3
San Pablo

CRUCES
Barrage de Gamboa

Cerro Chilibre

RIO CHAGRES

GARE N°4
Matachin

DÉPARTEMENT DE PANAMA

Cerro Gamboa

Cerro Gordo

CULEBRA

GARE N°5

Pedro Miguel
Rio Grande

Cerro Cocoli

GARE N°6

PANAMA

Sierra de Ahogayegua

Cerro de Cabras

OCÉAN PACIFIQUE

POSITIONS RELATIVES DE **PANAMA** ET **COLON** AVEC LES 5 PARTIES DU MONDE.

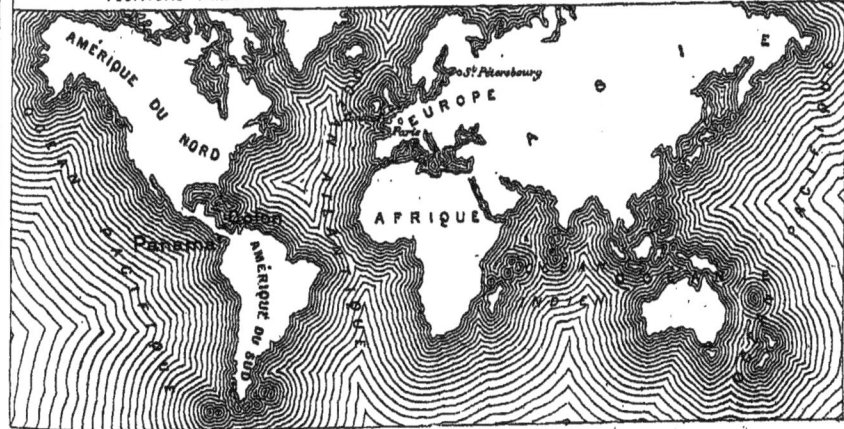

AMÉRIQUE DU NORD

EUROPE
St Pétersbourg

AFRIQUE

Panama

AMÉRIQUE DU SUD

Gravé par Mme Perrin.

FIG. 130.

Enfin, le libre jeu des marées dans le canal, pourrait devenir, pour la navigation, une cause de retard ; car, si le courant atteint une vitesse un peu grande, un navire allant dans le même sens ne voudra pas se laisser entraîner par lui, et, d'un autre côté, la marche à contre-courant présentera des difficultés dans la tranchée de la Culebra, parce que l'aire de la section y est réduite. De là l'utilité de la *porte de marée*.

Du reste, la *porte de marée*, adoptée en principe, ne doit pas être commencée immédiatement. Les ingénieurs qui iront à Panama continueront les observations que l'on est occupé à faire sur les marées ; ils détermineront la durée de la montée de l'eau, exécuteront, à diverses époques, des jaugeages, tant sur le Chagres que sur ses affluents, et feront pour tout le régime des eaux, une étude détaillée. On verra alors, s'il est possible, comme le pensent quelques personnes éclairées, de laisser les marées de l'Atlantique se propager dans le canal, sans aucune espèce d'obstacle. La résolution définitive n'est donc pas encore arrêtée.

Après cette description du tracé du canal, nous allons examiner les travaux les plus importants qu'il faut y exécuter. Nous prendrons le canal à son origine, à Colon, sur l'Atlantique, et le suivrons jusqu'à sa terminaison dans l'océan Pacifique. Le lecteur est prié, pour ce qui va suivre, de se reporter à la carte que nous donnons ici (fig. 130) du tracé du canal.

Le Canal de Panama doit avoir son point de départ, du côté de l'Atlantique, auprès de l'île de Manzanillo laquelle est située en face de la ville de Colon.

Sur le Pacifique, il doit déboucher dans la rade de Panama, à quelques kilomètres vers l'ouest de cette ville, et se prolonger en mer jusqu'auprès des îles Naos et Périco, où se trouvent actuellement les fonds nécessaires au mouillage des grands navires.

Dans son parcours à travers l'isthme, le canal traversera trois régions bien distinctes : d'abord, les plaines basses du versant de l'Atlantique, arrosées par le Rio Chagres et ses affluents ; puis, le massif central de la Cordillère, que l'on a dénommé, au point de vue du canal, *région de la grande tranchée* ; enfin, la plaine du Rio Grande, sur le versant de l'océan Pacifique.

Ces trois régions sont loin d'avoir la même étendue, car la ligne de partage des eaux, c'est-à-dire le point culminant que rencontre le tracé du canal, se trouve à environ 55 kilomètres de l'Atlantique et à 13 kilomètres seulement du Pacifique.

Dans la première région, celle de la vallée du Chagres, le canal traverse principalement des terrains bas et marécageux, d'où émergent, de temps à autre, des collines plus ou moins élevées, désignées sous le nom de *cerros*.

Le port de Colon se réduit actuellement à quelques *warfs* (c'est le nom que l'on donne aux estacades, ou charpentes, qui servent au débarquement des marchandises). Il sera extrêmement facile de créer un port à Colon, qui, se trouvant à l'un des bords de la vaste baie de Limon, réunit toutes les conditions nécessaires pour devenir le port du canal sur l'Atlantique. Il existe déjà des abris pour les navires : il n'y aura qu'à les prolonger par deux jetées.

En sortant de Colon, le canal traverse, à Monkey Hill, des terrains marécageux ; puis il rencontre quelques villages habités par des nègres, dont le plus important est Gatun.

A Buhio Soldado, le terrain s'élève. Là se fera la première coupure, peu importante, d'ailleurs, si on la compare à l'immensité des déblais qu'il faudra opérer plus loin.

A San Pablo, on rencontre un des affluents du Chagres, que le canal doit traverser.

Plus loin, à Gorgona, on coupe, de nouveau, le Chagres, qui décrit de sinueux méandres, qu'il faut franchir plusieurs fois. On arrive ainsi à Matachin, puis, à Obispo (fig. 131), qui sera un chantier de grande importance, car il est situé en face de l'immense barrage à créer à Gamboa, avec les eaux du Chagres.

Le barrage du Chagres, qui se fera à Gamboa, entre deux collines, aura près d'un kilomètre de long à la base (960 mètres). Sa hauteur sera de 45 mètres, et il aura 166 mètres à son sommet ! Ce sera le plus grand barrage, la plus énorme digue que les hommes auront jamais faite, car elle retiendra un milliard de mètres cubes d'eau !

Il faut entrer ici dans quelques explications, pour faire comprendre l'utilité, et même la nécessité indispensable, de cette œuvre colossale.

Le Chagres, ou *Rio Chagres*, est une rivière sujette à des crues subites, et d'une étendue considérable, qui, à certaines époques, inondent toute la vallée. En été, elle ne donne, à Matachin, qu'un débit de 13 mètres cubes d'eau par seconde ; mais en hiver, son débit s'élève, comme nous l'avons dit, jusqu'à 600 mètres cubes par seconde ; et dans des crues accidentelles, il atteint jusqu'à 1,100 et même 1,600 mètres cubes. Ajoutez que le Chagres a des affluents secondaires qui ont aussi leur importance. Tel est le *Rio-Trinidad*, qui donne plus de 400 mètres cubes d'eau par seconde, près de Gatun, et le Gatunillo, qui en donne autant.

A certains moments de l'hiver ou du printemps, le Chagres et ses affluents, par suite de pluies énormes et d'une très longue durée, débordent et inondent tout le pays. Or, le canal parcourt les vallées du Chagres et de ses affluents. Pendant les crues exceptionnelles le canal serait donc submergé et détruit par ces inondations !

Comment parer à ce danger ?

On pourrait dériver le Chagres dans un lit nouveau et d'une suffisante largeur, qui conduirait à la mer ses eaux grossies. On mettrait, de cette manière, le canal entièrement à l'abri des crues. Mais on a reconnu qu'une dérivation totale du Chagres devait être évitée ; car cette opération accessoire pourrait être aussi importante que celle du canal lui-même.

A défaut d'une dérivation totale, les ingénieurs ont décidé d'opérer des dérivations secondaires, c'est-à-dire de détourner les affluents du Chagres ; et pour les crues de cette dernière rivière, de construire, au-dessus du canal, à Gamboa, un barrage, qui arrêterait les eaux de la rivière au moment des crues, et d'où on les ferait écouler graduellement dans le canal, lequel, sans inconvénient, les amènerait à l'Océan. La rigole qui rejeterait à la mer les eaux du barrage, aurait un débit maximum de 200 mètres cubes d'eau par seconde. Cette rigole, qui recevrait, en outre, les affluents de la rive droite du Chagres, pourra aboutir à l'orient de l'île Manzanillo. Le courant littoral étant dirigé vers l'est, il n'est pas à craindre que les vases déposées en cet endroit soient entraînées dans la baie de Limon.

La *commission technique* a, de plus, décidé qu'une seconde rigole serait ouverte le long du canal, du côté de l'ouest, pour recevoir le Rio Trinidad et les autres affluents de la rive gauche. Ce collecteur occupera, sur une assez grande longueur, le lit actuel du Chagres.

Quand on a à effectuer des dérivations aussi considérables, les rigoles d'écoulement deviennent des canaux importants. Mais on est ici dans une situation favorable pour faire cette opération. D'abord, comme le canal a de très grandes courbes, tout en suivant la vallée de Rio Chagres, mais en évitant les sinuosités, les méandres, à courbes trop raccourcies, il laisse à droite et à gauche d'anciennes portions du lit du Chagres, que l'on utilisera pour faire les dérivations. Il ne s'agira plus alors que de couper les contre-forts de terrain qui séparent ces diverses parties du fleuve.

Les canaux de dérivation auront d'assez grandes dimensions ; ils auront les uns 8 mètres de largeur, les autres 12 mètres. Près de la mer, ils atteindront jusqu'à 40 mètres. L'important est d'écouler les crues, dans les conditions actuelles, c'est-à-dire sans abaissement ni relèvement de leur niveau.

Le canal sera ainsi complètement à l'abri de l'envahissement des eaux, d'une part, dans les tranchées, par les bords mêmes de ces tranchées ; dans

Fig. 131. — OBISPO

les parties basses, par de grandes digues longitudinales, qui laisseront une *revanche* considérable. (On appelle *revanche* la différence entre le niveau de l'eau et le sommet des digues). D'un autre côté, on aura une végétation vigoureuse ; car les terrassements qui se font dans l'isthme, sont rapidement couverts d'arbustes, de lianes et de hautes herbes, qui consolident très bien les talus.

Le grand barrage à créer à Gamboa, rendra moins nécessaire l'office des rigoles d'écoulement des affluents du Chagres. Au moyen de ce barrage, la partie supérieure du Chagres sera transformée, comme nous l'avons dit, en un immense réservoir, où l'on accumulera les eaux au moment des crues, pour les laisser écouler, petit à petit, par un orifice ouvert en tunnel dans la roche, de façon à n'avoir à débiter dans le canal de dérivation de la rive droite, au lieu de 1,200 mètres cubes par seconde, que 400 mètres cubes.

Cette immense réserve d'eau sera établie facilement, grâce aux conditions particulières de la forme naturelle de la vallée du Chagres supérieur. Au point où le Chagres vient rencontrer le canal se trouvent deux collines : l'une le *cerro Obispo*, l'autre le *cerro Santa Cruz*, qui formeront déjà les trois quarts du barrage. Il suffira de relier ces deux collines pour achever la besogne, et transformer le Chagres supérieur en une réserve d'un milliard de mètres cubes d'eau.

Nous disions plus haut que le barrage du Chagres serait le plus important des ouvrages de ce genre qui aient encore été construits. Si l'on veut, en effet, se faire une idée de ce que peut être un volume d'eau d'un milliard de mètres cubes, nous dirons que les plus grands réservoirs auxquels on ait songé pour alimenter des canaux, ou faire des réserves d'eau, à l'usage des villes, atteignent 3 ou 4 millions de mètres cubes, tout au plus. Un réservoir de 30 millions de mètres cubes est considéré comme quelque chose de phénoménal. Par conséquent, posséder un milliard de mètres cubes d'eau, c'est avoir presque l'infini à sa disposition. Les collines d'Obispo et de Santa-Cruz forment comme deux éperons, qui vont en se rapprochant l'un de l'autre, à peu près à 150 mètres de distance. Ces deux collines composeront les parois du réservoir : il n'y aura plus qu'à les réunir par un mur.

S'il avait fallu construire ce mur en maçonnerie, la dépense aurait atteint 100 millions. Une heureuse inspiration a permis de simplifier son édification.

On doit remarquer qu'une *étanchéité* absolue n'est nullement utile pour le barrage de Gamboa, et qu'un écoulement normal de 15 ou 20 mètres cubes d'eau par seconde, serait sans inconvénient. Or, dans le voisinage du barrage doit s'effectuer le déblaiement de l'énorme montagne de la Culebra. On formera le barrage au Chagres avec ces terres et déblais, simplement déversés

CARTE DU CANAL MARITIME DE PANAMA.
avec le tracé du Chemin de fer de Colon à Panama.

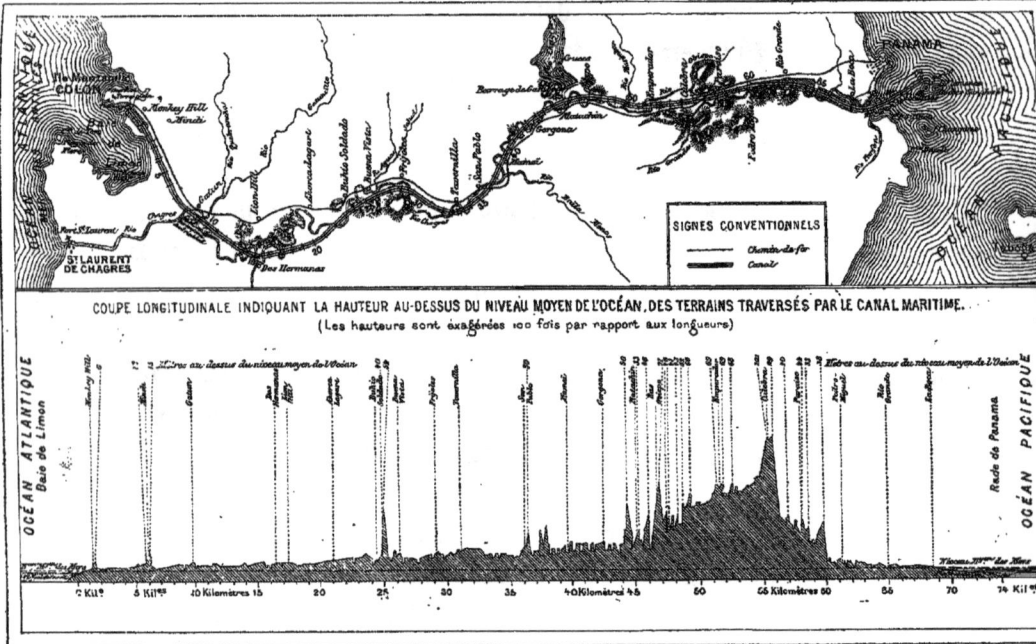

SIGNES CONVENTIONNELS

Chemin de fer

Canal

COUPE LONGITUDINALE INDIQUANT LA HAUTEUR AU-DESSUS DU NIVEAU MOYEN DE L'OCÉAN, DES TERRAINS TRAVERSÉS PAR LE CANAL MARITIME.
(Les hauteurs sont exagérées 100 fois par rapport aux longueurs)

Fig. 139.

FIG. 133. — LE CHAGRES A GORGONA

des wagons. Le côté d'amont recevra en plus grande quantité les petites pierres et les débris, dont on augmentera le nombre, en brisant les blocs. Avec les déblais des tranchées, on aura à sa disposition une quantité considérable de pierres et de matériaux de toutes dimensions. C'est avec ces matériaux que l'on construira les digues.

Cette manière de faire un barrage, sans aucune maçonnerie, peut paraître téméraire ; mais les ingénieurs américains en sont très partisans. On cite en Amérique, plusieurs barrages en remblai qui ont bien résisté, et sont devenus extrêmement étanches par les dépôts que laissent naturellemeut les cours d'eau ; de sorte que l'on arrivera, sans trop de peine, à l'exécution de cet ouvrage, qui est immense, qui paraît exceptionnel, mais qui est possible avec les moyens d'action que l'on aura, avec les quantités considérables de terre et débris dont on disposera.

Après le barrage du Chagres, nous rencontrons, le massif de la Culebra. C'est là que surgit le travail le plus difficile ; car il s'agit d'ouvrir le canal à travers la Cordillère, composée, en ce point, de terrains assez durs, et dont la hauteur n'est pas moindre de 100 mètres.

Cette altitude ne s'étend, toutefois, que sur une longueur de 150 mètres. Bientôt le sommet s'abaisse à 70 mètres, et le restant du massif n'a plus que 50 mètres d'altitude.

Les différentes hauteurs des sommets à franchir sont, d'ailleurs, indiquées très exactement sur la carte ci-jointe (fig. 132, page 396), immédiatement au-dessous de leur point géographique.

Les auteurs du projet en cours d'exécution avaient d'abord songé, par des raisons d'économie, à faire passer le canal sous cette partie des Cordillères, dans un tunnel maritime, qui aurait eu 34 mètres au-dessus du plan d'eau. Il ne restait donc qu'une cinquantaine de mètres pour arriver au sommet de la montagne. Mais les marins s'effrayaient, à bon droit, de l'existence de ce tunnel qu'auraient à traverser les navires. En effet, on fait passer dans un tunnel un chemin de fer ; mais y loger un canal maritime, et y lancer des navires, chacun reculait devant cette idée. Le Congrès décida, en conséquence, de briser en éclats le couvercle du souterrain projeté, et de pratiquer à ciel ouvert toute la tranchée.

Ce n'est pas, d'ailleurs, sans surprise que le *Congrès géographique de Paris* reconnut que cette solution ne serait pas plus coûteuse que la première. Sans doute, la quantité de roches à faire sauter sera plus considérable, mais, d'un autre côté, la main d'œuvre sera moins chère, puisqu'on travaillera à l'air libre, sans aucun des inconvénients qui résultent d'une perforation souterraine. Enfin, on aura l'avantage de pouvoir attaquer la tranchée sur toute sa longueur, en y réunissant un nombre d'ouvriers suffisant.

Les anciens Incas ont creusé, dans la vallée de Mexico, une tranchée de 60 mètres de hauteur. Avec nos moyens mécaniques actuels, on peut se flatter, sans doute, de surpasser les anciens Incas ! Les difficultés que l'on rencontrera dans l'exécution de la tranchée des Cordillères, seront vaincues grâce à la dynamite et aux *excavateurs à sec*, imaginés, à Suez, par M. Couvreux, les puissants appareils dont nous donnerons plus loin la description et le dessin.

Après la Culebra, le canal suit la vallée du Rio Grande, traverse le territoire de la Bocca, et arrive à Panama, sur l'Océan Pacifique.

Le port de Panama est déjà très bien aménagé pour recevoir les navires. Ceux qui arrivent dans ce port, mouillent à 4 kilomètres de la ville, dans une excellente rade, abritée par un groupe d'îles, dont les principales sont celles de Perico et de Flamenco. Le débarquement des marchandises ne peut être fait aujourd'hui qu'à l'aide d'un transbordement dans des chalands d'un faible tirant d'eau. On emploie, pour cela, des pirogues du même genre que celles qui naviguaient autrefois entre Cruces et Porto-Bello.

Le canal devra être prolongé jusqu'au mouillage de l'île de Perico. Il avait été question de l'établir dans la baie, entre deux jetées de protection. Les études faites sur les lieux ont conduit à penser qu'il sera suffisant d'entretenir par des dragages une passe convenablement balisée, ayant une largeur de 150 mètres ou 200 mètres.

Garella avait proposé une autre disposition. Le canal qu'il avait projeté, débouchait dans la petite baie de Vaca del Monte, où l'eau n'a que 3^m,50 de profondeur, à mer basse. On l'eût creusée, de manière qu'elle pût recevoir à mi-marée les grands navires, qui auraient attendu le moment d'entrer dans le canal à un bon mouillage situé près de l'île de Taboga, à 10 kilomètres de la côte. La disposition actuelle paraît préférable à celle que proposait Garella, tant sous le rapport nautique, que parce que cette dernière conduirait à faire passer le canal à un col plus élevé de 50 mètres que celui de la Culebra.

Quoi qu'il en soit, le port de Panama sera doté d'une excellente rade, celle de l'île de Naos. Il est admis, dans la marine, que sur la rade de Naos, on ne *chasse* jamais, c'est-à-dire que les navires y trouvent une excellente tenue et y sont en pleine sécurité. C'est pour ce motif que ce point a été choisi pour terme d'arrivée du canal.

VIII

Moyens d'exécution du canal maritime. — Organisation du travail. — Les *excavateurs*. — Les fourneaux de mine et la dynamite. — Les dragues.

Passons aux conditions techniques du travail.

La grande difficulté de l'entreprise, c'est l'énorme quantité de terres à remuer. On a à peu près 100 millions de mètres cubes à enlever. Pour une telle œuvre, on ne peut procéder, comme en France, où, en général, on ne va qu'assez lentement, parce qu'on ne dispose que de ressources assez faibles. A Panama, il faut, pour ne pas perdre de temps, attaquer sur toute l'étendue de l'œuvre.

La première chose qu'il a fallu faire, c'était d'organiser les chantiers. On a trouvé une ressource précieuse dans le chemin de fer de Panama à Colon. La Compagnie du canal a acheté la plus grande partie des actions de ce chemin de fer ; ce qui a permis d'établir un véritable courant de travail entre ces deux points. Des chantiers de creusement et de déblayement sont actuellement établis sur presque tout le trajet du canal. Voici comment on opère pour organiser le travail, dans ces chantiers.

On commence par bâtir des huttes, qu'on appelle, dans le pays, des *ranchos*, et qui se composent, tout simplement, de quelques bâtons verticaux, sur lesquels on établit une charpente, qui est fixée avec des lianes. On couvre cette charpente avec des feuilles de palmier.

Quand les *ranchos* sont établis, on place immédiatement une *aiguille*, c'est-à-dire que l'on se rattache à la voie du chemin de fer. Alors le chantier change d'aspect. En effet, quand on est relié au chemin de fer, on est en rapport avec Colon, qui apporte des marchandises, des matériaux, des rails, des wagons et des locomotives.

Les premiers terrassements sont faits avec un petit matériel que tout le monde connaît, et que nous avons décrit dans le troisième volume de cet ouvrage (1), le *porteur Decauville*. Le pays est fort accidenté, et les petits rails Decau-

(1) Pages 299-303.

ville se prêtent facilement à toutes les sinuosités du terrain. Les nègres exécutent très vite ces premiers terrassements.

Au bout de peu de temps, on commence à attaquer le sol, en se servant, pour enlever les déblais, de grands wagons, de la capacité de 4 mètres cubes, traînés par de fortes machines à vapeur, du type employé sur beaucoup de lignes françaises. Les voies de terrassements étant de la même largeur que celles du chemin de fer de Colon à Panama, il y a un échange continuel, sans rupture de charge, entre le chemin de fer et les chantiers.

Les terrassements sont faits de différentes manières. Comme le terrain varie à chaque pas, comme un chantier ne ressemble pas au chantier voisin, on a dû essayer de différents moyens. Les terres meubles sont généralement composées, dans les vallées, d'argile, mélangée avec un sable feldspathique. Ces parties peuvent être attaquées par des procédés mécaniques, et l'on fait alors usage de l'*excavateur à seo*.

On fait usage, en Amérique, d'un *excavateur* d'un système particulier, fort ingénieux, et qui, dans les terres meubles, donne des résultats satisfaisants.

L'*excavateur* le plus en usage en Amérique, est l'*excavateur Osgood*, du nom de son constructeur.

Nous représentons, dans la figure 134, ce curieux appareil. Il est du système dit à *cuiller*, tandis qu'en général, les excavateurs européens sont à godets, avec chaîne sans fin.

L'appareil, monté sur un truc, ou wagon plat, se compose d'une forte cuiller, en tôle et fer, munie d'un manche, formé d'une pièce de bois renforcée, qui la fait ressembler à une sorte de sac. La cuiller est suspendue à une flèche fixe inclinée, le long de laquelle glissent des chaînes, qui, au moyen d'un treuil à vapeur, peuvent la faire monter ou descendre. D'autres chaînes, reliées à un second treuil, peuvent faire avancer ou reculer longitudinalement le manche de cette cuiller sur le cylindre roulant qui sert de support, et qui est fixé à la flèche inclinée. Celle-ci, d'ailleurs, repose sur une plate-forme tournante, au moyen de laquelle on peut l'amener dans une direction perpendiculaire à la voie sur laquelle se meut l'*excavateur*.

La manœuvre de l'*excavateur*, supposé placé dans le fond de la tranchée à creuser en avancement ou en élargissement, se fait de la façon suivante :

En laissant filer les chaînes qui supportent la cuiller, on l'abaisse jusqu'au niveau de la partie de terrain à entamer ; puis, au moyen des chaînes longitudinales qui le supportent, on fait avancer le manche, de manière à ce que le bord de la cuiller morde dans le terrain. Quelques fortes dents en acier trempé, dont le bord intérieur de la cuiller est armé, aident à cette pénétration. La position une fois assurée, les chaînes qui supportent la cuiller sont tirées, et celle-ci se relève, en entamant le terrain, dont les débris tombent dans la cuiller. Il suffit alors de faire tourner la plate-forme pivotante, pour amener la cuiller au-dessus du wagon à charger, lequel est placé sur une voie latérale à celle de l'*excavateur*, et d'ouvrir, au moyen

Fig. 434. — L'EXCAVATEUR AMÉRICAIN

d'une corde, le fond à charnière de la cuiller, qui se vide ainsi dans le wagon, comme le montre notre dessin.

La capacité de la cuiller étant d'environ 1 mètre cube et demi (environ 2,000 kilogrammes de poids, ou deux tonnes et demie), et sa manœuvre pouvant se faire une ou deux fois par minute, on voit que, dans une journée de dix heures, l'*excavateur américain* peut déblayer et charger plus de 1,000 mètres cubes.

Les *excavateurs* envoyés de France sont ceux du type que nous avons représenté dans ce volume, en parlant du canal de Suez.

La Compagnie de Panama avait commandé à quatre constructeurs français quatre modèles nouveaux de ces excavateurs. Ces modèles furent expérimentés publiquement à Paris, le 1er août 1885. Les essais eurent lieu dans un vaste enclos, situé à Pantin. Le public fut admis à assister à ces essais : c'est ce qui nous permet de mettre sous les yeux du lecteur, le dessin et la description de cet engin à vapeur, d'une puissance extraordinaire.

Nous ferons remarquer seulement qu'il y a différents genres d'excavateurs. Les uns travaillent *en décapement*, c'est-à-dire en exécutant le déblai *au-dessus* du niveau de la plate-forme qui les supporte ; les autres travaillent *en fouille*, à la manière des dragues, c'est-à-dire, en creusant le terrain *au-dessous* du niveau de la plate-forme sur laquelle ils avancent.

Les quatre excavateurs qui furent mis en essai à Paris, en 1885, appartiennent à ce dernier genre. Le corps de l'appareil est porté par un truc à quatre essieux, qui se meut sur une voie à triple rangée de rails (précaution nécessaire pour obtenir une grande stabilité latérale). Sur le côté droit, et soutenue par une *bigue*, une *élinde*, de 13 mètres de longueur, porte la chaîne à godets, qui est l'outil proprement dit. Sur le côté gauche, le couloir qui reçoit les terres, les déverse dans les wagons placés sur une voie parallèle à celle de l'excavateur. Tel est, à grands traits, l'ensemble de l'appareil.

La figure 135 représente l'un des excavateurs que la Compagnie du canal de Panama a expérimenté à Pantin, en 1885, et qu'elle a ensuite expédié en Amérique. L'*élinde* étant située au milieu de l'appareil pour des raisons de stabilité, le couloir de montée des godets partage le chariot en deux parties symétriques : en avant la chaudière, le charbon et le chauffeur ; en arrière, les machines, les transmissions, et le mécanicien, avec son aide. Tous les organes sont ramassés, compacts, aussi lourds que possible, pour augmenter la solidité, et faire contre-poids à la chaîne des godets, qui exerce son action à l'extrémité d'un énorme bras de levier.

Chaque excavateur a deux machines à vapeur distinctes : l'une, la plus puissante, transmet le mouvement à la chaîne à godets ; l'autre, de la force de cinq à six chevaux, sert à faire mouvoir lentement tout l'excavateur sur les rails ; de telle sorte que l'appareil puisse exécuter des passes successives en avant et en arrière, sans que le travail des godets soit arrêté un instant.

L'emploi de deux machines à vapeur n'est cependant pas indispensable ; c'est

Fig. 135. — L'EXCAVATEUR FRANÇAIS

une sujétion pour le mécanicien, et l'on peut s'en dispenser. Au moyen d'une transmission convenable, la machine principale peut produire le mouvement de translation de l'excavateur. Mais, dans ce cas, le réglage de l'épaisseur du terrain attaqué par les godets, est un peu plus délicat.

Le travail d'un excavateur est le même que celui d'une drague, avec cette différence que les godets de la drague travaillent et sont chargés dans la partie externe de leur parcours, tandis que les godets d'un excavateur travaillent et sont chargés dans la portion interne et flottante de la chaîne.

L'épaisseur de la couche attaquée est réglée par l'inclinaison de l'*élinde*, laquelle ne varie pas pendant toute la durée d'une passe.

Il résulte de cette disposition que l'excavateur creuse le sol en ramenant vers lui les déblais suivant un talus d'abord très doux (lorsqu'on attaque le terrain horizontal), puis, qui se raidit peu à peu, jusqu'à venir affleurer le bord de la voie. A ce moment, le travail produit est au maximum et l'élinde a sa plus grande inclinaison. Il faut alors procéder au déplacement de la voie, après chaque passe en avant et en arrière, et si le terrain est très dur, après un petit nombre de passes successives. La profondeur de la fouille, à chaque passe, est de 6 mètres.

On a vu des godets arracher des moellons de plusieurs décimètres cubes.

L'exiguïté du terrain pendant les essais faits à Pantin, le 1er août 1885, ne permettait de donner aux excavateurs qu'un champ d'action très restreint : la longueur de la fouille avait environ 30 mètres. Les terres, rejetées par le couloir de déversement, étaient enlevées à la pelle, par une équipe d'ouvriers. Dans la pratique, ce sont des trains de wagons qui reçoivent directement et emportent les déblais, comme on le voit sur la figure 135.

Les machines à vapeur employées dans les excavateurs de Panama, battent environ 120 à 130 coups de piston à la minute. Les transmissions sont calculées de façon à ce que la grande roue faisant fonction de volant et actionnant le tourteau de la chaîne à godets, fasse 18 révolutions à la minute. Cette vitesse de rotation correspond à un tour et quart de la chaîne, et comme cette chaîne porte 16 godets, on voit qu'il passe, par minute, en chaque point de la fouille, 20 godets. Ces immenses godets cubent 260 litres. Si, donc, ils arrivent tous au sommet également et entièrement remplis, la quantité du déblai en une minute s'élève au chiffre énorme de 5 mètres cubes. Dans une journée de dix heures, le travail produit est donc de 3,000 mètres cubes.

Tel est le rendement journalier que peut atteindre, dans un bon terrain, un excavateur sagement conduit, à la vitesse modérée de 20 godets à la minute.

Nous représentons sur la figure 136 un *excavateur* opérant le creusement du canal sur le premier des chantiers de la ligne, à Monkey-Hill, pour déblayer une petite sommité et creuser le canal à la profondeur de 8 mètres.

Les travaux s'exécutent sur le terre-plein, au fond de la baie où doit se trouver l'entrée du canal, du côté de Colon.

Monkey-Hill est une faible éminence à trois mamelons, au pied de laquelle passe la ligne du chemin de fer de Colon à Panama. C'est à droite de cette ligne que se trouve le chantier. Une voie de service, reliée au chemin de fer de Colon à Panama, permet d'amener tout le matériel à pied-d'œuvre. Sur le chantier même sont établies et déplacées, suivant les besoins, les voies de terrassement, qui sont au nombre de trois. Sur l'une, qui est établie longitudinalement, se meut un *excavateur*. L'autre amène au pied de l'*excavateur*, du côté opposé à la fouille, les wagons qui arrivent à vide, pour se mettre en charge. Sur la troisième se forment les trains qui emportent les déblais.

Notre dessin donne une idée exacte de la manière dont travaille l'*excavateur* français. Le puissant engin est engagé sur des rails, le long du déblai ou de la fouille. Son châssis plongeant, armé de godets, vient creuser le sol, et la masse de terre et de galets est enlevée à mesure, par des escouades de terrassiers armés de *barretas*.

On ne saurait imaginer la rapidité avec laquelle se fait l'enlèvement des matériaux. Tandis que la chaîne s'abaisse et remonte, trois minutes suffisent pour charger de 4 mètres cubes un wagon disposé sur la voie d'attente.

Pour équilibrer la lourde charge et la fatigue que le travail de la chaîne impose à ce puissant outil, du côté opposé à la chaîne plongeante, se trouvent deux réservoirs, portés sur le bâtis même de l'appareil, et contenant environ deux tonnes d'eau, pour faire contre-poids. A l'avant se trouve une petite machine à vapeur à cylindre vertical, pour actionner la chaîne, et à l'arrière, une deuxième machine plus forte, pour mouvoir l'ensemble.

Un seul *excavateur* arrive à charger, par jour, dix trains de douze wagons chacun, soit environ 480 mètres cubes.

On voit, dans le même dessin, une petite ligne traversant la vallée, et se détachant de celle du chemin de fer de Colon à Panama, pour aboutir à un croisement d'où elle vient rejoindre l'excavateur. C'est une ligne mobile de *rails porteurs Decauville*, sur laquelle se meut une petite locomotive employée à conduire des bâches à un puits peu éloigné, où elles vont faire de l'eau, pour alimenter les chaudières des machines de l'*excavateur*.

Dans les parties rocheuses on est obligé d'abandonner l'*excavateur*.

Fig. 136. — UN EXCAVATEUR, AU CHANTIER DE MONKEY-HILL.

Toutes les tranchées de la Culebra, ainsi que les deux versants du Pacifique et de l'Atlantique, sur une très grande étendue, sont formés de schistes friables, avec quelques parties dures, mais pourtant d'une attaque facile, en général.

Pour reconnaître la nature des roches que l'on doit rencontrer, on pratique des sondages. Pour cette opération les Américains ont fait de grands progrès, dont les ingénieurs français ont profité.

Quand on fait un sondage avec l'outil usité en Europe, on ramène le terrain à l'état de poussière ; de sorte que l'on est obligé de faire de nombreuses hypothèses sur la qualité et la dureté du rocher et sa résistance à l'écrasement. Les Américains ont trouvé le moyen d'apporter le rocher lui-même sous la forme d'un tube, d'une *carotte*, comme disent les ouvriers, qui permet d'en apprécier la dureté et la résistance. L'outil employé est le même que nous avons décrit dans le second volume de cet ouvrage (1), *la perforatrice à diamant noir*, inventée par l'horloger génevois, George Leschot.

Cet instrument foreur se compose d'un cylindre, armé, à sa partie inférieure, de diamants noirs. Ce cylindre est animé d'une très grande vitesse de rotation ; il descend dans le sol, et, en même temps, il y pénètre, et on peut ainsi ramener un cylindre, qui fournit un échantillon fidèle du terrain. Ces sondages faits et multipliés un grand nombre de fois à la Culebra, ont démontré que l'on aura à déblayer un rocher demi-tendre, schisteux, ayant des couches à peu près horizontales, dans le sens transversal, dans un terrain sec.

La tranchée de la Culebra, comme, d'ailleurs, toutes les autres parties dures et rocheuses, ne sont pas attaquées, ainsi qu'il est dit plus haut par l'*excavateur* seulement, mais par la dynamite, comme pour les travaux des mines ; l'excavateur vient ensuite ramasser les débris.

Nous avons longuement parlé, dans le deuxième volume de cet ouvrage, en traitant des *grands tunnels*, de l'abatage des roches par la dynamite, et de l'enlèvement des déblais résultant de l'explosion des fourneaux de mine. Au mont Saint-Gothard, comme on travaillait au fond d'une galerie, sans autre issue que celle de l'entrée, on fit usage, pour lancer le fleuret d'acier contre la roche à attaquer, de l'air comprimé, qui avait le double et providentiel avantage de déverser dans les galeries, après l'explosion de la dynamite, des torrents d'air pur, qui revivifiaient l'atmosphère, altérée par les produits de la détonation des explosifs. A Panama, comme l'attaque des roches se fait en pleine nature, il n'est pas nécessaire de se préoccuper du

(1) Pages 383-386, fig. 128. (*Le Tunnel de l'Arlberg.*)

renouvellement de l'air, après l'explosion. Conséquemment, l'air comprimé ne saurait être l'agent moteur des tiges perforatrices qui pratiquent les trous destinés à recevoir la dynamite. C'est tout simplement une machine à vapeur, qui lance l'outil perforateur, quand on a affaire à des parties assez dures de la roche pour exiger ce moyen d'attaque. Les trous sont toujours pratiqués par la *perforatrice à diamant noir*, de Leschot.

Après l'explosion des fourneaux de mines chargés de dynamite, il faut procéder, le plus promptement possible, au déblayement des roches éclatées. A cet effet, des rails d'excavateurs ou de *porteurs Decauville* sont posés sur le champ du travail, et les wagons de déblais y sont amenés par une locomotive, de force appropriée, qui emporte les déblais.

Pour les travaux de déblayement on emploie beaucoup de nègres.

Les nègres travaillent à la tâche, et leur salaire se règle facilement, soit directement avec eux, soit par des tâcherons. On arrive ainsi à faire des déblais considérables dans d'excellentes conditions. En Europe, par exemple, une attaque qui produit 800 mètres cubes de déblais par jour, est une bonne attaque : 1000 mètres, c'est la limite extrême. Avec les nègres on fait 1200 à 1400 mètres cubes. C'est que les nègres, qu'on a beaucoup décriés, sont, en réalité, de bons travailleurs, quand on sait les employer. Il ne faut pas les faire travailler à la journée, parce qu'ils sont très flâneurs dans ces conditions, mais à la tâche. Par ce dernier système, ils sont intéressés à leur travail, et ils développent beaucoup d'énergie, sûrs, à la fin de la journée, d'avoir un bon salaire, qui, peu à peu, leur permettra de faire de sérieuses économies. Et ils en font, car ils vivent pour 1 franc 50 par jour, et comme ils gagnent 5 ou 6 francs, ils ont bien vite une petite somme, qu'ils s'empressent de transformer en or américain. Quand ils ont un petit magot, ils retournent dans leur pays. Il se fait ainsi un roulement entre les Antilles et les chantiers ; ce qui ne nuit pas, car, depuis que l'on a employé des nègres, beaucoup viennent spontanément, et le recrutement des ouvriers est très facile.

On a trouvé, d'autre part, de très bons ouvriers dans les gens du pays, métis d'Indiens et d'Espagnols.

Outre l'*excavateur* et les fourneaux de mine, on fait usage, pour le creusement du sol inondé, de dragues puissantes fonctionnant sous l'eau, ou à sec. Quelques-unes de ces dragues diffèrent sensiblement de celles qui ont opéré au canal de Suez, et que nous avons décrites. Il sera donc nécessaire d'entrer ici dans les descriptions particulières des dragues qui fonctionnent dans l'isthme américain.

La figure ci-dessous représente une drague, avec clapet à vapeur, que la Compagnie du canal emploie dans la baie de Limon, au creusement du nouveau port de Colon, formant l'entrée du canal.

Cette drague est l'une des quatre premières que la Compagnie ait

FIG. 137. — DRAGUE FRANÇAISE, AVEC CLAPET A VAPEUR

fait construire, et ce sont aussi les plus petites qu'elle possède ; néanmoins, comme on va le voir, elles sont encore de dimensions respectables.

La coque de chaque drague est entièrement en tôle ; elle a 33 mètres de longueur, sur 6^m, 50 de largeur, et pèse, à vide, environ 100,000 kilogrammes. Elle est partagée, dans sa longueur, en trois parties inégales, par deux cloisons étanches, situées l'une à l'avant, l'autre à peu près au milieu.

La drague est mise en mouvement par une machine à vapeur, de la force de 60 chevaux. Elle est, de plus, munie d'une autre machine à vapeur de 8 chevaux, servant à la manœuvre de quatre puissants treuils, lesquels agissent sur les chaînes d'avancement ou de recul de la drague, et sur la chaîne de suspension de l'*élinde*.

La capacité de chacun de ses godets n'est pas moindre de 300 litres. Ils peuvent draguer jusqu'à près de 9 mètres de profondeur, et élever les déblais à une hauteur telle, qu'au moyen de l'adjonction d'un *long couloir*, on peut masser ces déblais à 40 mètres de distance de la drague, et à $3^m, 45$ de hauteur au-dessus de l'eau.

Mais ce n'est pas ainsi qu'opère la drague représentée sur la figure 137. Elle déverse directement ses déblais dans un porteur à clapets, du type dit *clapet-vapeur*, qui lui est juxtaposé, et dont la coque, mesurant 42 mètres de longueur, sur $7^m, 60$ de largeur, peut contenir 200 mètres cubes de déblais. L'appareil, une fois rempli, va, au moyen de sa propre machine, déverser au large les produits du dragage ; ce qui se fait facilement par le simple relâchement des chaînes supportant les clapets de fond sur lesquels ils reposent.

Cette drague fait facilement 1,000 mètres cubes de déblais dans les dix heures de travail journalier, et elle peut même aller jusqu'à 2,400 mètres cubes, en terrain tendre.

L'appareil représenté sur la figure 138, est un *ponton-bigue*. Il sert au levage du matériel pesant, tels que machines à monter sur bateaux, coques de bateaux à réparer, etc. Ce *ponton-bigue* est placé dans la partie de la baie de Limon qui porte le nom de *Fox River*, et qui doit servir d'entrée au Canal.

Il se compose d'abord d'un bateau plat, ou ponton, A, ayant son avant terminé carrément, et son arrière terminé en pointe, suivant la forme habituelle des extrémités des bateaux. La longueur du ponton est de 25 mètres, et sa largeur de 15 mètres.

La *bigue* proprement dite est formée d'une flèche fixe inclinée, B, arc-boutée solidement par un montant vertical planté à l'avant du ponton. Sur cette flèche reposent, par l'intermédiaire de galets, les deux brins d'une *chaîne de Galle* qui, arrivée à l'extrémité de la flèche, descend verticalement, en supportant une poulie et un crochet d'amarrage. Un treuil à vapeur, C, actionne cette chaîne. Chaque brin de la chaîne ayant une force de 20 tonnes, on peut suspendre au crochet un poids de 40 tonnes.

Un autre treuil à vapeur, D, actionne une chaîne ordinaire, qui est suspendue à la flèche, entre son extrémité et le point de jonction du montant, et qui peut soulever seulement des charges de 5 tonnes.

Le crochet d'amarrage pouvant monter jusqu'à 18 mètres de hauteur au-dessus de l'eau, et se trouvant toujours à 7 mètres de distance horizontale

Fig. 138. — LE *ponton-bigue* DE LA BAIE DE LIMON

du devant du ponton, on voit par là quels services importants rend cet engin.

La *drague américaine*, représentée sur la figure 139, appartient à un constructeur américain qui a entrepris le creusement du canal entre Colon et Gatun, sur une longueur de 9 kilomètres et demi.

Cette drague a sa coque et sa charpente en bois. La coque a 30 mètres de long, sur 18 mètres de large, et elle porte sept machines à vapeur, qui développent ensemble une force motrice de 290 chevaux-vapeur. Les deux plus

Fig. 139. — LA GRANDE DRAGUE AMÉRICAINE

fortes machines font mouvoir la chaine des godets ; elles fournissent une force de 200 chevaux-vapeur.

Il y a, de plus, sur la drague, deux pompes à vapeur, qui envoient jusqu'à 150 mètres cubes d'eau par heure au sommet de la chaîne des godets, de manière à entraîner sur la berge, au moyen d'un *long couloir*, les déblais

FIG. 140. — LA DRAGUE MARINE

montés par cette chaîne. La capacité d'un godet étant d'environ 1 mètre cube, et 16 godets pouvant venir se déverser par minute, on voit que le travail de la drague pourrait s'élever jusqu'à près de 1,000 mètres cubes par heure.

La *drague américaine*, avec son *long couloir*, ressemble beaucoup à ces superbes *dragues à long couloir* qui firent merveille pendant le creusement du canal de Suez, et que nous avons représentées par des dessins, dans la première Notice de ce volume, mais deux particularités distinguent cette drague de celles qu'on emploie généralement en Europe.

C'est d'abord la résistance qu'elle peut offrir, dans le travail, contre la dureté du terrain à déblayer. Cette résistance est obtenue au moyen d'un fort pieu en bois traversant verticalement le bateau à l'arrière, et venant se ficher dans le terrain du fond, de manière à constituer un pivot, autour duquel la drague peut tourner dans tous les sens. De cette façon, non seulement les godets peuvent mordre dans un terrain assez dur, sans amener le déplacement de la drague, mais encore, la drague peut élargir sa fouille à droite et à gauche, en pivotant simplement sur place.

La seconde particularité, c'est que l'*élinde*, c'est-à-dire la poutre inclinée qui supporte la chaîne des godets, est composée de deux parties, dont l'inférieure seule est mobile, et se trouve portée par deux longs étriers, tendus à des chaînes qui passent au sommet d'une chèvre. Comme cette *élinde*, avec ses énormes godets, représente un poids très considérable, il faudrait une force exagérée pour la relever, si on n'avait pris la précaution d'en rendre fixe la partie la plus longue.

La drague que nous venons de décrire travaille dans le canal, et déverse ses déblais sur la rive, au moyen d'un couloir d'environ 40 mètres de long, formé de tubes en tôle, et supporté par une *bigue* au moyen de haubans.

Les godets ayant une contenance de plus d'un mètre cube, le rendement de cet appareil devrait être considérable ; mais sa construction en bois et la faiblesse relative de ses organes, ne lui permettent pas d'attaquer les terrains durs.

On fait encore usage, à Panama, d'une drague d'une construction particulière et intéressante, en ce sens qu'elle est faite pour se transporter, par mer, à de grandes distances.

La *drague marine* de Colon, que nous représentons dans la figure 140, a été construite en Écosse. Ses formes marines et la machine à vapeur à hélice dont elle est pourvue, lui ont permis de se rendre sous vapeur à Colon, en traversant l'Atlantique, comme un véritable steamer.

Ses dimensions principales sont: 51^m, 80 de longueur, 8 mètres de largeur et 3ᵐ,65 de creux. Les deux machines actionnant l'une la chaîne à godets, l'autre le propulseur à hélice, sont de la force de 250 chevaux. Les godet sont une capacité de 400 litres, et peuvent draguer jusqu'à une profondeur de 11 mètres au-dessous du plan d'eau.

La *drague marine* est surtout remarquable par sa puissance, et par la résistance de ses organes, qui lui permettent d'attaquer les terrains les plus durs, tels que les bancs de madrépores, qui constituent le fond de la baie de Colon, à l'embouchure du canal. Grâce à sa machine à vapeur à hélice, il lui est possible aussi de travailler en mer, sans craindre le mauvais temps ; elle a, en effet, à sa disposition, le moyen de se réfugier dans le port si la mer devient trop mauvaise. On sait que les dragues ordinaires ne sont que de simples chalands, qu'on ne peut mener d'un point à un autre qu'en les remorquant à l'aide d'un bateau à vapeur.

Tel est l'ensemble d'appareils mécaniques, qui servent au creusement du Canal de Panama.

En résumé, le Canal inter-océanique traversera l'isthme de Panama par la voie la plus courte. Le point choisi n'a en largeur que 56 kilomètres et demi à vol d'oiseau, et 73 kilomètres, en suivant les courbes de la voie ferrée actuelle. Grâce à la coupure qui sera pratiquée à la Culebra, malgré ses 100 mètres d'altitude, on parviendra à réunir directement les eaux des deux Océans, sans nécessiter une série d'écluses, difficulté qui avait rendu à peu près impraticables tous les projets conçus depuis deux siècles pour la solution du problème qui nous occupe.

La faible longueur du canal, — la rapidité avec laquelle se fera la traversée, qui durera quelques heures à peine, tandis qu'elle aurait exigé plusieurs jours par les autres routes proposées, — enfin l'existence d'un chemin de fer entre les villes de Colon et de Panama (car les rails de la voie ferrée longeront presque le futur canal), — l'accès facile des deux ports sur l'un et l'autre Océan, — sont des avantages d'une haute importance, qui font espérer une heureuse terminaison de l'entreprise actuellement en voie d'exécution.

IX

Voyage de M. de Lesseps en Amérique. — Fondation de la Compagnie du canal maritime. — Les premiers travaux dans l'isthme. — Campagnes de 1882, 1883, 1884 et 1885.

A la suite du grand *Congrès international d'études pour l'exécution du Canal inter-océanique*, réuni à Paris en 1879, M. de Lesseps avait obtenu, pour la société qu'il représentait, la cession de l'entreprise du canal qui avait été faite primitivement au général Tür, par le gouvernement des États-Unis de Colombie. Pour entraîner l'Amérique, et ultérieurement l'Europe, à accepter ses vues et ses projets, M. de Lesseps, employant le moyen de propagande qui lui avait si bien réussi pour vaincre les résistances qu'avait rencontrées le projet du canal de Suez, fit, en 1879, dans les grandes villes de la France et de l'étranger, des conférences sur le futur canal, prêchant la bonne parole, comme le Pierre l'Ermite du dix-neuvième siècle, faisant pénétrer dans les esprits la confiance et la conviction.

Cette rapide campagne terminée, l'infatigable perceur d'isthmes, après avoir formé une commission internationale d'ingénieurs, se rendit, avec elle, à Panama.

Cette commission était composée de : MM. le colonel Totten, ingénieur en chef du chemin de fer de Colon à Panama, et Wright, général du génie, pour les États-Unis de l'Amérique du Nord ; — Dirks, ingénieur en chef du canal d'Amsterdam à la mer, pour les Pays-Pas ; — Boutan, ingénieur des mines ; Dauzats, ingénieur, chef de service du canal de Suez ; Couvreux fils et Gaston Blanchet, ingénieurs de la maison de construction A. Couvreux et H. Hersent, pour la France ; — Pedro Sosa et Alejandro Ortega, ingénieurs, pour les États-Unis de Colombie.

La commission arriva dans l'isthme le 30 décembre 1879, et elle y resta jusqu'au 15 février 1880. Elle fit exécuter des travaux de sondage et des opérations de nivellement, qui avaient, d'ailleurs, été préparés par des agents expérimentés arrivés avant elle.

Le 14 février 1880, les commissaires, réunis à Panama, exposèrent, dans un rapport sommaire, les dispositions qu'ils avaient adoptées pour les travaux du canal.

Un journal de Paris a publié, en janvier 1880, une lettre dans laquelle un des compagnons de voyage de M. de Lesseps raconte quelques particularités intéressantes de cette visite à l'isthme américain. Nous citerons textuellement cette lettre :

« Ce fut le 8 décembre, écrit l'auteur de ce récit, que le *Lafayette* put lever l'ancre. Heureusement, notre traversée s'effectua assez rapidement pour compenser les retards du départ. Il est vrai que l'Atlantique fut un peu brutal pour nous, à partir du 12, mais surtout pendant les journées

Fig. 141. — RÉCEPTION DE M. DE LESSEPS, AU DÉBARCADÈRE DE BARRANQUILLA (COLOMBIE), PAR LES AUTORITÉS ET LA GARNISON (1880)

des 15, 16 et 17, où le navire fatigua énormément, sous les paquets de mer.

« Le 21 au matin, nous étions en rade de Pointe-à-Pître, heureux de revoir la terre que nous avions perdue de vue depuis le départ.

« Une foule d'embarcations se détachèrent du rivage, pour venir ramer à quelque distance autour du *Lafayette*; car la libre pratique entre les habitants et les gens du bord était sévèrement interdite, à cause de quelques cas isolés de fièvre jaune, qui s'étaient manifestés à la Guadeloupe. Les prescriptions du service de santé furent donc religieusement observées, et les députations du commerce de l'île se bornèrent à haranguer le long du bord, tandis que M. de Lesseps, penché sur la galerie de la dunette, remerciait avec un véritable attendrissement ces délégués enthousiastes, qui ne cessaient de pousser des vivats. Enfin des adresses préparées pour le président lui furent offertes, et on les hissa à bord à l'aide d'un bout de *funin*.

« Le **22**, nous arrivions au mouillage de Saint-Pierre de la Martinique, où la réception la plus sympathique nous attendait. Un cortège se forma au débar-quement et la population entière entourait M. de Lesseps, en le saluant de cris enthousiastes. On se dirigea d'abord vers la municipalité, ensuite au

FIG. 142. — UNE STATION DU CHEMIN DE FER ENTRE SAVANILLA ET BARRANQUILLA (COLOMBIE)

Jardin botanique, où un élégant pavillon, fait de troncs et de feuilles de palmiers, formait la salle préparée pour le banquet.

« Le **25**, nous atteignîmes le port de la Guayra, qui n'est qu'une rade foraine où le mouillage est peu sûr.

« Le **26**, au point du jour, arrivée dans le petit port de Porto-Cabello, resserré entre un fortin du système Vauban et le quai de débarquement, sur une longueur d'environ douze à quinze cents mètres.

« Le **26**, reconnut les îles Orchila, Tortuga, etc.

« Le **27**, nuit claire : reconnu au loin Curaçao.

« Le 28 au matin, arrivée devant la rade de Sabanilla, en partie fermée aujourd'hui par les apports considérables et limoneux du Magdalena, qui vont former au loin, à l'ouverture de la baie, une ligne d'îlots qui peu à peu se rapprochent et ne laissent plus guère de libre que deux ou trois passes assez étroites. On jette l'ancre au mouillage vers neuf heures. À dix heures, un petit *aviso* vient nous accoster, ayant à son bord le consul de France à Sabanilla, les délégués du gouvernement colombien désignés pour recevoir M. de Lesseps, et des députations du commerce de Barranquilla.

FIG. 143. — VISITE DE M. DE LESSEPS A BORD DES BATEAUX A VAPEUR QUI VONT DE BARRANQUILLA
A HOUDA (COLOMBIE)

« Sabanilla n'est qu'un point de débarquement, la localité est sans importance et ne constitue, à proprement parler, qu'un poste de douaniers.

« La localité attachée au port de Sabanilla est en réalité Barranquilla, qui, située à une faible distance du port maritime, est elle-même le port fluvial de la contrée ; car c'est de là que partent les vapeurs ou les remorqueurs qui remontent le Magdalena jusqu'à Houda, dans la direction de Bogota, capitale de la république.

« Sabanilla est réunie à Barranquilla par un chemin de fer, de construction américaine, à une seule voie, par où s'opère le transport de toutes les marchandises à destination de l'intérieur qui doivent remonter le Magdalena.

« La station de Sabanilla n'est autre chose qu'un abri couvert (fig. 142), car le matériel de la voie n'y séjourne pas et rentre tous les soirs à Barranquilla.

« Un train attendait le cortège au débarquement, la locomotive était pavoisée, des pavillons et des drapeaux avaient été arborés autour de la gare.

« A notre arrivée à Barranquilla, nous trouvâmes une certaine force armée, portant à peu de chose près l'uniforme de nos régiments de ligne, qui formait la haie de chaque côté de la voie, et derrière elle une affluence de gens de toute condition et de toute couleur, acclamant M. de Lesseps et agitant chapeaux et mouchoirs.

« Le lendemain, nous avons visité, avant de repartir, le quai de départ, sur le Magdalena, des bateaux à vapeur qui font le service fluvial. Ce sont des bateaux à propulseur à aubes, fixés à l'arrière, comme certains bateaux porteurs sur nos canaux (fig. 143).

« Enfin, le 30 décembre, nous avons vu émerger devant nous une ligne de maisons sur une langue de terre aplatie se prolongeant sur la mer. C'était Colon (Aspinwall), étendue au bord de cette magnifique baie de Limon, qui doit devenir le port le plus fréquenté de la côte du Pacifique ! »

De retour en Europe, M. de Lesseps présenta à l'Académie des sciences de Paris un travail contenant les bases essentielles du projet du futur canal, et il donna communication des documents divers fournis par les ingénieurs de la Commission internationale.

En présence des faits produits par M. de Lesseps, devant la preuve qu'il n'y avait là qu'une question de temps et d'argent, les financiers d'Europe et d'Amérique, se réunirent, et organisèrent une souscription de 600 millions (actions), pour l'exécution du canal maritime de Colon à Panama.

Au mois de décembre 1880, le public répondit à cet appel de capitaux. Les travaux pouvaient donc commencer.

Une *Commission supérieure consultative des travaux* fut créée en 1881. Cette commission comprenait quatorze membres, choisis parmi les hommes les plus distingués de notre époque dans l'art de l'ingénieur à savoir :

MM. Daubrée, membre de l'Institut, directeur de l'École des mines ; — Dirks, ingénieur en chef du Waterstaat (Hollande) ; — de Fourcy, inspecteur général des ponts et chaussées ; — Gioia (le commandeur), ingénieur italien ; — de la Gournerie, membre de l'Institut, inspecteur général des ponts et chaussées, — l'amiral Jurien de la Gravière, membre de l'Institut ; — Lalanne, membre de l'Institut, inspecteur général honoraire des ponts et chaussées. — Laroche, ingénieur en chef des ponts et chaussées ; — Larousse, ingénieur hydrographe ; — Oppermann, ingénieur des mines ; — Pascal, inspecteur général des ponts et chaussées ; — Ruelle, ingénieur en chef des ponts et chaussées, directeur de la construction aux chemins de fer de Paris-Lyon-Méditerranée ; — Voisin-Bey, inspecteur général des ponts et chaussées, ancien directeur général des travaux du Canal de Suez.

Le programme arrêté par cette haute Commission, dans sa session du 25 au 29 novembre 1881, peut se résumer comme il suit :

Le tracé proposé par l'Administration pour la partie du canal comprise entre Colon et Gatun, soit environ les 9 premiers kilomètres du canal (sur 73) à partir de l'océan Atlantique, fut adopté. Ce tracé comporte une entrée par Fox River, immédiatement en arrière de l'île Manzanillo, qui garantit ainsi cette entrée des vents de la région du nord, les seuls à craindre dans cette partie de la côte. Fut adopté, pareillement, l'ensemble du tracé proposé pour la partie du canal comprise entre le kilomètre 41, près de Gorgona, et le kilomètre 62, au pied du versant de la Culebra qui regarde l'océan Pacifique.

La Commission approuva aussi un projet pour l'établissement d'un terre-plein, avec empierrement de défense, sur le banc de corail formant le prolongement de la pointe nord de Fox River, terre-plein qui achèvera de protéger contre les vents du large l'anse de l'entrée du canal, et qui formera, en même temps, un quai très spacieux, où pourront s'effectuer en toute sécurité les débarquements, et où s'élèveront à peu près tous les établissements de la Compagnie à Colon.

D'autres propositions furent encore approuvées, notamment celles concernant l'ouverture d'une rigole de service, dans l'axe du canal entre Colon et Gatun ; — l'ouverture de tranchées d'étude, suivant l'axe du canal, entre les deux chutes de l'Obispo et au col de la Culebra ; — la détermination des profils-types de la tranchée du canal, — celle du rayon minimum des courbes de raccordement de l'axe du canal. Enfin, les bases de la question du barrage à établir un peu au-dessus de Matachin, en vue de la régularisation de l'écoulement des crues du Chagres, furent posées, en indiquant d'abord qu'il y avait lieu de construire ce barrage, en approuvant ensuite l'emplacement proposé, qui est compris entre les monts Gamboa et Baruco, et faisant connaître comment on devait commencer la construction de ce gigantesque ouvrage.

Ces avis de la Commission consultative, approuvés en décembre 1881, par l'Administration, guidèrent le service des travaux.

Nous allons résumer les travaux exécutés dans les années qui ont suivi ces études préliminaires, à partir de l'année 1882.

A la fin de l'année 1882, les trois quarts du parcours du canal furent déboisés et piquetés; le reste était jalonné et à peu près définitivement arrêté.

La nature du sol fut déterminée tout le long du tracé, par de nombreux sondages.

L'hydrographie de la baie de Colon fut terminée, dans le courant de l'année 1882, ainsi que celle de la baie de Panama et celle des cours d'eau de l'intérieur de l'isthme.

En même temps que les études s'étendaient, les installations se développaient tout le long de la ligne.

Ces installations étaient, en venant de l'océan Atlantique, d'abord Colon, où une section des ateliers de montage et de réparation de matériel, ainsi qu'un magasin général, avaient été organisés. A Colon, ou du moins tout près de la ville, dans l'île Manzanillo et en avant de l'entrée du canal par Fox River, on achevait d'établir le terre-plein, de 25 hectares d'étendue, avec môle de défense et *wharf*, pour l'accostage et le déchargement des navires. Sur ce terre-plein, auquel on a donné le nom de *Christophe-Colomb*, à cause de la proximité de la statue du grand navigateur génois, on installa des ateliers, des magasins, des hangars, des abris pour le matériel roulant, des cales de montage, des bureaux et des habitations, établissements qui tous étaient terminés ou à peu près, et qui étaient reliés entre eux et avec le chemin de fer de Panama, par des voies ferrées.

Pour remblayer le terre-plein et l'approprier rapidement à sa destination, après l'avoir déboisé, un chantier à l'excavateur fut établi sous la colline de Monkey-Hill, à un kilomètre et demi du terre-plein.

Ce chantier, que nous avons représenté plus haut (fig. 136, page 409), fournissait les remblais au moyen desquels de nombreuses voies ferrées et des plates-formes pour les bâtiments, avaient été vite établies, et avaient couvert ce terre-plein, qui au commencement de l'année était complètement désert et dépassait à peine le niveau de la mer.

A l'autre extrémité de Colon, dans la partie nord de l'île Manzanillo et tout à fait sur le rivage, c'est-à-dire directement sous le vent de la mer, un hôpital de 100 lits fut élevé sur pilotis, et mis en service, dans le courant du mois de mars.

A Gatun, point de jonction du chemin de fer et de l'axe du canal avec le cours du Chagres, fut achevée, dans le courant de l'année, la construction, sur une colline élevée et bien aérée, d'un village, comprenant des maisons et villas pour les employés, des baraquements et cantines pour les ouvriers, ainsi qu'une ambulance.

Ce centre d'habitations était destiné à un nombreux personnel dragueur.

A Gorgona, un chantier d'excavation était en pleine activité, et un atelier de montage était en cours de construction.

Au Bas-Obispo, dans la partie inférieure du versant de la Culebra, regardant l'océan Atlantique, plusieurs chantiers avaient attaqué la fouille du canal à différentes hauteurs ; de manière à donner tout de suite les terres nécessaires à l'établissement d'une voie de raccordement avec le chemin de fer et à celui de la voie de décharge qui devait porter les déblais de la tranchée de la Culebra au barrage du Chagres (fig. 144).

A Emperador, des installations, pour un chantier important, étaient complètement terminées, et une large cunette, d'environ 1 kilomètre 1/2 de longueur, était ouverte dans l'*emprise* du canal (fig. 145, page 433). Un excavateur et deux locomotives étaient en activité dans ce chantier, qui s'étendit bientôt sur 4 kilomètres de longueur.

C'est sur ce point qu'on inaugura solennellement, le **21 janvier 1882**, là fouille du canal, en présence des autorités colombiennes, des notabilités du pays et de nombreux étrangers.

Au point culminant du tracé, c'est-à-dire au col de la Culebra, un chantier considérable était également installé, et la tranchée commencée.

A Paraiso, sur le versant de l'océan Pacifique, un autre chantier était en voie d'organisation.

Enfin, à l'extrémité du tracé, à Panama, étaient réunis, dans un vaste hôtel, qui avait été acheté par la Compagnie, tous les services administratifs, ainsi que les bureaux de l'agent supérieur, représentant direct de la Compagnie.

A un kilomètre et demi de la ville, sur le versant est du Cerro Ancon, on installa, dans le courant de l'année 1882, un hôpital central, dont la contenance pourra s'élever par la suite à 400 lits, et où se trouvaient réalisées les meilleures conditions de salubrité et de construction que puisse présenter un établissement de ce genre (fig. 146 page 435).

Comme annexe des hôpitaux et ambulances de l'isthme, un *sanitarium* fut installé dans l'île de Taboga, qui est située dans la baie de Panama, à 16 kilomètres au sud de la ville (fig. 149, page 445.)

En outre, une installation télégraphique complète reliait, non seulement les deux points extrêmes de la ligne, mais aussi tous les chantiers entre eux, et

FIG. 144. — CHANTIER DE L'OBISPO

le téléphone rendait les plus grands services pour les travaux du terre-plein de Cristophe-Colomb, en reliant le chantier de Monkey-Hill avec plusieurs points de la voie de parcours allant de ce chantier au terre-plein.

Telle etait la situation du percement de l'isthme américain, à la fin de l'année 1882.

L'année 1882 avait été consacrée aux études et installations. On entra, en 1883, dans la période d'exécution.

Le 6 février 1883, M. Dingler, ingénieur en chef des ponts et chaussées, nommé Directeur général des travaux, partait pour l'isthme de Panama, après avoir entendu, devant la Commission supérieure consultative, l'expo sé « des divers problèmes à résoudre pour l'exécution rapide et définitive des « travaux. »

M. Dingler revenait à Paris, après un séjour de trois mois dans l'isthme, avec un « programme d'ensemble de tous les travaux à exécuter pour « atteindre le but désiré. »

La Commission supérieure, réunie, approuva le programme de M. Dingler, qui se résume ainsi :

A. Exécution du Canal avec une profondeur normale de 9 mètres sous le niveau moyen de la mer ;

B. Largeur du plafond du canal à 22 mètres ;

C. Tranchée directe, entre les deux mers, à ciel ouvert, sur tout le parcours ;

D. Sas, avec porte de marée, du côté de Panama, pour assurer à la marine universelle sa communication avec l'océan Pacifique à toute heure, et quels que soient l'amplitude des marées et les courants temporaires pouvant en résulter ;

E. Création de vastes ports à Colon et à Panama ;

F. Creusement d'une grande gare de 5 kilomètres vers le milieu du canal, près de Tabernilla, permettant le croisement des convois de navires.

G. Barrage de Gamboa, pour régulariser les crues du Chagres, avec dérivation des eaux.

Vingt entrepreneurs commencèrent d'exécuter le programme de M. Dingler. Ces entrepreneurs, de nationalités différentes, — Colombiens, Américains du Nord, Anglais, Hollandais, Italiens, Suédois, Suisses et Français, — occupèrent l'isthme sur toute sa longueur.

Pendant cette même année 1883, on commença l'attaque du creusement du canal, sur presque toute la ligne, au moyen de nombreux chantiers de dragage ou de terrassement, qui s'étendent maintenant de Colon à Panama, d'une mer à l'autre.

Sur l'océan Atlantique, à Colon, où la Compagnie du canal crée un port, on reconstruisit un *wharf*, et l'on acheva de conquérir sur la mer le terre-plein de débarquement, d'une surface de 30 hectares environ, présentant plus de 800 mètres en ligne de quai, muni de voies ferrées, d'un développement total de 5,800 mètres, et relié à la gare du chemin de fer de Colon à Panama. Ce terre-plein, qui rend aujourd'hui les plus grands services à la construction du canal, sera de première utilité plus tard, pour l'exploitation.

La ville nouvelle qui commençait à s'y créer, ainsi que nous l'avons dit, continua de se développer en 1883 ; elle sera le port d'entrée du futur canal maritime.

La protection de ce port et de ce terre-plein fut assurée par la construction d'un môle de défense, dont on forma les enrochements avec des pierres extraites d'une carrière ouverte à *Kenny's Bluff*, point situé de l'autre côté de la baie de Colon, et qui fournit d'excellents matériaux.

Dans une gorge voisine de cette carrière on put capter une abondante source, qui fournit de l'eau potable. Une conduite de 1,600 mètres amène cette eau à des chalands-citernes, qui la transportent à Colon, où elle est distribuée gratuitement, deux fois par jour, aux ouvriers.

En quittant Colon, on rencontre des terrains marécageux, où les dragues fonctionnent facilement.

La grande drague que nous avons représentée plus haut (fig. 139), construite par des Américains, MM. Huerne et Slaven, qui se sont chargés de creuser le canal de Colon à Gatun (environ 8 kilomètres 1/2), commença à fonctionner dans les premiers jours d'octobre 1882. Elle extrait 4,000 mètres cubes de terres par jour.

Au delà de Gatun se trouve le chantier de *Buhio Soldado*, section où il faut opérer le dérasement d'un contrefort et la coupure d'une bouche du fleuve Chagres, que le tracé du canal rencontre. Une drague à long couloir creusait la tranchée du canal, et la coupure de dérivation du Chagres était attaquée. De ce point jusqu'au massif montagneux près de Matachin, où le tracé du canal quitte la vallée du Chagres, de nombreux chantiers s'échelonnaient : *Buhio-Soldado, Tabernilla, San-Pablo, Mameï, Gorgona, Matachin, Santa-Cruz.*

A Gamboa, on commença, en 1883, l'établissement du grand barrage qui doit transformer le Chagres supérieur en une immense réserve, où l'on accumulera les eaux provenant des crues de ce fleuve et de ses affluents, Ainsi que nous l'avons dit, on n'avait pas voulu lancer ces masses énormes d'eau dans le canal, où elles auraient produit des courants, amené des dépôts et des alluvions, qui seraient devenus une gêne pour la navigation.

Fig. 445. — LA GRANDE TRANCHÉE D'EMPERADOR

Les eaux des crues, retenues par ce barrage, s'écouleront peu à peu, par un orifice ouvert en tunnel.

La conformation topographique facilite, comme nous l'avons expliqué plus haut, cet immense travail. Au point où le Chagres vient rençontrer le canal se trouvent deux *cerros* (collines) : l'un le *cerro Obispo*, l'autre le *cerro Santa-Cruz*, qui formeront les trois quarts du barrage. Il suffira de relier ces deux collines avec les déblais provenant des grandes tranchées. On constituera ainsi, entre ces deux montagnes naturelles, une montagne artificielle, de 7 millions de mètres cubes, avec une dépense, relativement faible, de 7 à 8 millions.

Les chantiers voisins de ce barrage sont ceux d'*Obispo* et d'*Emperador*. Ces chantiers étaient, en 1883, en pleine activité. Toutes les buttes, tous les contreforts étaient attaqués à la pioche, à l'excavateur, à la poudre, à la dynamite. De longues files de wagons sortaient des tranchées, conduits aux décharges par des locomotives.

A côté d'*Emperador* se dresse la montagne de la *Culebra*, où l'on pratique la grande tranchée, qui aura 120 mètres de profondeur.

FIG. 146. — HOPITAL DU CERRO ANCON

Des sondages multipliés ont établi qu'il y aurait à déblayer, en ce point, un rocher demi-tendre, schisteux, ayant des couches à peu près horizontales, dans le sens transversal, et un terrain sec.

On travaillait également, à la même époque, à des excavations dans le *Rio-Grande* supérieur, au creusement du canal dans la vallée basse de ce fleuve, de *Pedro Miguel* à l'océan Pacifique (8 kilomètres), ainsi qu'au vaste chantier de la *Corrosita* (fig. 147) qui fait partie du *bas Obispo*.

A Panama, la rade est très sûre. Il suffira de faire un chenal, pour établir une communication avec le canal proprement dit. Ce chenal en mer aura 100 mètres de largeur, pour que les navires puissent s'y croiser.

Presque parallèlement au tracé du canal se développe le chemin de fer de Panama à Colon, précieux auxiliaire pour les travaux. La Compagnie du canal possède, avons-nous dit, la presque totalité des actions de ce chemin de fer, sur lequel elle a, par conséquent, la haute main.

Le voyageur qui traversait, en 1883, l'isthme, sur le chemin de fer de Colon à Panama, était frappé de la merveilleuse activité qui y régnait. Quinze mille hommes, de toutes les races et de toutes les nationalités, travaillaient sur les divers chantiers, où l'on voyait les nègres des Antilles, surtout de la Jamaïque, les gens du pays, métis d'Indiens et d'Espagnols, les Américains et les Européens, rivaliser d'efforts.

En janvier 1884, le travail des excavateurs, des dragues et de la dynamite, prouvait que les attaques étaient bonnes. Par l'exécution des marchés passés avec des Américains, des Français, des Italiens, des Colombiens, et par la multiplication des chantiers, on pouvait arriver à une extraction annuelle de mètres cubes suffisante pour achever le canal dans les délais voulus.

Pendant l'année 1884, les travaux furent sensiblement activés. A la fin de 1883, les cubes exécutés s'étaient, élevés, à 2,760,534 mètres. Pendant les quatre premiers mois de 1884, on fit un cube à peu près égal à tout le cube exécuté depuis le commencement des travaux jusqu'au 31 décembre 1883, c'est-à-dire 2,482,768 mètres cubes.

C'était un résultat considérable, étant donnés le début des opérations, la saison où il s'était produit et la nature des déblais extraits.

Dans l'isthme, en effet, il y a deux saisons bien marquées : la saison sèche, et la saison des pluies. La saison sèche commence ordinairement en décembre, et se termine au mois de mai. Elle a une durée de cinq mois à cinq mois et demi.

La saison des pluies, en 1884, fut exceptionnellement intense ; on ne put faire, en réalité, que 14 jours de travail par mois, sur les chantiers.

En outre, près de deux tiers de l'extraction effectuée pendant cette

FIG. 147. — CHANTIER DE LA CORROSITA

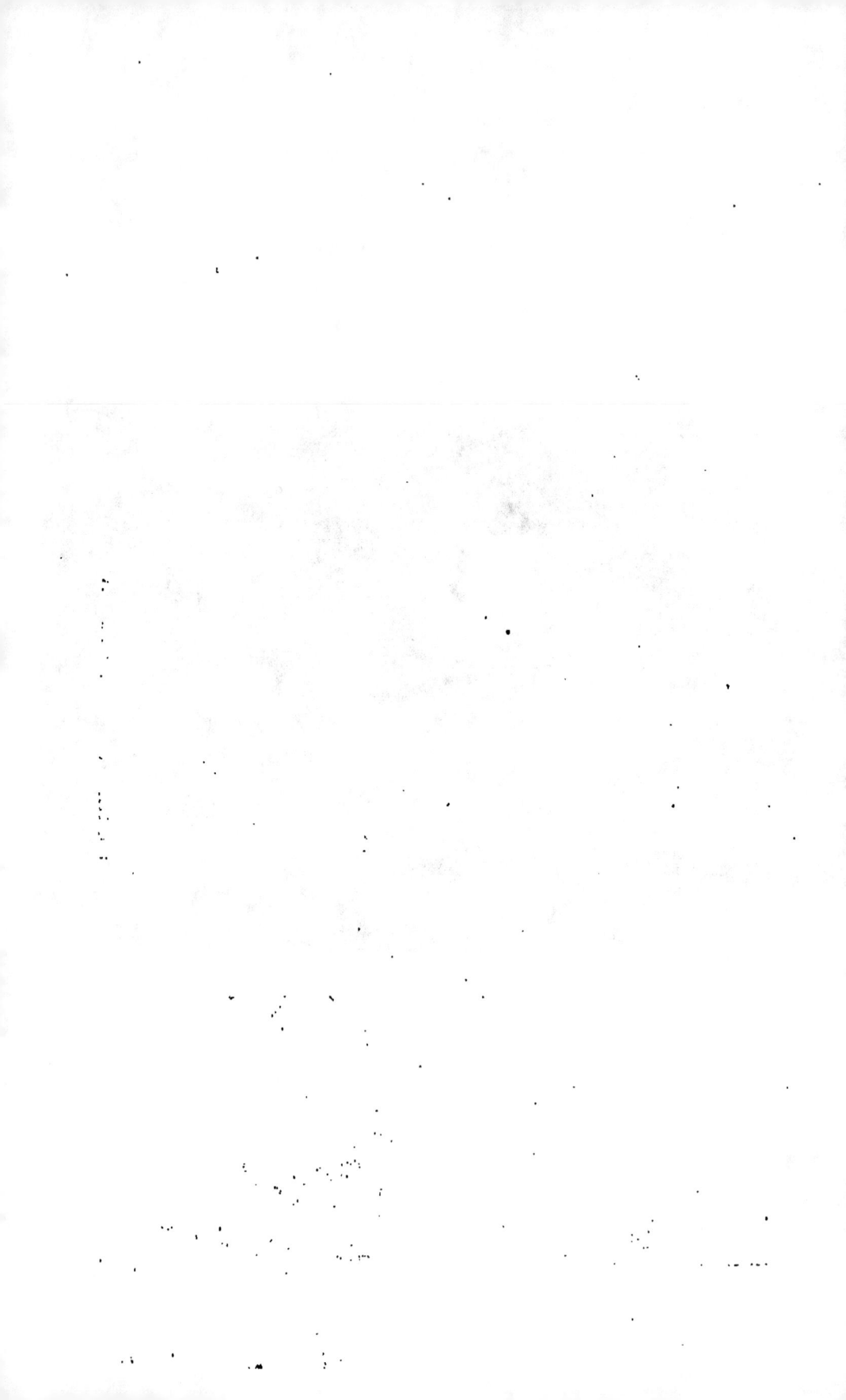

période représentaient de la roche dure. Les entrepreneurs s'étaient, en effet, conformés aux instructions du directeur général des travaux, M. Dingler: ils avaient, pendant la saison humide, travaillé le moins possible dans la terre, et attaqué surtout la roche, afin que pendant la bonne saison, de décembre à mai, rien ne vînt entraver la marche rapide du creusement.

Le chiffre mensuel des cubes, qui est aujourd'hui de 600,000 à 700,000 mètres cubes par mois, pourra facilement être triplé, au fur et à mesure de l'avancement, d'après le rapport des ingénieurs, qui ajoutent qu'on ne s'arrêtera pas au chiffre de 2 millions de mètres cubes par mois, étant donné le perfectionnement des appareils d'excavation à sec et de dragage, ainsi que les moyens d'action qu'offre la dynamite.

Le côté frappant, ce qu'on pourrait appeler la caractéristique du travail exécuté en 1884, c'est la substitution, qui fut faite presque partout, des engins les plus puissants au travail à la pelle, à la pioche, au wagon Decauville, qui avait été à peu près exclusivement pratiqué en 1883 ; c'est, en un mot, le développement, sur toute la ligne, du travail au *gros matériel*, qui prit presque partout la place du travail au *petit matériel*.

L'emploi de la dynamite rendra d'importants services dans les sections les plus difficiles à percer, c'est-à-dire dans les massifs rocheux.

Le 16 octobre 1884, la première grande mine éclata sur la colline de *Corrosita*, dans le chantier du bas Obispo. Cette mine était chargée de quatre tonnes de dynamite et d'une tonne et demie de poudre. Trente mille mètres cubes de roches furent désagrégés, le tiers de la colline de la *Corrosita*, fut mis en morceaux, prêts à être enlevés par les moyens ordinaires. C'était là un résultat capital, qui n'avait été atteint qu'après une longue étude, et qui permit de déterminer d'une manière précise les conditions dans lesquelles la dynamite doit être employée dans l'isthme pour produire à coup sûr tout son effet.

Ce résultat prouve que le travail dans le roc peut se faire presque aussi rapidement que dans les terrains mous.

Gatun est un point situé à 10 kilomètres de l'ouverture du canal, du côté de l'océan Atlantique, à Colon. En 1884, la communication par eau entre Gatun et Colon était complètement établie. Des dragues américaines marchaient, en octobre, à la rencontre l'une de l'autre ; car, grâce à un audacieux effort couronné de succès, une grande drague américaine avait pu, quelques semaines auparavant, être amenée de Colon à Gatun même, par le Chagres.

Le but de ce creusement partiel du canal, à partir de Colon, est de créer à Gatun un port de débarquement pour le charbon, les marchandises, et les appareils destinés au grand travail de l'intérieur. Jusque-là, tout le combustible et tout le matériel débarquaient à Colon ; et, malgré l'activité du chemin de fer, ce précieux auxiliaire des travaux, dont le nombre de trains en 1884 a été porté de 7 à 37, il en résultait des encombrements qui obligeaient les steamers à retarder parfois leur décharge et gênaient le transit inter-océanique. Le port de Colon se trouvera ainsi soulagé, et l'approvisionnement des chantiers de la vallée du Chagres facilité.

Le recrutement des ouvriers est très facile. En novembre 1884, il y avait sur les chantiers, plus de 20,000 ouvriers, Jamaïcains pour la plupart, habitués au climat des tropiques, vivant plus confortablement que dans leur pays, satisfaits de leur salaire, et faisant part de leur prospérité à leurs compatriotes, qui s'empressaient de prendre le chemin de l'isthme.

En 1885, les travaux entrèrent dans la période *d'exécution pratique*. Dans le cours de cette année, des troubles politiques agitèrent l'État de Colombie, et leur contre-coup se fit ressentir à Colon, où l'incendie atteignit les *wharfs* ou appontements pour le débarquement des matériaux. A la Culebra, par suite d'un malentendu, il y eut, une nuit, une panique, qui fit quelques victimes, et dont le chantier souffrit pendant une quinzaine de jours. Mais le gouvernement Colombien et les insurgés avaient donné, chacun, à M. de Lesseps l'assurance que le « grand œuvre universel » serait tenu hors du conflit, et cette lutte politique n'arrêta pas les travaux, qui se poursuivirent avec la même régularité.

X

Nous ne saurions dire à quelle époque précise le canal de Panama sera terminé ; nous ne savons s'il sera creusé avec des pioches d'or ou avec des pioches de fer, c'est-à-dire, pour parler sans métaphore, les sommes qu'absorberont les travaux, ni le temps qu'exigera son achèvement. Mais, quel que soit l'effort qu'il y aura à déployer, il est une question générale sur laquelle tout le monde est d'accord : c'est l'importance hors ligne de cette entreprise, et les conséquences qu'elle doit avoir sur le commerce et la navigation maritime des deux mondes. C'est par ces considérations générales que nous terminerons cette Notice.

Dans un des banquets qui furent donnés à M. Ferdinand de Lesseps, pendant le *tour de France* qu'accomplissait, en 1879, l'ardent promoteur du *Canal inter-océanique*, un des orateurs s'exprima ainsi : *Ce qui rapetisse la terre agrandit l'homme*. Ce mot est plein de vérité, et nous allons en donner le commentaire explicatif et confirmatif.

En quoi et comment le canal de Panama *rapetissera-t-il la terre ?*

On ne peut évidemment entendre, par cette expression, que la diminution du temps qu'exige le parcours d'une route terrestre ou maritime. Or il est facile de voir que les distances seront rapprochées par la création du canal des deux Océans, dans des proportions extraordinaires, et en tout comparables aux abréviations qui ont été réalisées par l'ouverture du canal de Suez.

Du Havre à San Francisco, la distance, en passant par le cap Horn, est de 6,500 lieues ; elle ne sera plus que de 3,200 lieues par l'isthme de Panama : la distance sera donc abrégée de 3,300 lieues ! De Liverpool à San Francisco, la distance est de 6,800 lieues, en doublant le cap Horn ; elle sera réduite à 3,300 par l'isthme américain : l'abréviation sera donc de 3,500 lieues !

Du Havre à Valparaiso, la distance est de 4,400 lieues par le cap Horn : elle ne sera que de 3,000 lieues par le canal de Panama ; abréviation : 1,400 lieues.

On peut dire, en général, que le nouveau canal abrégera de 3,000 lieues environ, la distance de nos *ports français* à tous les ports de l'Amérique situés de l'autre côté de l'océan Pacifique, dans sa région centrale, c'est-à-dire les ports du Mexique et de la Californie. Quant aux ports de l'océan Pacifique méridional, comme ceux du Pérou et du Chili, l'économie de distance sera de 1,000 à 2,000 lieues.

C'est ce que montre la carte que le lecteur a sous les yeux (fig. 148).

Il existe, sans doute, un chemin de fer qui traverse l'isthme de Panama. Mais, outre que ce chemin ne peut satisfaire qu'à un trafic limité (224,000 voyageurs et 140,000 tonnes de marchandises par an), nous n'apprendrons rien à personne en disant que jamais une voie ferrée ne peut suppléer une voie maritime ; et que le commerce préférera toujours la continuité de la navigation à la nécessité d'un débarquement des marchandises sur des chalands de chemin de fer, et d'un nouveau chargement sur un autre navire. Aujourd'hui, en dépit du chemin de fer de Colon à Panama, les bateaux à vapeur et les bâtiments à voiles passent par le détroit de Magellan, ou doublent le cap Horn.

A cette question : *Comment le canal de Panama agrandira-t-il l'homme ?* on peut répondre que cette voie nouvelle ajoutera à la puissance, à la portée matérielle et morale de l'humanité, par les facilités qu'elle apportera aux relations et aux échanges entre les deux mondes. Dans quelles proportions ne seront pas diminués les risques, les dangers, les frais de la navigation, quand on n'aura plus à traverser les mers australes, fertiles en périls de toute sorte ; quand on n'aura plus à franchir que les eaux des tropiques, presque toujours douces et clémentes !

Le prix des contrats d'assurance en sera notablement réduit. Le fret lui-même sera diminué, en raison de l'abréviation de la route ; ce qui pourra amener un abaissement du prix des matières premières, des substances alimentaires et des produits fabriqués qui s'échangent entre l'Amérique et l'Europe.

Ce serait une grande erreur de croire que les avantages dont bénéficiera la navigation, seront limités au commerce américain. L'exportation française aux ports de l'océan Pacifique occidental est énorme. Le Pérou, le Chili, le Mexique, la Californie et une bonne partie de la côte de l'Amérique du Sud, s'alimentent de produits français. On n'a qu'à consulter la statistique de notre exportation pour reconnaître l'importance considérable de nos expéditions pour cette partie de l'Amérique. Loin d'être uniquement américaine ou anglaise, la question du canal de Panama est donc éminemment française, ou, pour mieux dire, éminemment *latine*, car c'est la race latine qui peuple aujourd'hui une bonne partie des régions civilisées de l'Amérique du Sud.

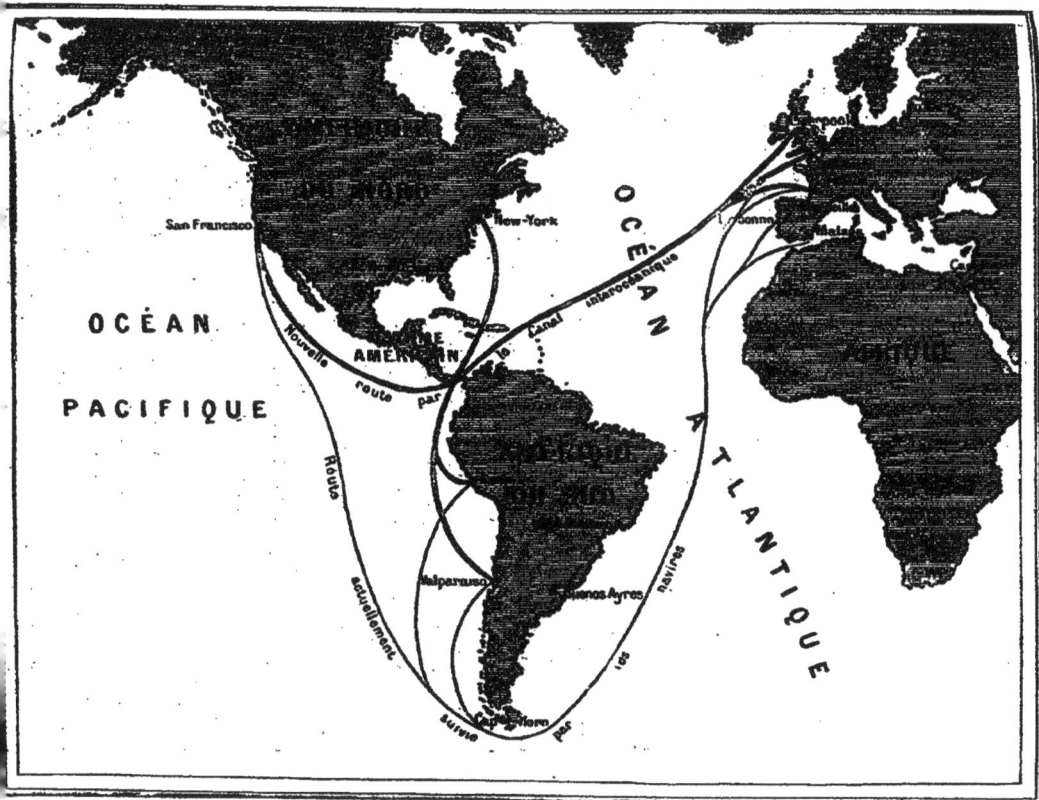

FIG. 148. — ABRÉVIATION DES ROUTES MARITIMES PAR SUITE DU PERCEMENT DE L'ISTHME DE PANAMA

Les résultats généraux qu'aura sur le commerce du monde entier l'établissement de la communication inter-océanique américaine, ne sont pas difficiles à prévoir. Pour les ports français de l'Océan, comme pour ceux de l'Espagne, du Portugal et de la Hollande, le canal de Panama sera une nouvelle voie ouverte à leur expansion commerciale. Pour l'Angleterre, c'est une ligne droite tirée de Southampton ou de Liverpool à ses possessions australiennes. Pour les États-Unis, c'est la réduction des quatre cinquièmes de la distance qui sépare New York de San Francisco. Pour la Russie, c'est le seul passage libre qui puisse mettre ses établissements asiatiques et américains sous la main de Saint-Pétersbourg. Pour la navigation au long cours, c'est une diminution considérable de ses risques et de ses charges. Pour l'Europe, enfin, c'est un rapprochement subit de 3,000 lieues du Japon et de la Chine.

Le mouvement de la navigation par la vapeur est déjà considérable. Quand on aura percé l'isthme de Panama, il s'accroîtra grandement dans toute l'Amérique du Nord et du Sud. Le Brésil, la Patagonie, le Pérou, l'Équateur et la Colombie, enverront par là leurs produits, ainsi que le Guatémala, le Mexique et la Californie.

C'est dans la Colombie que se trouve le canal maritime entre la baie de Limon et celle de Panama ; de sorte que tous ces parages, privés jusqu'à présent de communications faciles, vont avoir leur écoulement vers le reste du monde.

La grande navigation à vapeur prendra un essor considérable, que Suez n'a fait que commencer. Si, aujourd'hui, on a un grand trafic dans le canal de Suez, on a en perspective facilement trois ou quatre fois ce qui a été obtenu depuis l'inauguration. Les chiffres comparatifs de chaque année indiquent, en effet, la progression suivie ; et l'on arrivera à conquérir tout le trafic, à faire abandonner les routes désavantageuses du cap de Bonne-Espérance et du cap Horn. Déjà, le *cap des Tempêtes* est de plus en plus délaissé par la navigation à vapeur ; car, depuis l'ouverture du canal de Suez, la navigation ne lui donne pas plus de 60 pour 100 des transports que cette route monopolisait en 1868.

Les habitants de la Colombie sont civilisés, ils sont fils d'hommes civilisés ; les descendants de la noble et énergique Espagne appellent de tous leurs vœux leurs frères d'Europe. Ce qui leur manque, ce sont les moyens de communication ; car, lorsqu'il faut faire le détour par le cap Horn, tout grand commerce devient impossible, à cause des difficultés considérables qu'on rencontre. Les assurances sont très chères, et les bâtiments, s'ils traversent le détroit de Magellan, pour éviter le terrible cap Horn, sont exposés à des dangers continuels. Il y a là des rochers à pic ; il faut s'arrêter, on ne

Fig. 149. — L ILE DE TABOGA

peut pas jeter l'ancre, et, au milieu d'une brume épaisse, les bâtiments sont menacés de perdition. Pour remonter le long de la côte du Pacifique, on cherche à naviguer entre la terre et les îles ; mais c'est une direction pleine de périls, et qui ne peut pas même suffire au commerce le plus ordinaire. Ces contrées sont donc privées des relations qu'elles auraient avec le monde. Cette partie de l'Amérique appelait des moyens économiques de communication avec l'Europe, pour nous envoyer ses matières premières, et donner, en somme, une très large part au commerce de la France. Ce sont là de nouveaux marchés à ouvrir à notre industrie, qui en a tant besoin.

La navigation à voile, qui est peu importante pour le canal de Suez, jouerait un rôle beaucoup plus grand dans l'océan Atlantique ou Pacifique. En effet, les vents généraux, ou alizés du nord-est, qui dominent sur les 7/8 de la largeur du globe, entre l'équateur et quelques degrés de latitude au nord du tropique du Cancer, sont entièrement favorables aux bâtiments voiliers qui voudront passer de l'Atlantique au Pacifique, tandis que la mer Rouge leur est, pour ainsi dire, interdite.

Beaucoup de bâtiments mixtes, c'est-à-dire à voile et à vapeur, profiteront aussi de ce régime des courants atmosphériques, pour faire plus vite et à meilleur marché le tour du monde de l'Est à l'Ouest, en traversant successivement le canal inter-océanique et le canal de Suez. Loin de se nuire, comme quelques personnes le prétendent, on peut donc affirmer que ces deux grands ouvrages, honneur de notre époque, se prêteront un mutuel appui, et marcheront à une prospérité commune.

Le nouveau monde enverra d'Europe ses bois, son indigo, le cacao, le riz, le sucre, le caoutchouc, et mille richesses minérales, dont l'exploitation ira se développant. Les produits, dont la valeur ne permet pas une exportation facile avec le prix du fret actuel, tels que grains, fruits, céréales, pourront s'expédier ; et à son tour, puisque les produits ne s'échangent que contre des produits, l'industrie européenne, recevant de là un élan nouveau, enverra des objets fabriqués pour tout le continent américain.

Dans quelques années, trois semaines suffiront pour se rendre du Havre à Lima, et environ vingt-cinq jours pour gagner San Francisco. Des lignes de paquebots relieront le Havre et Bordeaux à la côte occidentale de l'Amérique du Sud, aux ports californiens, au Japon, à la Chine du Nord et à l'Australie. On verra se constituer, par la voie nouvelle, un courant de navigation, qui dépassera, en importance, celui de Suez.

La France ne trouvera pas seulement un grand titre de gloire dans le percement de l'isthme américain, elle en recueillera des profits directs. Depuis près d'un demi-siècle, nous possédons l'île de Taïti, qui est à moitié chemin entre Panama et l'Australie, et nous ne savons pas en tirer parti. Les Français, établis dans cette île, ont beau nous vanter son admirable climat, la fertilité de son sol, et ses côtes, aux baies poissonneuses, l'émigration est nulle vers ce pays. On n'y trouve que des fonctionnaires et des soldats. On pourrait pourtant constituer à Taïti un centre de ravitaillement, qui attirerait les navires de toutes les nations, et nous ouvrirait un important débouché commercial.

La population actuelle de l'île de Taïti est de 20,000 habitants, tant indigènes qu'européens. Cette colonie offrirait de grands avantages aux émigrants français, et mériterait d'attirer l'attention des commerçants et des ouvriers qui désirent trouver hors de France un établissement ou un travail rémunérateur.

Un négociant hollandais résidant dans la ville de Papéete, capitale de l'île, s'est proposé de faire connaître les avantages que les ouvriers français trouveraient, sous le rapport de la beauté du climat, de la facilité de la vie et des salaires, dans cet heureux coin de l'Océanie, dans cette île justement célèbre par l'éclat de sa végétation et la douceur de sa température. M. Van der Weene, a publié, dans le numéro de juillet 1884, du *Bulletin de la Société des études coloniales et maritimes de Paris*, une *Conférence sur Taïti, son commerce, ses habitants, son industrie et ses mœurs*, que nous avons lue avec beaucoup d'intérêt, et qui nous a prouvé que la nouvelle colonie française, quand elle sera mieux connue, prendra un sérieux développement, et offrira une résidence admirable aux émigrants européens.

Une dernière considération à l'adresse des voyageurs et des touristes. Au lieu de visiter la Suisse, l'Italie, la Hollande, qui n'ont plus de surprises pour personne, pourquoi le voyageur ne se transporterait-il pas dans l'Amérique centrale, pour y trouver des spectacles et des mœurs inconnus? Les difficultés d'un tel voyage n'ont rien aujourd'hui qui doive en écarter. A quelques heures de navigation de Colon, qui formera l'entrée du canal sur l'océan Atlantique, est le port de Carthagène, dans la Nouvelle-Grenade. On peut se procurer là des montures, pour traverser les Andes.

Déjà, à Carthagène, on a un échantillon des spectacles qui attendent le voyageur. Dans ce port cosmopolite, vivent, dans une communauté de paresse et de plaisirs, des créoles, des mulâtres, des nègres, des fils d'esclaves, des aventuriers accourus de tous les points du globe, et de superbes Indiens, qui travaillent comme bateliers ou conducteurs de trains de bois flotté. Cette population, répandue dans les rues de Carthagène, offre un aspect des plus singuliers pour l'Européen, qui ne peut se lasser de contempler ces hommes

Fig. 150. — MAISONS D'OUVRIERS, A LA CULEBRA

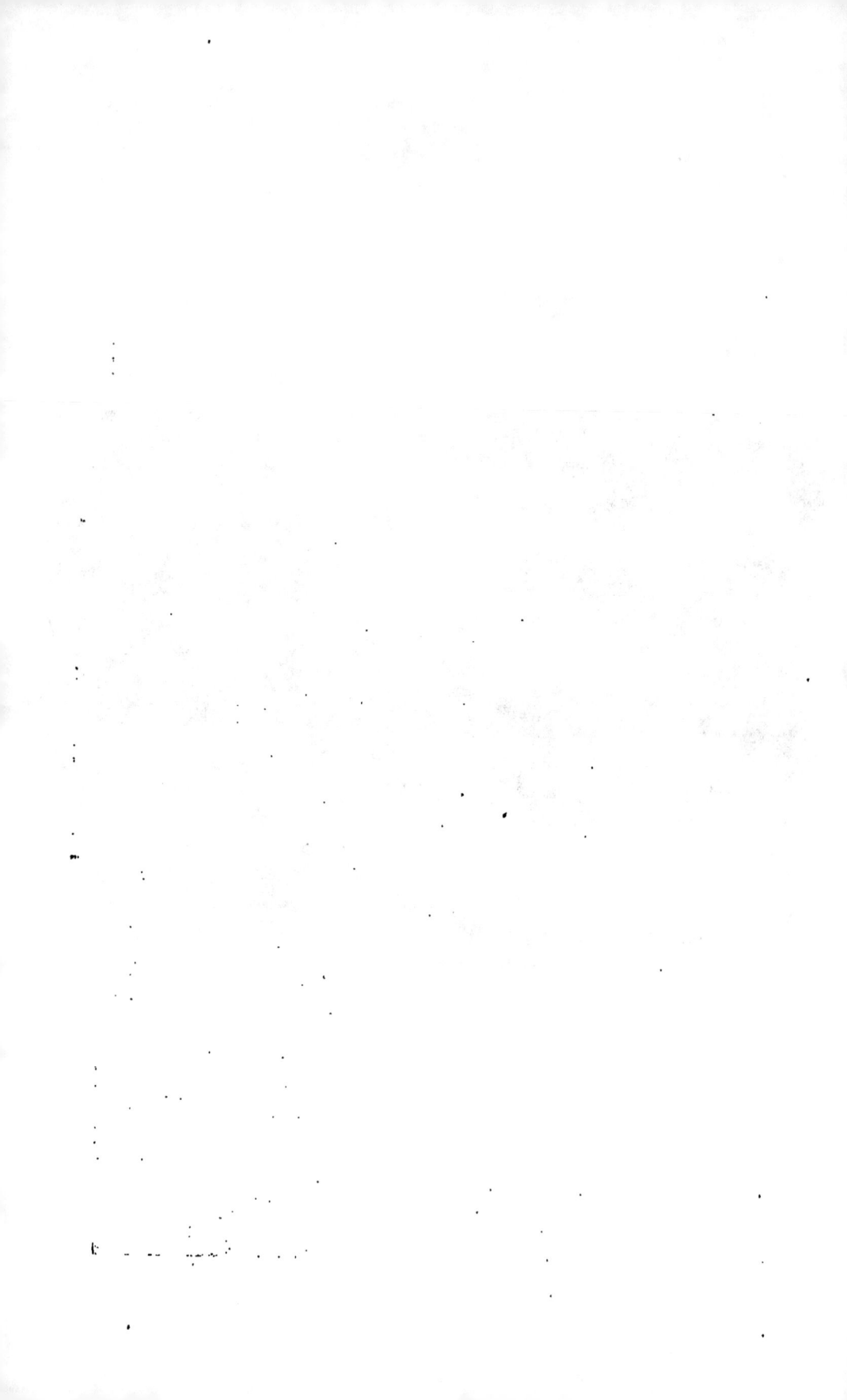

aux costumes étranges, et ces femmes dont les visages reflètent toutes les
couleurs, depuis le teint mat, bronzé, ou cuivré, jusqu'au noir d'ébène. Les
marchands d'animaux vivants promènent des serpents, dos jaguars et des
agoutis. D'autres exhibent des oiseaux-mouches, des perroquets, des gué-
pards, des singes. Ils vendent aussi ces jolis tableaux composés de corps
d'oiseaux-mouches, aux plumes éclatantes, fixés sur un carton blanc, dont
tous les voyageurs revenant d'Amérique aiment à rapporter des collections

FIG. 151. — INDIENS DU BRÉSIL

ou des échantillons. Entendez-vous le bruit du tambour? C'est une bande
de nègres, n'ayant guère d'autre vêtement que des chapeaux de paille, et
qui se précipitent, pour organiser une orgie dans un cabaret borgne. Ces
calèches qui passent au trot de vigoureuses mules, richement caparaçonnées,
renferment l'aristocratie du pays. Des dames créoles étalent nonchalamment,
au fond de la voiture, leurs toilettes, aux couleurs voyantes. Des mulâtres
et des mulâtresses vont au marché, montés sur de petites mules au bât
bariolé et au harnais tout entouré d'aigrettes remuantes ; tandis qu'une
troupe d'Indiens passe, grave et l'œil fixe, tout dépaysés de ne plus être

au sein de leurs forêts natales. Quel est ce bruit de vitres brisées et de bouteilles entre-choquées? Ce sont des marins anglais descendus à terre pour s'amuser, et qui s'amusent. Enfin, au milieu de cette cohue, remarquez-vous un *padre*, coiffé d'un chapeau à la Basile, le personnage important et souvent la plaie de la société sud-américaine? On le salue, les femmes lui sourient, on lui tend la main; et lui, il accepte béatement tous ces hommages, en feignant de lire son bréviaire éternel et crasseux.

Voilà le spectacle que vous trouverez à Carthagène. Mais quittez cette ville, et embarquez-vous sur un paquebot pour Vera-Cruz, le joli port de la côte mexicaine. Vous y trouverez un chemin de fer, qui vous conduira en quelques heures à Mexico. Là vous attendent d'autres curiosités : un mélange de coutumes espagnoles et de mœurs indigènes, une population tout à fait intéressante à connaître.

C'est dans les marchés qu'il faut aller étudier la vie populaire des habitants de Mexico. On voit s'y coudoyer fraternellement Indiens, créoles et étrangers, porte-guenilles et riches bourgeois, redingotes noires, vestes de peau brodées, uniformes usés, soldats, muletiers, *cargadores*, moines de toutes nuances, carmes chaussés et déchaussés. Basile y allonge l'ombre de son chapeau fantastique sur le mur de l'église voisine. Des marchands de chapeaux, de coqs, d'auges en bois, offrent aux acheteurs les produits de leur industrie. Les jolies marchandes de fruits et de fleurs, de fraîches servantes de bonne maison, d'agaçantes Chinas, à l'œil vif, passent et repassent, drapées dans leur *rebosso*. Sur la paume de la main gauche renversée à la hauteur de l'épaule, elles portent, de la manière la plus académique, la corbeille pleine de verdure, ou le gracieux *cantaro* de terre rouge, peint et vernissé, rempli d'eau.

Le porteur d'eau (*aguador*), vêtu de cuir, fend, à petits pas, cette foule turbulente. Il porte sur son dos une énorme jarre de terre rouge, qu'une large bande de cuir fixe, au moyen de deux anses, sur son front, protégé par une petite casquette de cuir; une autre lanière, qui passe sur le sinciput, soutient une seconde cruche, beaucoup plus petite, qui pend devant lui, à la hauteur de ses genoux.

Si l'on veut connaître le Mexique, c'est dans le peuple qu'il faut aller l'étudier. Ce peuple est bon; il est avide de savoir, malgré son ignorance, et plein d'énergie, malgré son long servage. Il faut seulement se méfier des hautes classes, infime minorité gâtée par les prêtres, dont l'influence est toute puissante. L'ignorance des moines, qui pullulent dans ce pays, est doublée d'une insupportable vanité, qui leur inspire l'horreur de tout progrès.

Le peuple mexicain est très simple dans ses habitudes. Le pot-au-feu

Fig. 152. — SAN FRANCISCO

(*pilchero*) et le plat national, les *frijoles* (haricots), tel est le menu ordinaire de la bourgeoisie, auquel on ajoute quelquefois un ragoût de canard pimenté. Pour se désaltérer, on a l'eau pure, contenue dans un verre immense, car il a la contenance d'un à deux litres. Le verre est placé au centre de la table. C'est le seul qui figure dans le service, d'où sont bannies carafes et bouteilles, et même très souvent cuillers et fourchettes. Chacun trempe ses lèvres, à son tour, dans ce hanap, et le remet à sa place, ou le passe à son voisin. Au reste, les Mexicains, en général, ne boivent qu'à la fin du repas. Le soir, le cercle s'agrandit de quelques amis. Les guitares sont décrochées de la muraille, et l'on chante quelques romances naïves, sur des airs dolents.

Quand vous aurez séjourné à Mexico, libre à vous, si vous ne voulez pas pousser vos excursions jusqu'aux États-Unis, de reprendre le paquebot, qui vous ramènera en dix à douze jours au Havre ou à Bordeaux, avec une connaissance générale de l'Amérique centrale, de ses curiosités, de ses mœurs et de ses habitants. Mais nous pensons qu'en si beau chemin le touriste ne s'arrêtera pas, et qu'il voudra connaître au moins le pays, aujourd'hui si célèbre, d'où nous vient l'or : nous avons nommé la Californie.

La Californie confine au Mexique, et un paquebot qui fait le service de la côte du Mexique à San Francisco, amène, après une traversée de deux jours, le voyageur en vue de San Francisco.

Quand on arrive à San Francisco par mer, on a devant soi, à mesure que l'on s'approche, d'énormes montagnes, de la hauteur de 600 mètres. A gauche et à droite, sont des rochers, à la cime moins élevée. On entre alors dans le port, près duquel s'élèvent les roches d'Alcantaras, sommité couronnée d'un fort, dont les murailles brillent au soleil. Un autre rocher, l'île de la Chèvre, fait face à celui d'Alcantaras ; à droite sont deux autres fortins, où flotte le drapeau étoilé des États-Unis.

On est enfin dans la ville de San Francisco, aux clochers pointus, et qui contient des monuments déjà célèbres. De ce vaste port, bien abrité contre les vents, s'élance une forêt de mats, signalant les nombreux navires amarrés le long du quai.

Pour avoir une idée exacte de l'ensemble de San Francisco, il faut monter sur la colline du télégraphe. On voit au loin le second quartier de la ville, le canal Carquénez, le mont Diabolo, au pied duquel est la petite cité d'Oacklad, ainsi que la rade, que traversent incessamment des navires à vapeur, chargés de passagers et de marchandises.

Le but principal de promenade à San Francisco, c'est le *Clifs-House*, qui est un hôtel à voyageurs, bâti sur une éminence, du haut de laquelle on descend jusqu'au rivage de l'Océan, en suivant un chemin taillé dans le roc basaltique. On aperçoit, de ce chemin, plusieurs îlots, dans lesquels on laisse vivre et pulluler en liberté, des centaines de phoques. A l'aide d'une lunette d'approche, on peut suivre les ébats de ces amphibies, voir les mères allaiter leurs petits et les mâles pêcher du poisson avec autant de sécurité que s'ils étaient à mille lieues de la côte californienne.

Quand on a pris ainsi une idée générale de San Francisco, on pénètre à l'intérieur de la ville.

La métropole californienne est une ville relativement nouvelle, puisqu'elle existait à peine en 1840. A cette époque, son magnifique port était encore désert. Ce ne fut qu'en 1847 qu'arrivèrent les premiers chercheurs d'or. Aujourd'hui, la ville compte plus de 300,000 habitants, et son commerce n'est inférieur en importance qu'à celui de New York et de Boston. Chaque année elle exporte pour plus de 500 millions de francs de métaux précieux.

En 1840, San Francisco n'était encore qu'un village, qui avait pris son nom d'un couvent élevé en 1773 par deux moines franciscains. Ce vieux monastère existe encore à cinq kilomètres de la ville. Lorsque la fièvre de l'or vint donner la vie à cette plage, jusque-là silencieuse et ignorée, les chercheurs d'or couchaient sous des tentes. Bientôt, on bâtit quelques maisons plus confortables. Deux incendies, arrivés en 1849 et 1851, ayant détruit en partie la ville naissante, elle fut rebatie en pierres et en briques, et aujourd'hui, elle ne le cède en rien à aucune autre ville de l'*Union*.

Le touriste qui parcourt l'Amérique, pour y voir ce qu'il ne trouve pas en Europe, visite toujours, avec surprise et intérêt, le *grand hôtel Baldwin*, véritable caravansérail qui n'a point d'égal dans le monde entier. L'édifice n'a pas moins de 70 mètres de façade sur la rue Market, 90 mètres sur la rue Powel, et 46 mètres sur la rue d'Ellis. Il ressemble aux grands bâtiments des *Magasins réunis* de la place de la République, à Paris, avec cette différence que le *Baldwin hôtel* a cinq étages, et qu'il est surmonté de neuf pavillons, ayant la forme qu'affectaient les quatre coins du palais de l'Exposition universelle de Paris en 1878. Neuf drapeaux étoilés flottent au-dessus de ce pavillon. L'ameublement de l'hôtel où se voient partout les plus riches étoffes, avec une prodigieuse abondance de plantes tropicales, est d'un luxe princier. Quatre ascenseurs conduisent sur la toiture, où une superbe terrasse permet d'embrasser, d'un coup d'œil, la ville et la rade, qui présentent un panorama splendide. Dans l'hôtel même se trouve un théâtre, ainsi qu'un bazar, garni de quantité de boutiques. On y trouve à s'approvisionner de tout, chez des tailleurs, bottiers, charcutiers, épiciers, bouchers, etc. Dans le sous-sol sont les machines à vapeur, servant à distribuer la lumière, la force et la chaleur.

Une autre curiosité de San Francisco, c'est le *palais des diamants*, immense magasin de bijouterie, dont les murs sont couverts de glaces de Saint-Gobain, et le sol orné de mosaïques de Murano. Des colonnes en bois d'ébène, cannelées et dorées à mi-hauteur, encadrent les casiers contenant des pièces de bijouterie. Les yeux sont éblouis par la quantité de pierres précieuses, de diamants et de vaisselle plate qui remplissent les vitrines, et dont la valeur totale atteindrait, dit-on, 500 millions de francs.

Le touriste ne manquera pas de visiter, à San Francisco, la *ville chinoise*. En effet, les Chinois qui habitent San Francisco, sont au nombre de 150,000, et ils sont les plus industrieux du pays.

La *ville chinoise* n'est qu'un boulevard étroit et allongé, où deux personnes peuvent à peine marcher de front. Cette sorte de passage est toujours plongé dans l'obscurité. C'est à peine si, de loin en loin, on aperçoit la lueur d'une lampe fumeuse, signalant la demeure de quelque Chinois malade.

Dans cet obscur passage, il y a pourtant un théâtre ; car le Chinois, en même temps qu'il est le plus laborieux des peuples de l'Orient, est aussi le plus amoureux des plaisirs. Le théâtre chinois de San Francisco s'intitule pompeusement *Théâtre royal*, cependant l'entrée n'en est pas plus grande que celle des autres maisons. En revanche, il est brillamment éclairé. Dans ce théâtre, on ne voit ni peintures sur les murs, ni ornements autour des loges. Des bancs sont dressés au milieu, comme dans une école, et chacun s'assoit où il peut. Sur la scène, il n'y a aucun décor. Tout se réduit à deux portes, à droite et à gauche, composées de bambous, et ornées de lambeaux d'étoffes, en guise de rideaux. Les musiciens, c'est-à-dire deux joueurs de guitare et un cymbalier, qui frappe comme un sourd, l'un contre l'autre, ses disques sonores, sont placés au fond, adossés aux murs. Un joueur de *gong*, qui se démène comme un possédé, complète ce semblant d'orchestre, et fait à lui seul du bruit comme quatre.

La représentation commence. Il ne faut pas s'attendre à une pièce : les acteurs improvisent et disent tout ce qui leur passe par la tête. Le visage couvert d'un masque, et revêtus d'oripeaux dépareillés, ils se querellent, se battent, se tordent comme des *clowns*, et bien habile serait celui qui comprendrait l'action qu'ils veulent représenter. C'est un mélange d'acrobatisme, de prestidigitation et de musique enragée. Les Chinois, qui sont de grands enfants, s'en contentent, et cela suffit.

Le spectacle terminé, on se donne le plaisir d'aller voir les acteurs sur la scène. Là sont étalés, sur des tables, du thé, des gâteaux, des fruits, du riz, et surtout des cochons de lait rôtis, dont se nourrissent les acteurs, dès qu'ils ont fini leurs exercices. On se croirait dans un restaurant, plutôt que dans les coulisses d'un théâtre.

Le voyageur moraliste et curieux, ne manque pas de visiter, à San Francisco, les *maisons de thé*, où l'on ne sert jamais de thé, mais où l'on donne asile aux fumeurs d'opium. Les amateurs de paradis engendré par une drogue, se rassemblent dans une salle blanchie à la chaux, où sont appendus aux murs des versets de Confucius, le législateur chinois. Sur de larges bancs disposés autour de la salle, et qui sont recouverts de nattes, les ivrognes s'abandonnent aux rêves que provoque en eux l'aspiration de la fumée de quelques grains d'opium, brûlé dans une pipe minuscule. Le Chinois ivre d'opium n'est pas beau à contempler; cependant, comme sa physionomie trahit le bonheur qu'il éprouve dans son rêve, un sourire éclaire en ce moment sa face jaune glabre; de sorte qu'il est moins laid, vu dans son extase, que quand il se promène dans les rues, avec son air de tous les jours.

Le côté est de San Francisco, c'est-à-dire la route qui descend à Monterey, est fort belle. On voit partout s'étager des montagnes couvertes de pins. Une douce pente de sable argenté semble vous attirer vers la grève; mais tenez-vous sur vos gardes. Derrière les buissons, se tiennent embusqués des Indiens Commanches ou Utahs, prêts à scalper le voyageur égaré. *Beware the Indians (prenez garde aux Peaux rouges)*, telle est la recommandation que fait le commerçant de San Francisco à la caravane audacieuse qui se risque à traverser le pays avoisinant les frontières du Mexique.

Le lecteur voudra bien excuser la longueur de cette digression. En lui montrant un coin de l'Amérique, en signalant quelques particularités originales que le touriste rencontrera, s'il veut pousser une pointe à quelque distance de Panama, nous avons voulu faire apprécier le caractère de nouveauté d'un tel voyage, qui reposerait un peu l'amateur européen, des promenades banales dans les vallées de la Suisse et les musées d'Italie.

Quand le canal de Panama sera creusé, les paquebots arrivés à Colon aborderont vite au Pérou, au Chili, à Lima et à Valparaiso, ces reines de l'océan Pacifique, et débarqueront les touristes en ces belles cités où tant d'Européens, après y être allés en croyant n'y séjourner que quelques semaines, sont restés pour toujours. Quel est le voyageur, à l'esprit un peu curieux, qui ne voudra pas profiter du canal de Panama pour aller visiter, après San Francisco, Tahiti, Melbourne, la Nouvelle-Zélande? Dans quelques années, de tels voyages seront faciles, car plusieurs compagnies de navigation commencent à se préoccuper d'organiser leur outillage pour établir des services nouveaux entre nos ports et l'océan Pacifique. Bien plus, le tour du monde étant devenu infiniment plus court et plus facile, quand on pourra user à la fois du canal de Suez et du canal de Panama, vous verrez se créer des *trains de plaisir autour du monde*, avec des prix de places accessibles aux fortunes modestes.

En résumé, rapprocher l'Orient de l'Occident ; supprimer les transbordements ; éviter les tempêtes et les avaries qu'elles occasionnent aux navires ; annuler, pour l'Amérique, les longues traversées et les frais de toute nature qui grèvent les voyages trans-océaniques : telles sont les hautes considérations économiques et politiques qui militent en faveur du percement de l'isthme de Panama. La suppression du contour de l'Amérique du Sud par le cap Horn, en rapprochant les distances, multipliera au delà de toute mesure prévue, les relations internationales, et contribuera à réunir les membres épars, et depuis trop longtemps dispersés, de la grande famille humaine, dans une même solidarité de commerce, de législation et de progrès pacifique.

Le canal de Panama sera donc ouvert à son heure, sous l'impulsion collective du besoin impérieux d'expansion et de pénétration qui agite les peuples civilisés des deux mondes.

FIN DU CANAL DE PANAMA

LE CANAL MARITIME DE CORINTHE

L'isthme de Corinthe est cette bande étroite de terre qui lie la Morée actuelle (autrefois le Péloponèse) au continent de la Grèce. Cet isthme, qui n'a que 6 kilomètres de longueur, dans sa partie la plus étroite, sépare le golfe d'Égine du golfe de Corinthe, ou de Lépante. Sa situation entre deux mers semées d'îles populeuses, et dont les rivages sont bordés de ports très fréquentés, lui donne une grande importance. Il suffit de jeter un regard sur la carte de la Grèce, pour se convaincre de l'utilité qu'il y aurait à faire passer par cet isthme étroit, un canal, propre à donner passage aux navires de tout rang.

En effet, tous les navires faisant le commerce des ports méditerranéens de la France, de l'Espagne, de l'Italie, de l'Autriche-Hongrie, avec la Grèce, la Turquie d'Europe l'Asie Mineure, le bas Danube et la mer Noire, doivent doubler actuellement le cap Matapan, c'est-à-dire, descendre *inutilement* du 38°, au 36° degré de latitude, pour remonter ensuite au 38° degré.

Lorsque l'isthme aura été percé, on évitera ce détour : on gagnera ainsi 185 milles (342 kilomètres) pour les provenances de l'Adriatique, et 95 milles (178 kilomètres) pour les provenances de la Méditerranée.

Par suite du percement de l'isthme de Suez, et du développement du commerce général, la Méditerranée est devenue aujourd'hui le siège d'un mouvement nautique considérable. Elle possède quelques-unes des places commerciales les plus importantes du monde : Marseille, Gênes, Alexandrie, Trieste, Barcelone, Constantinople. Elle est traversée, annuellement, par trente mille navires, d'une capacité totale de 2 millions 1/2 de tonneaux, c'est-à-dire le quart de la flotte commerciale du monde entier et le sixième de son tonnage. De Gibraltar à la mer d'Azof, les navires anglais lui apportent les charbons de Cardiff ou de Newcastle, les pétroles d'Amérique et toutes les matières premières ou fabriquées du nouveau monde ; et ils remportent les blés de Russie, les soufres de Sicile, les minerais de Sardaigne, de Grèce ou d'Afrique, les vins du midi de la France, de l'Italie, de l'Espagne et de l'Algérie, avec toutes les productions, si variées, de ce bassin, sur lequel viennent affluer trois parties du monde.

On comprend donc quelle serait l'utilité de l'œuvre qui est entreprise en ce moment, comme suite et complément de celles de Suez et de Panama. Placé sur la route directe que suivent, dans la voie de leurs échanges, les places orientales et occidentales de la Méditerranée, le canal qui coupera l'isthme de Corinthe, est destiné à attirer dans ses eaux la totalité des navires qui contournent aujourd'hui les promontoires de la Grèce.

Il ne faut pas manquer d'ajouter que le passage du cap Matapan étant supprimé, une cause d'avaries ou de dangers sera écartée pour les navires. Personne n'ignore que, dans l'antiquité, doubler *le cap du Ténare*, c'était affronter la mort, et qu'il fallait, pour entreprendre cette traversée, « renoncer à tout ce que l'on aimait ». Le cap Matapan (autrefois le Ténare) n'a rien perdu de son ancienne renommée. Quand il s'agit de le doubler, c'est toujours un *longus et anceps navium ambitus*, pour rappeler l'expression de Pline. Si l'on avait la faculté de traverser l'isthme hellénique dans un canal maritime, que l'on vînt de l'Adriatique, du golfe de Gênes, du golfe de Lion ou des côtes d'Espagne, on éviterait les ennuis du passage du cap Matapan, qui, par les gros temps, devient quelquefois un danger, et l'on raccourcirait la route. Par suite de ce raccourcissement, il y aurait économie de temps pour les bâtiments à voiles, qui louvoient toujours en doublant le cap Matapan, où la mer est sans cesse agitée, et il y aurait, pour les navires à vapeur, économie de charbon.

La mythologie grecque avait placé aux grottes de Grosso, où s'engouffrent les flots de la mer, avec un bruit lugubre, les aboiements féroces de Cerbère. Sans doute, nos navires à vapeur bravent des dangers qui faisaient la terreur des marins de l'antiquité ; il n'en est pas moins vrai, pourtant, que la mer de ce détroit est toujours redoutée des caboteurs et des voiliers. Or, la navigation, dans ces parages, se fait beaucoup par des bâtiments à voiles, d'un faible tonnage, parfois même par de simples barques pontées.

Le percement de l'isthme de Corinthe serait donc d'une incontestable utilité pour la navigation générale et locale.

La création de ce canal maritime est, d'ailleurs, si naturellement indiquée que le projet d'un passage pour les navires à travers l'isthme de Corinthe a été conçu depuis l'antiquité. Le percement de l'isthme hellénique fut entrepris par l'un des premiers rois de Corinthe, Périandre. Plus tard, quand le Péloponèse fut devenu province romaine, un canal maritime fut entrepris et mené fort loin par l'empereur Néron. Enfin ce projet fut repris au moyen âge, avant d'être, une fois encore, attaqué de nos jours.

Pour comprendre par quelles raisons le percement de l'isthme de Corinthe fut si souvent, dans le cours des âges, entrepris, puis abandonné, il sera nécessaire de jeter un coup d'œil sur l'histoire de Corinthe dans l'antiquité grecque et romaine.

I

Corinthe sous les rois de la Grèce. — Périandre entreprend le percement de l'isthme. — Richesse et importance de Corinthe avant l'ère chrétienne. — Le siège et la destruction de Corinthe par le consul romain Mummius. — Corinthe, colonie romaine. — Néron fait commencer les travaux du percement de l'isthme par un canal maritime. — Travaux effectués sous Néron. — Corinthe au moyen âge. — Les Vénitiens. — Corinthe au seizième siècle. — Corinthe dans les temps modernes. — État actuel de l'isthme et de la ville de Corinthe.

La situation de l'isthme hellénique interposé entre des parties de la Grèce également riches et industrieuses, semblait appeler l'établissement d'une ville importante dans cette région. C'est en l'an 1350 avant l'ère chrétienne, qu'un riche citadin, que la tradition considère comme le petit-fils d'Hellen, Sizyphe, fils d'Éole, fit bâtir la ville de Corinthe, dont il avait choisi l'emplacement à quelque distance des rives du golfe qui longe la côte occidentale de la Grèce. Sizyphe donna à la ville nouvelle le nom d'*Éphyre*. Ce nom fut bientôt changé en celui de *Corinthe*, par le roi *Corinthios*, fils de Marathon, qui lui octroya son nom. La nouvelle ville ne tarda pas à s'enrichir par le commerce et l'industrie. Homère n'en parle jamais sans lui donner l'épithète d'*opulente*.

Comme toutes les cités grecques, Corinthe fut d'abord une monarchie, et, comme presque toutes, elle remplaça cette forme de gouvernement par un pouvoir aristocratique. Cette révolution se fit à Corinthe, 677 ans avant Jésus-Christ. La famille des Bachiades se mit à la tête de cette oligarchie, après la mort de Télessus, le dernier des rois Héraclides, qui occupaient le trône depuis l'an 1089 avant Jésus-Christ. De 657 à 584, la forme monarchique reparut de nouveau. Corinthe resta soumise, pendant ce temps, à l'autorité tyrannique de Cypsetus et de son fils Périandre, qui est connu, dans l'histoire de la philosophie, comme un des *sept sages de la Grèce*. Après Périandre, le sénat se remit en possession de ses prérogatives, et partagea de nouveau, avec les assemblées du peuple, le droit de gouverner l'État.

Le commerce ayant singulièrement accru l'importance de Corinthe, l'idée vint de profiter s ed conditions topographiques tout exceptionnelles de

FIG. 153. — L'ILE DE ZANTE, DANS L'ARCHIPEL GREC

l'isthme, pour y creuser un canal maritime, afin d'éviter les dangers qu'offrait aux navires le passage du cap du Ténare.

Le port de *Lachaon* recevait toutes les marchandises de Sicile et d'Italie destinées à l'Orient, tandis qu'au port de *Cenchrée*, sur le golfe de Corinthe, arrivaient tous les produits d'Asie expédiés en Italie. Mais les frais de transit étaient considérables pour ces marchandises, qu'il fallait décharger et transporter alternativement, de l'autre côté de l'isthme. Aussi les anciens avaient-ils imaginé une sorte de chemin glissant, sur lequel on halait les barques, par un système de treuils et de poulies, dont parle Thucydide.

Ce fut Périandre, tyran, c'est-à-dire roi, de Corynthe, qui, en 602 avant Jésus-Christ conçut le premier le projet d'un canal accessible aux trirèmes. Par malheur, les prêtres du temple de Neptune étaient opposés à cette entreprise. Ils craignaient de voir la foule déserter leurs autels, si un canal venait à donner passage aux vaisseaux, sans qu'ils eussent à débarquer les passagers à l'un des ports de l'isthme. Les augures menacèrent Périandre de la colère des dieux, qui anéantiraient sa ville, s'il persistait à les irriter par un travail impie. La tyrannie sacerdotale est de tous les temps et de tous les pays.

Trois siècles après Périandre (328 ans avant J.-C.), un des successeurs d'Alexandre le Grand, Démétrius Poliorcète, confie à des ingénieurs égyptiens la mission d'étudier le creusement d'un canal à travers l'isthme, et il les charge d'en établir les plans d'exécution.

Cette fois, on eut affaire aux savants, qui mirent l'*embargo* sur l'œuvre projetée. Les géomètres grecs, consultés sur l'opportunité du projet de Démétrius Poliocerte, déclarèrent qu'il existait une différence de niveau entre les deux mers Ionienne et Corinthienne, et que, si on les joignait l'une à l'autre, tout le pays serait infailliblement submergé.

Chose étrange et tenace que l'erreur humaine! Et comme elle se transmet bien d'âge en âge! Les savants grecs déclaraient que le niveau de la mer de Corinthe était plus élevé que celui de la mer d'Égine, comme, vingt siècles plus tard, les savants français de l'expédition d'Égypte devaient poser en fait qu'il existe une différence de niveau entre la Méditerranée et la mer Rouge! Cette erreur n'a pas empêché, de nos jours, le percement de l'isthme de Suez; mais au temps de Démétrius Poliorcète, elle suffit pour arrêter l'entreprise du canal hellénique.

Corinthe joua un grand rôle dans les longues dissensions politiques qui divisèrent la Grèce. Au cinquième siècle avant notre ère, elle fit, à deux reprises, la guerre aux Athéniens, et fut deux fois battue. En 432 après Jésus-Christ, elle prit part à la guerre du Peloponèse, qui eut pour cause la rébellion des colonies de Corinthe contre la mère patrie. Au quatrième siècle avant Jésus-Christ, ce fut Sparte que Corinthe eut pour ennemie, et ce fut Corinthe qui commença cette guerre, dont le dénouement fut le traité d'Antalcidas (387 ans av. J.-C.).

Conquise par Philippe, roi de Macédoine, Corinthe reçut une garnison macédonienne, et n'en fut délivrée que par Aratus, de Sicyone (243 avant J.-C.) qui rallia la ville, redevenue indépendante, à la *ligue Achéenne*. C'est à Corinthe que s'assemblaient les députés de la confédération. Tout alla bien d'abord ; la *ligue Achéenne* jeta quelque éclat sur la Grèce vieillie, et ralluma sa gloire, qui allait s'éteindre.

La belle situation de Corinthe l'avait fait surnommer par les Grecs *Amphithalassios* (la cité aux deux mers). De ses deux ports, le *Lachaon* et le *Cenchreæ*, le premier était ouvert sur l'Europe, le second sur l'Asie. Son antiquité, sa position formidable, qui la rendait la clef du Péloponèse, ses richesses, son luxe, sa noble passion pour les arts, ses temples, qui égalaient en nombre les dieux et demi-dieux de l'Olympe et de la terre, les objets admirables et d'un haut prix en tableaux, en statues, en vases, en ciselures, en sculptures, dont elle était, pour ainsi dire, encombrée, en avaient fait le rendez-vous de toute la Grèce, particulièrement des grands et des riches.

Amenée par le commerce à un haut degré de prospérité, Corinthe devint célèbre par son amour du luxe et des plaisirs. Deux grands artistes, le peintre Euphanor et l'architecte Callimaque, étaient Corinthiens. Le temple de Vénus, à Corinthe, était renommé dans toute l'Europe, et plus de mille courtisanes venaient, chaque jour, y remercier les dieux de leur avoir donné la beauté en partage. Dans un danger public, quand il fallait implorer l'Olympe en faveur de la patrie menacée, c'étaient ses courtisanes que Corinthe envoyait demander à Vénus la victoire et la liberté.

Vénus ne pouvait, en effet, manquer d'avoir des autels dans cette cité voluptueuse où tant de belles courtisanes attiraient les riches habitants de toutes les parties de la Grèce. Mais personne n'ignore que les plaisirs qu'on allait y chercher, étaient fort coûteux. *Non licet omnibus adire Corinthum*, dit un adage latin, devenu banal. Seuls, les sages et les philosophes résistaient à la tentation, et répétaient l'heureux mot de Démosthène : « Je n'achète pas si cher un repentir. »

Le luxe et la renommée de Corinthe devaient attirer la cupidité des Romains. Ses habitants avaient eu, nous l'avons dit, la témérité de se mettre à la tête de la *ligue Achéenne*, qui avait fini par braver ouvertement les Romains. Ils furent cruellement punis d'avoir osé s'attaquer au peuple-roi. Le consul Mummius marcha sur Corinthe, et mit le siège devant cette ville.

Les habitants, trop confiants dans la force de leur citadelle de l'Acropole, et dans la valeur de leurs soldats, accueillirent d'abord avec des bravades l'arrivée des légions romaines. Mais Mummius, grand général, par une bataille heureusement engagée, réussit à s'approcher des remparts de la ville, et bientôt il mit en fuite ses défenseurs.

Mummius déploya dans le châtiment de la cité rebelle une férocité sans égale. Il commanda à ses légions de ne point laisser pierre sur pierre dans Corinthe, et de porter la torche dans chaque quartier. Tout fut livré aux flammes. La grandeur et l'activité de l'incendie furent telles que, pendant plusieurs jours, l'incendie illumina au loin ces deux mers, qui avaient été si longtemps couvertes des vaisseaux de toute la Grèce.

Ici se place une fable ridicule. Une foule d'historiens racontent gravement que, dans l'incendie de Corinthe, l'or, l'argent et l'airain, fondus ensemble, donnèrent naissance à un métal nouveau, qu'on appela *métal de Corinthe*, comme si l'on pouvait admettre qu'au milieu de tant de matières diverses qui se consumaient ensemble, le hasard eût pu réunir, exempts de tout mélange, et allier, dans les proportions convenables, des métaux perdus dans l'immensité de l'embrasement.

Cependant les empereurs romains avaient compris que l'ancienne prospérité de Corinthe lui promettait, pour l'avenir, un éclat nouveau. César et Auguste rebâtirent la ville, qui sortit en partie de ses ruines.

Sous la domination romaine, le projet de percement de l'isthme de Corinthe revint au jour. Jules César en était le promoteur. Tandis qu'il songeait à dessécher le lac Fucin, et à créer un port à Ostie, Jules César se proposait de faire couper l'isthme de Corinthe ; mais il n'eut pas le loisir de poursuivre ce projet.

Caligula nourrit un instant l'idée de reprendre le projet de Jules César ; mais pour lui, comme pour le conquérant des Gaules, une mort tragique vint couper court à ses destinées.

Néron reprit l'idée de César et de Caligula, et les restes importants que l'on voit encore aujourd'hui des travaux que fit exécuter cet empereur, montrent que l'entreprise fut très activement et très longtemps poursuivie par lui.

Le canal maritime, commencé par l'ordre de Néron, coupait l'isthme en droite ligne, du golfe de Corinthe à celui d'Égine. On retrouve aujourd'hui le long de ce tracé, du côté de l'une et l'autre mer, un fossé profond et d'une longueur considérable, dans une direction rectiligne. En outre, quatorze puits, ayant servi à faciliter le travail d'extraction des terres ou à l'aération, subsistent encore, et sont même utilisés dans les travaux qui se poursuivent actuellement. Du côté du golfe d'Égine, le fossé à 1,500 mètres de longueur, sur 40 mètres de largeur, mais sa profondeur est médiocre, soit que le temps ait comblé cette dépression, soit que l'on n'eût commencé qu'une rigole devant être approfondie plus tard.

Les roches enlevées ont été déposées latéralement, et elles forment des remblais parfaitement reconnaissables.

Les Romains avaient attaqué l'isthme des deux côtés à la fois. En partant de la mer, ils ont poussé les travaux : sur le golfe d'Égine, jusqu'à 2,180 mètres ; sur le golfe de Corinthe, jusqu'à 1,156 mètres. Comme l'isthme n'a guère que 6,000 mètres de largeur, il en résulte que l'intervalle non attaqué n'est que de 2,000 mètres. Des quatorze puits qui subsistent, cinq sont carrés et les autres ronds ou ovales, mais tous sont comblés jusqu'à une certaine profondeur. Les puits carrés ont 2^m, 80 de côté.

Sur une ligne droite de 60 mètres de long, la roche est coupée en gradins, nettement dessinés aux angles, qui sont parfaitement conservés. Le premier gradin est haut de 2 mètres. Il conduit à un palier, qui se continue avec la largeur initiale de 60 mètres, pendant l'espace de 200 pas. Après ce premier gradin et ce palier, en viennent d'autres, avec d'autres paliers, jusqu'à cinq, d'une étendue à peu près pareille en longueur et en largeur, mais non en hauteur. En descendant le dernier, on arrive, en plaine, au niveau de la mer. A ce dernier étage, la tranchée n'a plus que 40 mètres de large, dimensions qui suffisent, à elles seules, pour prouver que l'on est bien sur les vestiges d'un ancien canal en voie d'exécution.

Quant au côté qui regarde le golfe de Corinthe, la tranchée qui se dirige en plaine, enlève les roches sur une longueur de 300 mètres, avec la largeur normale de 40 mètres, déjà signalée de l'autre côté de l'isthme, à ce même niveau. Ce qui prouve bien qu'il s'agit ici d'un travail d'excavation fait à main d'homme, c'est l'existence d'un escalier, dont huit marches sont parfaitement conservées, et qui conduit à un plateau.

Les ouvertures des puits sont encore béantes, après huit siècles écoulés !

A côté de ces puits se voient des citernes, de la même époque, dont chacune mesure 15 mètres de diamètre.

Dion Cassius et Pline rapportent que, lors de l'inauguration des travaux d'excavation, Néron, qui s'était rendu dans l'isthme, prit une pioche d'or (*ligonem aureum sumpsit Nero*) et creusa un peu la terre (*ipse aliquantulum effodit*).

Suétone donne un autre détail. Après avoir adressé une allocution aux Prétoriens, les trompettes ayant donné le signal, Néron emplit une corbeille de terre, la chargea sur ses épaules, et alla la verser lui-même sur l'emplacement des déblais futurs (*rastello humum effodit, et corbulæ congestam humeri, extulit*).

Si nous rappelons, maintenant, que Néron a attaché son nom aux premiers travaux de dessèchement du lac Fucin, on pensera, peut-être, avec nous, que cet empereur, que la légende nous peint uniquement sous les plus noires couleurs, avait peut-être d'autres soucis, après ceux de l'État, que de chausser le cothurne et de pincer la harpe d'or aux fêtes du cirque. Sa persévérance à poursuivre la réalisation de grandes œuvres d'utilité publique, peut faire croire que l'histoire ne nous a légué sur Néron que des documents incomplets ou même inexacts, en exagérant ses vices et en passant sous silence ses qualités.

Le fanatisme ou l'intérêt des prêtres de Corinthe, qui craignaient de voir leur temple délaissé par les voyageurs, et, par suite, leurs offrandes diminuer, fut une des causes qui firent suspendre les travaux commencés par Néron ; comme cela était déjà arrivé au temps de Périandre, et pour la même raison. Les prêtres de Corinthe faisaient redouter aux travailleurs une inondation subite, résultant de l'inégalité de niveau des deux mers (*Læcheum mare exsundans Æginam esse submersam*). On racontait qu'en certaines parties des travaux, le sang avait jailli sur les ouvriers. On avait entendu des cris souterrains et des lamentations, qui annonçaient une catastrophe imminente. On avait vu des spectres (*spectra multa apparuerunt*), nous dit Dion Cassius.

En définitive les travaux furent suspendus, et bientôt, les sillons dont Néron avait détaché, de ses propres mains, les premières terres, furent complètement déserts.

Dans les pays de l'Orient, les traditions ne se perdent pas. Grimaud de Caux, ingénieur, qui fit exécuter, en 1852, des nivellements de l'isthme de Corinthe, pour préparer une nouvelle entreprise de percement, raconte que le 21 mars, pendant qu'il était occupé à prendre, au bord de la mer, un nivellement, et tandis que son compagnon dressait la lunette, un paysan s'approcha d'eux, s'arrêta, pour les considérer un moment, puis il dit :

« Mon grand-père est mort à 92 ans et je suis déjà assez âgé. Il me racontait que les Vénitiens avaient voulu percer l'isthme, et qu'ils commencèrent du côté de Corinthe. Mais quand ils attaquèrent les rochers, le sang coula sous les premiers coups. Effrayés, ils se dirigèrent vers Kalamaki et entreprirent les travaux de ce côté. Le sang coula encore. Dès ce moment, ils abandonnèrent l'entreprise. »

Les paroles de ce paysan grec étaient l'écho de bruits répandus à l'endroit même où il parlait, mais en des temps bien antérieurs au siècle où vivait son grand-père (1).

(1) *Comptes rendus de l'Académie des sciences de Paris*, 1863, 1er semestre, p. 931.

On a dit que Néron, rappelé par la guerre des Mèdes, fut forcé d'arrêter les travaux. Ils avaient dû cependant coûter des sommes importantes, et exiger le concours de milliers d'ouvriers, à une époque où les machines et la poudre faisaient défaut. On opérait tous les déblais, à la pioche et à la *couffe*, comme le font encore les fellahs égyptiens.

Sous le règne de ses rois, et plus tard sous la domination romaine, Corinthe était une des villes les plus riches de l'Europe, par les monuments qui l'embellissaient. Elle avait élevé des temples et des statues à toutes les divinités de l'Olympe; elle en avait même inventé dont le culte était inconnu ailleurs, comme si elle cherchait des prétextes à de nouveaux édifices. Parmi les temples qui remplissaient cette ville, il faut citer celui de Neptune, chef-d'œuvre d'architecture, riche en objets précieux. On y admirait un attelage de chevaux de bronze, aux pieds d'ivoire, qui, plus tard, voyagea de Corinthe à Venise, de Venise à Paris et de Paris à Vienne. On remarquait, à la porte de ce même temple, l'immense vase qu'on appelait la *Mer d'airain*, et l'entrée en était précédée d'une longue allée formée par les statues des athlètes vainqueurs aux jeux Isthmiques. La ville était dominée par sa célèbre *Acropole*, ou l'*Acro-Corinthe*, montagne escarpée, haute de 373 mètres, et couronnée par une citadelle imprenable, qui veillait, comme une sentinelle de nuit, à l'entrée du Péloponèse.

Corinthe possédait encore un *stade* (*hippodrome*) tout en marbre blanc, un magnifique théâtre, et son gymnase était le plus beau de la Grèce. Un aqueduc lui amenait les eaux du Stymphale, en Arcadie, monument dû aux Romains. Dans un des faubourgs de la ville, non loin d'un bois de cyprès, nommé la *Cranée*, se voyaient les tombeaux de deux personnages bien opposés : celui de Diogène le Cynique et celui de l'élégante et voluptueuse Laïs.

Tout le monde sait que l'architecte Callimaque, inventeur du chapiteau à feuilles d'acanthe, l'appela *corinthien*, du nom de sa ville natale.

L'*Acro-Corinthe*, roche ardue et circulaire, ferme l'isthme du côté du Péloponèse. C'était surtout un immense château d'eau; on y compte encore, en effet, plus de deux cents puits, ou citernes. Un peu au-dessous de son sommet, jaillit la célèbre fontaine de *Pirène*, au bord de laquelle Bellérophon saisit le cheval Pégase, qui s'y désaltérait. C'est pour cela que les médailles de Corinthe portent un cheval ailé, avec ou sans Bellérophon.

Corinthe fut ravagée, 261 ans après Jésus-Christ, par les Hérules, et en 395, par Hélicon, libérateur plus funeste que les barbares; en 1205, par les Latins; en 1458, par les Turcs.

Au moyen âge, Corinthe fut pendant longtemps gouvernée par de petits

Fig. 154. — VUE PANORAMIQUE DE L'ISTHME DE CORINTHE

despotes ; puis elle passa sous les lois des Vénitiens. Mahomet II s'en
empara, en 1450; Venise la reprit en 1687; et les Turcs qui la leur
enlevèrent pour la dernière fois, en 1715, la gardèrent jusqu'à l'affranchissement de la Grèce, en 1822. Mais la ville, en recouvrant sa liberté, ne
retrouva pas son importance.

La guerre de Morée acheva de ruiner Corinthe, déjà bien déchue de son
ancienne splendeur. Aujourd'hui, à la place où l'on vit tant de richesses, il
n'y a plus que misère et tristesse. Corinthe n'est guère qu'une bourgade
de la province de l'Argolide, avec 4,000 habitants. Tout, dans cette ville, offre
l'aspect de l'abandon; quelques barques à peine se voient dans son ancien
port, comblé et infect. Sa citadelle, autrefois si forte, est devenue insignifiante, grâce aux innovations apportées dans l'art de la guerre et de la fortifi-
cation. Son commerce, si riche et si important, quand la navigation de la
Méditerranée se bornait au cabotage, est réduit à rien, maintenant que ses
deux ports seraient trop petits pour les plus médiocres bâtiments. Son isthme,
point de passage si fréquenté aux temps antiques, se trouve aujourd'hui, au
fond de ses deux golfes, éloigné de toutes les lignes de communication et
complètement abandonné.

Dans l'isthme entier on ne retrouve plus d'autres vestiges de monuments
anciens que quelques colonnes du temple de Neptune, des tronçons de
statues et des amas de marbre sans forme. Mais ses souvenirs sont toujours
vivants pour l'homme instruit, et Corinthe est encore un des lieux de la Grèce
les plus intéressants à visiter.

Ce qui attire le plus l'attention des voyageurs, c'est l'ancienne citadelle, ou
l'Acro-Corinthe (fig. 155), située, comme nous l'avons dit, sur un rocher qui
se dresse à 373 mètres au-dessus de la ville. On y parvient par une route difficile à gravir, et l'accès en est encore défendu par un triple rang d'ouvrages,
construits par les Vénitiens. En arrivant à la première porte, on est surpris de
rencontrer un véritable cahos de fortifications, de masures, d'églises grecques,
de mosquées musulmanes et de citernes. Après avoir dépassé les deux
premières portes, on arrive à une troisième porte, entourée d'une enceinte
crénelée. De quelque côté que l'on regarde, on n'aperçoit que des fragments
de chapiteaux ou de colonnes de marbre, et l'on trouve, à chaque pas, des
puits antiques, pleins d'une eau excellente ; car l'Acropole était à la fois un
château fort et un château d'eau.

Du haut de l'Acro-Corinthe, le spectateur voit se dérouler autour de lui
un admirable panorama : l'Hélicon, le Cithéron et les sommets lointains de
l'Attique, le Parnasse, avec sa double cime, les deux mers, Athènes, le cap
Colonne, les îles voisines et les côtes du Péloponèse. Plus près, sur le

sommet même de la montagne, sont des débris de tous les âges, des traces de tous les siècles : murs cyclopéens, constructions helléniques, fortifications vénitiennes du moyen âge et modernes, ruines où l'œil ne retrouve plus de formes, mais où l'esprit sait encore trouver un sens. Du haut de ces remparts la vue se porte tour à tour sur la mer d'Ionie et sur la mer d'Égine. Ce spectacle ne laisse froid aucun voyageur. S'il a soif, l'eau qu'il boit est l'eau de la fontaine *Pirène*, que fit jaillir Pégase, et sur cette hauteur, féconde en grandes pensées, l'âme, comme le corps, s'abreuve à des sources antiques, qu'on ne trouve plus ailleurs.

Quoique dépouillée de ses statues et de ses ornements, la fontaine de *Pirène* est encore admirable, à cause de ses eaux. Les plus grandes chaleurs de l'été n'en diminuent ni l'abondance ni la qualité. Elle alimente tous les puits de la forteresse, et elle se déverse ensuite dans la ville, par de nombreux canaux souterrains.

Une route carrossable traverse l'isthme, de Kalamaki à Loutraki. Les touristes qui veulent connaître les points intéressants de cette partie de la Grèce, arrivent par un paquebot qui part du Pirée deux fois par semaine, et qui les débarque à Kalamaki. Là, ils trouvent une voiture, qui les transporte, avec leurs bagages, à Loutraki, en une demi-heure; tandis qu'ils s'arrêtent pour examiner les sites intéressants disséminés sur leur chemin.

En quittant Kalamaki, on arrive, par une courte montée, sur le plateau de l'isthme, qui n'est qu'à soixante-dix mètres au-dessus de la mer. On jouit de là d'une belle vue sur les deux mers et sur l'Acro-Corinthe, qui s'élève au sud-ouest, à deux heures de distance. Le pays est inculte et abandonné, couvert de broussailles et de pins de petite taille, où pullulent les perdrix rouges, et où se cachent parfois les brigands. Aussi, lorsque les voyageurs déposés par le paquebot, doivent traverser l'isthme, voit-on des groupes de gendarmes battre les buissons de chaque côté de la route, et sonder les moindres replis de terrain. Ce spectacle est plein de couleur locale, mais il donne à réfléchir au nouveau débarqué. En descendant un ravin, on trouve les restes de la muraille que les Corinthiens avaient élevée dans toute la largeur de l'isthme, pour se défendre contre les attaques des Perses ou des Béotiens.

On trouvera indiqués sur la carte générale de l'isthme que nous donnons plus loin, les restes de cette muraille, que les Corinthiens, à l'imitation des Chinois, avec leur *grande muraille*, avaient élevée, pour se défendre de l'invasion étrangère.

Après avoir passé la petite rivière d'Hexaulia, on se trouve au lieu même,

Fig. 155. — L'ACRO-CORINTHE

où Alexandre le Grand visita le tonneau de Diogène. La muraille de défense dont nous venons de parler, se retrouve plus loin. Le traité de Carlowitz, en 1699, mentionne ce vieux mur comme formant la limite des possessions vénitiennes dans la Péninsule. On rencontre aussi sur sa route les restes de plusieurs tours carrées, qui furent, dit-on, construites par ordre de Justinien, et qui sont au nombre de cent cinquante. On aperçoit, non loin de là, les ruines d'une ville antique, entourée d'une enceinte fortifiée. Au milieu des débris de colonnes doriques et ioniques à demi renfermés dans le sol, on distingue l'emplacement d'un temple de Neptune, d'un hippodrome et d'un théâtre, dont il ne reste, d'ailleurs, ni gradins ni constructions.

Le percement de l'isthme de Corinthe, dans les temps modernes. — Projet de Virlet d'Aoust, en 1829. — Études de Léonidas Lyghounès, en 1832. — Nivellement opéré sous la direction de Grimaud de Caux, en 1852. — Concession des travaux au général Türr, en 1880. — Tracé du canal. — Moyens d'exécution. — État actuel des travaux.

Depuis Néron, l'idée du percement de l'isthme de Corinthe avait déjà été reprise, avons-nous dit, par les Vénitiens, pendant leur courte possession de cette partie de la Grèce. C'est en 1829, que, dans notre siècle, un projet de percement fut dressé par M. Virlet d'Aoust, membre de la Commission scientifique de la Grèce, qui était attachée au corps expéditionnaire français. Ce projet dressé sur la demande du comte Capo d'Istria, président de cette Commission, consistait, en principe, à reprendre les travaux des Romains.

En 1832, Léonidas Lyghounès, ingénieur crétois, qui avait été directeur des travaux du barrage du Nil, reprit l'idée d'une coupure de l'isthme, mais sans aboutir à rien de pratique.

Les personnes qui fréquentaient, en 1850, les séances publiques de l'Académie des sciences de Paris, connaissaient bien Grimaud de Caux, qui rédigeait le feuilleton scientifique du journal *l'Union*, et qui y déployait les qualités d'une rare et quelquefois rude franchise. Grimaud de Caux, avant de tenir la plume du feuilletoniste scientifique au rez-de-chaussée du journal *l'Union*, avait été ingénieur-hydrographe. Il s'était occupé des distributions d'eaux publiques dans plusieurs villes de l'étranger, et il a laissé un très bon ouvrage, intitulé *les Eaux publiques*, où l'on puise encore, soit dit sans jeu de mots, de précieux documents. Grimaud de Caux s'était fait surtout connaître par la construction des citernes du palais ducal de Venise.

Notre ingénieur-hydrographe, en parcourant l'Europe, pour y trouver des occasions d'exercer ses talents de spécialiste en hydrologie, s'arrêta en Grèce. Il fut frappé de la possibilité de reprendre l'œuvre des Romains, et il se décida à faire exécuter par un géomètre bavarois, M. Dubuitry, des

CARTE DE L'ISTHME DE CORINTHE
et du Canal maritime

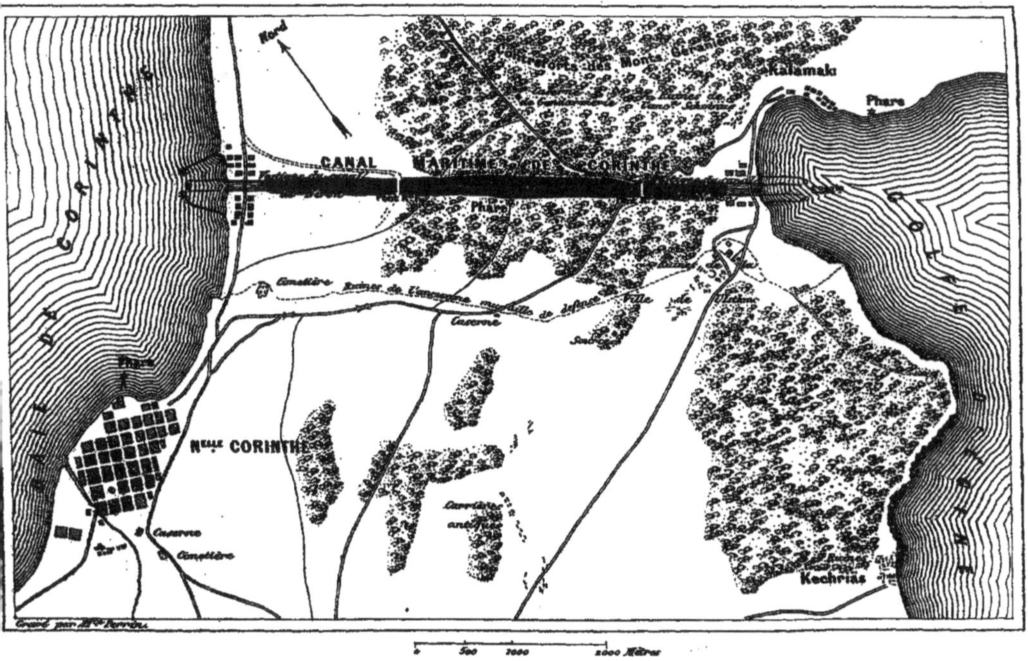

Fig. 156.

nivellements de l'isthme pendant qu'il procédait lui-même à la reconnaissance des lieux. Ceci se passait en 1852.

M. Grimaud de Caux a publié dans trois notes insérées dans les *Comptes rendus de l'Académie des sciences* de Paris, en 1862, les résultats de ses recherches, qui, malheureusement, n'aboutirent à rien.

En 1869, M. de Lesseps revenait en Europe, après l'inauguration de son chef-d'œuvre égyptien. Il eut l'occasion de s'arrêter à Corinthe, et il fut mis au courant de l'état de cette question, si souvent attaquée et autant de fois abandonnée. M. de Lesseps jugea l'entreprise réalisable; il en comprit les avantages, et la recommanda à la sollicitude du gouvernement grec.

Le projet du canal Corinthien traverse diverses péripéties, dans les années suivantes. Deux fois, la concession en est accordée; enfin elle est donnée définitivement à M. le général Türr, aide de camp du roi d'Italie. Cette concession coïncide très heureusement avec la construction des nouveaux chemins de fer grecs qui doivent traverser la presqu'île sur toute sa longueur, pour aller, en coupant l'isthme, se relier, par Athènes, aux chemins de fer turcs, à Salonique.

Le tracé qui fut adopté par l'ingénieur en chef, M. Dauzats, n'est autre que celui du canal de Néron. Nous allons en faire connaître les principales données.

Bien que, de loin, il apparaisse comme une langue de terre plate, l'isthme de Corinthe n'en présente pas moins un relief assez prononcé, dont le maximum est 78 mètres au-dessus du niveau de la mer. Le canal traverse, depuis la mer jusqu'à une distance de 1,200 mètres à 1,300 mètres, du côté de Corinthe, des alluvions, pouvant s'enlever à la drague; puis il s'engage dans la montagne, qui est formée de calcaire tertiaire, d'une teinte gris jaunâtre, d'une dureté moyenne et assez compacte pour que les frais d'entretien de la tranchée, une fois excavée, puissent être considérés comme nuls. Le massif montagneux s'élève assez brusquement : au deuxième kilomètre, l'altitude est de près de 50 mètres; et à 3,500 mètres de la baie de Corinthe, de 78 mètres. La montagne redescend ensuite, avec une pente plus rapide encore, vers le golfe d'Égine; et après le cinquième kilomètre, à 800 mètres environ de la mer, on rencontre de nouveau des sables d'alluvions.

On estime que le percement de l'isthme nécessitera l'enlèvement d'environ 9 millions 1/2 de mètres cubes de déblais, dont la plus grande partie en roches consistantes. La longueur totale du canal, y compris le chenal qu'il faudra creuser dans chacune des deux baies, pour rejoindre les fonds de 8 mètres, à 200 ou 300 mètres du rivage, sera de 6,300 mètres.

Le travail d'excavation sera exécuté par les mêmes moyens qui sont employés au percement de l'isthme de Panama, les conditions de terrain étant à peu près les mêmes, toutefois sur une longueur dix fois moindre. Les sables provenant des alluvions, y alternent avec des bancs calcaires, mais il ne manque pas de parties plus dures, telles que des roches d'origine volcanique, par conséquent assez résistantes à l'outil excavateur. Il ne faut pas oublier, en effet, que l'on se trouve dans une région voisine des volcans, tant du côté de la Sicile que du côté de Santorin. On fera donc usage, pour enlever les terres, tantôt de la drague, tantôt de l'excavateur. Mais il faudra aussi faire jouer assez souvent la mine, c'est-à-dire faire éclater la roche par la dynamite, et déblayer après l'explosion. Il faudra ensuite approfondir le sol, par les mêmes moyens, pour y creuser le canal à la profondeur voulue.

L'ingénieur en chef des travaux, M. Dauzats, étant mort en 1883, fut remplacé par M. Gerter, ingénieur autrichien attaché au *canal François* (Autriche) et qui s'était également fait connaître par des études sur le canal de Panama.

M. Gerter a adopté le tracé de M. Dauzats, lequel coïncide, comme nous l'avons dit, avec celui du canal de Néron. Le canal aura directement 6,342 mètres de longueur, et une altitude maxima de 78 mètres au-dessus du niveau de la mer. Il sera creusé à 8 mètres de profondeur, comme le canal de Suez, et sera à ciel ouvert dans toute son étendue.

En raison de son court développement, il ne sera pas nécessaire d'y ménager des garages, comme au canal de Suez, l'expérience ayant démontré, au canal de Suez, que la distance de 10 kilomètres, qui sépare les garages, est parfaitement suffisante pour les besoins de l'exploitation. Il est également inutile de se préoccuper de l'amplitude des marées, qui est très faible.

La section transversale au canal aura les mêmes dimensions qu'à Suez, c'est-à-dire 22 mètres, avec une profondeur de 6 mètres au-dessous des plus basses eaux.

Les chenaux d'entrée présenteront une largeur de 100 mètres : ils seront protégés, dans chaque golfe, par deux jetées.

La tranchée aura une hauteur de 86^m,79 au-dessus du plafond. Il n'existe encore en Europe aucun travail de ce genre qui soit aussi considérable. En France, quand les tranchées atteignent 17 ou 18 mètres, on préfère généralement entrer en tunnel. Il y a pourtant en Bavière une tranchée de 730 mètres de longueur, qui a 27^m,40 de hauteur, et une autre, de 500 mètres de longueur, qui a 32 mètres de hauteur.

La plus grande tranchée que l'on puisse voir aujourd'hui, existe au Mexique. Elle se prolonge sur plus de 20 kilomètres, et, vers sa partie la plus élevée, elle atteint une hauteur qui varie de 50 à 60 mètres, sur une longueur d'environ 800 mètres.

Le canal sera traversé par deux ponts. Le premier sera situé à 60 mètres au-dessus du niveau de l'eau du canal, et aura environ 35 mètres de portée. Le second aura 67 mètres au-dessus du niveau de l'eau, et à peu près la même portée que l'autre.

La méthode d'exécution a été établie sur les bases suivantes.

On se débarrassera, par les moyens ordinaires, de la partie alluvionnaire, dont le cube s'élève à 1,200,000 mètres cubes d'un côté, et, de l'autre, à 1,300,000 mètres cubes.

Les déblais provenant du massif rocheux devront être, autant que possible, enlevés avec des dragues spéciales. On a établi deux dragues capables d'enlever chacune 3,000 mètres cubes par jour, et par suite 5,400,000 mètres cubes en 900 journées de travail effectif, soit trois ans.

La calotte restante de la masse rocheuse située au-dessus du plan où s'arrête l'action des dragues, et qui comprend 2,000,000 de mètres cubes, sera enlevée au moyen de la dynamite, de l'excavateur et de voies provisoires de chemin de fer.

L'excavateur employé au début des travaux, se compose d'une grue à vapeur, dont la chaîne supporte un grand seau, lequel se vide automatiquement. Un arbre muni de tambours, sur lesquels s'enroulent les chaînes régulatrices, se meut, par l'action de ces chaînes, entre les montants verticaux ; et il est relié, par deux autres montants, à la traverse des battants. L'appareil de levage est muni des mécanismes ordinaires de marche et d'orientation. Le seau suffit pour les boues et les sables ordinaires ; pour les boues et les sables très lourds, on se sert d'une griffe.

Cet appareil n'exige qu'un homme pour le manœuvrer : on le place sur un truc ou sur un bateau. Sa machine à vapeur peut, indifféremment, le faire avancer sur les rails d'une voie ferrée, ou actionner l'hélice d'un bateau. Le peu de place qu'il occupe, permet de le faire travailler dans des parties de l'accès le plus difficile.

Les trous de mine sont faits avec les perforatrices à diamant noir, de M. Taverdon, qui creusent des trous très profonds (12 centimètres de diamètre) que l'on bourre à la dynamite. Ils sont espacés de 2^m,20 à 4^m,40, suivant la grosseur des débris. Les débris s'éboulent d'eux-mêmes dans la partie déjà creusée du canal, où des dragues les recueillent.

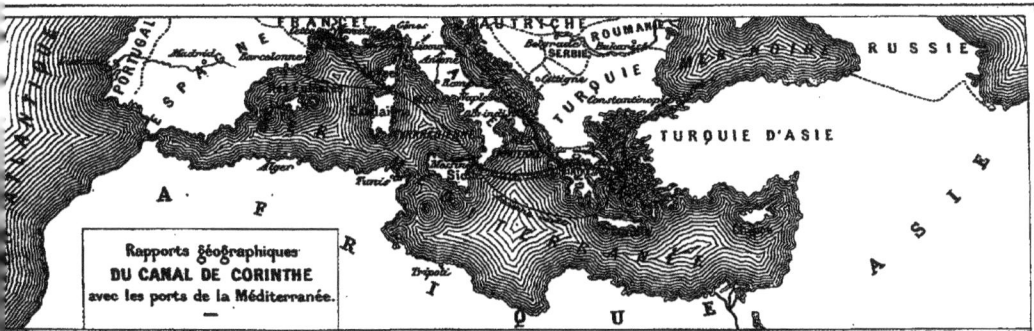

COUPE LONGITUDINALE INDIQUANT LA HAUTEUR AU-DESSUS DU NIVEAU DE LA MER DES TERRAINS TRAVERSÉS PAR LE CANAL MARITIME DE CORINTHE.

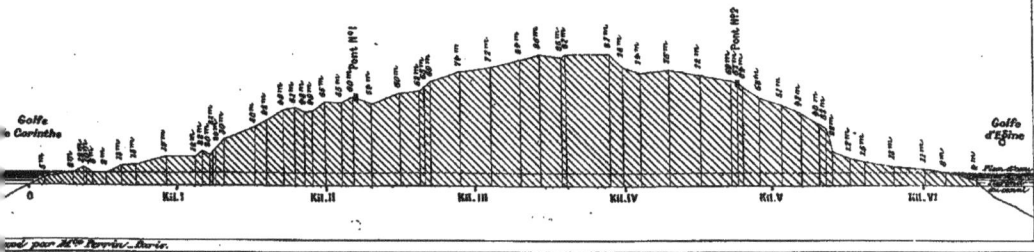

Golfe de Corinthe

Golfe d'Égine

0   Kil. I   Kil. II   Kil. III   Kil. IV   Kil. V   Kil. VI

Fig. 157.

Le nombre des ouvriers employés actuellement, est de 8,000.

La question de l'approvisionnement d'eau pour les travaux et les travailleurs, est d'une grande importance, dans un pays où la pluie est extrêmement rare. La pluie qui tombe dans l'isthme, n'est pas, en effet, d'après les observations de M. Julien Schmidt, citées par Grimaud de Caux, de plus de $3^m,1$ par an.

On compte, pour assurer l'approvisionnement d'eau, sur la source du *Pirène*, dont nous avons parlé, source célèbre dans l'antiquité. Elle ne tarit jamais, mais son débit varie suivant les saisons. En outre, dans les plaines d'alluvions situées sur chacun des versants, on trouve de l'eau douce à une faible profondeur. Il est à craindre seulement que ces sources souterraines ne finissent par être contaminées par les déjections et les détritus de toute sorte provenant des ouvriers. Dans ce cas, les anciennes citernes de l'Acropole, et celles qui sont disséminées sur le trajet du canal de Néron, pourraient être utilisées, en y faisant arriver les eaux des pluies qui descendent, par intervalles, des monts Géraniens.

Le climat de l'isthme de Corinthe est très chaud, mais des brises de mer, qui soufflent alternativement des deux côtés, rafraîchissent l'air, et donnent à l'atmosphère une grande pureté. Enfin, les terrains étant durs, secs et peu chargés d'humus, on n'a pas à craindre d'émanations insalubres, par le fait des excavations.

Les travaux se feront donc dans de bonnes conditions de salubrité : les rapports des ingénieurs publiés jusqu'ici ne signalent aucun cas de maladie pour le personnel des travailleurs ni des employés.

Les travaux du percement de l'isthme furent inaugurés le 10 avril 1882, en présence du roi des Hellènes, mais ce n'est qu'en 1884 qu'ils ont pris quelque activité. Des obstacles, non prévus à l'origine, ont imprimé beaucoup de lenteur aux premiers travaux. On a rencontré plus de roches dures et moins de terres sablonneuses et alluvionnaires qu'on ne l'avait d'abord estimé ; de sorte qu'il a fallu modifier l'outillage, prévu ou commandé.

Au 15 août 1882, on avait enlevé 250,000 mètres cubes de terres, dans la partie alluvionnaire, par conséquent facile à déblayer. Les baraques nécessaires au logement des ouvriers, des puits pour l'approvisionnement d'eau, les hangars pour les machines, étaient terminés.

Pendant les mois d'août et de septembre 1885, on enleva 120,000 mètres cubes par mois. Ce sont les chiffres les plus forts atteints jusqu'à ce jour, et il est à prévoir qu'avec l'approfondissement successif des différentes galeries d'attaque sur les flancs de la tranchée, ils seront notablement dépassés.

Voici quelques renseignements que nous trouvons dans un journal de travaux publics, concernant l'état d'avancement des travaux du canal de Corinthe, en 1885.

Comme il est dit plus haut, les travaux du percement inaugurés en septembre 1882, n'ont commencé à prendre quelque développement qu'en 1884. Jusque-là on avait surtout fait des essais et employé différents systèmes : *pompes Ball*, havage hydraulique, perforation verticale, sans qu'aucun répondît aux espérances qu'on en avait conçues. En fin de compte, on est revenu aux moyens les plus ordinaires, c'est-à-dire aux dragues à grandes dimensions, qui permettront de doubler l'extraction des terres.

Voici, en chiffres ronds, l'état d'avancement des travaux, depuis le 15 juin 1882 jusqu'en 1885.

	Cube exécuté	Moyenne mensuelle
1° Du 15 juin 1882 à la fin de 1883 . . .	352.000	19.000
2° En 1883	835.000	70.000
En 1885 (six premiers mois)	720.000	120.000

En tenant compte des travaux faits antérieurement, le cube total des terrassements exécutés jusqu'à ce jour, atteint environ 2 millions de mètres cubes, soit un peu plus du quart des déblais du percement de l'isthme. Il faut ajouter, toutefois, qu'en dehors de ces travaux, il a été procédé à d'autres ouvrages importants et aujourd'hui terminés, tels que brise-lames, avant-ports, bâtiments, ateliers, aménagement des eaux, voies ferrées, matériel roulant, etc. Si l'on tient compte également de la progression rapide que pourra suivre le déblayement, maintenant que la période d'installation est close, on peut espérer que l'on parviendra, sauf empêchements imprévus, à achever les travaux dans les conditions et les délais prévus.

Le canal de Corinthe n'offre pas le caractère grandiose des percées de Suez et de Panama ; son intérêt international est restreint aux peuples du littoral oriental de la Méditerranée, ainsi qu'aux ports de l'Adriatique et de l'Archipel ; mais son intérêt régional est important, car il sera très utile au cabotage, la seule marine de ces mers étroites et difficiles.

Lorsque Néron essaya de réaliser le percement de l'isthme de Corinthe, il s'agissait alors de pays riches, très peuplés, et de deux centres de civilisation, Athènes et Rome, qu'il était politique et rémunérateur de rapprocher. Les conditions sont devenues bien différentes ; l'axe du monde commercial et politique s'est déplacé, et les besoins à satisfaire sont bien moins importants.

Le bénéfice que la grande navigation trouvera à la percée de Corinthe est difficile à évaluer, car il faut compter avec des surprises, et les prévisions auxquelles on se livre en matière de transports abrégés ou rendus moins chers, ne sont pas toujours réalisées. On a calculé, avons-nous dit, que l'abréviation serait de 185 milles marins (341 kilomètres) pour la traversée de l'Adriatique au Pirée, et de 95 milles (175 kilomètres) pour les navires venant de la Méditerranée ou de l'Atlantique, ayant passé par le détroit de Messine à destination de Syra, Salonique, Smyrne, Constantinople, la mer Noire et le Danube. Pour les provenances de l'Adriatique, l'abréviation peut être évaluée à vingt heures ; pour les provenances du détroit de Messine, elle sera d'environ dix heures. L'abréviation constitue donc, dans les deux cas, une économie sensible de temps et d'argent, économie d'autant plus appréciable, qu'indépendamment des mauvais temps que l'on trouve souvent au cap Matapan, on aura à parcourir le golfe de Lépante (environ 90 mille marins) en eau calme et profonde.

M. Bazaine, ingénieur en chef des ponts et chaussées, a remplacé, comme ingénieur en chef des travaux du canal de Corinthe, M. Gerter. M. Bazaine parcourut, en 1884, les chantiers de l'isthme, et en même temps il visita, en compagnie du général Türr, le Pirée, Athènes, les îles Ioniennes et l'Archipel grec. Il a recueilli dans ce voyage des renseignements et observations qui l'ont amené à exposer, sur l'avenir du canal de Corinthe, des considérations d'un intérêt général, qu'il n'est pas indifférent de consigner ici, et par lesquelles nous terminerons cette Notice.

« Le percement de l'isthme de Corinthe, dit l'ingénieur en chef, M. Bazaine, est venu à son temps. On a dû y songer longtemps auparavant comme on l'a fait aussi pour les isthmes de Suez et Panama ; mais, pour accomplir de pareilles entreprises, il fallait arriver à l'ère des chemins de fer, de la navigation à vapeur, du relèvement de l'industrie, du commerce, des communications de tout genre entre toutes les parties du monde. Pour la réalisation du projet du Canal maritime de Corinthe, il fallait encore que la Grèce finît par se reconstituer en nation indépendante, sous l'aiguillon des souvenirs de son glorieux passé.

« La Grèce moderne a pour tâche de se repeupler, de se refaire une agriculture, de se placer dans le courant d'instruction générale, de mouvement industriel et commercial où s'agite le monde. Elle s'est mise à cette tâche avec une ardeur fébrile et on peut être surpris des progrès extraordinaires qu'elle a déjà faits.

« Elle entreprend de se donner des routes et des chemins de fer et elle en recueillera immanquablement de grands bienfaits.

Fig. 158. — L'ILE DE CORFOU, DANS L'ARCHIPEL GREC.

« On prépare l'exécution d'une grande ligne de chemin de fer d'Athènes, à travers la Grèce continentale, vers le golfe de Volo ou la frontière de la Turquie. La construction de la ligne d'Athènes à Patras par l'Isthme de Corinthe est déjà très avancée. Elle est livrée à la circulation dans plusieurs parties, notamment entre Kalamaki et Néa-Corinthe, afin de servir de trait d'union entre les services de navigation d'Athènes à Kalamaki et de Corinthe aux îles Ioniennes.

« La Grèce a encore à entreprendre des reboisements, l'amélioration du régime de ses eaux, la création de ressources hydrauliques, le dessèchement de ses marais, etc. Une tâche achevée en entraîne une autre et aide heureusement à sa réalisation.

« En ne considérant que son sol et ses villes, on a peine à retrouver l'ancienne Grèce si peuplée et si riche relativement ; mais ce qu'on retrouve sans changement, c'est cette mer bleue et clémente qui, sous un beau ciel et un doux climat, continue de découper d'une façon merveilleuse le pays en îles et péninsules, que la nature et toutes les circonstances réunies semblent inviter continuellement à communiquer entre elles ; c'est un développement extraordinaire de côtes baignées, pénétrées par les flots et où, sans grands frais, on peut multiplier les ports.

« Les routes et les chemins de fer, quels que soient les obstacles naturels que le sol montagneux de la Grèce oppose à leur construction, rendront l'immense service de créer ou développer une circulation locale, qui manque aujourd'hui. Mais cet accroissement de circulation profitera, en même temps, à la navigation locale et internationale. La mer a découpé dans la Grèce comme un vaste réseau d'admirables voies maritimes, auxquelles les routes et les chemins de fer serviront de pourvoyeurs. Ces voies maritimes seront toujours les principales, les préférées, pour ce peuple resté, par instinct de race, marin et commerçant. C'est à peine, il est vrai, si la population atteint 1,700,000 habitants et elle dispose d'une flotte commerciale à voiles d'environ 7,000 navires. Excellant toujours, comme par le passé, dans l'art des constructions navales, elle se construit annuellement près de 400 navires. Elle semble avoir conscience que la navigation est le premier élément de sa prospérité.

« Le percement de l'isthme de Corinthe, en faisant une île du Péloponèse, qui sera séparé de la Grèce continentale par une nouvelle voie maritime, complète et perfectionne l'admirable réseau des voies navigables dont la nature a doté la Grèce, et dont il vient d'être parlé. Le canal maritime de Corinthe sera une maille de plus, l'une des mailles principales de ce réseau. Il en étendra les services au point de vue local et surtout sous le rapport international.

La flotte commerciale de la Grèce n'est pas uniquement composée de navires à voiles. Elle a aussi une marine à vapeur ; la marine hellénique ayant le monopole du cabotage, est composée en ce moment d'environ 25 bâtiments à vapeur, desservant le littoral et les îles.

« Les îles Ioniennes, dont les principales sont Zante, Céphalonie, Leucade et Corfou, forment la partie de la Grèce où il y a le plus d'aisance, d'instruction, de population et de commerce. Elles sont desservies, en même temps que Patras, par des paquebots réguliers, de 500 à 1000 tonneaux. Ce seul service amène déjà à l'isthme près de 800 paquebots. On est étonné de voir la quantité extraordinaire de voyageurs qui se transportent continuellement d'un point de la Grèce à l'autre,

Ce sont des populations en émigration et immigration continuelles. Les conditions de circulation sont telles qu'on a dû créer des services directs sur Patras et Corfou et des services pour les points intermédiaires. Le voyageur, parti d'Athènes, débarque à Kalamaki, emprunte le chemin de fer jusqu'à Néa-Corinthe, et s'embarque dans un autre paquebot qui le conduit à destination. Ces transhordements, d'ailleurs incommodes, occasionnent des pertes de temps et d'argent ; ils ne conviennent pas au transport des marchandises. Le canal maritime de Corinthe supprimera. dès le premier jour, ces inconvénients, retards et dépenses, au grand profit des populations et de ses propres recettes.

« Le chemin de fer actuel doit être, en temps opportun, devié dans une partie de son tracé, pour qu'il passe au-dessus du Canal, sur un point de grande ouverture auquel il sera donné une largeur suffisante pour permettre le passage d'une route et du chemin de fer.

« Le canal maritime de Corinthe rendra à la navigation d'autres services plus importants et d'un caractère international.

« Il n'est plus douteux que le Pirée ne doive, de plus en plus, servir d'escale à la flotte commerciale de la Méditerranée qui se dirige sur Constantinople et la mer Noire. On sait la grande importance, toujours croissante, de ce commerce, qu'on peut évaluer à 16 millions de tonnes. La Méditerranée n'a plus ses pirates, mais elle offre toujours le péril des récifs et des tempêtes. Les caps Malée et Matapan du Péloponèse, n'ont pas cessé d'être des passages dangereux. Le canal maritime de Corinthe permettra de les éviter, tout en raccourcissant très notablement le parcours jusqu'au Pirée. Si aujourd'hui déjà, dans les conditions actuelles de la navigation méditerranéenne, le port d'Athènes, ou autrement dit le Pirée, tend à devenir un des ports les plus importants de la Méditerranée, on peut être sûr que cette situation se développera bien plus activement encore sous l'influence de l'ouverture du Canal maritime de Corinthe.

« Il y a cinquante ans, à l'époque où la Grèce commençait à être indépendante, et depuis, on s'est souvent demandé si la Grèce nouvelle n'aurait pas dû, abandonnant Athènes à ses grands souvenirs et à ses splendides ruines, placer sa nouvelle capitale à Corinthe, afin qu'elle fût moins éloignée de l'Europe occidentale. L'ancienne capitale a été conservée et acquiert chaque année une importance de plus en plus grande ; mais l'ouverture du canal maritime de Corinthe sera la justification la plus éclatante de cette résolution nationale. En effet, ce canal rapproche Athènes de l'Italie de près de 350 kilomètres ; on pourra aller de Brindisi au Pirée en moins de vingt-quatre heures.

« En même temps, ce canal ouvrira au commerce de l'Adriatique et à celui de la Méditerranée, la voie la plus courte, la plus sûre, la plus économique sur Athènes, Salonique, Smyrne, Constantinople et la mer Noire.

« On peut être surpris des progrès d'Athènes et du Pirée. En treize ans, leurs populations ont monté de 59,000 à 135,000 âmes. Ainsi, Athènes a aujourd'hui une population de plus de 100,000 âmes, et le Pirée compte plus de 35,000 habitants. La douane au Pirée, qui rapportait à peine un million, a recueilli, en 1883, sept à huit millions. On y voit des maisons neuves par centaines et il y en a autant en projet. C'est par bonds de 5,000 à 10,000 âmes que marche l'accroissement de population.

On y a construit un assez grand nombre d'usines, filatures, fabriques de tissus, fonderies et forges, etc.

« En 1882, le mouvement du port du Pirée a été de 15,000 navires, jaugeant 2,500,000 tonnes. La compagnie du Lloyd autrichien a transporté son agence de Syra au Pirée, et toute sa flotte du Levant fait escale dans ce port. Lors de notre passage à Trieste, l'administration du Lloyd nous a affirmé qu'à elle seule, elle alimenterait le Canal de Corinthe pour plus d'un million de tonnes. Une Compagnie italienne a plusieurs services réguliers et hebdomadaires qui mettent le Pirée en communication directe, d'une part avec Catane, Messine, Brindisi, Ancône, Venise, Trieste, Gênes et Marseille; d'autre part, avec Constantinople et Odessa. La marine française est représentée au Pirée par la Compagnie des Messageries maritimes, la Compagnie Fraissinet et d'autres Compagnies de navigation de Marseille.

« Vienne l'ouverture du canal maritime de Corinthe, et tout annonce que ce canal contribuera puissamment au mouvement extraordinaire qui se prépare et qu'annoncent les progrès et les tendances qui viennent d'être signalés. »

Les considérations développées par M. Bazaine font désirer que le canal de Corinthe, si souvent commencé et si souvent abandonné, reçoive enfin son exécution, et que l'œuvre conçue dès l'antiquité trouve, de nos jours, son achèvement. En ce moment, une armée de travailleurs, Grecs, Maltais, Italiens, continuant l'œuvre inaugurée par un empereur romain, manient la pioche et la barre de mine; et tandis que des machines à vapeur font tourner les godets d'acier des excavateurs, d'autres ouvriers enlèvent, à la brouette, les déblais de toute provenance. Dans peu d'années on verra un chemin de fer courir sur les rives du golfe de Corinthe, allant d'Athènes à Patras, traversant Éleusis, Mégare et Corinthe; et sur toute la largeur de la Péninsule hellénique, s'étendront les rails de la première grande ligne ferrée de cette région. Quand ces divers travaux seront exécutés, la Grèce commerciale sera régénérée, et l'on verra peut-être la vie industrielle revivre sur la terre fortunée où brillaient, il y a dix siècles, les merveilles de la civilisation et des arts, offrant, dès cette époque, une image exacte de la civilisation raffinée dont notre siècle s'enorgueillit, mais dont on trouve la source première et le tableau complet dans les deux grandes cités de la Grèce antique : Athènes et Corinthe.

Nous aurions voulu entrer dans plus de détails techniques concernant l'exécution du canal de Corinthe. Mais jusqu'ici il n'a rien été publié de précis sur l'état d'avancement des travaux de cette modeste entreprise; sur les moyens mécaniques dont elle fait usage aujourd'hui, après en avoir essayé et rejeté plusieurs; enfin sur l'époque probable de son achèvement. Nous devons donc nous borner à faire des vœux pour que ce canal soit, cette fois, mené à bien ; car il est appelé à rendre de réels services au cabotage, ainsi qu'à la navigation locale, et il offrira certainement quelques avantages à la navigation générale de la Méditerranée.

FIN DU CANAL MARITIME DE CORINTHE

LE CANAL MARITIME DE MALACCA

Décrivant, dans ce volume, les nouvelles routes créées par l'industrie des hommes, pour abréger le parcours des voyages maritimes, nous avons étudié, jusqu'ici, un canal maritime entièrement exécuté : celui de Suez, et deux canaux en voie d'exécution : ceux de Panama et de Corinthe. Nous allons maintenant nous occuper d'un quatrième canal, qui n'est ni terminé ni commencé, mais qui est seulement à l'état de projet. Il s'agit du canal maritime à creuser à travers la presqu'île de Malacca.

Il y a peu d'années, ce sujet n'aurait que médiocrement excité l'attention du lecteur ; mais depuis que le gouvernement de notre pays a conçu le projet d'un empire colonial ; — depuis que le Tonkin et l'Annam sont devenus, après la Cochinchine, un sujet de préoccupations nationales — depuis que le sang et l'or de la France ont été versés en ces régions lointaines avec l'espoir, plus ou moins fondé, de mettre un jour la mère patrie en possession de vastes territoires et de nouveaux débouchés pour notre industrie ; — depuis, enfin, que l'on nourrit l'espoir de faire entrer l'immense Empire chinois dans le cercle des relations commerciales de l'Europe, — rien de ce qui concerne les pays de l'extrême-Orient touchant à la Cochichine, au Tonkin, à l'Annam, à l'Empire chinois, ne saurait être indifférent à des Français. Nous allons donc faire connaître le projet qui aurait pour but, en perçant l'isthme de Malacca, d'abréger, dans de grandes proportions, la route des vaisseaux venant de l'Europe ou de l'Afrique, à destination des ports de l'extrême-Orient.

I

Géographie de l'isthme de Malacca. — Climat. — Sol. — Habitants. — Produits naturels. — Situation politique. — Anglais et Chinois.

Entre le golfe de Bengale, ou la mer des Indes, et le golfe de Siam, s'effectue un mouvement considérable de transports maritimes, qui embrasse Madras, Calcutta, Malacca, Singapore, Bangkock et Saïgon, c'est-à-dire l'Inde, la Cochinchine, l'Annam, l'empire de Siam, la Chine et le Japon.

Si l'on jette les yeux sur la carte placée en regard de cette page et qui représente la presqu'île de Malacca et ses relations avec les mers et continents avoisinants, on verra tout de suite qu'une coupure, pratiquée à un point convenablement choisi, abrégerait singulièrement la distance entre les ports séparés par l'interposition de cette langue de terre, indéfiniment prolongée, qui s'appelle la presqu'île de Malacca.

Il faut ajouter que, la navigation dans ces parages étant toujours difficile, et les cyclones menaçant, par intervalles, cet étroit passage, où les vents, resserrés entre les hautes terres, s'engouffrent avec fureur, les navires y sont toujours exposés à quelques avaries. C'est pour ne pas aller au-devant des tourmentes atmosphériques, ou pour ne pas se hasarder au milieu de ces brouillards, désignés sous le nom de « *Sumatros* », du nom de la grande île avoisinante, que souvent les bâtiments à voiles font de larges relâches dans le golfe du Bengale, et attendent une meilleure mer.

La considération des dangers d'un passage difficile arrête rarement, nous le savons, les capitaines des navires à vapeur ; mais ceux-ci ne sont pas indifférents à l'économie de temps, car l'économie de temps, est celle du charbon. Or, des calculs fondés sur l'expérience, ont prouvé que, pour aller du golfe de Bengale à Siam, si l'on pouvait éviter le contour de la presqu'île de Malacca, on économiserait la moitié du charbon nécessaire aux bâtiments à vapeur, soit bâtiments de l'État, soit bâtiments marchands munis d'un propulseur à vapeur, soit, enfin, paquebots à vapeur.

Le transit qui s'effectue dans le golfe de Bengale et de Siam, est assez important pour que l'on ait songé plus d'une fois à ouvrir un canal maritime

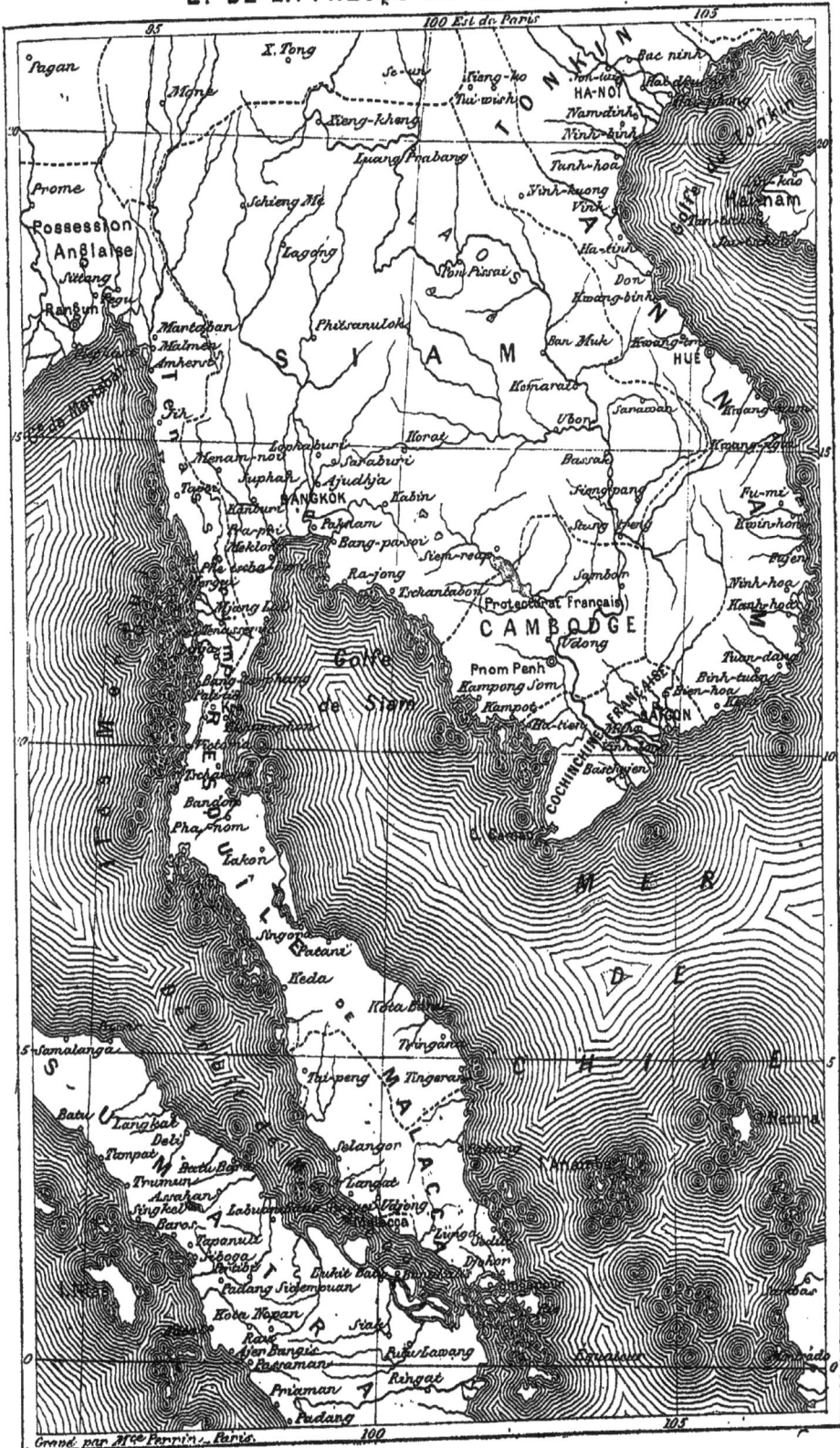

CARTE GÉNÉRALE DE L'INDO-CHINE ET DE LA PRESQU'ÎLE DE MALACCA.

Fig. 159.

à travers la péninsule Malaisique. Mais, pour comprendre les tracés qui ont été proposés, il faut connaître la géographie et la topographie de la presqu'île. C'est ce que nous allons résumer brièvement.

La presqu'île de Malacca, au midi de Siam et de la Birmanie, s'allonge, comme une longue virgule, sous la masse du continent de l'Asie. Sa longueur est de 1,200 kilomètres environ; sa largeur est variable : elle ne dépasse pas pourtant 200 kilomètres, dans sa partie méridionale.

La presqu'île de Malacca n'est pas une région naturelle distincte. Par ses montagnes et par la nature de son sol, elle continue les chaînes de montagnes d'une orientation supérieure. Sa flore et sa faune diffèrent peu de celles de l'Indo-Chine. Sa population est très disparate. Vers l'extrémité méridionale, on trouve des races autres que celles de l'Indo-Chine, et dont l'origine ethnologique propre est impossible à préciser. Tout le littoral de l'ouest appartient à la Birmanie anglaise; plus au sud, trois enclaves font partie de l'empire colonial de l'Angleterre. La moitié des habitants de la presqu'île se groupe, d'ailleurs, dans les possessions anglaises.

Le relief du sol est très accentué; car, au sud, le massif montagneux qui sépare les deux versants, atteint des altitudes de 2,000 mètres. Le *Pidi-Bangra*, à l'est de Quedah, a son sommet à 2,150 mètres au-dessus du niveau de la mer. Ces altitudes s'accentuent encore davantage dans l'île de Sumatra, où le mont Ophir atteint la hauteur du mont Blanc (4,810 mètres).

Les montagnes sont loin de former une chaîne continue. Disséminées inégalement, et séparées par de larges vallées fluviales, elles forment, soit des faîtes séparés, soit des rangées parallèles. Des monts isolés se dressent souvent au-dessus des plaines; et de leur sommet, le voyageur peut apercevoir les deux Océans.

Toute la contrée est couverte d'une verdure épaisse. Dans les forêts, les branches des arbres s'entrelacent au-dessus des cours d'eau; si bien que les bateliers peuvent voyager pendant des journées entières, sans apercevoir le ciel.

Les pluies sont extrêmement abondantes et fréquentes. En moyenne, on recueille 3 mètres d'eau par an; et du mois de novembre au mois de mai, les pluies sont continuelles. Pendant le reste de l'année, des vents humides soufflent sur la contrée, et la presqu'île, entourée d'eau de tous côtés, semble baignée dans une constante atmosphère de vapeurs. On ne voit pas dans l'année, un seul jour de beau temps.

On comprend qu'avec de telles conditions météorologiques les fleuves et les rivières doivent abonder. Ils sont d'une telle puissance qu'ils peuvent toujours porter de grands bateaux. Seulement ils sont souvent interrompus par des *rapides*, qu'il est dangereux de franchir.

La presqu'île de Malacca forme la partie méridionale de l'Inde au delà du Gange. Baignée à l'est et à l'ouest par la mer des Indes, elle est séparée de l'île de Sumatra par le détroit de Malacca.

L'intérieur du pays est occupé par des forêts vierges, et les terres des côtes présentent tous les caractères de la plus riche végétation des tropiques. Il est à peu près impossible de voyager dans ces forêts; car il faut s'ouvrir un passage, la hache à la main, à travers des taillis et des marais. Les indigènes seuls savent marcher sur les troncs d'arbres abattus. La manière de franchir les épaisses forêts de la Malaisie parcourues par des rivières profondes, n'est pas à la portée du voyageur européen. Les indigènes se frayent une route en se servant, comme ponts, des arbres, qu'ils ont eux-mêmes jetés en travers de la rivière; et souvent il faut qu'une partie de la suite se mette à l'eau, pour surveiller les bagages, tandis que d'autres les tiennent attachés à une corde (fig. 160).

Quand on quitte les taillis des bois, on trouve, sur les hauteurs, de beaux arbres; mais entre ces arbres, des ronces, des épines, des plantes sarmenteuses, s'enlacent, de manière à fermer absolument les chemins. Les moustiques voltigent en nuées dans ces forêts, et, à chaque pas, on court risque de rencontrer un serpent venimeux. Les léopards, les tigres, les rhinocéros, troublés dans leur asile héréditaire, dévoreraient tout voyageur qui ne serait pas accompagné d'une forte escorte, et qui n'entretiendrait pas du feu toute la nuit. Mais comment avoir une escorte? Les Malais ne suivent qu'à regret et à contre-cœur un Européen, et ils saisissaient souvent l'occasion de trahir ceux qu'on les avait chargés de conduire.

On estime à 500,000 le nombre des habitants de la péninsule. Des peuplades non policées vivent dans les montagnes de Tenasserim; elles sont empruntées aux Birmans et aux Talaings de la côte occidentale, et aux Siamois de la côte orientale. Il existe, en outre, une population sauvage qui habite le littoral : ce sont les *Silongs*, tribus de pêcheurs qui campent dans les îles Mergui, pendant la mousson du nord-ouest, et qui, pendant le reste de l'année, habitent leurs bateaux.

Les peuplades sauvages de la presqu'île de Malacca forment des tribus divisées en un grand nombre de clans. On les connaît sous les noms de « *hommes du sol — hommes des bois — hommes des montagnes — hommes des rivières, ou gens de l'intérieur.* Ces désignations ne se rapportent point à des races particulières d'hommes : c'est le hasard des aventures et le sort de la guerre, qui a réuni ces tribus en groupes, sans aucun caractère de communauté organique.

Les Anglais, pour justifier leurs envahissements, ont répandu beaucoup de fables, sans fondement, sur la prétendue férocité des Malais du littoral. La vérité est que les Malais sont sans doute livrés à beaucoup de superstitions, comme toutes les tribus sauvages, mais qu'ils sont sociaux, courageux, et s'adonnent avec beaucoup de soins à la culture des terres. L'histoire si connue du Malais ivre d'opium ou d'eau-de-vie, qui court, comme un aliéné, mettant tout à mort sur son passage, est, dit-on, controuvée.

Les indigènes, au reste, diminuent tous les jours en nombre. Les Anglais sont les maîtres de toute la péninsule et ils en écartent les Malais. D'un autre côté, les Chinois forment plus du tiers des habitants des possessions anglaises, et ils finiront par se substituer aux habitants primitifs.

Les Chinois de la presqu'île malaisienne exercent tous les métiers; ils sont artisans, mineurs, négociants, etc. Ils épousent des Malaises, et s'accommodent aux mœurs du pays, bien que les Malais nourrissent toujours contre eux une grande animosité. La politique des Anglais consiste à entretenir ces haines entre Chinois et Malais, pour faire dominer leur influence.

Les forêts de la Malaisie produisent du poivre, diverses épices et des gommes. On y trouve des bois précieux, tels que le bois d'aloès, le bois d'aigle, de santal, et le *Cassia odorata*, espèce de cannellier. Les éléphants sauvages fournissent une grande quantité d'ivoire. Outre les bois précieux de l'Inde et de l'Archipel malais, on récolte, dans des terres cultivées qui s'étendent du littoral jusqu'aux prochaines vallées, toutes les plantes utiles de la zone tropicale et tempérée : le riz, le tabac, le manioc, le maïs, le café, le poivrier, le thé, les quinquinas, les cacaoyers, les palmiers cultivés. On pourrait faire de la Malaisie, grâce à l'abondance de ses eaux et à son climat humide et chaud, une autre Java, pour la puissance et la variété de la production végétale.

L'étain est le seul métal qu'on exporte. Les mines d'étain se trouvent dans des vallées où l'on enlève d'abord de grandes racines d'arbres, allant quelquefois jusqu'à sept pieds de profondeur. On trouve le minerai dans un sable très fin. On pourrait extraire aussi du minerai stannifère des roches qui se trouvent sous ce sable; mais les moyens d'exploitation des Malais sont trop bornés pour qu'ils puissent attaquer les roches dures. Les Chinois, parfaitement outillés, viennent aujourd'hui exploiter ces mines, et ils savent, mieux que les naturels du pays, épurer et fondre le métal.

L'*étain de Malacca* est, comme le savent les chimistes, le plus estimé. Les Hollandais en exportent en Chine plus de 40,000 quintaux par an.

Fig. 160. — UN VOYAGE A TRAVERS LES FORÊTS ET LES COURS D'EAU DE LA PRESQU'ILE DE MALACCA

La ville de Malacca, qui a donné son nom à la presqu'île, était, au quinzième siècle, une contrée d'une grande importance commerciale. Elle attirait les produits de tous les peuples, depuis la Perse jusqu'au Japon, et sa population était alors de 100,000 habitants. En 1511, les Portugais, commandés par Albuquerque, à la suite d'un assaut, l'enlevèrent au sultan Mahomet, auquel appartenaient les détroits, et y fondèrent un établissement, qui, par sa position, aurait pu devenir le plus prospère de toute l'Asie. Mais les vexations sans nombre que les vainqueurs firent peser sur les négociants et sur les navires, éloignèrent les commerçants ; de sorte qu'un siècle après, c'est à peine si toute la presqu'île de Malacca comptait encore 12,000 habitants, dont 4,000, réduits à la misère, se tenaient groupés autour de la forteresse, où 300 hommes défendaient le simulacre de la puissance portugaise.

En 1641, les Hollandais s'emparèrent de Malacca ; mais ils ne réussirent pas à lui rendre son ancienne prospérité.

Au commencement de notre siècle, le pavillon britannique remplaça le pavillon hollandais, et par les traités de 1815, Malacca resta la propriété de l'Angleterre. Seulement, l'absence d'un port où les navires puissent s'abriter, et surtout le voisinage de Singapore, dont la position est bien plus favorable, ont fait tomber dans l'oubli Malacca, dont l'importance est minime, comparativement aux autres colonies anglaises dans l'Inde.

Ce sont presque exclusivement les Chinois, qui exploitent les produits du territoire de Malacca. Ces produits se composent principalement, comme il est dit plus haut, de sucre, riz, sagou, caoutchouc, gomme-gutte, noix muscade, poivre, bois divers, étain, antimoine, et quelque peu de poudre d'or, obtenue par des lavages.

L'aspect de la côte de Malacca est enchanteur : une végétation exubérante s'étend depuis le rivage de la mer jusqu'au sommet des montagnes ; cependant ce beau pays est presque désert.

Le premier projet du canal maritime. — Études de M. Tremenheere et de M. Schomburg. — Tracé proposé en 1882, par M. Léon Dru. — Autre tracé de M. Ch. Deloncle. — État présent de la question.

Il est arrivé, pour le canal maritime à créer à travers la presqu'île de Malacca, ce qui s'est passé pour le canal maritime de Panama. C'est l'idée d'un chemin de fer qui a conduit au projet d'un canal maritime. En 1861, deux officiers de la marine anglaise, MM. Forlong et Fraser, entreprirent un voyage d'exploration de l'océan Indien au golfe de Siam, en suivant la route de *Kra*, sur la limite même des possessions anglaises de la Birmanie. Les deux officiers restèrent convaincus, par leur court voyage à travers l'isthme, qu'il serait facile d'établir un chemin de fer d'une mer à l'autre, ce railway ne nécessitant aucun ouvrage important, et ne devant guère coûter plus de sept à huit millions de francs.

Partis le 1ᵉʳ avril 1861, de l'embouchure de la rivière de Pakt-chan, les deux voyageurs anglais remontèrent jusqu'à *Kra*, village composé d'une cinquantaine de maisons, où le gouverneur, qui représentait l'autorité du roi de Siam, leur donna, comme guides, des *coulies*, avec un éléphant, pour porter leurs bagages. Ils longèrent la rivière de *Kra* qu'ombragent des bambous gigantesques, et ils arrivèrent dans une vaste prairie, où de nombreuses sources alimentent les bassins des deux versants de la presqu'île. A 500 mètres de cette prairie, les sources réunies formaient le *Tayoung*, ou *Tchoumphong*, qui se jette dans le golfe de Siam, près du village de Tayoung.

Les deux officiers descendirent la rivière jusqu'à la mer, puis retournèrent sur leurs pas. Le 5 avril ils étaient de retour à *Kra*, et, le lendemain, ils retrouvaient sur la rivière Pakt-chan, la *Nemesis*, qui les avait conduits dans ces parages.

L'intérieur de l'isthme de Malacca était à peu près inconnu avant l'exploration faite par MM. Forlong et Fraser. Bien qu'elle n'eût duré que huit jours, elle fournit des renseignements très importants sur la configuration de la presqu'île, aux abords de *Kra*.

MM. Forlong et Fraser proposèrent au gouvernement anglais d'établir un chemin de fer à travers la presqu'île, en passant par le village de *Kra*. Ils assuraient qu'un railway procurerait une notable économie de temps sur le parcours maritime le long de la presqu'île.

Ne croyant pas à la possibilité d'établir un canal maritime, MM. Forlong et

Fig. 124. — CAMPEMENT D'INDIGÈNES DANS UNE FORÊT DE LA PRESQU'ÎLE DE MALACCA

Fraser ne voyaient aucun inconvénient aux transbordements que marchandises et voyageurs devraient subir aux deux stations extrêmes de la voie ferrée : ils se trompaient, car la seule perspective de ces transbordements suffit pour faire rejeter leur projet.

C'est à la suite de l'avortement du projet du chemin de fer de l'isthme malaisien, que l'idée vint de créer, sur ce trajet même, un canal maritime. Plusieurs tracés furent présentés. Le premier, celui qui fut proposé à la suite du voyage des deux officiers anglais, est d'un ingénieur anglais, M. Tremenheere.

Si le lecteur veut bien se reporter à la carte de la presqu'île de Malacca (page 509), il reconnaîtra qu'un fleuve de grande importance, le *Pakt-chan* vient se jeter dans le golfe de Bengale, en parcourant la péninsule sur une longueur considérable. Ce fleuve n'a pas moins, à son embouchure, de 5 kilomètres de largeur. Il rappelle les plus grands fleuves de l'Amérique. On peut même dire que, jusqu'à une assez grande distance de son cours, le Pakt-chan, est plutôt un bras de mer, qu'un cours d'eau douce. En effet sa profondeur varie de 12 à 18 mètres, et les navires ayant le plus fort tirant d'eau remontent jusqu'à 25 kilomètres de son embouchure. A cette distance, les fonds du Pakt-chan s'élèvent, ils ne sont plus que de 5 mètres environ, et finissent même par n'être que de 2 mètres.

M. Tremenheere, dans le tracé qu'il proposait pour le canal maritime, remontait le cours du Pakt-chan, de Mamo à Kra, puis il suivait le lit difficile de la rivière de Kra, laquelle est bordée, sur la rive droite, avant d'arriver au col de l'isthme, par une colline de 80 mètres de haut.

D'après un autre projet dû à M. Schomburg, le canal se dirigerait sur le Tayoung, par un des confluents du Pakt-chan ; mais les données font défaut sur ce dernier tracé.

Un ingénieur français, M. Léon Dru, dans le journal *l'Exploration* (mai 1882), a publié un travail très remarquable sur le canal de Kra, pour lequel il a fait un tracé complet. M. Léon Dru propose de tirer du Pakt-chan pour en faire une partie du canal maritime, une ligne qui couperait la presqu'île de Malacca. Les navires suivraient le cours du fleuve jusqu'à 25 kilomètres environ, c'est-à-dire jusqu'au point où le Pakt-chan rejoint la petite rivière de Soua. C'est là que commencerait le canal projeté.

Les terrains où serait creusé le canal, n'offrent que peu de relief. Ils ont à peine quelques mètres d'altitude au-dessus du niveau de la mer, et subissent ensuite une dépression, qui serait très utile pour le creusement des tranchées. Plus loin, le sol s'élève subitement, et va, en certains points, jusqu'à 30 mètres d'altitude au-dessus du niveau de la mer.

. Après avoir franchi cette sommité, le canal maritime pourrait être creusé dans le lit d'une rivière, le *Tayoung*, qui se jette dans le golfe de Siam, après un parcours de 38 kilomètres environ.

La *Revue de géographie*, du mois de mars 1882, a publié un autre travail sur la même question. M. Ch. Deloncle, ingénieur-hydrographe, après une étude géographique de l'isthme de Kra, a fait connaître le tracé d'un canal maritime différant en quelques parties de celui de M. Léon Dru, et que nous représentons dans la carte ci-jointe (page 509.)

L'entrée du canal proposé par M. Deloncle se trouvera située dans l'estuaire du Packt-chan. Le canal pénétrera dans le fleuve sans qu'il soit nécessaire, pendant les 30 premiers kilomètres, de faire dans son lit aucun travail d'excavation, les fonds du Packt-chan répondant et au delà à la profondeur de 8m,50, imposée comme maximum à tous les canaux maritimes. Au confluent du Malcouan et du Laoun, il faudrait seulement draguer légèrement.

Au kilomètre 57, le canal abandonne le lit du Packt-chan, pour pénétrer, par une longue courbe, dans la lagune de la rive gauche. Le canal descendra ensuite sans obstacles jusqu'à la ligne de partage des eaux du Packt-chan et du Tayoung. Là, le canal, après une tranchée creusée dans le conglomérat, emprunte le *goulet*, de 40 mètres de large, qui sert de débouché au Tayoung. Au confluent du Plong, le canal, empruntant toujours le lit du Tayoung, s'engage dans la vallée à niveau de Tchoumphong, et va déboucher dans le golfe de Siam, par le cirque de Htayan, à l'ouest de l'île de Packt-chan, par un mouillage de 9 mètres aux basses eaux.

Dans le projet de M. Deloncle, la longueur totale de la partie canalisée, est de 53 kilomètres, et la longeur totale d'une mer à l'autre, est de 111 kilomètres, c'est-à-dire 38 kilomètres de plus que le canal de Panama et 49 kilomètres de moins que celui de Suez.

Dans les deux projets dont il s'agit, le canal se trouve presque contenu dans les possessions anglaises du Ténasserim. Il pourrait arriver que l'Angleterre fût peu jalouse de voir exécuter ce canal maritime, qui aurait pour résultat d'amoindrir l'importance du port de Singapore au profit de celui de Banckok. Et l'on sait par ce qui s'est passé à Suez, quels bâtons l'Angleterre sait jeter dans les roues des entreprises qui lui semblent contraires à ses intérêts. En présence de cette éventualité, M. Léon Dru a étudié deux autres tracés plus méridionaux, et dans lesquels on ne traverserait plus les possessions anglaises.

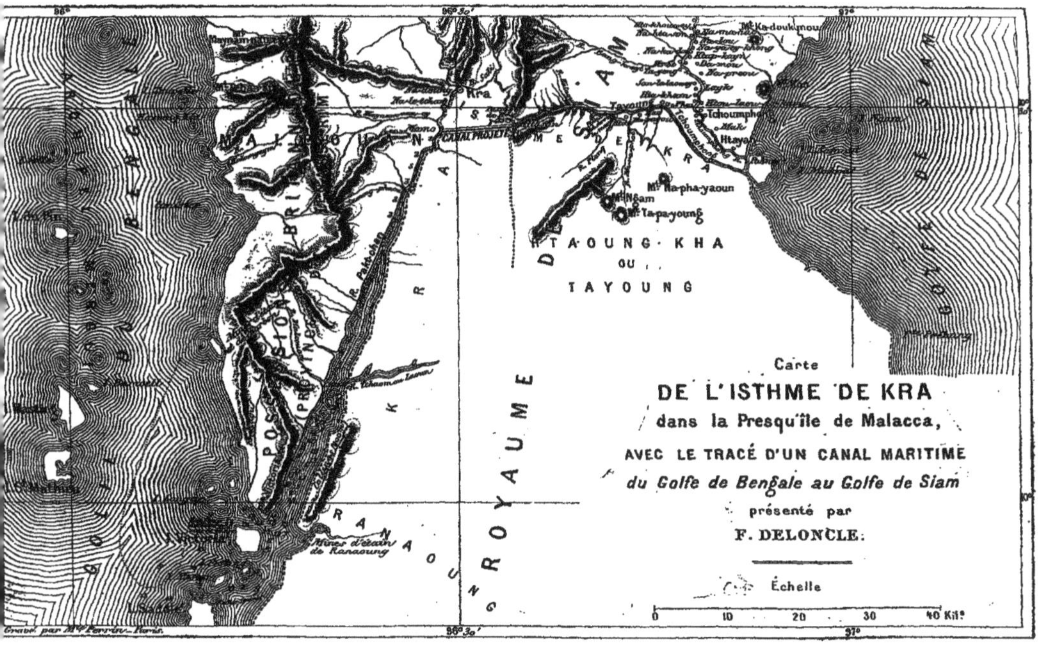

Carte
DE L'ISTHME DE KRA
dans la Presqu'île de Malacca,
AVEC LE TRACÉ D'UN CANAL MARITIME
du Golfe de Bengale au Golfe de Siam
présenté par
F. DELONCLE.

Échelle

Fig. 162.

nous contenterons-nous de mentionner l'existence de deux tracés n'embrassant aucune possession anglaise, et examinerons nous-seulement le tracé par l'isthme de Kra, proposé par M. F. Deloncle.

L'isthme de Malacca présentant une succession de terrains d'alluvion, de schistes et de rochers calcaires plus durs, les moyens d'attaque seraient variés, comme à Corinthe et à Panama. On ferait fonctionner la drague et l'excavateur, d'une part ; les appareils de perforation et la dynamite, d'autre part. Dans les sables et les terrains peu consistants, la drague et l'excavateur suffiraient ; mais dans les terrains résistants il faudrait d'abord attaquer la roche par la mine, et recueillir ensuite rapidement les déblais. Sur tout le parcours du Packt-chan, on ne rencontrera que des alluvions récentes ; les roches de la tranchée seront identiques aux grès et aux schistes qui se présentent déjà sur les rives du fleuve. Au point de partage des deux versants, au seuil de Tayoung, on rencontrera probablement des pouddingues et des veines de sable quartzeux.

De nouvelles explorations, ainsi que des sondages, sont nécessaires pour connaître plus exactement la nature des terrains à traverser. M. Léon Dru estime provisoirement à 80 ou 100 millions la dépense nécessaire, tant pour l'approfondissement du lit du Packt-chan, que pour le creusement de la tranchée et la rectification du lit du Tayoung.

Le percement de la presqu'île de Malacca ne présenterait pas plus de difficulté que ceux de Suez et de Corinthe. Les 35 millions de mètres cubes à enlever ne sont que la moitié du cube des déblais de l'isthme de Suez. Ce projet a été suffisamment étudié, au point de vue des dépenses et du tracé, pour que ceux qu'il intéresse soient encouragés à l'entreprendre.

Le canal maritime qu'il s'agit de créer, et qui, par sa profondeur de 8^m,50, donnerait passage aux plus grands navires, comme aux paquebots les plus longs et du plus fort tonnage, conduirait tout droit à nos possessions du Tonkin, de la Cochinchine et de l'Annam. Il abrégerait sensiblement la route de la Chine. Notre colonie de Saïgon est loin d'être aujourd'hui à la hauteur des possessions anglaises de l'Inde qui l'avoisinent. Saïgon serait la première grande escale, à la sortie du canal. Le gouvernement de Siam, dans la prévision de l'agrandissement commercial de Bangkok, a très bien accueilli la demande de concession du canal, et nous avons nous-mêmes quelque intérêt à le voir exécuté, ou tout au moins, nous devons suivre attentivement les études nouvelles qui seront faites pour en fixer les bases définitives.

FIN DU CANAL MARITIME DE MALACCA.

MER INTÉRIEURE AFRICAINE

Il existe en Afrique, à cinquante lieues environ au sud de Tunis, une région sablonneuse, où vivaient jadis des populations aisées et commerçantes. Aujourd'hui, la côte du golfe de Gabès est déserte, et elle se continue par des marais salés, nommés *chotts*. Tout indique que ces lacs salés communiquaient autrefois avec la Méditerranée, par un cours d'eau qui commençait au fond du golfe, et qui prolongeait ce golfe dans le petit désert, entre Biskra et Tuggurt au sud.

C'était la *baie de Triton*, qui, selon la tradition des Arabes, aurait été séparée de la Méditerranée avant la naissance du Prophète. Un petit fleuve, qu'ils appellent l'*Oued Melah*, serait le dernier vestige de cette ancienne communication.

Des sables, apportés par la mer ou par le vent, ont intercepté peu à peu la communication, et l'ancienne baie, définitivement séparée du golfe de Gabès, est devenue un grand lac salé ; puis, les affluents ou les eaux pluviales ne compensant pas l'évaporation, ce lac a fini par se dessécher, laissant un sol inégal imprégné de sel marin, et dont les parties les plus basses forment des marais salés, où se rassemblent les eaux hivernales, qui disparaissent plus ou moins complètement à l'ardeur du soleil d'été.

Cette théorie de l'origine des *chotts* du sud de l'Algérie fut mise en avant par le docteur Paul Marès, qui l'invoqua pour proposer le rétablissement artificiel du détroit et de l'ancienne mer intérieure.

Mais, disait-on, rien ne prouve que la région des *chotts* soit réellement au-dessous du niveau de la mer Méditerranée, et, d'ailleurs, les collines qui bordent le fond du golfe de Gabès, sont trop élevées, elles s'étendent entre le golfe et les sables salés sur une trop grande étendue, pour qu'il soit possible de songer à les trancher et à y faire passer un canal maritime.

Les choses en étaient à ce point, et l'idée du docteur Paul Marès semblait devoir sommeiller à jamais parmi les utopies, lorsque M. Roudaire entreprit l'examen approfondi de cette question.

Nous nous proposons d'exposer, dans cette Notice, la longue série de travaux et de recherches par lesquels M. Roudaire est arrivé à établir avec précision de quelle manière on pourrait refaire artificiellement ce que la nature a détruit par l'effet des siècles, et à créer, au sud de la Tunisie, une mer, destinée, tout à la fois, à faciliter le commerce de l'Afrique, à fertiliser les contrées environnantes, et à étendre, dans un rayon considérable, au cœur de l'Afrique, l'influence des idées européennes.

1

François Roudaire, officier d'état-major, était attaché aux travaux de la carte d'Algérie, basée sur des opérations astronomiques. Nommé capitaine, en 1860, il continua ses opérations géodésiques, qui l'amenèrent successivement dans les trois départements d'Alger, d'Oran et de Constantine. En 1865, après deux campagnes dans le sud, il fut frappé de la dépression constante des *chotts* du Sahara de Constantine, et dès cette époque il conçut la première idée de la mer intérieure.

La guerre franco-allemande ramena en France le capitaine Roudaire, qui, blessé à Werth, prit part, ensuite, au siège de Paris. Après la guerre, il revint en Afrique, reprendre ses opérations pour la carte d'Algérie.

Toujours préoccupé de son idée de la mer intérieure africaine, il joignit à ses instruments géodésiques un niveau à bulle d'air et des mires parlantes, afin d'exécuter un nivellement géométrique, ou de *proche en proche*, entre le *chott Melrir* et l'extrémité méridionale de la chaîne géodésique. Cette opération, exécutée en 1873, démontra que la partie orientale du *chott Melrir* se trouve à 30 mètres au-dessous du niveau de la mer.

Dès ce moment, le capitaine Roudaire résolut de se consacrer à la création d'une mer au sein du continent africain. Après avoir étudié les auteurs anciens, et examiné tous les documents topographiques que l'on possédait à cette époque, sur le bassin des *chotts*, il acquit la conviction que ce bassin communiquait autrefois avec la Méditerranée, et formait encore, vers le commencement de l'ère chrétienne, un golfe intérieur, connu sous le nom de *grande baie de Triton* ; et qu'il suffirait de creuser un canal de communication entre les *chotts* et le golfe de Gabès, pour que les eaux de la Méditerranée se précipitassent dans ces gigantesques cavités, stériles et insalubres, pour apporter la fécondité, le commerce et la vie jusqu'au cœur du Sahara algérien.

Il fallait seulement, pour faire connaître au monde savant, cette belle et grande conception, l'appuyer sur des données certaines, irrécusables, parler aux savants de sciences, aux commerçants de chiffres et de faits. M. Roudaire commença alors, sur le projet de jonction des *chotts* africains avec la Méditerranée, une série d'études pratiques et d'observations sur le terrain, qui devaient l'occuper pendant le reste de sa vie.

Dans sa pensée, les *chotts* algériens étaient bien des résidus de l'ancienne mer qui pénétrait dans les terres, mais il fallait démontrer, par des travaux historiques et scientifiques, la certitude de cette origine. M. Roudaire commença par où il fallait commencer, c'est-à-dire par faire un examen des lieux, tout en consultant les auteurs qui avaient écrit sur cette question, et qui étaient presque tous Arabes.

Pour définir les *chotts* algériens, il faut dire que l'on désigne sous ce nom des dépressions qui ont été nivelées par l'action des eaux, et qui sont couvertes de sel marin cristallisé ; ce qui leur donne l'aspect d'immenses plaines revêtues de gelée blanche, ou même de neige, tant la couche de sel est épaisse en quelques endroits. Ce sel est presque toujours du chlorure de sodium tellement pur que les indigènes l'emploient pour la cuisine.

Les trois *chotts* les plus importants du sud de l'Algérie et de la Tunisie sont le *chott Melrir*, le *chott Rharsa*, le *chott Djerid*. Le premier se trouve en Algérie, le second partie en Algérie, partie en Tunisie, le troisième, le plus rapproché du golfe de Gabès, est en Tunisie.

Les *chotts* sont tellement vaseux que l'on ne peut s'y aventurer sans danger. Ces profondes dépressions sont remplies aujourd'hui, en grande partie, de sables ; mais la portion centrale du bassin contient une masse d'eau considérable, recouverte d'une croûte saline, qui a fait comparer ces lacs, par les voyageurs arabes, tantôt à un tapis de camphre ou de cristal, tantôt à une feuille d'argent, ou à une nappe de métal en fusion. L'épaisseur de cette croûte saline est très variable : elle n'offre que sur certains points une solidité assez grande pour qu'on puisse s'y hasarder. Dès qu'on s'écarte de ces sortes de gués, la croûte cède, et l'abîme engloutit sa proie. Les gués qui existent à travers ces flaques salines, deviennent eux-mêmes très périlleux dans la saison des pluies, lorsque les eaux recouvrent la croûte de sel et en diminuent encore l'épaisseur.

Pour donner une idée de l'aspect de ces étranges marécages salés, nous ne saurions mieux faire que de reproduire les différentes descriptions que nous en ont laissées les auteurs arabes.

La plus ancienne en date est celle d'*Abou-Obéid-el-Bekri* :

« Lorsqu'on se rend de Nefzâoua à la province de Kastilia, dit ce géographe, le terrain que l'on parcourt est une contrée marécageuse, dans laquélle la route n'est indiquée que par des pièces de bois plantées en terre. On prend

FRANÇOIS ROUDAIRE

des guides parmi les Béni Naulith, qui errent dans ces cantons ; car si l'on s'écartait à droite ou à gauche de la route tracée, on enfoncerait dans un sol fangeux qui a la consistance onctueuse du savon. Plus d'une fois des caravanes et des armées s'étant imprudemment engagées sur ce sol trompeur, y ont péri, sans laisser aucune trace. »

Le cheik Abou-Mohammed El-Tidjani, qui, au commencement du quatorzième siècle de notre ère, accompagnait dans un voyage, Abou-Yahia-Zacharia, cheik des Mouhaeddin, proclamé sultan en 711 de l'hégire, et qui a écrit la relation de ce voyage, avait traversé les *chotts*. La description qu'il en a donnée est très précise :

« Nous commençâmes, dit El-Tidjani, à couper le lac appelé *Tekmert*. Après quelques heures de marche, nous passâmes une partie de la nuit auprès d'une source, et nous nous remîmes en route à l'aube, pour ne nous arrêter que vers midi.

« Nous vîmes, à droite et à gauche de notre route, des troncs de dattiers, placés là pour indiquer le chemin, et empêcher le voyageur de s'écarter de la bonne route ; car, à droite et à gauche de ce tracé, le lac n'offre plus que des fondrières, le terrain ne garde plus la trace des pas qui s'enfoncent, et quiconque ignorerait ce danger ne pourrait s'y hasarder sans y disparaître... Si quelque homme vient à enfoncer dans le lac, les parties du terrain qui ont cédé se rapprochent aussitôt et la surface redevient ce qu'elle était avant l'accident.

« Le chef de notre expédition me raconta le fait suivant, qu'il tenait d'un certain Mohammed ben Ibrahim :

« Une de nos caravanes dut traverser un jour le lac : elle se composait de mille bêtes de charge. Par malheur, un des chameaux s'écarta du bon chemin : tous les autres le suivirent, et rien au monde ne fut plus prompt que la rapidité avec laquelle la terre s'amollit et engloutit les mille chameaux. Puis le terrain redevint ce qu'il était auparavant, comme si les mille bêtes de charge qui y avaient disparu n'eussent jamais existé. »

Un autre écrivain arabe, Abou-el-Hadjax, racontant le voyage que fit le géographe Youdef-bel-el-Mansin à Tôzeur, s'exprime comme il suit :

« Son voyage le porta à la saline qui se trouve aux environs de Tôzeur. C'est une des merveilles du monde, dont les historiens ont oublié de parler. La surface de cette saline a plusieurs milles d'étendue : on dirait du métal fondu, ou du marbre poli. L'œil, trompé, croit y voir une admirable transparence : on croit avoir devant soi un étang dont l'eau serait gelée. L'heure de la prière étant venue pendant que la caravane traversait le lac, on y fit la prière comme sur un tapis de camphre ou de cristal. Les pas et les traces des voyageurs, durant cette marche, s'étant succédé les uns aux autres jusque vers la moitié de la journée, il en résulta qu'une portion de la route,

Fig. 164. — UN CHOTT ALGÉRIEN

d'une étendue de près de cent coudées, vint à se défoncer. Toutes les personnes de la caravane qui se trouvaient attardées, y furent englouties.

« J'ai constaté par moi-même, ajoute El-Tidjani, que si un homme appuyait le bout de sa lance à terre, cette lance s'y enfonçait tout entière, et que, s'il avait le moyen de la pousser davantage, elle enfonçait plus avant encore ; dès qu'il la retirait, le sol redevenait ce qu'il était auparavant, sans garder aucune trace. »

Un autre voyageur arabe, Abou-Salem el-Aïacha, qui écrivait en 1661 (1073 de l'hégire), décrit en ces termes le *chott-el-Djerid :*

« Nous quittâmes notre litière, et nous allâmes coucher auprès de la *sebkha* qui sert de limite au Nefzâoua. Je pensai que cette *sebkha* était une partie de celle d'Abou-Hellal, la plus vaste de toutes celles qu'on connaît, tant par sa grandeur et sa largeur, que par la grande quantité de sel qu'elle contient. Mais cette première *sebkha* contient peu de sel et ce sel est mêlé de sable...

« Nous entrâmes dans la grande *sebkha*, guidés par les étoiles, et nous la traversâmes avec beaucoup de peine. Ce ne fut qu'après plus d'une heure de recherches, que nous réussîmes à trouver le chemin, lequel n'est autre chose qu'un sentier accidenté, étroit comme un cheveu et coupant comme le tranchant d'une épée. Les bêtes de somme ne pouvaient y marcher qu'une à une, et si quelque chameau ou mulet venait à s'écarter le moins du monde, il courait le risque de s'embourber et de disparaître. Nous ne sortîmes de là qu'au Dohor, après beaucoup de fatigues et de difficultés. »

Un troisième voyageur musulman, Moula-Ahmed, qui parcourut la même contrée, au commencement du dix-huitième siècle, est celui qui a le mieux décrit ces perfides lagunes, juste terreur des caravanes.

« Nous descendîmes, dit Moula-Ahmed, auprès de la *sebkha* qu'on appelle El-Takerma. Nous louâmes un homme, pour nous conduire sur la *sebkha* El-Kebira, El-Haïta, El-Ketira, la grande, la forte, l'abondante.

« Nous entrâmes dans la *sebkha*, où des chameaux ont été noyés dans la boue, ainsi que des hommes. Le guide précédait la caravane, et nous marchions doucement, avec les plus grandes précautions, sur une ligne donnée, étroite, où les chameaux ne passaient qu'un à un. Nous trouvâmes le chemin bordé par des broussailles et des fragments de palmiers, à droite et à gauche, et ne laissant qu'un étroit passage. Celui qui se hasarde à droite ou à gauche, est aussitôt noyé dans la boue. Celui qui ne connaît pas cet endroit ne peut pas s'en tirer.

« Je vais dire tout ce que j'ai vu de mauvais dans cette *sebkha*, les inquiétudes et les appréhensions que j'y ai éprouvées. Le cœur se serre en entendant ces choses. La nuit n'a pas d'étoiles en cet endroit : elles se cachent derrière les montagnes. Le vent y souffle à rendre sourd, et il souffle à la fois de droite et de gauche, au point de vous faire sortir de votre chemin ; il vous jette le sable à la figure ; on n'y peut ouvrir les yeux qu'en prenant de grandes précautions. A mesure que nous avancions, ces inconvénients augmentaient. Cependant, vers le Dohor, nous aperçûmes les broussailles du terrain solide, et Tôzeur commença à poindre au loin. Alors les gens de la caravane commencèrent à se féliciter les uns les autres, et dès que nous vîmes la *sebkha* derrière nous, nous commençâmes à respirer. »

Telles sont les descriptions et les récits que l'on trouve dans les auteurs arabes des *sebkha*, ou *chotts*, selon le terme actuellement en usage.

Un homme d'un rare mérite, M. Ch. Tissot, qui a publié de remarquables relations de voyages, avant d'être notre ambassadeur à Constantinople, a fait une exploration très attentive de ces lacs perfides, dont les habitants de l'Algérie parlent avec une véritable terreur, pour ceux qui vont s'y aventurer.

Le 6 mars 1879, M. Ch. Tissot fit une excursion au *chott Dejrid*, et voici ce qu'il a publié à ce sujet.

« A sept heures et demie, dit M. Ch. Tissot, nous quittons Dgache pour descendre vers le chott, dont la surface unie brille à l'horizon, comme un lac de plomb fondu. Pendant une demi-heure nous traversons une plaine vaseuse, entrecoupée de bouquets de tamaris, de palmiers nains et de hautes herbes. Peu à peu les broussailles deviennent plus rares ; bientôt toute végétation disparaît et les efflorescences salines qui recouvrent le sol sablonneux, nous apprennent que nous avons dépassé la limite des hautes eaux de la *sebkha*. Là commence le danger. Un cavalier merzougui, familiarisé avec les fondrières du lac, prend la tête de la colonne, en nous recommandant de mettre « nos pas dans ses pas ». Rangés en file indienne, nous suivons notre guide, qui n'avance qu'avec précaution. Nos chevaux eux-mêmes semblent comprendre le péril, et flairent de temps en temps le sol, avec inquiétude.

« Aux vases mélangées de sel que nous avons traversées, succède bientôt une croûte saline, de plus en plus épaisse, dure et transparente comme du verre de bouteille, et résonnant à certains endroits sous les pieds de nos montures, comme le sol de la solfatare de Naples. Un puits béant, dont l'ouverture montre une eau verte et profonde, nous permet de nous rendre compte de ce singulier terrain ; la croûte sur laquelle nous cheminons n'a qu'une épaisseur de quelques pouces, et recouvre un abîme que nous

essayons en vain de sonder. Un sac à balles, qui nous sert de sonde, disparaît avec toutes les cordes que nous ajustons bout à bout, sans que nous
trouvions le fond.

« Une crevasse que nous rencontrons un peu plus loin, sur notre droite,
ne contient que 4 ou 5 pieds d'eau; mais au-dessous de cette nappe liquide
dorment ces sables mouvants si redoutés dans le pays, et que la tradition
assigne comme tombeau à tant de caravanes. C'est près de cet endroit que,

FIG. 165. — GOURBI ARABE

lors de mon premier séjour au Blad-el-Djerid, un cavalier du goum de
Tôzeur fut englouti, avec sa monture. Ses compagnons essayèrent de sonder
l'abîme où il avait disparu, au moyen de vingt baguettes de fusil attachées
bout à bout : pas plus que la nôtre, cette sonde improvisée n'atteignit le
fond.

« Couché à plat ventre sur le bord de la crevasse, je puise un peu d'eau
pour la goûter; elle me paraît plus amère encore que celle de l'Océan. La
main dont je me suis servi pour boire est imprégnée d'un sel blanc qui
dessine tous les pores. Un vase de terre poreuse, que je remplis de cette

66

IV.

eau, ne tarde pas à se couvrir extérieurement d'une épaisse couche de sel.

« Des crevasses semblables s'ouvrent de distance en distance, et forment, en quelque sorte, les « regards » de la nappe souterraine qui s'étend sous nos pas.

« A neuf heures et demie nous trouvons, allongé sur la route, le cadavre d'une femme. La pauvre créature est évidemment morte de fatigue : couchée sur le flanc droit, un bras replié sous sa tête, l'autre appuyé sur le sol, la mort l'a surprise au moment où elle faisait un dernier effort pour se relever.

« Nous ne pouvions emporter ces tristes restes. J'ordonnai à mes hommes de creuser une fosse dans le sol même ; mais leurs sabres rayaient à peine la croûte du sel, et le temps pressait. Nous dûmes passer outre.

« ... Nous marchons toujours, et les montagnes d'Oudiàn, que nous laissons derrière nous, s'abaissent de plus en plus à l'horizon. En face, à droite, à gauche, le chott déploie, aussi loin que la vue peut s'étendre, l'éblouissante immensité de sa nappe d'argent. La chaleur étouffante développée par la réverbération du soleil, les hallucinations du mirage, le contraste étrange d'un sol de neige et d'un ciel de feu, tout, jusqu'à ce lac solide et ce terrain mouvant, me donne une sorte de vertige. Il me semble, par moments, que nous cheminons dans une de ces planètes où les lois de notre monde sont suspendues ou renversées.

« A dix heures et demie, nous rencontrons les premières marques : ce sont de simples pierres fichées dans la croûte saline. Elles n'ont pas plus de 40 à 50 centimètres de hauteur, mais, grandies par le mirage, elles s'aperçoivent à de très grandes distances. L'intervalle qui les sépare est, en moyenne, de 500 à 600 mètres. Elles portent, dans le dialecte local, le nom de *gmari* (au singulier *gmira*). Je n'aperçois pas les troncs de palmiers dont parlent les auteurs arabes. Notre guide nous apprend qu'ils ont été emportés par les grandes eaux, et confesse que la voirie du lac est fort négligée depuis quelques années. En bonne règle, la route doit être indiquée par une double rangée de *gmari* : des pierres sur la gauche du voyageur qui se rend de Tôzeur au Nefzâoua, des troncs de palmiers sur la droite. Grâce à cette double indication, les caravanes, surprises dans la traversée du lac, par une de ces violentes tempêtes qui les enveloppent dans des tourbillons de sable et de sel, avaient quelque chance de retrouver leur direction. Les *oueda*, ou troncs de palmiers, ont disparu, et la rangée de pierres est elle-même fort incomplète. Quelques-unes sont provisoirement remplacées par des ossements de chameaux.

« A 10 heures 35 minutes, nous nous engageons dans une vaste nappe d'eau qui couvre la croûte saline. Nos chevaux ont de l'eau jusqu'au paturon pendant quelques minutes ; bientôt la profondeur augmente, et sur certains points nos montures en ont jusqu'au poitrail. Notre guide, que je suis immédiatement, s'arrête à chaque instant, interroge l'horizon, cherche à deviner la route, et fait parfois des *à droite* ou des *à gauche*, que rien ne motive en apparence. Le danger est extrême, et il me l'explique ; lavée et en partie dissoute par la couche d'eau qui la recouvre, la croûte de sel peut, à chaque instant, s'effondrer sous nos pas.

« La nappe liquide que nous traversons, offre un courant prononcé du nord-est au sud-ouest. A notre gauche et à une certaine distance, je remarque deux ou trois îlots, formés par des boursouflures de la croûte saline.

« A midi 30 mininutes, à 400 ou 500 mètres de la trente-deuxième *gmira*, nous atteignons une plate-forme circulaire, d'une vingtaine de pas de diamètre, qui s'élève de 2 ou 3 pieds au-dessus du niveau du *chott*. Elle est située à peu près à égale distance des deux rives du lac, ce qui lui a fait donner par les indigènes le nom d'*El-Mensof* ou *Bir-en-Nsof*. On l'appelle aussi *Djebel el-Melah*, « la montagne de sel ». Cinq ou six blocs de pierre grossièrement superposés, mais qui de loin, par l'effet du mirage, apparaissent comme une gigantesque pyramide, l'annoncent au voyageur, et forment un signal correspondant avec une pyramide semblable dressée sur la cime du Djebel-Toumiat, au-dessus de l'oasis de Kriz. Ces deux points de repère indiquent la direction générale de la route.

« C'est au Mensof que, parvenues à la moitié de leur dangereuse traversée, les caravanes font halte, ou passent la nuit, si elles n'espèrent pas atteindre, avant le coucher du soleil, l'autre rive du lac. Une couche épaisse de noyaux de dattes et de fumier recouvre le sol, et laisse à peine voir l'orifice d'un puits antique, comblé depuis longtemps. L'existence d'un puits au milieu de ce lac de sel, n'a rien qui puisse surprendre, puisqu'on trouve sur plusieurs points de la *sebkha* (*chott*), notamment à Aïn-el-Sid, à Aïn-Tarafi, des sources dont l'eau n'est pas plus saumâtre que celle de la plupart des puits du Djerid, Ce phénomène s'explique par des îles assez nombreuses qu'on observe dans le lac, et dont quelques-unes forment, au-dessus de la nappe salée, les cratères, d'autant de volcans sous-marins, donnant passage aux eaux, relativement douces, des couches inférieures.

« Après une halte d'une demi-heure, nous nous remettons en route, sur les instances de notre guide, qui craint que la nuit ne vienne nous surprendre au milieu de ces redoutables fondrières.

« A quelques pas du Mensof nous retrouvons la nappe d'eau dont j'ai déjà parlé, mais le courant se dirige en sens inverse.

« A 2 heures nous rencontrons un troisième courant, allant, comme le premier, du nord-est au sud-ouest. Presque aussitôt, nous traversons un assez vaste espace également inondé, mais rempli de joncs marins.

« A 3 heures 38 minutes nous atteignons la dernière *gmira* : c'est la vingt-troisième à partir d'El-Mensof. Un instant après nous retrouvons la zone des sables salés, puis celle des vases, puis aussi celle des sables purs. Quelques

FIG. 166. — TUGGURT, AU SUD DU CHOTT *Melrir*.

broussailles, isolées d'abord, plus nombreuses ensuite, nous annoncent un terrain solide. Les palmiers du Nefzâoua se dessinent et grandissent à l'horizon.

« A 5 heures 30 minutes nous atteignons enfin la rive méridionale du lac et les dunes de la *sebkha*. »

Telles sont les descriptions que les auteurs arabes et les voyageurs modernes ont tracées des *chotts* africains. Elles donnent une idée parfaitement exacte de ces marais redoutables, qui n'existent pas seulement au sud de l'Algérie et de la Tunisie, mais qui se rencontrent en beaucoup d'autres parties du nord de l'Afrique, comme on peut le voir en consultant les cartes géographiques.

M. Roudaire tenait à faire bien pénétrer dans l'esprit des savants cette idée que les chotts algériens et tunisiens ne sont que les restes de la mer qui couvrait autrefois ces territoires. Il voulait bien établir, en particulier, que le golfe de Gabès pénétrait autrefois dans l'intérieur de l'Afrique, et formait cette grande *baie de Triton* dont parlent les écrivains romains. Il se livra à de longues recherches historiques sur ce sujet, et il publia, le 15 mars

FIG. 167. — OASIS D'EL-KANTARA, AU PIED DES MONTS AURÈS

1874, dans la *Revue des Deux Mondes*, une étude très érudite, où il démontrait parfaitement la vérité de cette assertion.

Nous allons donner le résumé des recherches et des déductions contenues dans le travail historique de M. Roudaire.

L'auteur commence par nous faire connaître les renseignements que nous ont laissés, sur ce sujet, les premiers historiens.

Hérodote, le père de l'histoire (450 ans avant J.-C.), est le premier auteur qui ait donné des détails géographiques sur la baie de Triton. Dans le livre IV° de son *Histoire*, il décrit successivement, en allant de l'orient vers l'occident, les peuples qui habitent la côte septentrionale de l'Afrique.

« Après les Lothophages, dit Hérodote, viennent les Machlyes, qui mangent aussi du lotus. Leur pays s'étend jusqu'au fleuve *Triton*, qui se jette dans le grand lac, ou *golfe de Triton*, dans lequel est l'île de Phla. »

Hérodote raconte que Jason, poussé par la tempête, sur les côtes de la Libye, se trouva dans les bas-fonds de la baie de Triton avant de découvrir la terre; il ne réussit qu'avec peine à sortir de ce passage dangereux.

Cet épisode du *Voyage des Argonautes* avait déjà été mentionné par Pindare, qui écrivait quelques années plus tôt.

Hérodote nous apprend encore que les Libyens qui habitaient sur le bord occidental du lac Triton, étaient des peuples laboureurs; tandis que ceux qui habitaient sur le bord oriental, étaient nomades et bergers. Cette particularité est confirmée par Scylax. Il n'y a que les peuples laboureurs, en effet, qui bâtissent des villes, et nous verrons que ce géographe place la ville des Libyens sur le bord occidental du lac Triton.

Ce qui ressort des récits d'Hérodote, c'est d'abord, que le grand lac Triton communiquait avec la mer, puisque le vaisseau de Jason y fut jeté par la tempête. C'est ensuite qu'Hérodote ne parle pas de la Petite-Syrte, dont le nom n'apparaît que plus tard, et qui semble avoir été désignée, en même temps que le lac, sous la dénomination collective de *grand lac*, ou *grande baie de Triton*.

Après Hérodote, Scylax, l'auteur du *Périple de la Méditerranée* (200 ans avant J.-C.), cite, dans sa description de l'Afrique, l'île *Brachion*, où croît le lotus, et l'île de *Cercinna*, où il y a une ville du même nom.

« Vers l'intérieur des terres, ajoute Scylax, se trouve le grand golfe de Triton, qui renferme la Petite-Syrte, surnommée de Cercinna, et le lac Triton, avec l'île Triton, ainsi que l'embouchure d'un fleuve du même nom. L'entrée du lac est étroite; au reflux de la mer on y voit une île, et souvent alors les vaisseaux ne peuvent plus y pénétrer. Ce lac est considérable, les bords en sont habités par les peuples de Libye, dont la ville est située sur la côte occidentale. »

Les îles autrefois nommées *Brachion* et *Cercinna* sont, d'après M. Roudaire, les îles actuelles de Djerba et de Karkenah, entre lesquelles se trouve l'entrée du golfe de Gabès.

La *Petite-Syrte* actuelle était donc, évidemment, le golfe de Gabès. Le lac Triton occupait le bassin des chotts; la Syrte et le lac, réunis par une communication assez étroite, formaient, ensemble, le grand golfe de Triton.

L'île basse qu'on voyait dans la communication, au moment du reflux, était sans doute formée par les sables qui s'y amoncelaient, et qui devaient finir par la combler.

De même qu'Hérodote, Scylax désigne encore la Petite-Syrte et le lac Triton sous le nom collectif de *grand golfe de Triton*; mais il écrit trois cents ans plus tard, la communication qui les réunit étant devenue étroite, on les désigne déjà en même temps par des noms particuliers.

Pomponius Mela (l'an 43 avant J.-C.), c'est-à-dire environ deux siècles après Scylax, écrivait :

« Le golfe de la Syrte est dangereux, non seulement à cause des bas-fonds, mais encore à cause du flux et du reflux de la mer. Au delà de ce golfe est le grand lac Triton, qui reçoit les eaux du fleuve Triton. On l'appelle aussi lac de Pallas. »

Ainsi, à cette époque, le lac et la Syrte ne communiquent plus entre eux ; cela ressort clairement du passage qui vient d'être cité ; le niveau des eaux a baissé, par l'évaporation, et l'île Triton a disparu.

Dans le chapitre VIᵉ du même auteur, — chapitre consacré à la description de la Numidie, dont Cirta (Constantine) était la ville la plus importante, — on lit le remarquable passage suivant :

« On assure qu'à une assez grande distance du rivage, vers l'intérieur du pays, il y a des campagnes stériles où l'on trouve, s'il est permis de le croire, des arêtes de poissons, des coquillages, des écailles d'huîtres, des pierres polies telles qu'on en tire communément de la mer, des ancres qui tiennent aux rochers, et autres marques et indices semblables, qui prouvent que la mer s'étendait autrefois jusque dans ces lieux. »

Ce texte, dit M. Roudaire, est décisif. Dans les campagnes stériles situées vers l'intérieur du pays, au sud de Constantine, ne reconnaît-on pas le Sahara algérien, qui commence à Biskra ? Ces cailloux arrondis par les flots de la mer, ces coquillages, ces ancres abandonnées, ne sont-ils pas des témoins irrécusables de la présence récente de la mer ? Il n'y a pas longtemps, en effet, que la mer a dû se retirer, puisque Scylax décrivait encore minutieusement l'entrée de la baie. Sur certains points, comme à El-Feidh, où le terrain avoisinant les *chotts* s'élève en pente insensible, les flots, en se retirant, ont laissé à découvert des zones d'une largeur de plusieurs kilomètres. C'est là que les voyageurs trouvent les vestiges qui excitent leur étonnement ; mais bientôt les ancres seront recueillies par les indigènes, les cailloux roulés et les coquillages seront entraînés par les torrents, jusque dans le fond du lit desséché des lacs, ou recouverts par les sables, et ils disparaîtront, pour la plupart.

Ptolémée, qui écrivait vers la fin du deuxième siècle après Jésus-Christ, donne de précieux renseignements sur la géographie de l'Afrique. Dans sa *table IV*° consacrée à l'Afrique intérieure, Ptolémée fait la description suivante du fleuve *le Gir* :

« C'est d'abord le *Gir*, qui aboutit d'un côté au mont Usargala et de l'autre à la gorge Garamantique. Ce fleuve a un embranchement qui va former le lac des Tortues ; le *Gir*, se perdant alors, reparaît plus loin, et forme une autre rivière, dont l'extrémité occidentale va former le lac de Nuba. »

M. Vivien de Saint-Martin, dans son ouvrage *le Nord de l'Afrique ancienne*, n'hésite pas à reconnaître que le *Nigris* décrit par Pline et le *Gir* de Ptolémée, ne sont qu'un seul et même fleuve, l'Oued-Djeddi ; que, par conséquent, le lac des Tortues ne peut être que le chott Melrir actuel ; M. Duveyrier arrive à la même conclusion.

Dans sa seconde *table de l'Afrique*, Ptolémée cite le long de la Petite-Syrte, les embouchures du fleuve Triton. Dans la même table, en énumérant les montagnes de l'Afrique proprement dite, il cite le mont Vasaletus, où prend sa source le fleuve Triton, et sur lequel se trouvent plusieurs lacs : le lac de Triton, le lac de Pallas et le lac de Libye.

Ptolémée fait venir le fleuve Triton du mont Vasaletus, puis il le fait couler dans le lac de Libye.

La version de Ptolémée resterait inexplicable, si l'on ne donnait au mot *fleuve*, dont il se sert, le sens de *bassin hydrographique*. Par *fleuve Triton*, il faut, selon M. Roudaire, entendre l'ensemble des eaux qui s'écoulent dans le bassin du lac Triton. Cette interprétation est d'autant plus admissible que le mot même de *Triton* entraînait toujours l'idée d'eau chez les anciens. « Quelle qu'ait été, dit M. Roudaire, la signification originelle du mot *trito* en grec, il est incontestable que l'idée d'eau y fut généralement attachée. » Rien n'est plus naturel, par conséquent, que d'admettre que le nom de *Triton* ait été appliqué à un ensemble de cours d'eau, c'est-à-dire à un bassin.

Recherchons maintenant ce que Ptolémée voulait désigner par les « embouchures » de ce fleuve. Dans un pays comme l'Afrique, où les rivières disparaissent souvent dans les sables, pour ne reparaître qu'à de grandes distances, les habitants devaient naturellement supposer l'existence d'une communication souterraine entre le lac Triton et les cours d'eau qui prenaient leur source à quelques kilomètres du lac. La position dont parle Ptolémée, correspond exactement à celle de l'embouchure de l'Oued-Akareit, située à 24 kilomètres au nord de Gabès. C'est là que devait aboutir l'ancienne communication de la grande baie de Triton avec la mer. Quoique la communication n'existât plus à l'époque où vivait Ptolémée, la

tradition devait en avoir conservé le souvenir, et cette circonstance
suffisait pour que l'Oued-Akareit fût désigné sous le nom de fleuve
Triton.

Ce souvenir se perpétua jusqu'au géographe arabe Edrisi, qui vivait au
onzième siècle après Jésus-Christ Seulement ce n'est plus l'Oued-Akareit que
cet auteur arabe fait communiquer avec le lac; c'est la rivière de Gabès. D'après

FIG. 168. — UNE RUE DE L'OASIS DE LAGHOUAT

la direction de cette rivière et la topographie de la région où elle coule, il est
impossible qu'elle ait jamais communiqué avec le lac Triton. Il ne faut donc
considérer le récit d'Edrisi que comme l'écho altéré d'une légende rappelant
l'existence d'une ancienne communication entre le golfe et le lac; et il était
naturel que cette légende se fixât sur le cours d'eau le plus en vue de la
contrée, celui qui tombe dans la mer à Gabès.

La ville actuelle de Tòzeur est bâtie entre le chott *Rharsa* et le chott *El Djerid*. A l'époque où la grande baie de Triton existait, ces deux chotts se réunissaient à l'ouest de Tòzeur, qui se trouvait ainsi dans une presqu'île. La position particulière de cette ville correspondait donc exactement à celle où il est naturel de placer la Chersonèse de Diodore de Sicile. Il est certain, d'ailleurs que cette ville est excessivement ancienne.

Les auteurs qui viennent d'être cités sont assez nombreux, et leurs descriptions assez précises pour qu'il paraisse démontré que le bassin des *chotts* algériens et tunisiens a été autrefois occupé par la Méditerranée. Résumons, en peu de mots, les recherches de Roudaire.

A l'époque d'Hérodote, les lacs sont en communication avec la mer par une large ouverture : la Petite-Syrte et le lac Triton, sont connus sous le nom collectif de *grande baie de Triton*. Dans cette baie existe une île, appelée *Phla*, qui n'est autre que le *Nifzaoua* actuel. A l'époque de Scylax, la Petite-Syrte et le lac Triton sont encore désignés sous le même nom collectif, mais la communication qui les relie étant devenue étroite, le lac et le golfe sont déjà distingués par les noms particuliers de *Petite-Syrte* et de *lac Triton*. L'île de Phla existe toujours dans le lac, et porte le nom d'*île Triton*.

Au temps de Pomponius Mela, la communication entre le lac et la Syrte n'existe plus. Le lac Triton se trouve au delà de la Syrte, dans l'intérieur des terres. Les eaux de ce lac, qui ne reçoit pas de ses affluents un tribut assez considérable, ont baissé, par suite de l'évaporation, et le *Nifzaoua* n'est plus qu'une presqu'île. Le nom de *lac Pallas* apparaît à côté de celui de *lac Triton*. On n'est pas encore bien éloigné du temps où Scylax écrivait, et les voyageurs trouvent souvent sur le rivage laissé à découvert, des traces de la présence récente de la mer, telles que des ancres de navires et des cailloux roulés.

Du temps de Ptolémée, les eaux ont continué de baisser; elles se sont définitivement fixées dans les dépressions les plus profondes de l'ancien lit. Le bassin primitif s'est subdivisé. On voit apparaître, à côté des lacs *Pallas* et *Triton*, le *lac des Tortues* et le *lac de Libye*. Le souvenir de l'ancienne communication a été conservé par la tradition, et Ptolémée place l'embouchure du « fleuve Triton » au point où aboutissait cette ancienne communication.

Cependant les siècles se succèdent, et la tradition s'altère. A l'époque d'Edrisi, c'est le cours d'eau le plus connu de la Petite-Syrte, celui qui arrose Gabès, qui passe pour avoir communiqué autrefois ou même pour communiquer encore souterrainement, avec le lac; mais la communication des *chotts* avec la mer est vivante et certaine.

Telles sont les diverses théories que Roudaire développait dans l'article de la *Revue des Deux Mondes*, que nous venons d'analyser. Cette étude fit, d'ailleurs, beaucoup de bruit dans le monde savant.

II

M. de Lesseps se déclare partisan du projet de M. Roudaire. — Crédit voté en 1874, par l'Assemblée nationale. — Première expédition scientifique envoyée en Afrique sous la direction de M. Roudaire. — Son rapport au Ministre en 1877.

Ainsi confirmé dans son opinion fondamentale de l'identité de l'ancienne baie de Triton avec les chotts algériens de Tunisie, M. Roudaire s'occupa de chercher des appuis à l'entreprise qu'il méditait, et qui consistait à rétablir artificiellement le golfe qui pénétrait autrefois à l'intérieur du continent africain.

Le hasard mit notre savant officier en rapport avec l'homme éminent que sa destinée semble prédestiner aux grandes entreprises d'intérêt public : nous avons nommé M. de Lesseps. Le capitaine Roudaire avait fait imprimer en brochure, le travail dont nous venons d'extraire la partie historique, et qui a pour titre *Une mer intérieure en Algérie*. Il en avait fait déposer un exemplaire à la place occupée par tous les membres de l'Académie des sciences, au moment d'une séance publique. M. de Lesseps, qui, précisément, venait d'être élu membre de la savante compagnie, prenait, pour la première fois, place dans la salle des séances. Son attention fut attirée par le titre de la brochure qui tombait inopinément sous ses yeux, sans autre introduction, ni préparation. Après l'avoir lue, il fut frappé de l'importance du projet du capitaine Roudaire, et de l'influence que sa réalisation devait exercer sur la prospérité de l'Algérie et de la Tunisie. A deux reprises différentes, dans les séances du 22 juin et du 13 juillet 1874, il appela sur cette question l'attention de l'Académie des sciences, qui désigna aussitôt une commission chargée de l'examiner.

En même temps, M. Paul Bert demandait à l'Assemblée nationale un crédit de 26,000 francs, destiné aux études préliminaires. Consulté à ce sujet, le général Chanzy répondit que, grâce aux ressources dont il disposait, comme gouverneur de l'Algérie, *personnel militaire*, *moyens de transport*, etc., 10,000 francs suffiraient pour ces études. Cette somme fut votée à l'unanimité, par l'Assemblée nationale.

Fig. 169. — BONE

A la suite de ce vote, le ministre de la guerre et le gouverneur général de l'Algérie organisèrent une expédition, dont le commandement fut naturellement confié au capitaine Roudaire, et dont le personnel fut composé de la manière suivante : MM. Parizot et Martin, capitaines d'état-major; Baudot, lieutenant d'état-major ; Jacquemet, médecin-major ; H. Duveyrier. délégué de la *Société de géographie ;* H. Le Châtelier, élève ingénieur des mines, délégué du ministère des travaux publics; trente hommes du bataillon d'Afrique, sous les ordres de M. le capitaine Comoy; vingt soldats du train et quelques spahis.

La mission arriva, le 1er décembre 1874, à Biskra. Elle y trouva quatre-vingt-dix chameaux, que l'autorité militaire avait réunis, pour les mettre à sa disposition. Mais M. Roudaire fit remarquer que ce nombre était beaucoup trop considérable. On lui répondit qu'il n'avait pas à s'en préoccuper, puisque le prix de location de ces bêtes de somme ne devait pas être à la charge du budget de 10,000 francs voté par l'Assemblée nationale. M. Roudaire se contenta d'utiliser une trentaine de ces animaux, avec lesquels il partit, le lendemain, pour Chegga.

Deux jours après, il recevait une dépêche, lui faisant savoir que tous les frais de transport, location de chameaux, etc., seraient supportés par le budget spécial de l'expédition, et que, dès que le crédit serait épuisé, elle aurait à rentrer à Constantine, quel que fût, d'ailleurs, l'état de ses travaux.

Cette décision, prise contrairement aux déclarations faites par le général Chanzy devant l'Assemblée nationale, créait à la mission une situation difficile. Dans les régions dénuées de toute espèce de ressources où elle opérait, elle ne pouvait se dispenser de transporter avec elle un matériel considérable, composé de tentes, d'instruments, de munitions, de vivres pour les hommes et les animaux, quelquefois même de provision d'eau. Il fallait, par moments, envoyer chercher les ravitaillements à Biskra, par des convois, qui restaient dix et quinze jours en route. Tous ces frais de transport étaient très onéreux; aussi semblait-il impossible que l'expédition pût accomplir sa tâche avec la somme modeste dont elle disposait. Cependant, grâce à une économie sévère, grâce aussi à la *Société de géographie*, qui contribua aux frais, pour une somme de 1,000 francs ; grâce enfin au zèle des soldats du bataillon d'Afrique, qui supportèrent avec le plus grand dévoûment des fatigues et des privations exceptionnelles, la mission ne rentra à Biskra qu'après avoir, en cinq mois de travail, terminé le périple des chotts, et relié, en outre, par deux grands profils en travers, El Oued et Negrin à la ligne principale de nivellement. 650 kilomètres avaient été nivelés, par portées de 150 à 200 mètres.

Ces premières études avaient démontré que le chott de *Melrir* occupe le fond d'un vaste bassin inondable. Il fallait les poursuivre sur le territoire tunisien, et reconnaître, par de nouvelles opérations, appuyées directement au golfe de Gabès et venant se relier aux travaux antérieurs, si le projet était pratiquement réalisable.

Ces nouvelles opérations devant avoir lieu en territoire étranger, il était nécessaire de leur donner un caractère purement scientifique. Sur l'initiative de M. de Watteville, chef de division au Ministère de l'instruction publique, et après avoir pris l'avis de la Commission des missions, le Ministre de l'instruction publique chargea, au commencement de 1876, le capitaine Roudaire de faire le nivellement des chotts tunisiens.

M. Roudaire partit immédiatement, accompagné de MM. Michel Baronnet, ingénieur civil, et Cormon, peintre. Grâce à l'appui du ministre des affaires étrangères et de ses agents en Tunisie, la petite caravane de savants fut parfaitement accueillie par le gouvernement tunisien, qui mit à sa disposition les hommes, les chevaux et les bêtes de somme nécessaires. En deux mois de travail opiniâtre, pendant lesquels 460 kilomètres environ furent nivelés pas à pas, on parvint à relier le golfe de Gabès à la frontière algérienne, et à remplir ainsi le programme tracé.

Un fait inattendu et malheureux, résulta de ces nivellements : contrairement à toutes les prévisions, le lit du chott *Djerid* se trouvait situé au-dessus du niveau de la Méditerranée. La surface de la mer intérieure se trouvait ainsi réduite d'environ 5,000 kilomètres carrés, mais les chotts *Melrir* et *Rharsa* constituaient encore, à eux seuls, un bassin d'une superficie de 8,200 kilomètres carrés, égale à quatorze ou quinze fois celle du lac de Genève, sur une profondeur moyenne de plus de 20 mètres. Le capitaine Roudaire pensa que l'influence que la nouvelle mer était appelée à exercer sur le climat de l'intérieur du pays, serait encore considérable, et que ses avantages restaient les mêmes, tant au point de vue commercial qu'au point de vue politique et militaire. D'un autre côté, on avait reconnu que la partie centrale du chott *Djerid* était occupée par des masses considérables d'eau et de vases fluides. M. Roudaire pensa dès lors qu'en mettant ce chott en communication avec le chott *Rharsa*, qui est beaucoup moins élevé, on obtiendrait, par un puissant drainage, un affaissement, qui donnerait naissance à une nouvelle dépression inondable. C'était une espérance un peu hardie, mais, dans tous les cas, ce drainage aurait pour résultat de rendre à la culture une surface considérable de terrains composés d'un limon excessivement fertile.

C'est après cette longue et difficile campagne de travaux sur le sol africain, que M. Roudaire adressa au Ministre de l'instruction publique un rapport de la plus haute importance.

Ce rapport, accompagné d'une carte, à l'échelle de 1/400,000, est divisé en six chapitres, intitulés : 1° Résumé des opérations antérieures; 2° Opérations exécutées en Tunisie; 3° Identité du bassin des chotts et de la baie de Triton; 4° Aperçu des terrassements à exécuter; 5° Conséquences de la submersion du bassin des chotts; 6° Examen des objections élevées contre le projet.

Ce rapport de M. Roudaire est le document fondamental, dans la question de la mer intérieure africaine. Il touche à tous les points de la question. Pour exposer fidèlement ce projet, nous n'aurons qu'à emprunter à ce rapport tout ce qui concerne le mode d'exécution du canal destiné à faire communiquer la Méditerranée avec les deux *chotts*. Nous lui ferons également des emprunts, à peu près textuels, pour exposer les avantages de la mer à créer au sud de la Tunisie et de l'Algérie, les conséquences de la future mer pour la salubrité du climat de ces contrées et la fertilisation de ses rivages; ses avantages au point de vue politique, au point de vue de la colonisation, au point de vue commercial, enfin les procédés d'exécution du canal projeté et la durée probable des travaux.

III

Avantages de la mer intérieure sous le rapport de la salubrité du pays et du commerce
général de l'Afrique. — Son utilité aux points de vue militaire, politique et colonial. — Ses avantages pour la marine militaire. — La mer intérieure offrirait
un débouché aux produits de l'Est algérien, aux mines de l'Ouest et aux forêts
de ces mêmes régions. — Les caravanes et la mer intérieure.

Les deux chotts de *Melrir* et de *Rharsa* sont au-dessous du niveau de la
Méditerranée. Si donc, on les mettait en communication avec le golfe
de Gabès, au moyen d'un canal suffisamment large, les eaux s'y précipi-
teraient, et y formeraient une mer intérieure, dont le niveau serait sensiblement le même que celui de la Méditerranée.

La superficie submersible du bassin du chott Melrir est de 6,900 kilomètres
carrés ; celle du chott Rharsa, de 1,300 kilomètres carrés; la nouvelle
mer aurait donc une surface totale de 8,200 kilomètres carrés, égale à
quatorze ou quinze fois celle du lac de Genève, qui n'est que de 577 kilomètres carrés.

Le fond des chotts étant plat et sensiblement horizontal, la mer intérieure
aurait à peu près partout la même profondeur; la hauteur d'eau moyenne
serait de 24 mètres.

M. Roudaire, dans le travail dont nous allons citer des extraits, examine
les conséquences qu'aurait l'établissement de la mer intérieure, sous
différents rapports.

Parlons d'abord de son influence sur le climat.

« Les chotts, dit M. Roudaire, sont actuellement des bas-fonds boueux,
marécageux, imprégnés de sel, qui deviennent, à certains moments de
l'année, des centres redoutables d'insalubrité palustre. Ainsi, par exemple,
dans la partie nord du chott Melrir, l'oued Djeddi, et l'oued el Arab, s'épa-
nouissent en larges deltas et répandent leurs eaux dans des marécages
appelés *farfaria*, dont la superficie est d'environ 1,000 kilomètres carrés.
Inaccessible en hiver, cette vaste région, couverte de joncs et de roseaux, se
dessèche en été, et devient un véritable foyer de pestilence. Dès le mois
de mars, les indigènes en fuient les abords.

« Les chotts *Melrir* et *Rharsa* sont le réceptacle des eaux d'un immense

SITUATION GÉOGRAPHIQUE DES CHOTTS ALGÉRIENS ET TUNISIENS.

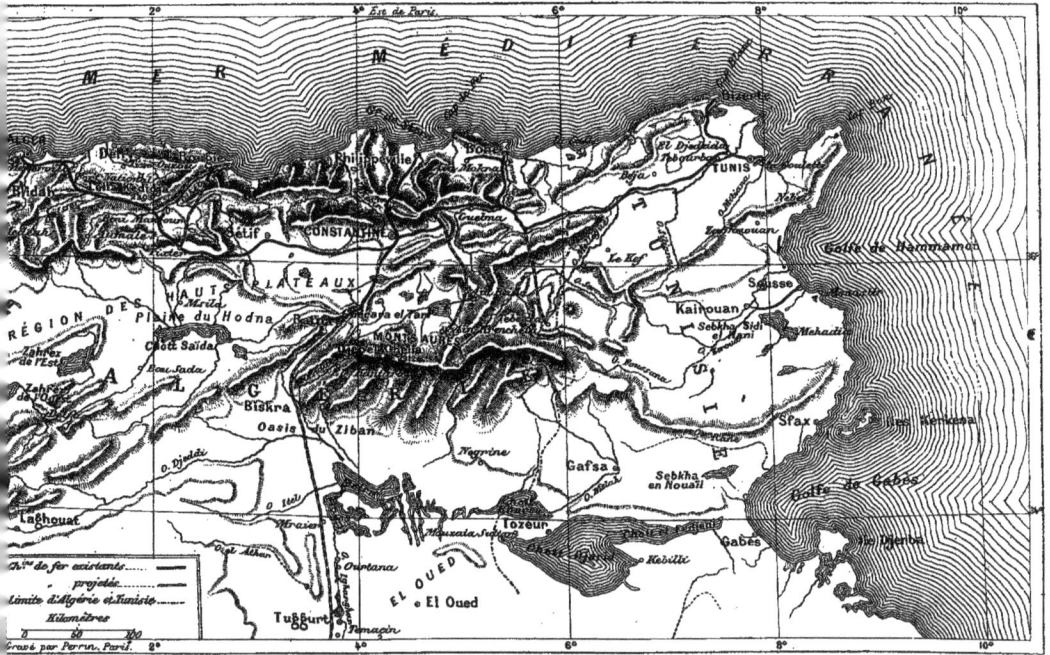

Fig. 170.

bassin, qui, par la vallée de l'Igharghar, s'étend jusqu'au djebel Hogghar, situé à près de 1,000 kilomètres au sud, par celle de l'oued Djeddi, jusqu'au djebel Amour, situé à 400 kilomètres à l'ouest.

« Comment drainer et assainir ces dépressions marécageuses? Où faire écouler toutes les eaux qui s'y déversent, soit superficiellement, soit souterrainement? Si elles étaient au-dessus du niveau de la mer, le problème pourrait être résolu ; mais en raison de leur altitude inférieure à ce niveau, elles seraient condamnées à rester éternellement à l'état de marais insalubres, si l'on n'avait la ressource de les recouvrir d'une couche profonde d'eaux vives, c'est-à-dire de leur restituer le rôle qu'elles n'ont cessé de remplir que par suite d'un accident de la nature : celui de golfe de la Méditerranée.

« Le chott Djerid est, comme les chotts *Melrir* et *Rharsa*, une dépression fermée de tous côtés, dont l'état vaseux est entretenu par une masse considérable d'eaux stagnantes. Mais ce chott étant au-dessus du niveau de la mer, peut être drainé et assaini. Il suffirait, en effet, de le mettre en communication, par une ou plusieurs tranchées, soit avec la Méditerranée, soit avec le *chott Rharsa*, pour donner un écoulement à toutes les eaux qui y séjournent. Le sol se dessécherait ; les sels dont il est imprégné seraient peu à peu entraînés par les eaux, et les terrains du chott Djerid, qui se composent d'un limon excessivement fertile, non seulement cesseraient d'être dangereux et insalubres, mais deviendraient, une fois drainés et dessalés, éminemment propres à la culture.

« Le canal de communication qui amènera les eaux de la Méditerranée dans le chott *Rharsa*, servira, en même temps, puisqu'il passera à travers le chott *Djerid*, à drainer et à assainir ce dernier chott.

« Ainsi donc, si, contrairement aux prévisions premières, le chott Djerid ne peut être inondé, et si la surface de la mer intérieure est moins grande qu'on ne l'avait pensé tout d'abord, l'exécution du projet aura, en revanche, pour résultat d'assainir, et par suite de rendre à la culture 500,000 hectares, composés d'une terre végétale excellente, mais tellement vaseuse, dans l'état actuel, que l'on ne peut s'y aventurer sans danger. »

Passons à l'influence sur le climat, et conséquemment sur la production agricole des régions environnantes.

M. Roudaire fait remarquer que c'est principalement sur le littoral nord que cette influence se fera sentir. Dès que la nouvelle mer sera créée, l'évaporation lui enlèvera, chaque jour, 28 millions de mètres cubes d'eau, qui se transformeront en vapeur. D'après les observations faites à Biskra, du commencement d'avril à la fin de septembre, les vents du sud-est soufflent

FIG. 171. — LAGHOUAT

130 jours sur 180. Cette masse énorme de 28 millions de mètres cubes d'eau transformés en vapeur, sera donc presque toujours poussée vers l'Algérie, et la plus grande partie se condensera en nuages et en pluies, par suite du refroidissement qu'elle subira en rencontrant la grande chaîne transversale de l'Aurès, que sa direction ouest-est semble avoir prédestinée à remplir le rôle de condenseur.

« Il est évident, dit M. Roudaire, que les pluies ainsi produites seront un immense bienfait pour une contrée où la sécheresse seule empêche les colons de tirer parti de la fécondité naturelle du sol. Même avant de se condenser en nuages et en pluies, les vapeurs produites par la mer intérieure, disséminées dans l'air, à l'état invisible, exerceront déjà une influence considérable sur le climat. En effet, l'air, en lui-même, se comporte, pratiquement, comme le vide, par rapport à la transmission de la chaleur ; tandis que la vapeur d'eau possède, en même temps, une grande transparence pour la lumière et une grande opacité pour la chaleur. Les quantités considérables de vapeur introduites dans l'atmosphère, rempliront donc, à la fois, le rôle d'écran protecteur contre l'ardeur des rayons solaires, pendant le jour, et contre le rayonnement, pendant la nuit.

« Si nous ajoutons qu'il s'établira des brises de mer régulières, dont l'influence bienfaisante se fera sentir jusqu'à Biskra, on ne peut s'empêcher de reconnaître que la mer intérieure aura pour résultat de transformer complètement ces régions aujourd'hui si déshéritées, et qu'elles deviendront non seulement fertiles, mais encore très favorables à l'établissement et au séjour des Européens. »

Les faits historiques confirment ces prévisions. Du temps des Romains, lorsque les chotts étaient pleins d'eau, le sud de l'Algérie et de la Tunisie était incomparablement plus fertile que de nos jours. La stérilité des régions avoisinantes a été la conséquence du dessèchement des chotts.

Les vastes plaines situées entre le rivage nord de la nouvelle mer et le pied de l'Aurès, seront les premières à bénéficier de ces modifications du climat. Désolées par la sécheresse, elles restent, aujourd'hui, absolument incultes et pourtant elles sont recouvertes d'une couche de terre végétale, dont la profondeur moyenne est de 12 à 15 mètres. Les sondages ont même démontré que cette profondeur était, en certains points, de 70 et 80 mètres. Quels changements merveilleux pour cette région, le jour où la fraîcheur, l'humidité, les pluies permettront de tirer parti de la fécondité naturelle d'un tel sol resté vierge, depuis des siècles ! De quelle utilité ne serait pas une telle transformation !

L'importance de la mer intérieure au point de vue des modifications du climat et de l'accroissement de la production agricole, est donc tout à fait hors de doute.

On peut ajouter, que les eaux de la mer, une fois introduites dans les bassin des chotts, auront encore pour résultat, par suite de la pression considérable qu'elles exerceront sur le fond de ces immenses cavités, de refouler les eaux douces qui viennent actuellement s'y épancher, et, par conséquent, d'augmenter le débit et même le nombre des sources et des puits qui fécondent les oasis.

L'importance de la mer intérieure au point de vue politique, est de premier ordre. Des considérations diverses établissent la vérité de cette proportion générale. Nous allons les passer en revue, avec M. Roudaire.

Avant la campagne de Tunisie, on ne trouvait, au point de vue politique, qu'une objection à faire au projet qui nous occupe : c'est que nous ne posséderions pas l'entrée de la mer intérieure. Par suite de notre occupation de la Tunisie, depuis 1881, cette objection n'existe plus, et l'importance politique d'un vaste bassin maritime dont nous serions entièrement les maîtres, et qui formerait, au sud de la Tunisie et de l'Algérie, de Gabès à Biskra, une puissante frontière militaire, ne saurait être sérieusement contestée. Le canal de communication, avec une profondeur de plus de 10 mètres et une largeur de 70 à 80 mètres, serait déjà un obstacle sérieux pour une armée outillée et pourvue d'équipages de ponts ; pour un parti arabe il constituera un obstacle qui, surveillé au besoin par quelques canonnières, doit être considéré comme absolument infranchissable.

La frontière sud de la Tunisie et celle de l'Algérie réunies ont, du golfe de Gabès au Maroc, un développement d'environ 800 kilomètres. Complètement ouverte aujourd'hui, cette frontière se trouverait barrée sur une étendue de 400 kilomètres. Pas un Arabe ne pourrait la franchir sans notre permission. Or, les indigènes ne s'insurgent que parce qu'ils ont la ressource de se réfugier dans le Sud, et qu'ils peuvent alors recommencer la lutte, en revenant, par des pointes rapides et hardies, nous menacer, tantôt sur un point, tantôt sur l'autre, tenant sans cesse nos troupes en échec, nous forçant tout au moins, quand ils ne parviennent pas à tromper notre surveillance, à entretenir, à grands frais, des colonnes constamment sur pied.

Mais la mer intérieure ne se bornera pas à nous créer une frontière infranchissable d'une étendue de 400 kilomètres. Elle remplira, en même temps, le rôle d'un immense bastion qui, pénétrant jusqu'au cœur du Sahara algérien, flanquera les confins sud des provinces d'Alger et d'Oran et surveillera toutes les routes du Sahara. En nous donnant la facilité de débarquer

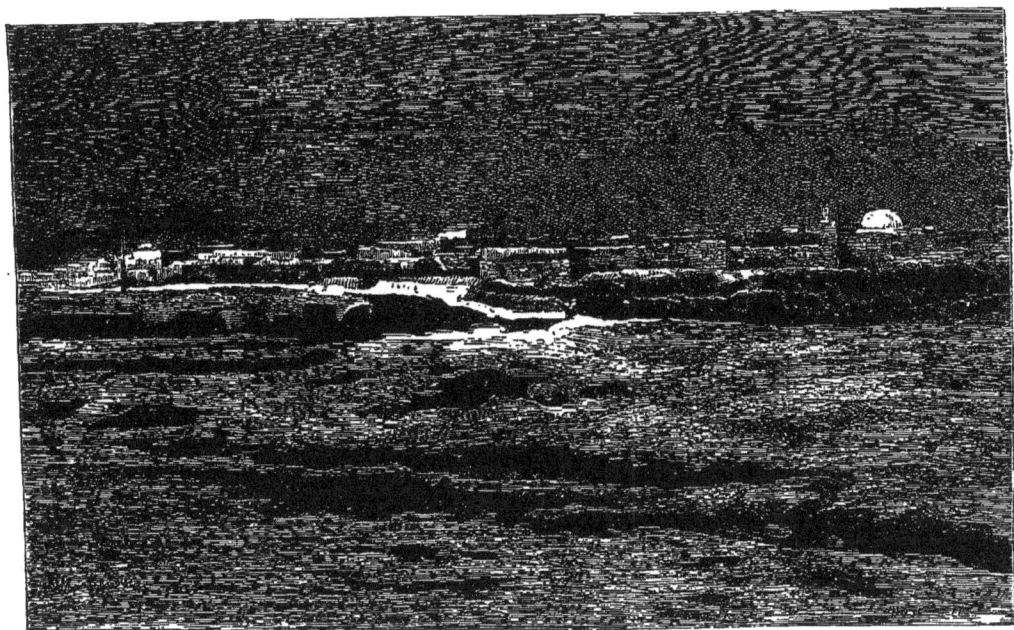

FIG. 172. — GABÈS

des troupes à Biskra, elle nous permettra, en outre, de prendre à revers les insurrections qui pourraient éclater dans les massifs montagneux de l'Atlas. Aussi est-il à croire que, lorsque les Arabes se verront pris entre deux feux, ils n'oseront plus se révolter et que les insurrections prendront promptement fin.

La portée politique de la mer future saute aux yeux de tous les hommes éclairés qui connaissent l'Algérie. En 1881, M. Tissot, ingénieur en chef des mines de la province de Constantine, terminait de la manière suivante son *Texte explicatif de la carte géologique provisoire de la province de Constantine :*

« La création du canal de M. Roudaire établirait, au sud des tribus tunisiennes actuellement insoumises, une barrière infranchissable pour les caravanes indigènes. En leur enlevant la possibilité d'un refuge dans le Sud, elle diminuerait beaucoup, peut-être même ferait-elle disparaître complètement, dans l'avenir, leurs velléités insurrectionnelles. Ne nous épargnât-elle que l'équivalent de la moitié d'une campagne comme celle qu'il aura fallu faire cette année, il est facile de voir qu'elle nous épargnerait par là beaucoup plus qu'elle ne nous coûterait, et par conséquent, même en s'en tenant au point de vue purement politique, il y a lieu de la créer. »

M. le général Favé, membre de l'Institut, a développé, dans une séance de la Commission supérieure, des vues fort justes sur l'importance de la mer africaine, au point de vue militaire.

« Comment est-il possible, dit le général Favé, de faire la conquête d'un pays, de se l'assimiler, sans y entretenir des troupes à l'état permanent ?

« La mer intérieure ne pourrait-elle point nous être utile à ce point de vue ? Suivant moi, elle pourrait nous aider beaucoup, je ne dis pas à supprimer toutes les troupes que nous avons en Afrique, mais à en diminuer graduellement le nombre.

Comment les Arabes font-ils la guerre ? car c'est à eux que nous avons affaire : il ne s'agit que de leurs insurrections. Ce sont des nomades, et ils ne peuvent combattre qu'à une condition toute particulière à leur état de civilisation. Cette condition, c'est que tous les hommes armés forment une troupe, plus ou moins bien organisée, et qu'ils laissent bien loin en arrière tout ce qu'ils ont de plus précieux, c'est-à-dire les vieillards, les femmes, les enfants, les troupeaux, à peu près tout ce qu'ils possèdent. La perte de ce qu'on appelle la *smalah* est tout ce qu'il y a de plus terrible pour une population nomade.

« Leur manière de faire la guerre consiste donc à porter les combats sur les points où ils trouvent l'avantage, soit pour la résistance, soit pour l'attaque, et à laisser la *smalah* très loin en arrière, pour que, au cas où ils viendraient à être battus, elle ne coure à peu près aucun risque.

« Eh bien, voici la réflexion que j'ai faite à ce sujet : Les insurrections, a-t-on dit, avec beaucoup de raison, ont lieu surtout dans la partie montagneuse située au nord de ce qu'on appelle la mer intérieure : nous les attaquons en allant du nord vers le sud, nos colonnes suivent toujours cette direction, parce que nous partons des bords de la mer.

« Admettons qu'au lieu d'attaquer les insurrections avec une colonne seule venant du nord, nous fassions marcher, à la rencontre l'une de l'autre, une colonne venant du nord et une colonne venant du sud, partant d'un point de débarquement quelconque de la mer intérieure. Qu'arrivera-t-il ? C'est que la *smalah* que les Arabes ont laissée derrière eux, se trouvera absolument découverte, et que, par conséquent, ce qu'ils ont de plus précieux et de plus cher sera exposé à être pris sans combat. En supposant qu'ils aient laissé quelques combattants pour la défendre, leurs forces se trouveraient divisées.

« En définitive, les insurrections fréquentes des Arabes ne sont pour nous un danger que parce que ces peuples sont nomades ; s'ils étaient fixés sur un point, nous nous y porterions et nous en aurions raison ; mais ils n'ont rien de stable, et ils se dérobent. Si donc, indépendamment de la colonne venant du nord, nous pouvions, du sud, en envoyer une seconde, la *smalah* serait sans défense, quel que soit le lieu où se produise l'insurrection ; car, de la mer intérieure, on peut se diriger sur n'importe quel point.

« Il y a plus. Que faut-il aux Arabes, au point de vue du combat ? Il leur faut une position militaire facile à défendre, ordinairement une gorge de montagne, dont ils occupent les parties élevées ; là ils sont redoutables. S'ils peuvent être pris par derrière, par une colonne venant du sud, ils se trouvent comme dans une souricière, et, par conséquent, la défense leur devient absolument impossible ; la valeur de leur position est complètement annihilée. On pourrait donc, à mon avis, espérer faire très avantageusement la guerre par cette combinaison dont je parle, mais qui ne vaudrait rien dans une guerre d'Europe contre une armée régulière.

« Je vais plus loin. Je crois que, si les Arabes avaient conscience que nous emploierons contre eux ce moyen, les insurrections prendraient promptement fin. Il n'y a pas de population qui s'expose à des désastres de la nature de ceux auxquels ils ne pourraient échapper.

« On me dira : Comment pourrons-nous avoir des colonnes expéditionnaires partant de la mer intérieure ? A mes yeux, il n'y a là aucune difficulté. J'admets d'abord qu'on n'aurait pas besoin d'avoir beaucoup de colonnes, et que ces colonnes ne seraient pas très considérables ; 1,500 à 2,000 hommes suffiraient, ce qui donnerait un total d'environ 8,000 hommes pour quatre colonnes que l'on pourrait entretenir de ce côté.

« Comment les organiserait-on ? Il nous faudrait, sur la mer intérieure, non pas des vaisseaux de guerre, mais une petite flottille de transports, comme les Romains en ont toujours eu ; ce qui leur a permis, au moyen d'offensives et de mobilisations continuelles, d'être plus redoutables que s'ils avaient entretenu des garnisons permanentes. Il est à désirer que cette flottille soit composée de bâtiments d'un très faible tirant d'eau, pour faire facilement les embarquements et les débarquements de troupes.

« En résumé, il faudrait donner à nos troupes qui sont sur le littoral de la Méditerranée une mobilité qu'elles n'ont pas ; les exercer continuellement à des opérations de transport par mer, d'embarquement, de débarquement, pour qu'elles puissent faire les petites opérations dont je parle. Qu'on leur fasse faire ces exercices, comme on leur fait faire les grandes manœuvres ; qu'on habitue les soldats, comme le faisaient les Romains, à rester en mer pendant quelques jours, et on retirera de cette façon de procéder des avantages incomparables, eu égard aux inconvénients qui pourraient en résulter. »

Devant la même Commission supérieure, le général Warnet, commandant de la subdivision de

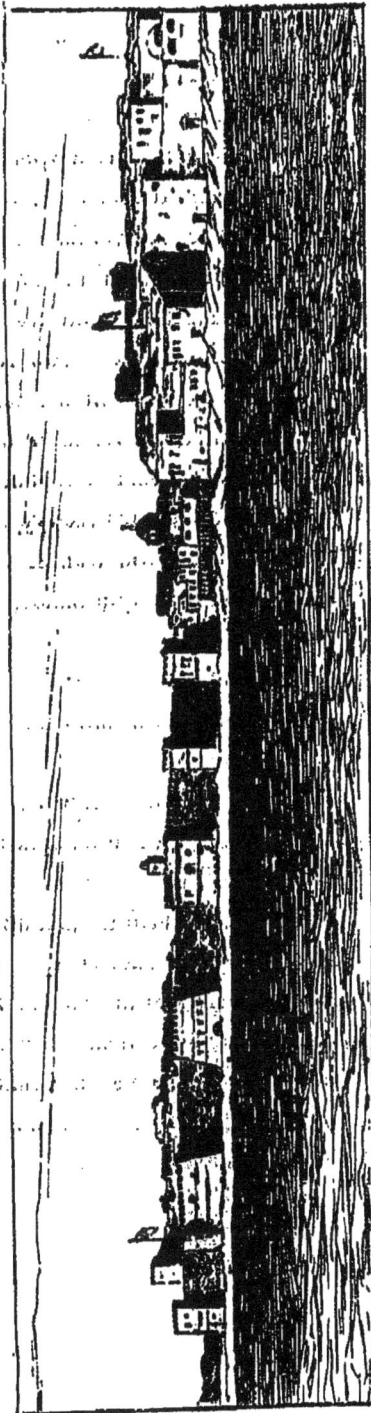

Fig. 173. — SFAX

Montauban, a considéré la même question à un autre point de vue.

« Le commandant Roudaire, dit le général Warnet, n'a pas insisté suffi-samment sur les économies, au point de vue de l'effectif à conserver sur la ligne du sud de la Tunisie et de la province de Constantine, qui seraient pro-duites par la mer intérieure.

« Il évalue ces économies à 8,000 hommes environ, c'est-à-dire à environ 8 millions. Je crois d'abord que ce chiffre serait dépassé ; mais il y a un autre point de vue qui semble avoir été négligé : c'est celui de la perte annuelle du matériel humain pour le pays.

« Dans les conditions actuelles, la mortalité est considérable, parmi nos troupes. En diminuant de 8,000 hommes les troupes d'occupation de l'Al-gérie, on diminuera, par cela même, la mortalité dans l'armée ; et je ne crois pas être à hauteur de la vérité en affirmant que les pertes annuelles de ces 8,000 hommes dépasseraient annuellement 400 hommes. Or, si l'on évalue, comme le font les Américains, le prix de revient d'un homme de vingt et un ans à 15,000 francs, ce serait pour le pays une économie de vies humaines qui, chaque année, pourrait être évaluée à 6 millions de francs.

« Avec l'économie d'entretien de 8,000 hommes, l'État réaliserait, ou plutôt le pays réaliserait une économie annuelle de plus de 14 millions, tant en argent d'entretien non dépensé, qu'en matériel humain conservé.

« Cette économie annuelle de 14 millions représente déjà un assez important bénéfice, qui semble justifier l'exécution de la mer intérieure et la coopération de l'État dans une certaine proportion à fixer.

« On a beaucoup parlé du peu de pertes occasionnées par l'expédition de Tunisie ; on a fait une statistique et on a voulu démontrer que les pertes que nous faisons en Algérie ne sont guère supérieures à celles en France.

« C'est parfaitement vrai ; seulement on a omis de dire qu'une grande partie des décès survenus en France s'appliquait à des hommes *renvoyés d'Afrique* pour cause de maladie. *Ils sont venus mourir en France, de maladies contractées en Afrique*; la proportion des décès en France a été accrue, celle en Afrique a été diminuée, et on est arrivé ainsi à une quasi-égalité de proportion. Ce n'est qu'un leurre. A Montauban, où se trouve un régiment qui a fait la première expédition de Tunisie, 8 morts sur 10 appartiennent aux fractions qui sont allées en Tunisie.

« Des bataillons qui sont encore en Algérie on renvoie des soi-disant con-valescents, qui viennent mourir en France, et c'est ainsi que la proportion des décès en Afrique et en France, est presque égale.

« Mes conclusions sont que si, au point de vue de l'ingénieur, la mer intérieure *est possible avec une dépense de* 150 *millions*, il y a lieu de l'entreprendre. Et je n'aborde pas la question de la Tunisie à conserver, ni celle de donner à nos flottes un bassin intérieur valant tous les ports militaires du monde ainsi qu'une foule d'autres questions que je n'ai pas à traiter. »

La question de l'utilité de la mer intérieure africaine, au point de vue de la marine militaire, a été étudiée par l'amiral Jurien de la Gravière, dans une note que nous citerons, pour terminer cette partie de notre sujet.

« L'intérêt que la marine militaire peut avoir à la création d'une mer intérieure africaine, débouchant dans le golfe de Gabès, doit être étudié, dit l'amiral Jurien de la Gravière, à deux points de vue différents : au point de vue offensif et au point de vue défensif.

« Il est généralement admis, aujourd'hui, que la grande portée des bouches à feu actuelles expose toute force navale établie dans un bassin qui peut être approché à cinq ou six milles mètres, à des bombardements, qui compromettent sa sécurité, s'ils sont prolongés, et son repos, tout au moins, si ces bombardements n'ont que l'importance d'une escarmouche passagère. La tendance du jour est donc de porter les défenses maritimes assez au large pour mettre les escadres à l'abri de ces insultes.

« Sur les côtes même les mieux pourvues d'abris militaires, on voit se produire ces inquiétudes, inconnues autrefois. Il paraît étrange au premier abord, quand on possède des rades telles que Villefranche, le golfe Jouan, les îles d'Hyères, Toulon et Marseille, qu'on ait pu songer à faire entrer nos flottes dans l'étang de Berre, pour les soustraire aux attaques de forces navales plus considérables et momentanément maîtresses de la mer. Cette pensée s'est emparée cependant des meilleurs esprits, et témoigne de préoccupations dont il serait imprudent peut-être de ne tenir aucun compte.

« Dans les guerres récentes, on a vu la Russie, l'Autriche, d'autres puissances encore, se retirer complètement de l'arène navale, l'abandonner à des forces dont on se résigne à ne pas contester la supériorité, laissant ainsi passer l'orage, et reparaître à l'issue de la guerre, avec des escadres intactes. Cette résignation ne saurait être imposée à la France, dans la Méditerranée, que par l'Angleterre ou par une coalition, et l'on peut même affirmer, dès aujourd'hui, que le sacrifice semblerait assez pénible pour qu'on n'y consentît point avant d'avoir fait quelque essai pour en prévenir la nécessité. Si notre grande colonie africaine, par exemple, était menacée, s'il fallait y faire affluer des renforts ou des munitions, il est hors de doute que la flotte de Toulon recevrait l'ordre de tenter à tout risque le passage. Admettons qu'elle réussisse à le surprendre, qu'elle arrive sur les côtes d'Afrique, suivie de près par des forces supérieures, où trouvera-t-elle un refuge? Ce ne sera ni dans le port de Bone, ni dans celui d'Alger, ni dans celui d'Oran. Elle y serait peut-être à l'abri des coups d'éperon, des torpilles, mais elle y resterait à la merci d'un bombardement.

« Que cette flotte rencontre, au contraire, en Afrique, ce que la nature lui a préparé en Provence, un autre étang de Berre, le succès de sa mission n'a plus, comme revers, un inévitable désastre. Le seul hasard qu'elle coure désormais, c'est celui d'être bloquée, ou même de voir se fermer devant elle le canal qui lui a donné accès. Elle est sauve, mais elle est, pendant toute la durée de la guerre, réduite à l'impuissance, comme le seraient des forces navales réfugiées dans le Tage, dans la Sahde, ou dans la rivière de Saïgon. C'est, pour elle, un grand mal, sans doute, mais un mal bien moindre que la presque certitude d'être incendiée au mouillage.

« L'ennemi, dira-t-on peut-être, n'attendra pas, pour fermer le canal de Bouc conduisant à l'étang de Berre, ou le canal de Gabès conduisant à la mer intérieure africaine, que ces deux goulets aient été franchis par les flottes poursuivies et serrées de près; il les fermera dès le début de la guerre, par des navires qu'il y coulera ou qu'il y fera sauter. L'objection est assez sérieuse pour que nous ne gégligions pas d'y répondre.

« Il est évident que, soit à Bouc, soit à Gabès, il ne faut pas laisser l'ouverture du canal d'accès à la mer intérieure sans la protection d'un avant-port.

« L'industrie privée crée le canal; l'État, s'il veut l'approprier à ses besoins, doit se charger d'en masquer et d'en défendre l'entrée, à ses frais.

« Quant à vouloir prouver l'immense importance d'un bassin profond, accessible par un canal à nos plus grands navires cuirassés, ce serait s'attacher à démontrer un axiome; les arguments à l'appui de cette thèse sont tels qu'on hésite à les produire, tant ils prennent l'apparence d'une de ces vérités banales que les Anglais ont appelées *truismes*.

« La discussion ne peut s'établir que sur la facilité de l'accès. Or, l'accès semble sauvegardé efficacement contre toute surprise, dès qu'on lui donne pour garantie un avant-port.

« Ainsi donc, au point de vue défensif, il paraît difficile de contester l'intérêt de la marine militaire à la création d'une mer intérieure africaine, débouchant dans le golfe de Gabès. »

L'éminent amiral conclut que la création du bassin maritime de la mer intérieure serait : « le plus beau dédommagement que l'on puisse rêver des pertes que nous avons récemment subies. »

Fig. 174. — LA CALLE

Nous ajouterons que la mer intérieure, avec ses fonds de vase et ses profondeurs de 20 à 30 mètres, se trouverait dans les conditions qui sont reconnues comme les plus favorables pour la sécurité et la bonne tenue des navires.

Ces dernières considérations démontrent clairement que la mer intérieure aurait pour résultat d'assurer la pacification définitive de l'Algérie et de la Tunisie, tout en nous permettant de réduire considérablement nos troupes d'occupation, et d'alléger ainsi, d'une manière notable, les charges du trésor.

Disons, enfin, qu'avec la sécurité, la facilité des communications et l'amélioration du climat, dues à la mer intérieure, la colonisation ferait de rapides progrès en Algérie, principalement au sud de l'Atlas, où les Européens osent à peine s'installer actuellement. On verrait bientôt des villes et des villages s'élever sur le nouveau littoral. Notre belle colonie deviendrait alors réellement une seconde France, séparée de la mère patrie par quelques heures seulement de traversée. C'est vers ce but que doivent tendre aujourd'hui nos efforts ; c'est dans le nord de l'Afrique que nous devons chercher l'extension nécessaire au développement de notre richesse coloniale en Afrique.

Sous le rapport du commerce, la mer intérieure aurait des avantages tout à fait évidents.

Les relations commerciales sont toujours très restreintes dans les contrées dépourvues de voies de communication, telles que la région actuelle des chotts. Mais s'il est un fait économique reconnu, c'est que, partout où les échanges deviennent faciles, par suite de la création de routes nouvelles, on voit s'établir, comme par enchantement, des courants commerciaux, dont on n'aurait jamais pressenti la puissance.

Tel est le cas du canal de Suez, où le transit a pris des proportions qui dépassent toutes les prévisions. Tel sera le cas du canal de Panama, du canal de Corinthe, du canal de Malacca, du chemin de fer transsaharien, de toutes les routes, en un mot, que le génie de la France a pris à tâche d'ouvrir à la civilisation et au commerce.

La modicité du prix de transport par eau, fera de la mer intérieure une voie commerciale, dont l'importance ira sans cesse en s'accroissant, au fur et à mesure que la colonisation prendra sur ses bords un développement plus considérable.

Par la vallée de l'Oued-Djedd, presque tout le sud de l'Algérie se trouvera en relations plus promptes et plus économiques avec la mer intérieure qu'avec le littoral méditerranéen. Il deviendra facile alors d'exploiter les forêts et les mines du versant sud de l'Aurès, dont on ne tire actuellement aucun parti, faute de voies de communication. Les forêts de l'Amar-Khaddou et du Chechar, qui mesurent une superficie de plus de 100,000 hectares, couverts de magnifiques pins d'Alep et de chênes-lièges, ne sont situées qu'à une trentaine de kilomètres du futur rivage.

Autrefois, les caravanes du Soudan venaient faire leurs échanges sur le littoral algérien, en passant par le chott d'Amagdor et Ouargla. Après la prise d'Alger, elles se sont rejetées sur le Maroc et Tripoli.

Depuis cette époque, toutes les tentatives faites pour les attirer de nouveau, sont restées infructueuses. Il répugne à leur fierté de traverser un territoire occupé par des chrétiens. Une fois arrivées dans le Tell, d'ailleurs, elles sont fort embarrassées pour camper et faire paître leurs chameaux, par suite de la division du sol en propriétés individuelles, autour des centres de population situés sur les routes principales. Si la mer d'Algérie était créée, le littoral méditerranéen se trouverait reporté à 400 kilomètres plus au sud. Nos nouveaux ports seraient aussi rapprochés de Ghadamès que Tripoli, plus rapprochés d'Inçalah que n'importe quel point du littoral marocain. Grâce au bon marché des transports par eau, les caravanes trouveraient à y faire leurs échanges, dans les conditions les plus avantageuses. Elles s'arrêteraient aux confins de notre colonie, sur un territoire, pour ainsi dire, neutre, et ne craindraient plus d'être inquiétées par notre autorité. Les salines de la mer intérieure exerceraient, d'ailleurs, sur elles un attrait considérable. On sait, en effet, que le sel est très rare et très recherché dans le centre de l'Afrique. Sa valeur commerciale y est si grande qu'il sert de monnaie.

En raison de toutes ces considérations, il est à espérer qu'il serait facile de faire reprendre aux caravanes du Soudan la route qu'elles ont toujours suivie, et dont elles ne se sont détournées qu'en raison de l'état troublé de l'Algérie pendant la période de conquête.

IV

Moyens d'exécution. — Série de travaux à accomplir sur le continent et aux abords de la Méditerranée, pour la jonction des chotts et leur inondation.

Le rapport de M. Roudaire, auquel nous continuerons d'emprunter les passages capables de bien faire comprendre la question qui nous occupe, renferme un exposé des procédés d'exécution de la mer intérieure qui ne laisse guère de place au doute quant à la facile réalisation de l'œuvre technique. Nous laisserons donc parler ici l'auteur du mémoire.

Grâce aux sondages complémentaires exécutés pendant l'expédition de 1883, la nature du sous-sol de la région des chotts algériens et tunisiens, est maintenant connue, sur tout le parcours du canal. Les seules roches dures que l'on rencontrera sont constituées par un relief souterrain de calcaire crétacé situé au-dessous du seuil de Gabès. Le volume à faire sauter ne sera que de 1,933,000 mètres cubes. L'existence de ce petit banc de calcaire à l'entrée du canal, doit, d'ailleurs, être considérée comme une circonstance des plus heureuses ; car elle permettra d'établir en terrain non affouillable un déversoir, au moyen duquel on réglera à volonté l'introduction des eaux pendant la période de remplissage. Partout ailleurs la tranchée sera creusée dans des terrains quaternaires sableux ou marno-sableux, tendres, homogènes et aussi faciles à déblayer que possible. Au lieu d'avoir à extraire, comme l'avait pensé la Commission parlementaire, 25 millions de mètres cubes de rochers dans le seuil qui sépare le chott Rharsa du chott Djerid, on ne trouvera que des sables d'une extraction si facile que les sondages y ont été faits à l'aide d'une simple cuiller à soupape.

M. Roudaire a fait entrer parmi ses prévisions, dans une proportion considérable, l'affouillement du sol qui résulterait de l'entrée tumultueuse de la mer dans le lit, en partie préparé, du futur canal, lequel se trouverait ainsi creusé sans frais beaucoup plus profondément. M. Roudaire voit dans ce résultat, la cause d'une sensible économie. Il se fonde sur les résultats obtenus par un ingénieur éminent, M. Caland, qui a si merveilleusement utilisé la force du courant pour forcer la Meuse à se creuser un nouveau lit, à Hock von Holland. La commission supérieure, tout en faisant à diverses reprises des réserves à ce sujet, a refusé de tenir compte de l'économie considérable qui résulterait de l'application de ce procédé, en se fondant sur le fait qu'il n'avait jamais été pratiqué sur une échelle aussi considérable. On aurait, sans aucun doute, pu faire la même objection à M. Caland, le jour où il entreprit le travail de la rectification du cours de la Meuse !

En calculant d'après ces formules et en supposant que les eaux se chargent de déblais, dans la proportion de 1/50 de leur volume, proportion qui a été

FIG. 175. — OASIS DU ZIBAN

observée dans certaines rivières où l'action des eaux n'était pas secondée par des excavateurs, on trouve que le canal serait porté en deux ans et demi à ses dimensions normales.

« Pendant ces deux ans et demi, ajoute M. Roudaire, 20 milliards de mètres cubes d'eau auraient été versés dans les chotts. Pour achever le remplissage, il faudrait, en tenant compte de l'évaporation, leur fournir encore environ 200 milliards de mètres cubes, opération qui durerait huit ans. Mais, dès la troisième année, les bassins seraient déjà recouverts d'une couche d'eau vive, de plus de 10 mètres de profondeur. Notre frontière militaire serait constituée et les effets bienfaisants de la mer intérieure se feraient sentir sur le climat.

Ces durées de temps sont, d'ailleurs, des maxima, qui, grâce à l'accélération de vitesse due à la poussée de la mer, doivent être considérablement réduits.

Le remplissage une fois terminé, le canal n'aura plus à fournir à la mer intérieure que les 187 mètres cubes par seconde que lui enlèvera l'évaporation. Il en résultera une pente, à la surface de l'eau, de 2 millimètres, 4 par kilomètre ; ce qui produira, dans les bassins submergés, une dénivellation

FIG. 176. — OASIS A BISKRA

de 0ᵐ,43 ; c'est-à-dire que le niveau de la mer intérieure se trouvera à 43 centimètres au-dessous de celui de la Méditerranée.

Supposons que l'on ait creusé, suivant le tracé du canal, une tranchée, dont le plafond, situé au-dessous du niveau de la mer, aurait, en outre, une pente vers le chott Rharsa. Il est évident que l'on se trouverait dans des conditions plus favorables que dans aucun des cas où le système d'entraînement par les eaux a cependant été appliqué avec succès : d'un côté, une tranchée en ligne droite à section et à pente régulières, creusée en terrain homogène ; de l'autre, un réservoir inépuisable, à niveau constant, fournissant un volume d'eau de plus en plus grand au fur et à mesure que cette tranchée s'élargirait et s'approfondirait ; avec cela, la faculté de régler le débit au moyen d'un déversoir établi au seuil de Gabès, dans la partie calcaire non affouillable ; la possibilité, en fermant ce déversoir à marée basse et en l'ouvrant ensuite tout à coup à marée haute, de produire au besoin des chasses puissantes ; à l'extrémité de la tranchée enfin, une immense dépression au fond de laquelle les déblais seraient précipités ; voilà bien des conditions propres à faciliter la rapide exécution du canal projeté.

Quand on considère en outre que le volume d'eau à jeter dans les chotts, pour en opérer le remplissage, dépassera le chiffre colossal de 200 milliards de mètres cubes, et que rien ne sera plus facile que de favoriser l'action du courant en désagrégeant le sol au moyen de bacs à râteau, il devient impossible de ne pas regarder le succès comme certain.

« Et, certes, dit M. Roudaire, il n'y aura là aucune innovation. On n'aura fait qu'appliquer sur une échelle plus vaste un système auquel les travaux de M. Caland ont donné une sanction pratique. On opérerait, d'ailleurs, dans des conditions bien plus favorables. Le plafond du chenal que M. Caland a fait agrandir par le courant, était recouvert, même à marée basse, par les eaux de la mer, qui contrariaient ainsi l'action de celles de la Meuse, et cependant ce chenal a été approfondi de 10 à 12 mètres et élargi de 80 mètres par le courant.

« L'action des eaux de la Meuse eût été évidemment bien plus efficace et plus rapide, si, au lieu d'avoir à refouler celles de la mer du Nord, elles s'étaient précipitées dans un bassin vide, comme l'est actuellement le chott Rharsa.

« Notons, en outre, que sur la Meuse l'on n'employait pas de bacs à râteau, et que le courant était chargé, non seulement de charrier les déblais, mais encore d'en opérer lui-même la désagrégation. »

Les ingénieurs et entrepreneurs qui ont accompagné M. de Lesseps, dans son exploration, ont tous été unanimes à reconnaître que, vu le peu de consistance des terrains, l'application du système de déblayement par les eaux serait couronné d'un succès inévitable. Ils ont estimé les dépenses à 150 millions. Ce chiffre est inférieur à celui de 177 millions précédemment établi. Mais la différence s'explique facilement. M. Roudaire avait, en effet, admis, avec la commission, que le seuil de Kriz auquel s'appliquaient ses calculs, était entièrement formé de roches dures, tandis que les calculs des ingénieurs et entrepreneurs s'appliquent au tracé par le seuil de Tôzeur où, comme les derniers sondages l'ont démontré, on ne trouvera absolument que des sables.

« La tranchée initiale, dit M. Roudaire, aura une largeur de 13 mètres au plafond, une profondeur de 3 mètres au-dessous de la mer moyenne à son

CARTE DU PROJET DE MER INTÉRIEURE D'ALGÉRIE ET DE TUNISIE
et du Canal de communication des Chotts avec la Méditerranée.

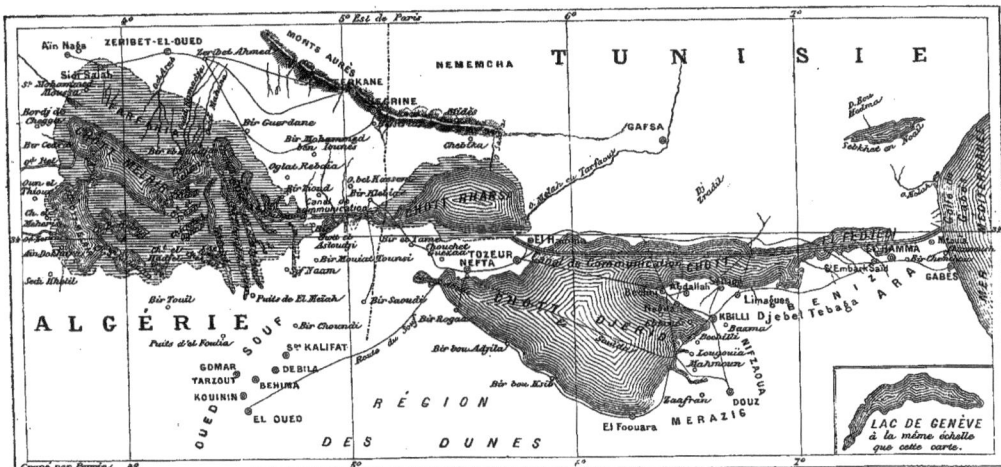

Gravé par Perrin.

Canal de communication.

Cette teinte en hachures indique les Chotts actuellement existants.

Cette teinte en hachures indique les régions qui devront être submergées, pour produire, avec les Chotts, la Mer intérieure.

Échelle

0 10 20 40 60 80 100 Kil.

Fig. 177.

point de départ du golfe de Gabès, une pente de 6 centimètres par kilomètre vers le chott Rharsa et des talus à 45 degrés. Dans la partie du seuil de Gabès où il y a du calcaire, on donnera immédiatement au canal ses dimensions définitives telles qu'elles ont été calculées par la Commission parlementaire.

« En même temps on creusera, dans le petit seuil d'Asloudj, une tranchée de 14 mètres de profondeur au-dessous du niveau de la mer, de manière à donner aux eaux introduites dans le chott Rharsa, un écoulement vers le grand chott Melrir, et à y maintenir ainsi le niveau stationnaire à une douzaine de mètres au-dessous de la Méditerranée. Les eaux ne commenceront ensuite à s'élever au-dessus de la cote — 12 — que lorsque 100 milliards de mètres cubes au moins auront été versés dans les chotts Rharsa et Melrir. Bien avant ce moment, le canal aura atteint ses dimensions normales et les bacs à râteau auront cessé de fonctionner. Tous les déblais provenant de l'agrandissement de la tranchée primitive se déposeront donc dans le chott Rharsa, à une profondeur de 12 mètres au moins au-dessous du niveau de la Méditerranée, et ne pourront, par conséquent, gêner en rien la navigation.

« Ces tranchées avec leur largeur de 13 mètres au plafond et de 19 mètres à la ligne d'eau, constitueront déjà d'importants canaux de communication. Grâce à la facilité des terrains, il ne faudra, en employant 90 dragues ou excavateurs, que quatre ans pour les creuser. »

Combien faudra-t-il de temps pour que le courant les porte aux dimensions données au canal dans la partie calcaire du seuil de Gabès? Combien faudra-t-il de temps ensuite pour terminer le remplissage des bassins? M. Roudaire ne s'expliquait pas catégoriquement sur cette question. Le problème est si nouveau et les masses hydrauliques à considérer sont si colossales que l'auteur se tenait, sur cette dernière question, dans une prudente réserve !

Dans la carte de la page précédente, nous avons tracé les limites de la mer intérieure projetée. Deux genres différents de teintes en hachures indiquent les portions de pays, aujourd'hui habitées ou cultivées, qui seraient inondées, par suite de l'introduction de la mer dans ces dépressions.

V

Après l'exposé détaillé qu'on vient de lire, du projet d'une mer intérieure africaine, il nous reste à faire connaître la manière dont l'idée du savant officier français a été accueillie par les ingénieurs, les Académies et les autorités administratives supérieures. Depuis l'année 1876 environ, où le capitaine Roudaire le rendit public, son projet d'inondation des chotts a passé au crible de bien des oppositions et des critiques. On ne s'est pas fait faute de lui faire une guerre de détails et d'ensemble. Un des plus ardents opposants, membre de l'Institut (il est vrai, dans la section de botanique, ce qui compromet sa compétence), a dit : « Si la mer intérieure existait, il faudrait la combler. » Cette boutade en plein corps peut faire juger de l'ardeur et de l'acrimonie des discussions qui se sont élevées à propos du projet qui nous occupe.

Il y a un fond de vérité dans les nombreuses objections qui ont été formulées par les adversaires de M. Roudaire. Mais, pour démêler, dans cette controverse, le vrai d'avec le faux, et la passion d'avec l'équité, il faut suivre et examiner une à une toutes les phases de cette longue discussion.

L'opinion de l'Académie des sciences de Paris sur le projet de la mer intérieure à créer au nord de l'Afrique, fut formulée, en 1877, pour la première fois, dans deux rapports. L'un, rédigé par Yvon Villarceau, purement technique, concerne les opérations de topographie et de nivellement des chotts algériens et tunisiens exécutées par M. Roudaire ; l'autre, de M. le général Favé, concerne le projet même de la mer intérieure et l'appréciation de ses avantages.

Nous nous bornerons à mentionner l'exposé fait par Yvon Villarceau des travaux de géodésie et des opérations géographiques ou topographiques exécutées par M. Roudaire, pour le nivellement des chotts, à la suite de la méridienne générale de l'Algérie qu'il avait lui-même effectuée en partie, en 1873, d'après une mission qu'il avait reçue du ministre de la guerre.

« La mesure de la méridienne de Biskra, dit M. Yvon Villarceau, constitue un travail géodésique exécuté avec le plus grand soin, et le degré de précision obtenu dans la mesure des angles, des triangles, ne paraît pas avoir été dépassé dans les meilleures triangulations que l'on exécute à notre époque.

« Le nivellement exécuté par M. Roudaire dans la région des *chotts*, et le levé qui l'accompagne, constituent un travail d'une grande valeur, au point de vue de la géographie et de la topographie de cette partie du continent africain. »

Telles sont les conclusions du rapport de M. Yvon Villarceau.

Quant à la possibilité de créer une mer intérieure dans la région des chotts, elle fut examinée spécialement, comme nous le disons plus haut, dans le rapport de M. le général Favé.

M. Favé rappelle d'abord l'existence de grandes dépressions du sol, qui commencent à 50 kilomètres environ au sud de l'Aurès, aux abords du désert du Sahara, et qui s'étendent de l'ouest à l'est.

M. Roudaire a démontré que le fond du chott *Melrir* est au-dessous du niveau de la Méditerranée, et il en a déterminé la profondeur.

M. Roudaire a traversé le *seuil* de Gabès, au golfe de ce nom ; seuil haut de 46 mètres ; puis il est arrivé à la dépression d'un chott, dont il estime la surface, par aperçu, à 5,000 kilomètres carrés. Il est parvenu ensuite, en escaladant un second| seuil, qui a 45 mètres de hauteur, celui de *Kriz*, à la dépression du chott *Rharsa*, situé à l'est du chott *Melrir*, dont il n'est séparé que par deux élévations de peu de hauteur. Ces deux élévations limitent le chott *Asloudj*, dont la surface atteint à peine 80 kilomètres carrés. La surface du chott *Rharsa* est de 1,350 kilomètres carrés, celle du chott *Melrir* de 6,700 kilomètres carrés.

La profondeur moyenne des deux chotts *Melrir* et *Rharsa* ne doit pas être inférieure à 24 mètres. Le petit chott *El Asloudj*, qui est intermédiaire, n'a qu'une profondeur moyenne de 1 à 2 mètres, ce qui le fait considérer comme un seuil peu élevé entre les deux grands lacs.

Si l'on perçait ce dernier seuil par une tranchée, de profondeur convenable, et si l'eau de la mer était amenée depuis le golfe de Gabès jusqu'à l'entrée du chott *Rharsa*, la mer remplirait ce chott, ainsi que le chott *Melrir*. On aurait alors une sorte de vaste golfe, de plus de 13,000 kilomètres carrés, et la profondeur d'eau serait suffisante, dans les deux lacs, pour donner passage aux navires du plus puissant tonnage. Les produits indigènes iraient, de ce golfe intérieur, dans tous les ports du monde, sans transbordement.

« Tel est, dit le général Favé, le point de départ du projet de mer intérieure, dont M. Roudaire considère l'exécution comme facile. Cependant, ajoute M. Favé, aucun chiffre un peu exact, aucune donnée statistique de quelque précision, ne nous met en état d'apprécier le développement commercial qui proviendrait du perfectionnement des voies de communication résultant de l'établissement d'une mer au nord du Sahara. La création de cette mer aurait des avantages commerciaux incontestables; mais dans quelles proportions et dans quelles limites? C'est là ce qu'on ne saurait dire.

« Sous un autre point de vue, toutefois, c'est-à-dire pour l'assainissement du climat des régions circonvoisines, on ne saurait mettre un instant en doute les avantages qui résulteraient de l'établissement, au nord du désert, d'une mer intérieure, comprenant les 13,230 kilomètres carrés des trois chotts. Le climat et la fertilité du sol en recevraient la plus heureuse influence.

« Depuis les travaux du physicien anglais Tyndall, concernant l'action de la vapeur d'eau sur la chaleur rayonnante, on sait que, « si l'on considère la terre comme une source de chaleur, on peut admettre, comme certain, que 10 pour 100 au moins de la chaleur que la terre tend à rayonner dans l'espace, sont interceptés par les dix premiers pieds d'air humide qui entourent sa surface. » D'où M. Tyndall conclut que « la suppression, pendant une seule nuit d'été, de la vapeur d'eau contenue dans l'atmosphère qui couvre l'Angleterre, amènerait la destruction de toutes les plantes que la gelée fait périr. »

On comprend, d'après cela, les inconvénients que présente aujourd'hui, sous le rapport du climat, la sécheresse excessive du désert du Sahara. Non seulement la sécheresse de l'air du désert augmente le refroidissement du sol, pendant la nuit, mais encore elle ajoute à la chaleur du jour. Les variations de température deviennent ainsi parfois très grandes, dans l'espace de vingt-quatre heures seulement, et elles sont très préjudiciables à la végétation.

Ces considérations s'appliquent particulièrement à la région des chotts algériens et tunisiens. On constate, dans cette région, jusqu'à + 25 degrés, pendant le jour, tandis que, pendant la nuit, le thermomètre descend à — 8 degrés. C'est pour cela que les terrains compris entre les pentes sud de l'Aurès et les chotts, sont si peu productifs.

Si l'on admet, avec le capitaine Roudaire, que les cavités des chotts étaient autrefois occupées par des lacs salés, qui se sont desséchés peu à peu, pendant les temps historiques, on s'explique les changements qui sont survenus dans la production végétale de la province de Constantine et de la Tunisie, régions qui, à l'époque de la domination romaine, étaient renommées par leur fertilité et que l'on considérait comme le grenier de l'Italie.

Le bassin des chotts algériens et tunisiens et l'isthme de Suez, sont à peu près situés sous la même latitude, et jouissent d'un climat absolument analogue. On doit donc admettre que l'évaporation qui se produirait sur la mer intérieure projetée, serait la même que celle que l'on observe aujourd'hui sur les lacs Amers de l'isthme de Suez. On constate, sur les lacs Amers, un chiffre de 3 millimètres d'abaissement du niveau de l'eau en vingt-quatre heures, par l'évaporation : c'est la moyenne générale de l'année; mais ce chiffre est au moins doublé les jours de sirocco. Telle serait donc à peu près l'évaporation que donnerait l'eau de la mer intérieure du Sahara.

La vapeur d'eau, ainsi répandue dans l'air, servirait, conformément au principe posé par Tyndall, de réservoir pour la chaleur rayonnante émanée de la terre ou du soleil. Mais un autre résultat, aussi avantageux, serait produit par la même vapeur d'eau. Cette vapeur se condenserait en pluie, et servirait ainsi à alimenter les cours d'eau, qui couleraient alors en permanence, dans des lits qui sont actuellement desséchés pendant une grande partie de l'année. On verrait jaillir du sol, par la même cause, des sources abondantes. La vapeur d'eau, en se formant de nouveau sur le parcours de ces cours d'eau, étendrait son influence sur les deux versants des montagnes, jusqu'à des contrées éloignées des chotts. Les 13,230 kilomètres carrés de surface de mer donneraient 39,690,000,000 de kilogrammes d'eau (ou 39,000,000 de mètres cubes) par vingt-quatre heures, enlevés par l'évaporation. Il y a là de quoi former bien des sources, de quoi alimenter bien des ruisseaux et des rivières !

M. Roudaire a calculé que la quantité de vapeur correspondante, répandue dans un air dont la pression serait de 76 centimètres, à la température de + 12 degrés, recouvrirait la superficie totale de la Tunisie et de l'Algérie d'une couche d'air, à demi saturé de vapeur d'eau, qui aurait 24 mètres de hauteur. Ce calcul comprend seulement la quantité de vapeur formée pendant vingt-quatre heures.

Il faut remarquer, à l'appui des considérations qui précèdent, que le sirocco, qui détruit la végétation en Algérie, est fertilisant pour la France ; à cause de la vapeur d'eau dont il se charge, en traversant la Méditerranée.

M. Favé ne met donc pas en doute les bienfaits qui résulteraient, pour le climat des régions voisines, de la création de la mer saharienne.

Le plus grand obstacle à la réalisation du projet de M. Roudaire, provient, selon le savant rapporteur de l'Académie des sciences, de ce que le chott *El Djerid*, le plus voisin du golfe de Gabès, n'a pas, comme les deux autres, le fond de sa cuvette au-dessous, mais, au contraire, au-dessus du niveau de la mer. La surface ondulée du terrain s'élève jusqu'à plus de 20 mètres sur certains points, pour descendre à zéro sur d'autres points. La moyenne du fond peut être de 6 mètres au-dessus du niveau de la mer. M. Roudaire pense, toutefois, que le déblayement de cette éminence de terrain serait facilité par suite de l'existence d'une couche aquifère qui se trouve placée à une petite profondeur au-dessous du sol.

« Il est donc nécessaire, ajoutait M. le général Favé, dans son rapport à l'Institut, d'exécuter dans le lit du chott *El Djerid*, des sondages, qui feront connaître la nature du sous-sol. On aurait, en outre, à apprécier les difficultés d'exécution du canal qui devrait amener directement l'eau de la mer au seul chott *Rharsa*, dans le cas où le sol du chott *El Djerid* ne pourrait pas être facilement abaissé. »

Quant aux dépenses que nécessiterait l'exécution de ce projet, M. Favé fait observer que, depuis les travaux du canal de Suez, l'industrie des grands travaux publics est entrée dans une ère toute nouvelle, et que sa puissance grandit si rapidement, que l'on peut tout attendre aujourd'hui de la science de nos ingénieurs et des ressources de l'art.

M. Favé termine son rapport en ces termes :

« L'eau ramenée, par quelque moyen que ce soit, dans les chotts qu'elle a autrefois remplis près du versant sud de l'Aurès, exercerait sans nul doute une très favorable influence sur de vastes contrées actuellement presque désertes ; elle ferait pénétrer graduellement la civilisation européenne vers le centre d'un continent livré aujourd'hui à la barbarie.

« Si les nouvelles études dont nous avons signalé la nécessité, doivent amener un jour la réalisation du projet dont nous venons de nous occuper, M. Roudaire aura eu l'incontestable mérite de l'avoir conçu, et d'en avoir le premier provoqué l'exécution par des travaux sérieux.

« En conséquence, votre commission vous propose d'accorder l'encouragement de vos éloges à M. Roudaire, comme une récompense due à sa vaillante et généreuse entreprise. »

Les conclusions de ce rapport furent adoptées à l'unanimité, par l'Académie des sciences, qui en vota l'envoi aux Ministres de la guerre et de l'instruction publique.

Bien que l'Académie eût ratifié, par un vote unanime, le tribut d'éloges accordés par le rapporteur au capitaine Roudaire, deux membres de l'Académie, MM. Dumas et Daubrée, tout en s'associant aux conclusions du rapport de M. Favé, firent des réserves sur le fond de la question, sur la convenance, l'utilité et même la possibilité de l'établissement d'une mer intérieure dans les chotts.

MM. Dumas et Daubrée estimaient que le rapporteur n'insistait pas assez sur les graves obstacles que l'exécution de ce projet pouvait rencontrer. M. Roudaire suppose qu'une mer intérieure, communiquant avec la Méditerranée par une coupure, comparativement étroite, ne se dessécherait pas, qu'elle constituerait un golfe permanent. Il admet que les vapeurs de cette mer seraient favorables aux contrées voisines ; ce qui suppose qu'elles ne seraient pas dispersées, emportées par les vents, et que, sous cette seule influence, l'orient de l'Algérie et de la Tunisie retrouverait son ancienne fertilité ; enfin que le climat se trouverait assaini. MM. Dumas et Daubrée considéraient ces prévisions comme des hypothèses, qu'ils n'acceptaient pas ; les données actuellement acquises ne permettent pas, selon eux, de tirer des conclusions aussi nettement favorables. De nouvelles et sérieuses études, à tous ces points de vue, paraissaient nécessaires aux deux académiciens, avant de s'engager plus avant dans l'entreprise considérable dont il s'agit.

En résumé, l'Académie des sciences, en 1877, décernait de grands éloges aux efforts du savant capitaine, mais ces éloges étaient singulièrement mitigés par les réserves faites sur le fond de la question, et par la demande de nouvelles études sur les points en litige.

La discussion qui suivit la publication du rapport de l'Académie des sciences, sur le projet Roudaire, mit en évidence certaines particularités relatives à la climatologie et à la météorologie du nord de l'Afrique.

Les doutes exprimés, dans le rapport de l'Académie, relativement à l'amélioration du climat et à la naissance de pluies bienfaisantes dans un vaste rayon autour des rivages de la mer intérieure, furent combattus par M. de Lesseps ; mais, d'un autre côté, les adversaires du projet élevèrent de nouveaux arguments.

Un membre de l'Institut, M. Naudin (encore un botaniste, il faut le remarquer), dans une lettre à ce corps savant, fit la réflexion suivante :

« M. Roudaire admet que les vapeurs émises doivent nécessairement retomber en pluie, soit dans la région même de la mer ou dans son voisinage, au lieu de se disséminer dans le Sahara, ou de se perdre au-dessus dans la Méditerranée, ou de se condenser dans la chaîne de l'Aurès, ou ailleurs, sur des espaces limités. »

On ne se fait pas facilement une idée du chiffre de 39 millions de mètres cubes enlevés en 24 heures par l'évaporation. M. Naudin, pour faire comprendre la masse énorme d'eau dont il s'agit, fit la comparaison suivante :

« La Seine, avec 60 centimètres à 65 centimètres de vitesse par seconde,

Fig. 178. — L'OUED-MEDAH

à Paris, débite 130 mètres cubes environ ; la Garonne, à Toulouse, 150 mètres cubes, au moment des crues. Lorsque, par l'effet du sirocco, l'évaporation sera doublée, il faudra 900 mètres cubes à la seconde, c'est-à-dire une fois et demie la quantité d'eau qui coule dans le Rhône à Lyon, avec la même vitesse. »

D'après le même savant, le courant résultant de cette évaporation, produirait l'érosion complète des berges du canal; l'eau se troublerait, et déposerait son limon dans le canal et le bassin des chotts, et finirait par ensabler le lit du canal.

M. Roudaire ne laissa point cette dernière objection sans réponse. En admettant une évaporation de 39 millions de mètres cubes d'eau en vingt-quatre heures, M. Roudaire trouve que cette masse d'eau donnerait une vitesse de 46 centimètres par seconde, dans un canal de 12 mètres de profondeur et de 50 mètres de largeur; et il ajoute :

« Cette vitesse sera notablement réduite, car il faut tenir compte du volume restitué directement par les pluies et cours d'eau. Lorsque, par exception, l'évaporation sera doublée, la vitesse du courant sera donc encore bien inférieure à 1 mètre par seconde. Or, le 15 mai 1876, M. de Lesseps a fait connaître à l'Académie, qu'il se produit, entre Suez et les lacs Amers, un courant, dont la vitesse est de 1 mètre par seconde, et que cette vitesse est dépassée au moment des grandes marées d'équinoxe. Jamais le courant n'a dégradé les berges du canal de Suez, ni gêné le transit. »

M. de Lesseps, de son côté, prenant la défense de M. Roudaire, dit :

« La mer Morte est d'une limpidité et d'une transparence extraordinaires, tant au milieu que sur les bords... Elle est soumise à une grande évaporation et n'a point de dépôts. Elle a aussi ses tempêtes, comme les bassins du lac Timsah et des lacs Amers, et pourtant ses eaux n'en sont point troublées. »

Les adversaires du projet disaient encore que l'eau amenée dans la mer intérieure, n'aurait pas un renouvellement suffisant, et que, par l'effet de l'évaporation, provoquée par la chaleur du climat, elle se concentrerait sur place, de manière à former un véritable marais.

MM. Dumas et Daubrée avaient les premiers émis cette crainte; mais c'est M. Naudin qui la développa compendieusement, dans une lettre adressée le 18 juin à l'Académie des sciences.

M. Naudin affirmait que l'on obtiendrait, une fois les travaux exécutés, non une mer, mais un immense marais, semblable aux chotts actuels, une plage basse, tantôt couverte par les eaux et tantôt desséchée, c'est-à-dire une cause perpétuelle d'émanations marécageuses; de sorte qu'au lieu d'assainir les contrées voisines, on les exposerait à des influences éminemment dangereuses pour la santé publique. On créerait une nouvelle source de ces fièvres intermittentes qui sont le fléau du littoral de l'Afrique.

« Le canal, disait M. Naudin, devra régner sans interruption, depuis le golfe de Gabès jusqu'au chott *Rharsa*, car il lui faudra traverser le chott *El-Djerid*, sans pouvoir l'inonder ou y déterminer autre chose qu'un labyrinthe de bas-fonds. Il est très peu probable, qu'en présence de l'énorme quantité d'eau qui devra remplacer l'eau évaporée, il puisse se former un contre-courant destiné à entretenir à peu près la quantité de sel que renferme l'eau de la mer. Le bassin des chotts deviendra donc, en peu de temps, inhabitable pour le poisson.

« L'eau, dit M. Naudin, renferme 41 grammes, 64 sur 1000 grammes de matières solides. En supposant que le mélange de ces substances ait 3 pour densité, 1000 mètres cubes d'eau évaporée laisseraient 15 à 16 mètres cubes de solides. En présence de l'évaporation quotidienne, ce ne serait pas négligeable. Ces dépôts ne sortiraient point par le même canal... On n'aboutira donc qu'à créer un immense marais. »

M. Roudaire répondit, en ces termes, à l'objection que nous venons de rappeler.

« Les lacs Amers de l'isthme de Suez se dessalent, en même temps que les immenses blocs de sel situés au fond de ces lacs se dissolvent tous les jours. C'est ce qui produit des contre-courants inférieurs, allant des lacs vers la mer Rouge et la Méditerranée, où ils conduisent les résidus des sels, en même temps que les matières qui tendent à se déposer au fond du canal. Les mêmes phénomènes se produiront dans le canal de Gabès, s'il est assez large et assez long, ce qu'il sera facile d'obtenir. »

Une autre objection fut opposée à M. Roudaire.

L'envahissement du canal par les sables serait, d'après quelques savants, un événement très probable. On explique même, par cet ensablement progressif, la stérilité actuelle de la région du nord de l'Afrique où il est question d'établir une mer. L'auteur du rapport de l'Académie des sciences, le général Favé, a écrit :

« Les terrains compris entre les pentes sud de l'Aurès et les chotts produisent très peu, quoiqu'ils soient en eux-mêmes favorables à la végétation. Si l'on admet, comme M. Roudaire, d'accord sur ce point avec tous les explorateurs des chotts, que leurs cavités aient formé autrefois des lacs salés, desséchés peu à peu pendant la période des temps historiques, on aura l'explication des changements survenus dans la production du sol de la province de Constantine et de la Tunisie, depuis l'époque de la domination romaine, où la province d'Afrique était beaucoup plus peuplée et beaucoup plus fertile que dans le temps actuel. »

L'envahissement des sables depuis les temps historiques, qui a produit la stérilité de ces régions du nord de l'Afrique, signalée par le général Favé, poursuit encore sa marche, disaient les adversaires du projet. Ces sables forment maintenant les dunes, qui recouvrent tout le chott *El-Djerid*, et qui en ont élevé le niveau général au point d'enlever toute cette surface à la région regardée comme inondable. Des dunes de sable forment encore le seuil de *Kriz*, entre les chotts *El-Djerid* et *Rahrsa*; enfin, les dunes de *Bou-Douil* et de *Zeninim* délimitent le chott *Asloujd*, entre les chotts *Rharsa* et *Melrir*.

Les ondulations du fond des *chotts* sont également dues au sable soulevé par les vents. La présence de l'eau dans les *chotts* et dans le canal modifiera l'influence de ces sables, en la rendant plus inquiétante, puisque le sable sera fixé par l'eau.

Cette dernière objection, c'est-à-dire la crainte de l'envahissement du canal par les sables, est très grave, et nous ne voyons pas que Roudaire l'ait suffisamment réfutée.

On s'est encore demandé si l'arrivée de l'eau de la mer dans les contrées qu'il s'agit d'inonder, n'amènerait pas la submersion de certaines oasis d'une utilité incontestable. Mais il est difficile de préjuger d'avance cette question.

Une autre objection, plus sérieuse, a été élevée par M. Cosson. Il s'agit de la culture des dattes.

« La flore du Maroc, dit M. Cosson, est toute saharienne. Il en est de même de celle de Tripoli et de Gabès... Le dattier redoute l'influence maritime, et a besoin d'une grande somme de chaleur, de la rareté des pluies et de la sécheresse de l'atmosphère. »

Ce témoignage est confirmé par celui de deux autres voyageurs, MM. Rabatel et Tirant.

En résumé, on peut énumérer ainsi les divers *desiderata* que laissait ce projet, d'après les critiques formulées en 1877, par un assez grand nombre de naturalistes.

On demandait :

1° Quel serait le tracé exact du canal?

2° Quelle serait la superficie totale à inonder, pour produire la mer intérieure?

3° Quelle était la mesure de l'évaporation au soleil, au milieu de la région des chotts? (Moyenne diurne, moyenne annuelle, variations extrêmes, du sirocco.) Cette donnée, qui est indispensable, devait servir seule à la détermination du profil du canal.

4° Quelle était la véritable nature géologique de la région inondable et des seuils à traverser sur la totalité du tracé du canal?

5° Existait-il certainement une barre rocheuse à l'entrée du chott *Djerid?* En déterminer exactement le relief.

6° Quel est le chiffre exact des affaires commerciales traitées avec le sud de l'Algérie ? Toutes réserves étant faites quant à l'influence de la mer

Fig. 179. — UNE VIEILLE MOSQUÉE A TOZEUR

projetée sur le climat de la région des chotts et des régions avoisinantes.

Nous avons dressé le bilan exact des avantages de la mer intérieure et des critiques qui lui avaient été adressées. Nous allons voir quelle suite eut la question ainsi engagée.

VI

Crédit voté par les Chambres, pour l'examen topographique des chotts algériens et tunisiens. — Seconde expédition en Afrique. — Premier voyage de M. de Lesseps à Gabès. — Résultat des sondages et des nivellements pour premières opérations géodésiques de M. Roudaire. — Rapport de M. Roudaire au Ministre de l'instruction publique. — Demande de concession des terrains. — Le gouvernement institue une Commission parlementaire. — Opinion et rapport de la Commission parlementaire.

Les objections et critiques diverses adressées au projet de Roudaire, montrent suffisamment qu'un examen plus approfondi de la question était indispensable. Pour subvenir aux études que l'Académie des sciences avait demandées, d'accord, du reste, avec les conclusions du mémoire de Roudaire, la Chambre des députés fut saisie de la question. A la suite d'un rapport de M. Georges Périn, un crédit spécial fut voté par la Chambre, le 1ᵉʳ février 1878.

Ce vote ayant été confirmé par le Sénat, le capitaine Roudaire organisa une nouvelle expédition, composée de MM. Baronnet et Jégou, ingénieurs civils, André, médecin-major, Dufour, Allégro, interprètes, et Derœux, sous-officier d'artillerie, maître sondeur.

L'expédition se mit en route au mois de novembre, emportant avec elle, outre ses instruments de topographie, de nivellement et de météorologie, des appareils de sondage, pouvant être transportés à dos de chameau.

M. de Lesseps, appelé à ce moment à Tunis, par un devoir de famille, résolut de profiter de cette circonstance pour aller visiter Gabès. Il s'embarqua, avec la mission, le 25 novembre 1878, sur un bâtiment de l'État, *le Champlain*, que le Ministre de la marine avait mis à sa disposition. Dès le lendemain du débarquement à Gabès, qui eut lieu le 27 novembre, le colonel Roudaire, escorté de MM. de Lesseps, Baronnet et Jégou, montaient à cheval, se dirigeaient sur l'embouchure de l'oued Melah, et exploraient le seuil de Gabès. Ils étaient rentrés le soir à Gabès, après avoir parcouru environ 60 kilomètres.

M. de Lesseps avait reconnu que nulle part on ne trouve de traces de roches dures, et que les berges de l'oued Melah, très élevées en certains endroits, sont uniquement formées de terre ou de sable agglutiné. Il aurait désiré pouvoir rester quelques jours avec l'expédition, afin d'assister aux premiers travaux de sondage. Malheureusement, le temps le pressait : il dut se rembarquer le lendemain, pour la France. Le 9 décembre il était de retour à Paris, et faisait à l'Académie des sciences un récit succinct de sa visite au seuil de Gabès.

L'expédition se mit immédiatement à l'œuvre, et, le 4 décembre, le premier sondage était installé au point culminant du seuil de l'oued Melah, à environ 8 kilomètres à l'ouest d'Oudreff. A partir de ce jour, les opérations se poursuivirent sans relâche, jusqu'au 17 mai 1879.

Dans cette campagne, 23 sondages furent exécutés : 11 au seuil de Gabès, 14 dans le chott *Djerid* et 1 au seuil de *Mouïat-Sultan*, entre le chott *Djerid* et le chott *Rharsa*. 670 mètres de terrain furent ainsi explorés souterrainement, par la sonde. Partout les travaux avaient été poussés jusqu'à une profondeur variant entre 8 et 17 mètres au-dessous du niveau de la mer basse, à travers des couches uniquement composées de sables ou de marnes sableuses ou argileuses. Il faut excepter toutefois le seuil de Gabès, où la présence du calcaire fut constatée, à des altitudes comprises entre 12 et 20 mètres ; 265 échantillons de terrains avaient été recueillis et classés.

En même temps, 422 kilomètres de nouveaux nivellements avaient été exécutés entre le golfe de Gabès et le chott *Rharsa*. Ces opérations, faites avec le plus grand soin et par petites portées, avaient donné exactement les mêmes résultats que le nivellement de 1876, qui se trouva ainsi vérifié et complété. La mission avait fait, en outre, des observations météorologiques régulières, et recueilli de nombreux échantillons d'histoire naturelle.

A son retour à Paris, le commandant Roudaire résuma les travaux de l'expédition dans un rapport au Ministre de l'instruction publique, qui fut publié dans les *Archives des missions scientifiques et littéraires*. Ce travail était accompagné d'une carte à $\frac{1}{400\,000}$ et d'une coupe géologique du bassin des chotts. Deux notes détaillées sur l'hydrologie, la géologie et la paléontologie de la région, par MM. Dru et Mulnier-Chalmas, étaient insérées dans le corps du rapport.

C'est le travail, fondamental dans cette question, ainsi que nous l'avons dit, auquel nous avons fait de nombreux emprunts, pour exposer le projet du commandant Roudaire, de créer une mer au milieu des contrées du nord de l'Afrique.

En 1882, d'accord avec M. de Lesseps, M. Roudaire proposa au gouvernement de constituer une société, qui se chargerait de l'exécution du projet, moyennant la concession, pendant 99 ans, des droits de pêche, de navigation, de transit, etc., sur la mer future, ainsi que d'une zone de terres, actuellement incultes, situées sur ses bords.

M. de Freycinet, alors président du conseil et ministre des affaires étrangères, adressa, le 27 mai 1882, le rapport suivant au président de la République, que nous reproduirons parce qu'il renferme un exposé intéressant et important de la question.

« MONSIEUR LE PRÉSIDENT,

L'opinion publique est saisie, depuis quelques années, du projet de *mer intérieure* de M. le commandant Roudaire. Ce projet tend, on le sait, à créer au sud de l'Algérie et de la Tunisie, un vaste bassin, d'une surface égale à dix-sept fois environ celle du lac de Genève, et en communication avec la mer, au moyen d'un canal de 240 kilomètres de long débouchant dans le golfe de Gabès.

« Pour l'établissement d'un tel bassin, dont le creusement à main d'hommes serait absolument chimérique, on met à profit les dépressions naturelles de terrain connues sous le nom de chotts de Rharsa et de Melrir, qui ne sont en réalité que d'anciens lacs salés desséchés. En fin de compte, le canal seul devra être creusé artificiellement, et c'est déjà une œuvre très considérable, si l'on songe qu'il devra avoir 10 mètres de profondeur au moins au-dessous du plan d'eau et une largeur d'une centaine de mètres. Toutefois, cette entreprise n'a rien d'excessif, la question de dépense étant mise à part, et ne dépasse nullement les moyens ordinaires dont nous disposons.

« L'exécution de ce projet soulève des questions très complexes. D'une part, quelle sera la dépense approximative? Les évaluations ont beaucoup varié, suivant qu'on tient compte ou non, dans une large mesure, du travail qui pourra être fait naturellement par l'écoulement des eaux se rendant de la mer dans le bassin. On a là, en effet, un agent dont la puissance n'est pas à négliger, car le remplissage du bassin exigera vraisemblablement plusieurs années. On disposera donc, pendant tout ce temps, d'un courant plus ou moins énergique, dont l'action pourra être utilisée pour l'agrandissement du lit; ainsi que pour le transport des déblais charriés dans le fond de la mer intérieure. Dans quelle mesure cet agent naturel viendra-t-il en aide aux moyens artificiels? Il est assez difficile de le dire avec précision : aussi les chiffres mis en avant jusqu'ici ont-ils varié dans la proportion de 1 à 10.

Fig. 180. — ENVIRONS DE GABÈS

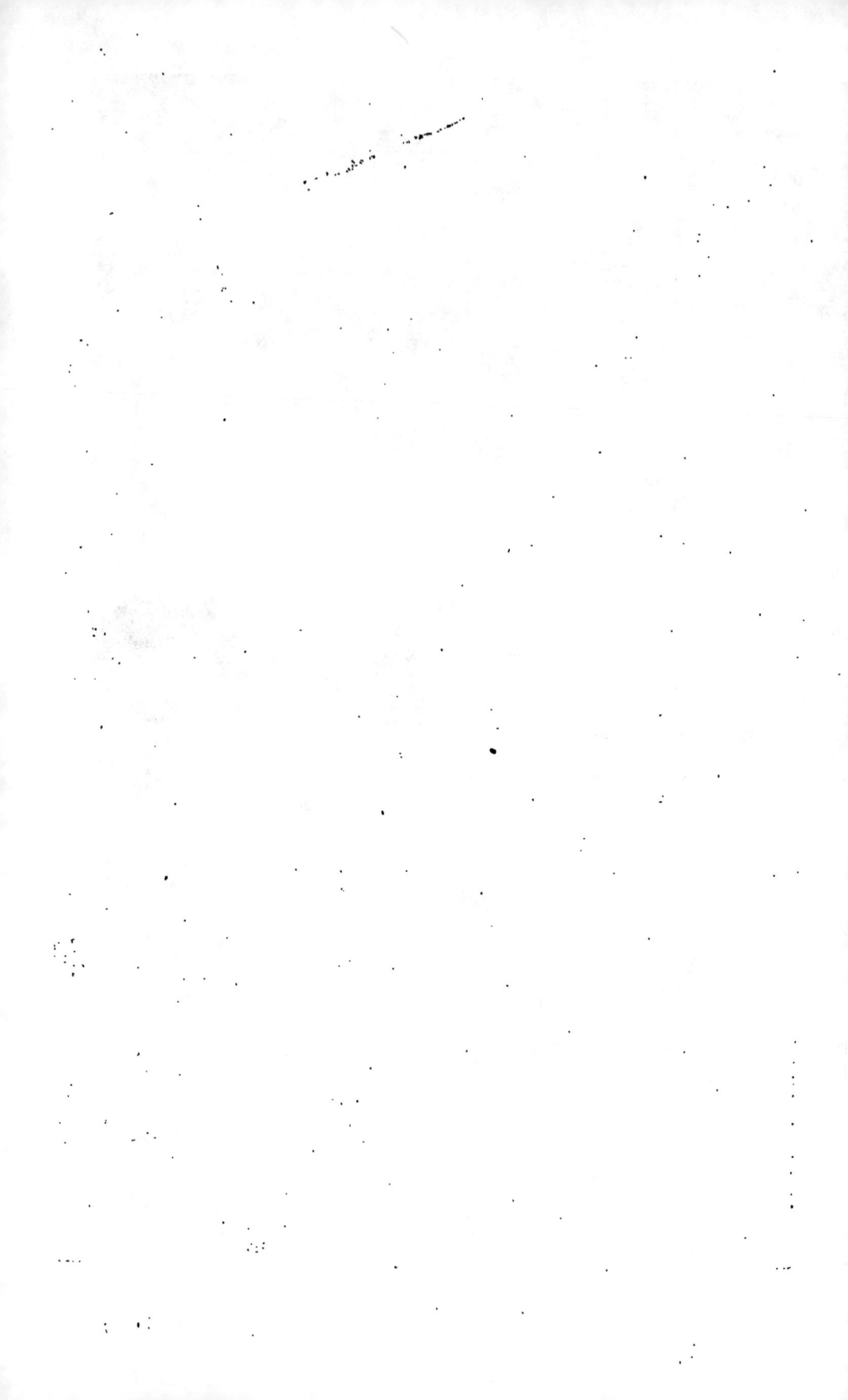

Une discussion ultérieure permettra sans doute de resserrer notablement ces limites.

« Quelles seront les conséquences d'une telle œuvre, créée subitement dans des régions aujourd'hui désertes et brûlées par le soleil? Ici l'imagination peut se donner carrière. Quelques-uns n'ont pas craint d'annoncer un changement de climat, dont les effets se feraient sentir jusque dans les immensités du Sahara. La surface de la mer projetée, qui, malgré ses dimensions, apparaît comme un point dans le nord de l'Afrique, exclut, semble-t-il, d'aussi hardies hypothèses. Mais il est permis de concevoir une zone de fraîcheur, plus ou moins étendue, autour du bassin et du canal, et, par suite, un gain notable pour la culture.

« Les promoteurs de l'œuvre comptent sur ce résultat, pour se rémunérer. Car ils demandent, comme unique subvention, la concession d'une bande considérable de terrains aujourd'hui incultes et non amodiés. Ils comptent aussi sur les pêcheries et les salines qu'ils se proposent d'établir en grand dans la mer intérieure. Sur ce point, des discussions scientifiques se sont engagées. On s'est demandé si, par suite de l'évaporation, la mer intérieure, incessamment alimentée par l'eau de la Méditerranée, beaucoup plus que par les pluies, n'était pas condamnée à une salure croissante, qui rendrait bientôt la vie du poisson impossible. On s'est même demandé si la mer intérieure n'était pas destinée à disparaître, en étant comblée graduellement par les dépôts salins que déterminerait la saturation indéfinie des eaux.

« L'auteur du projet, ainsi que divers membres de l'Académie des sciences, devant laquelle la question a été soulevée à plusieurs reprises, ont répondu à ces objections, en affirmant qu'il s'établirait à travers le canal, par suite d'un contre-courant de fond, un équilibre nécessaire entre les eaux de la Méditerranée et les eaux de la mer intérieure. M. de Lesseps, qui s'est montré, dès l'origine, très favorable à l'entreprise, a cité l'exemple des lacs Amers, dont la salure a diminué depuis leur mise en communication avec le canal de Suez. On a également fait des calculs, desquels il résulte que, même sans tenir compte de cette circonstance, même en négligeant l'apport des eaux douces, il faudra des siècles avant d'exhausser d'une manière appréciable le fond d'un bassin dont la profondeur dépassera en certains points 50 mètres.

« Je dois mentionner aussi les avantages, en quelque sorte d'ordre politique, qu'on a signalés en faveur du projet. On a fait remarquer que la mer intérieure et le canal constitueraient ce qu'on a appelé : « une barrière contre la barbarie », c'est-à-dire un obstacle à peu près infranchissable aux tribus nomades et envahissantes du Sahara et de la Tripolitaine.

On a dit aussi que notre marine marchande et militaire auraient là un port de refuge admirable contre toutes les éventualités.

« Enfin, dans l'ordre économique, on invoque les facilités considérables qui résulteraient pour le commerce de la Tunisie et de l'Algérie de cette grande route maritime creusée à travers les terres. Il est certain que la nouvelle entreprise permettrait aux navires de venir commercer au sein de

FIG. 181. — PUITS ARTÉSIEN A OUARBLANA DANS L'OUED-RIHR, FORÉ PAR M. DE LILLE.

nos possessions, et que des chemins de fer ne tarderaient pas à mettre les nouveaux rivages en communication avec le réseau de l'Algérie.

« Sans vouloir me prononcer sur des questions aussi complexes et aussi variées, je pense cependant que le projet de M. le commandant Roudaire est digne d'être étudié d'une manière approfondie par le gouvernement. Je propose donc qu'une grande commission dans laquelle figureront les diverses compétences qu'appellent les aspects multiples du problème, ainsi que des représentants des départements ministériels intéressés, soit invitée à déterminer la suite qu'il convient de donner aux propositions de M. Roudaire.

FIG. 182. — OASIS D'OUDREFF

J'ai, en conséquence, l'honneur de soumettre à votre approbation le projet de décret ci-joint.

« *Le président du conseil,*
« *Ministre des affaires étrangères,*

« C. DE FREYCINET. »

Le décret joint à ce rapport, instituait une grande commission, qui reçut le nom de *Commission supérieure, ou parlementaire.*

Cette Commission, créée par décret du président de la République, réunissait des hommes de grande autorité et de grand savoir. Elle se composait de sénateurs et de députés, de représentants du ministère des affaires étrangères, du ministère des finances, de la guerre, de la marine, des travaux publics, du commerce, de l'agriculture et du gouvernement de l'Algérie, enfin des membres de l'Académie des sciences ou des corps savants, dont les noms suivent :

MM. d'Abadie (Antoine), membre de l'Institut. Becquerel (Edmond), membre de l'Institut. Daubrée, inspecteur général des mines, membre de l'Institut. Dumas, secrétaire perpétuel de l'Académie des sciences. Le général Favé, membre de l'Institut. Fournié, ingénieur en chef des ponts et chaussées. Frémy, membre de l'Institut. Jamin, membre de l'Institut. Lalanne, inspecteur général des ponts et chaussées, membre de l'Institut.

MM. Lavalley, ingénieur civil, entrepreneur des travaux du canal de Suez. De Lesseps, membre de l'Institut. Molinos, ingénieur civil, directeur des travaux du port de la Réunion. Le colonel Perrier, membre de l'Institut. Renou, directeur de l'observatoire météorologique de Saint-Maur. Voisin, inspecteur général des ponts et chaussées. Yvon-Villarceau, membre de l'Institut.

MM. Albert Grévy et Sadi Carnot furent nommés vice-présidents.

Cette Commission, qui se subdivisa en trois sous-commissions, devant envisager, chacune, une face particulière de la question, tint de nombreuses séances, au ministère des affaires étrangères. Le procès-verbal de ses réunions et les débats qui eurent lieu dans son sein, ont été publiés par le gouvernement, sous ce titre : *Commission supérieure pour l'examen du projet de mer intérieure dans le sud de l'Algérie et de la Tunisie, présenté par le commandant Roudaire.*

Disons tout de suite que la Commission parlementaire se montra peu favorable au projet de mer intérieure.

Voici, en effet, quelles furent les conclusions votées :

« La commission, tout en rendant hommage aux intéressants travaux de M. Roudaire, ainsi qu'au courage et à la persévérance qu'il a déployées dans les difficiles études qu'il a poursuivies, pendant ces dernières années, dans le sud de l'Algérie et de la Tunisie, considérant que la dépense de l'établissement de la mer intérieure paraît hors de proportion avec les résultats qu'on en peut espérer, est d'avis qu'il n'y a pas lieu, pour le gouvernement français, d'encourager cette entreprise. »

Pour conduire l'eau de la mer dans le bassin du chott Rharsa et du chott Melrir, il ne suffirait pas, selon le dire de la Commission parlementaire, de couper le seuil de Gabès et le seuil de Kriz : il faudrait creuser un canal navigable ayant environ 200 kilomètres de longueur, 30 mètres de largeur et 14 mètres de profondeur. Le remplissage, dans ces conditions, nécessiterait au moins dix ans, et la surface de la mer intérieure ne serait pas, à beaucoup près, aussi étendue qu'on l'avait supposé au premier abord. Dans l'avant-projet dressé par M. Roudaire, la dépense totale de l'opération était seulement d'environ 75 millions ; le rapporteur de la sous-commission des ingénieurs estime qu'elle serait au moins d'environ 800 millions, et qu'en tenant compte des intérêts des capitaux engagés pendant les dix années que durerait le creusement du canal, il convient d'évaluer à 1300 millions le coût général de l'opération !

Le commandant Roudaire s'éleva avec une grande énergie contre le rapport de la Commission parlementaire. Il a battu vigoureusement en brèche ses conclusions dans un mémoire qu'il a publié, en 1883, sous ce titre *La mer intérieure africaine*.

M. de Lesseps à la dernière séance de la Commission supérieure parlementaire, avait, d'ailleurs, parfaitement posé et résumé la question :

« Il résulte de la lecture attentive des procès-verbaux des séances des trois sous-commissions, dit M. de Lesseps, qu'à aucun point de vue, la mer intérieure ne peut être nuisible, mais, au contraire, qu'elle favorisera le développement de la colonisation, qu'elle améliorera le climat, apportera la fécondité et assainira des régions insalubres.

« En ce qui concerne l'accroissement de notre puissance militaire et maritime, l'importance de la nouvelle voie ouverte au commerce et la sécurité du sud de l'Algérie, les avis sont partagés. Mais ceux-là mêmes qui sont le moins favorables ne peuvent s'empêcher de reconnaître que la submersion du bassin des chotts présente encore, à ces divers points de vue, un intérêt, si restreint qu'il soit.

« Ainsi donc, en résumé : « Beaucoup de bien à attendre ; nul mal à redouter. »

Ces conclusions générales formulées d'une façon si vague, ne pouvaient engager le gouvernement, qui y chercherait en vain la réponse aux questions qu'il avait posées, réponse d'après laquelle il se réservait évidemment de prendre une décision. Pour trouver cette réponse, il faut se reporter aux travaux des sous-commissions et au rapport général de M. Freycinet, cité plus haut :

« La première sous-commission est arrivée à établir pour l'exécution du canal, un chiffre de dépenses que je considère comme étant considérablement exagéré. Qu'importe! Acceptons-le provisoirement. M. Roudaire présente des devis d'après lesquels l'exécution du projet ne coûterait pas 200 millions. Je partage sa conviction. La première sous-commission lui oppose des devis beaucoup plus élevés. C'est son droit absolu. Elle aura donc largement couvert sa responsabilité.

« En résumé, la question se pose ainsi : l'exécution du projet ne peut être qu'utile au pays. La commission l'a reconnu.

« Il appartient maintenant au gouvernement d'examiner s'il peut accorder à une société les concessions au moyen desquelles elle se chargerait d'exécuter les travaux à ses risques et périls. »

Cette Note de M. de Lesseps n'empêcha pas la Commission parlementaire de voter les conclusions que nous avons rapportées, et où il est dit « que les dépenses de la mer intérieure devant être hors de proportion avec les résultats qu'on en peut espérer, la commission est d'avis qu'il n'y a pas lieu, pour le gouvernement, d'encourager cette entreprise. »

On peut faire remarquer que ces conclusions de la Commission parlementaire ne répondaient nullement aux questions posées par le gouvernement.

En effet, dans le décret instituant la Commission parlementaire, il était dit :

« Les conclusions de la Commission seront formulées au triple point de vue :

« 1° Des moyens pratiques d'exécution ;

« 2° Des conséquences probables qu'aurait l'établissement de la mer intérieure sous le rapport physique aussi bien que politique et économique, etc. »

Ainsi, le gouvernement demandait à être éclairé sur les moyens pratiques d'exécution, et il lui est répondu que les dépenses seront hors de proportion avec les résultats que l'on peut espérer. Il voulait savoir quels seraient ces résultats : les conclusions gardent à ce sujet le silence le plus complet.

VII

Troisième expédition en Afrique, en 1883. — Son organisation. — Le nivellement du chott Rharsa est complété. — Exploration de M. de Lesseps et d'un groupe d'ingénieurs. — On reconnaît que le Tôzeur est entièrement formé de sable. — . Communication de M. de Lesseps à l'Académie des sciences sur cette expédition.

Pour donner satisfaction aux objections de quelques membres de la Commission parlementaire, M. Roudaire avait substitué au tracé du canal passant par le seuil de Mouïat-Sultan, le tracé plus direct par le seuil de Kriz. Aucun sondage n'ayant été pratiqué dans ce dernier seuil, la première sous-commission avait établi ses devis en supposant que le sous-sol y était entiè-rement formé de roches dures. Il importait de vérifier l'exactitude de cette hypothèse, de laquelle résultait une aggravation considérable de dépenses. M. Roudaire était convaincu, d'ailleurs, qu'il devait exister entre Tôzeur et Kriz, un col moins élevé que celui de Kriz, et dont le sous-sol était en majeure partie constitué par des sables. Il était nécessaire, en outre, pour répondre aux objections de la première sous-commission, de compléter les nivelle-ments du chott *Rharsa*.

De concert avec M. de Lesseps, et avec l'appui d'un groupe d'hommes ayant foi dans le projet, M. Roudaire organisa, au mois de décembre 1882, une nouvelle expédition. Il s'adjoignit MM. Baronnet, Dufour, Dérœux et Allegro, et il repartit, avec eux, pour Tôzeur. On s'était muni d'appareils de sondage pouvant pénétrer jusqu'à la profondeur de 80 et même de 100 mètres. Il fut convenu que, dès que les opérations seraient suffisam-ment avancées, M. de Lesseps se rendrait sur les lieux.

La petite caravane arriva le 22 janvier, à Tôzeur. Dès le lendemain, M. Roudaire exécutait de nouveaux nivellements, en prenant comme point de départ, le piquet repère laissé en 1879 dans le chott *Djerid*.

Ces nivellements démontrèrent que la crête du seuil qui sépare le chott Rharsa du chott Djerid, est à peu près horizontale entre Dgache et Tôzeur. Son altitude au-dessus du niveau de la mer oscille entre 79 et 84 mètres.

On installa alors l'appareil de sondage au point culminant d'un col situé à environ 4 kilomètres au nord-est de Tòzeur, à l'altitude de 79ᵐ,02 au-dessus de la mer moyenne. Ce col, par lequel passe le tracé du canal, prit le nom de *col* ou *seuil de Tòzeur*.

Les travaux de sondage, commencés le 27 janvier 1883, furent, à partir de ce moment, poursuivis sans interruption. En même temps, 200 kilomètres de nouveaux nivellements étaient exécutés, tant sur le seuil que dans l'intérieur du bassin du chott *Rharsa*. Grâce à de nouveaux nivellements, la lacune

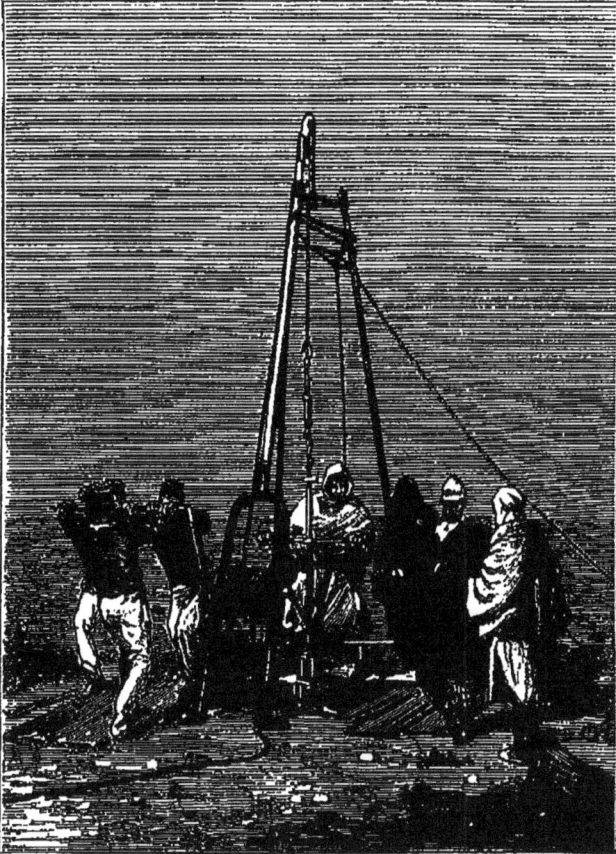

Fɪɢ. 183. — ᴘᴇᴛɪᴛ ᴀᴘᴘᴀʀᴇɪʟ ᴅᴇ ꜱᴏɴᴅᴀɢᴇ ᴀᴜ ꜱᴇᴜɪʟ ᴅᴇ ᴛòᴢᴇᴜʀ.

signalée dans le rapport de M. de Freycinet, se trouvait comblée, et la superficie submersible du bassin du chott Rharsa était connue avec autant de précision que celle du chott *Melrir*. Elle différait très peu, d'ailleurs, de celle que M. Roudaire avait indiquée d'après les premiers nivellements combinés avec les levés topographiques.

La direction générale du futur rivage reste la même. Les inflexions en sont un peu mieux étudiées dans la partie nord du chott *Rharsa*; mais il n'en résulte que des modifications de détail n'ayant aucune importance, puisqu'il ne se trouve aucune oasis dans cette région.

Le 12 mars 1883, le sondage du seuil de Tôzeur était parvenu à la profondeur de 58ᵐ,61. L'eau avait été rencontrée à 22 mètres au-dessous du sol et son débit était resté stationnaire. La sonde n'avait traversé que des sables si peu consistants que le travail avait été presque entièrement exécuté à l'aide d'une simple cuiller à soupape.

Fig. 184. — GRAND APPAREIL DE SONDAGE AU SEUIL DE TÔZEUR.

Cependant M. de Lesseps était parti de France, pour venir, selon sa promesse, examiner les résultats des nouvelles opérations.

Averti de l'arrivée à Gabès de M. de Lesseps, accompagné d'un groupe d'ingénieurs et d'entrepreneurs, M. Roudaire partit pour Gabès, accompagné de MM. Baronnet, Dufour, et Allegro. M. Derœux restait à Tôzeur pour diriger les opérations de sondages.

M. de Lesseps et ses compagnons de route débarquèrent le 18 mars à

Gabès. Grâce au concours dévoué du général Allegro, gouverneur de l'Arad,
M. Roudaire, arrivé de son côté à Gabès, la veille, avait pu tout organiser en
vingt-quatre heures, pour que l'expédition se remît en route le 19 au matin,

FIG. 185. — DERNIERS SONDAGES AVEC LE GRAND APPAREIL AU SEUIL DE TÔZEUR.

pour Tôzeur. Le 24 mars, la petite caravane arriva en vue de cette oasis.
Sans mettre pied à terre, M. de Lesseps et ses compagnons se transportèrent
au sondage. On lira peut-être avec intérêt des notes de voyage d'un des

membres de l'expédition, qui ont paru dans un journal de Paris, et que nous allons reproduire :

« *Lundi*, 12 *mars*. — Arrivés à Marseille, par un mistral extraordinairement froid, nous nous embarquons sur le *Bastia*, de la Compagnie transatlantique.

« La mission qui accompagne M. Ferdinand de Lesseps se compose de MM. Lion, Dollot, Drû, Gellerat fils, Terrasson et A. Couvreux, entrepreneurs français. Un officier de marine, M. de Kersabiec, est au nombre des explorateurs : il assistera aux opérations et vérifiera les calculs.

« Le général Forgemol, gouverneur militaire de la Tunisie, qui regagne son poste, se trouve parmi les passagers du *Bastia*.

« Contrariées par le mauvais temps, les manœuvres d'entrée de deux grands navires retardent notre départ jusqu'à huit heures et demie du soir.

« Dès la sortie du port, un roulis des plus accentués fait rentrer tout le monde dans les cabines, d'où s'échappent bientôt des gémissements expressifs.

« *Mercredi*, 14. — A onze heures et demie du matin, débarquement à la Goulette, après une traversée très rude. En vingt-cinq minutes, le chemin de fer nous dépose à Tunis, où nous quittons le général Forgemol.

« *Jeudi*, 15. — Après avoir assisté, le matin, à la revue hebdomadaire de la garnison française, nous reprenons le train de la Goulette. Arrêt à la Marsa où M. de Lesseps descend pour aller visiter Mgr de Lavigerie au collège de Saint-Louis.

« Retour au *Bastia* qui, à six heures du soir, lève l'ancre, en destination de Gabès, avec les escales réglementaires.

« *Vendredi*, 16. — Relâche à Sousse. En descendant à terre, M. de Lesseps trouve le général Étienne, venu pour lui faire les honneurs de la ville.

« Nous regrettons vivement que le temps nous manque pour visiter la célèbre ville sainte de Kairouan ; mais, même avec le petit chemin de fer à traction de chevaux, il nous faudrait quatre heures pour parcourir ce trajet de 66 kilomètres, et le bateau partirait sans nous.

« A midi, M. de Lesseps se rend au cercle des officiers, où il reçoit un accueil des plus chaleureux ; il expose sommairement les avantages qu'il prévoit de la création de la mer intérieure, si elle est reconnue pratiquement possible, et son auditoire lui fait une ovation.

« Reprenant la mer à 2 heures, nous nous arrêtons en face de Mehdia ; le temps d'échanger la poste, et nous voilà en route pour Sfax.

« *Samedi*, 17. — Descente à Sfax, le matin, dans la baleinière de l'aviso *le Jaguar*, commandé par le lieutenant de vaisseau Massenet. Visites en ville. L'animation est grande partout et le commerce actif. On ne voit plus traces du bombardement.

« M. de Lesseps, prié à dîner à bord du *Jaguar*, regagne avec nous, à 8 heures, le *Bastia*.

« *Dimanche*, 18 *mars*. — Gabès ! A 7 heures du matin, le canot de la Compagnie transatlantique accoste le *Bastia* et amène le général Allegro, gouverneur des provinces du Sud, le commandant Roudaire et son ingénieur, M. Baronnet.

« Les salutations et présentations faites, nous quittons tous le bord, en parfaite santé et pleins d'ardeur.

« Sur la plage, nous trouvons, nous attendant avec impatience, le colonel Larroque, commandant la garnison, entouré de son état-major, des chefs arabes, et de toute la population, qui nous font le plus chaleureux accueil.

« Le commandant Roudaire nous conduit aussitôt à un vaste emplacement limité par un fossé, où il a établi son campement et le nôtre. Nos tentes sont bien vite dressées.

« L'installation terminée, nous nous rendons chez le général Allegro, qui a réuni, dans la cour de sa maison, les chefs des grandes familles indigènes, pour leur donner communication d'une lettre d'Abd-el-Kader.

« Cette lecture produit la plus vive impression parmi les assistants. Ensuite, le plus âgé récite à haute voix la prière d'actions de grâces dont les autres répètent le refrain, en appelant les bénédictions de Mahomet sur l'œuvre de M. de Lesseps.

« Dans l'après-midi, excursion à l'oasis dont nous admirons les sites pittoresques et les magnifiques ombrages ; chacun revient, chargé de butin : palmes, citrons, etc.

« A quatre heures nous nous retrouvons au cercle militaire, où les officiers de la garnison, au nombre de 150 environ, se sont réunis sous la présidence du colonel Larroque, pour recevoir le créateur du canal de Suez.

« Le colonel Roudaire se montre fort satisfait des résultats des sondages qu'il dirige depuis deux mois, et il affirme sa confiance dans le succès de la mer africaine.

« M. de Lesseps félicite chaudement l'intelligent et savant officier, aux applaudissements de tous ses collègues.

« Pendant cette charmante et cordiale réception, on nous a offert un « premier pain cuit au moyen d'un appareil solaire. »

« Rentrés au campement, nous gagnons la tente-cantine où nous faisons notre repas général.

« Puis, on se sépare de bonne heure, afin d'être dispos le lendemain pour notre première étape dans la direction des chotts. »

Le résultat des sondages auxquels on procéda, en présence de tous les membres de l'expédition, fut favorable de tous points.

Les travaux avaient été poussés activement depuis le 12 mars, et au moment où l'on arrivait au sommet du seuil, la sonde était parvenue à la profondeur de 73 mètres au-dessous du sol. On était toujours dans les sables. Le trou de sonde était tubé sur toute sa hauteur, et cette longue colonne de tubes, pressée par les sables, ne s'enfonçait plus que très difficilement. Il n'y avait qu'un médiocre intérêt à atteindre une profondeur plus grande ; on se trouvait à ce moment à 6 mètres seulement au-dessus du niveau de la mer moyenne ; or, d'après les sondages exécutés en 1878 et 1879, on savait que l'on rencontrerait encore au-dessous des sables, des couches de marne et d'argile, ayant une épaisseur d'au moins 40 mètres, ce qui conduisait à 34 mètres au-dessous du niveau de la mer. M. Roudaire crut cependant devoir faire exécuter un autre sondage.

L'appareil fut transporté à 1,500 mètres au sud-est du premier sondage, sur le trajet du canal projeté, en point qui, par suite de la déclivité rapide du terrain, ne se trouvait plus qu'à l'altitude de $33^m,98$ au-dessus du niveau de la mer. Ce sondage, commencé le 30 mars, fut arrêté le 11 avril, à la profondeur de 52 mètres, après n'avoir traversé que des sables et des marnes sableuses. On était donc parvenu à la profondeur de $18^m,02$ au-dessous du niveau de la mer.

La question était entièrement résolue. Le col de Tôzeur, moins élevé, d'ailleurs, de 12 mètres, que celui de Kriz, est entièrement formé de terrains aussi faciles à déblayer que possible. Il ne s'y trouve pas un seul mètre cube de roches dures.

Après avoir séjourné pendant quarante-huit heures à Tôzeur, la caravane se remit en route, en longeant le rivage nord de la future mer intérieure.

Elle arrivait à Biskra le 3 avril.

Nous laisserons M. de Lesseps raconter lui-même les impressions que lui et ses compagnons de route rapportaient de leur excursion dans le bassin des chotts, en reproduisant la communication qu'il fit, le 16 avril 1883, à l'Académie des sciences :

« En vous annonçant, il y a deux mois, mon départ pour les chotts algériens et tunisiens, je vous disais que, tout en étant favorable en principe au projet de mer intérieure du commandant Roudaire, dont la réalisation aurait pour la France les conséquences les plus heureuses, je partais néanmoins sans parti pris, et bien décidé à reconnaître que le projet devait être ajourné si les difficultés et les dépenses d'exécution me paraissaient trop considérables.

« Aujourd'hui, après avoir étudié la question sur les lieux, après avoir visité les chotts, depuis l'embouchure de l'Oued-Melah jusqu'à Biskra, ainsi que les terrains qui s'étendront sur le rivage de la mer future, je reviens plus convaincu que jamais qu'il y a urgence à créer cette mer, qui est appelée à transformer de la façon la plus merveilleuse les conditions économiques, agricoles et politiques de l'Algérie.

« Avant d'entrer dans les détails de mon exploration, laissez-moi revenir un peu en arrière et dire quelques mots au sujet de la Commission supérieure chargée, au mois de juin dernier, d'examiner le projet.

« On a cru généralement, dans le public, que cette commission, dont plusieurs de mes savants confrères faisaient partie, avait condamné le projet : c'est une erreur.

« Loin de condamner le projet, la commission, comme en fait foi le *Livre jaune* publié par le ministre des affaires étrangères, a reconnu :

« 1° Que l'exactitude des travaux scientifiques sur lesquels repose le projet est au-dessus de toute contestation ;

« 2° Que l'exécution du canal d'alimentation de la future mer, ne présentait aucune difficulté ;

« 3° Que l'œuvre serait durable, puisque, même en admettant les hypothèses les plus défavorables au sujet de l'évaporation et de la saturation, la mer intérieure serait assurée d'une existence de 1000 à 1500 ans, ce qui, pour une entreprise humaine, équivaut à l'éternité ;

« 4° Qu'à aucun point de vue, la mer intérieure ne pourrait être nuisible ; mais que, au contraire, elle favoriserait le développement de la colonisation, en améliorant le climat, en assainissant des régions insalubres et en y apportant la fécondité ;

« 5° En ce qui concerne l'accroissement de notre puissance militaire et maritime, l'importance de la nouvelle voie ouverte au commerce, à l'industrie et à la sécurité de l'Algérie, les avis ont été partagés ; cependant, personne n'a pu, à aucun de ces points de vue, nier d'une manière complète l'utilité de la submersion du bassin des chotts. D'autres membres, et particulièrement notre éminent confrère, le général Favé, ont éloquemment mis en lumière l'importance capitale de la mer intérieure, tant au point de vue colonial qu'au point de vue militaire.

« Ainsi, la Commission supérieure, loin de condamner le projet, l'a, au contraire, approuvé en principe ; seulement, comme elle n'avait pas vu les lieux, elle a exagéré les difficultés, et par conséquent la dépense de l'entreprise.

« Eh bien, le voyage d'exploration que la Commission supérieure ne pouvait pas faire, je viens de l'accomplir, accompagné d'un certain nombre d'ingénieurs spéciaux et d'entrepreneurs expérimentés, sous la conduite du commandant Roudaire, qui ne saurait trop mériter d'éloges pour sa persévérance, son énergie et ses remarquables travaux scientifiques datant de plus de dix années.

« Nous avons constaté que partout les terrains sont d'une extraction facile. Ainsi, par exemple, la Commission avait supposé que le seuil de Kriz était entièrement composé de roches dures, dont elle avait évalué le volume à 26 millions de mètres cubes ; mais M. Roudaire a reconnu, un peu plus bas, que le col de Kriz, un autre passage, celui de Tozeur, non seulement moins élevé de 12 mètres que le précédent, mais encore uniquement formé de sables. Nous avons vu fonctionner le sondage établi au point culminant de ce seuil. Au moment où nous arrivions sur les lieux, la sonde était parvenue à 73 mètres au-dessous du sol ; le trou de sonde avait été entièrement creusé jusqu'à cette profondeur, au moyen d'une simple cuiller à soupape suspendue à l'extrémité d'un câble ; on la soulevait à l'aide d'un treuil, et on la laissait retomber, de son propre poids, cinq à six fois de suite ; puis on la retirait pleine de sable. J'ai recueilli moi-même dans la cuiller et enveloppé dans mon mouchoir le sable, que je dépose sur le bureau de l'Académie.

« Tous ceux qui m'accompagnaient, et dont quelques-uns n'étaient pas exempts, au moment du départ, de certaines préventions contre le projet, sont revenus complètement convaincus, je dirai même enthousiasmés. Je ne saurais mieux faire, pour éclairer l'Académie à ce sujet, que de lire le Rapport sommaire, que tous ont rédigé d'un commun accord, dès leur arrivée à Biskra.

« Voici le texte de ce document, intitulé *Rapport sommaire*.

« Au cours de l'exploration qu'ils viennent de faire dans les chotts tunisiens et algériens de Gabès à Biskra, les soussignés, invités par MM. Ferdinand de Lesseps et Roudaire à se rendre sur les lieux, pour donner leur avis sur le projet de mer intérieure et son exécution pratique, ont fait les constatations suivantes :

« 1° *Au point de vue maritime*, l'embouchure de l'Oued-Melah, origine du canal de la mer aux chotts inondables, présente une partie couverte à haute mer à une largeur suffisante, qui pourra être facilement creusée et constituer un port naturellement à l'abri de tous les vents du nord-est au sud en passant par l'ouest ; les vents de nord-est au sud en passant par l'est ne pourront être dangereux, le port en étant garanti par de simples jetées.

« La rade en face de l'entrée se trouve, d'ailleurs, exactement dans les mêmes conditions que celle de Gabès.

« La navigation dans le canal ne peut offrir aucune difficulté, sa direction étant presque rectiligne.

« Quant à la tenue des bâtiments dans la mer intérieure, il a été de toute facilité à la commission de s'assurer de l'absence de roches : partout le fond sera de vase ou de marne, et, avec les profondeurs moyennes de 20 mètres, on sera toujours certain qu'un bâtiment, *quel qu'il soit*, n'aura rien à craindre pour sa sécurité.

« 2° *Relativement aux résultats agricoles*, tous les terrains situés sur le rivage nord de la mer intérieure et du canal, de Gabès à Biskra, sur un parcours de près de 500 kilomètres, sont généralement de même nature que les plus fertiles de l'Algérie et de la Tunisie.

« Il ne leur manque qu'un peu d'eau pour qu'ils deviennent d'une très grande fécondité et une immense source de richesse et de prospérité pour le pays.

« La modification du climat qu'amènera naturellement la présence d'une très grande nappe d'eau dans le bassin des chotts, jointe à l'utilisation des eaux souterraines, dont la présence a été constatée, tant par les sondages que par l'existence des puits naturels qui servent à l'alimentation des tribus et à l'aménagement des eaux superficielles, permettra, incontestablement, de rendre à la culture ces vastes espaces, aujourd'hui improductifs, et d'y trouver, indépendamment des autres sources de revenus, telles que pêcheries, droits de navigation, etc., etc., une large rémunération pour les capitaux engagés dans cette entreprise.

« 3° *En ce qui concerne les opérations de nivellement* de M. le commandant Roudaire, il a été unanimement reconnu qu'elles ont été faites avec le soin le plus minutieux et une méthode infaillible, et qu'elles sont d'une exactitude absolue.

« 4° *A l'égard de l'exécution des travaux*, il a été constaté que les terrains rencontrés seront d'une extraction très facile, à laquelle les procédés mécaniques pourront être appliqués.

« Les roches calcaires constatées par les sondages de M. le commandant Roudaire, en 1879, à la base du seuil de Gabès, et dont le volume est relativement peu important, constituent à l'entrée du canal un avantage, plutôt qu'un inconvénient.

« Elles fourniront, en effet, les matériaux nécessaires à l'exécution des jetées et des constructions du port.

« Elles permettront, en outre, si cela est nécessaire, d'établir à peu de frais, à l'entrée du canal, une vanne au moyen de laquelle on réglera suivant les besoins l'introduction de l'eau pendant le remplissage.

« Dans le parcours du canal au travers du chott Djerid, le tracé suit la rive nord de manière à se tenir éloigné des terrains vaseux de la partie centrale du chott.

« Au seuil qui sépare le chott Djerid du chott Rharsa, le nouveau tracé, récemment étudié à Tozeur, par M. le commandant Roudaire, évite complètement les roches signalées précédemment à Kriz, et dont la commission supérieure avait estimé le volume à 25 millions de mètres cubes.

« L'altitude du nouveau col est d'ailleurs inférieure de 12 mètres à celle du col de Kriz.

« Le sondage fait au point culminant du nouveau tracé a démontré qu'on ne rencontrera que des sables.

« En égard à la nature des terrains traversés, il est évident qu'il suffira de creuser tout d'abord dans la partie d'alluvions un canal, d'une largeur moyenne de 25 mètres, qui sera agrandi au moyen du courant lui-même.

« Cette tranchée pourra être exécutée dans une période maxima de cinq années, et son prix de revient peut être évalué à une somme de 150 millions,

« 5° *La question politique et militaire* est certainement très importante. Mais la commission, tout en étant frappée des avantages incontestables que retirera la France de la création de la mer intérieure, considère qu'elle sortirait de son rôle en développant son opinion à ce sujet.

« A. Couvreux fils, entrepreneur de travaux publics ; Émile Dollot, ingénieur des arts et manufactures ; Léon Dru, ingénieur ; Duval-Terrasson, entrepreneur de travaux publics ; Gellerat fils, entrepreneur de travaux publics ; G. de Kersabiec, lieutenant de vaisseau ; Anatole Lion, ingénieur.

« Biskra, le 4 avril 1883. »

VIII

Mort du colonel Roudaire. — Il est remplacé, dans les études de la mer intérieure, par le commandant Landas. — Décision prise par M. de Lesseps de créer un port à Gabès, en attendant la solution définitive du projet. — État actuel de la question. — Encore les Anglais.

A son retour de Tunisie, M. de Lesseps rencontra de telles difficultés, qu'il crut devoir renoncer, pour le moment, à demander au gouvervement la concession indispensable pour créer la mer intérieure.

Pour résoudre le problème, il le posa d'une autre façon. Il voulut démontrer, par la création préalable d'un port à Gabès, à l'embouchure de l'Oued-Melah, et d'un centre important d'agriculture, quel parti on pouvait tirer, au point de vue tant commercial que colonial, d'un pareil établissement maritime créé dans le bassin des chotts.

M. de Lesseps estime qu'une fois cette démonstration faite, la question de la mer intérieure sera résolue.

M. de Lesseps, en conséquence, entama des négociations pour obtenir de l'État l'autorisation de créer un port aux abords de Gabès. Pendant ce temps le colonel Roudaire organisait une expédition, ayant pour but de pratiquer des sondages dans la partie du golfe de Gabès où devait être établi le port, c'est-à-dire à l'embouchure de l'Oued-Melah, point de départ du futur canal de la mer intérieure, et de forer le puits artésien qui devait servir à alimenter les chantiers du port, et à faire surgir une oasis dans cette plage, en ce moment stérile et déserte.

L'expédition allait se mettre en route; mais le colonel Roudaire, malade depuis longtemps, fut forcé de s'aliter. Ses longs séjours en Afrique, ses travaux excessifs, lui avaient occasionné une maladie du foie, qui prenait le caractère le plus grave. Après trois mois de cruelles souffrances, le savant officier s'éteignait à Guéret, son pays natal, le 14 janvier 1885.

Ainsi disparut cet homme éminent, dont la mort excita d'universels et vifs regrets, plus profonds encore chez les personnes qui ont suivi de près la lutte qu'il soutint pendant quinze ans, pour son projet, avec une persistance et une énergie que rien ne rebutait.

Je me suis trouvé quelquefois en rapport avec le colonel Roudaire. Son caractère était plein de noblesse, et l'énergie qui le caractérisait, s'alliait à une singulière douceur de mœurs et de manières. J'ai vu peu d'hommes, aussi modestes, aussi sympathiques, aussi dignes en même temps d'admiration et d'estime.

François-Élie Roudaire était né à Guéret, en 1836. Fils d'un géomètre du cadastre, il fut le second (seul garçon) de trois enfants. Sa sœur aînée mourut jeune. Il avait conservé d'elle le plus cher souvenir, et n'en parlait jamais sans émotion. Sa plus jeune sœur était mariée à un médecin de Jarnage (Creuse).

Élie Roudaire fit de très brillantes études au collège de Guéret, où il remporta toujours les premiers prix, et qu'il quitta en rhétorique. Il passa son baccalauréat, après s'y être préparé seul. Son père le mit alors chez un avoué, à Guéret. Mais cette existence ne pouvait lui plaire. Son goût pour les mathématiques se développant, il vint à Paris, à l'institution Barbet, et se prépara à l'école de Saint-Cyr, où il fut reçu à l'âge de dix-sept ans.

La promotion de Roudaire ne fit qu'un an d'école, à cause de la guerre de Crimée. Élève de l'École d'État-major, il s'y distingua par ses rares aptitudes pour la topographie supérieure et la géodésie. Aussi, dès sa sortie, fut-il envoyé en Algérie attaché aux travaux de l'École d'État-major, de la carte régulière du pays, basée sur des opérations astronomiques. Sa nomination de capitaine, en 1860, ne l'arracha pas à ses travaux géodésiques qui l'amenèrent successivement, comme nous l'avons dit, dans les trois départements d'Oran, d'Alger et de Constantine. En 1865, après deux campagnes dans le sud, il fut frappé de la dépression constante des chotts du Sahara et de Constantine. De cette époque date la première idée de la mer intérieure.

Nous avons déjà dit qu'il fit la campagne franco-allemande, qu'il fut blessé à Werth, et revint en Algérie, aussitôt après la guerre. En 1873, le capitaine Roudaire mit en ordre ses notes relatives à son projet. La *Revue des Deux Mondes* les publia sous ce titre, une *Mer intérieure en Algérie*, qui fit grand bruit, et que nous avons en partie analysée.

Depuis cette époque quatre explorations des chotts ont eu lieu (en 1874, en 1876, en 1880, en 1883) ; les trois premières subventionnées par des sociétés savantes ou par l'État ; la quatrième a été faite avec des ressources particulières. La Commission parlementaire nommée en 1881, par M. de Freycinet, avait déclaré le projet trop coûteux pour les bénéfices immédiats. Un groupe d'amis, à la tête desquels se trouve M. de Lesseps, forma un fond de cinq cent mille francs, afin de poursuivre l'idée de Roudaire. Bientôt, aux frais de la Société qui ne demande à l'État aucune subvention, va s'élever le port de Gabès, amorce du futur canal de la mer intérieure.

Roudaire, passé commandant en 1877, après *dix-sept* ans de grade de capitaine, fut nommé lieutenant-colonel en 1883. Il avait consacré sa vie à son œuvre et ses voyages successifs, sans parler des contrariétés de toute espèce, ont usé sa santé.

On peut dire que, comme tant d'autres inventeurs et initiateurs, il est mort à la peine, mais son œuvre ne périra pas avec lui.

M. de Lesseps choisit, pour remplacer le colonel Roudaire, le commandant Landas, qui avait été le successeur de Roudaire, à l'école de Saint-Cyr, pour le cours de topographie, et qui avait pris part aux études et aux opérations de la mer intérieure sous la direction de Roudaire.

Le 15 février 1885, la commission formée par M. de Lesseps débarquait à Gabès, et, dès le lendemain de son arrivée, elle allait camper dans l'oasis d'Oudreff, à 7 kilomètres du rivage et de l'embouchure de l'Oued-Melah.

Le commandant Landas obtint la direction supérieure de cette Commission.

Dans sa première exploration, faite avec M. de Lesseps, en 1882, M. Roudaire avait remarqué, sur les bords de l'Oued-Melah, un bassin dont le niveau ne baissait jamais, et dont l'eau était excellente. Roudaire avait pensé que ce bassin était en communication avec cette nappe d'eau profonde, et que des sondages amèneraient facilement en ce point une source artésienne, dont les eaux contribueraient à fertiliser le rivage et à créer sur ce point à la Commission du futur canal et au sondage du port projeté à Gabès, une oasis où l'on créerait des cultures agricoles.

La nouvelle Commission envoyée en Afrique sous la direction de M. Landas avait pour but principal d'effectuer les sondages nécessaires pour la création d'une source artésienne.

Peu de jours après son arrivée, la Commission s'installa dans l'oasis d'*Oudreff*, et les sondages commencèrent.

Informés de la présence de la mission, les cheiks des tribus voisines de l'Oued-Melah s'étaient empressés de venir lui souhaiter la bienvenue.

Le commandant leur ayant expliqué le but de ses études, le plus ancien des cheiks sollicita l'honneur d'enlever la première pelletée de terre du puits. Au moment où le chef enfonça la pioche, tous les Arabes présents se mirent en prières, pour demander à Allah la réussite des projets des explorateurs. La prière terminée, le vénérable cheik fit demander au commandant, par l'entremise de l'interprète, qu'on voulût bien lui laisser, comme souvenir

Fig. 186. — LA CHÈVRE

de cet événement mémorable de sa vie, la pioche qui *avait ouvert des trésors dans son pays.*

Les figures 186 et 187 représentent *la chèvre*, l'appareil employé au forage du puits dont le creusement se continua nuit et jour.

La figure 188, représente le *coup de sonde dans la baie « Ferdinanda »*

Fig. 187. — FORAGE D'UN PUITS ARTÉSIEN PRÈS DE GABÈS

la première opération faite en pleine Méditerranée, pour choisir l'emplacement le plus avantageux pour la fondation de la ville et du port de l'Oued-Melah.

Le point choisi pour le forage destiné à faire connaître jusqu'à une grande profondeur le milieu des terrains sous-jacents, est situé à 1,200 mètres de la mer et à 1 kilomètre de l'Oued-Melah.

Le 25 mars on terminait les sondages du terrain et l'on avait obtenu les meilleurs résultats.

Quant aux sondages artésiens, commencés le 25 mars, ils amenèrent le 5 avril la nappe d'eau ascensionnelle à la profondeur de 91 mètres.

L'eau jaillit du sol avec une telle impétuosité qu'elle soulevait des pierres du poids de 12 kilogrammes et les projetait à une grande hauteur.

Le débit du liquide, qui était d'abord de 5,000 litres par minute, atteignit rapidement la quantité de 8,500 litres, à laquelle il paraît devoir se maintenir. C'est le plus grand volume d'eau que l'on ait encore obtenu en Afrique. En

Fig. 188. — LE PREMIER COUP DE SONDE DANS LA BAIE FERDINANDA

effet, les plus grands puits de l'Oued-Rhir ne donnent pas plus de 4,000 litres par minute.

Actuellement, les études du port sont terminées, et, dès que le décret demandé au bey de Tunis aura accordé à M. de Lesseps le privilège indispensable pour la création du port, les travaux seront commencés. Déjà d'autres puits artésiens sont percés, et de grands espaces de terrains sont mis en culture. C'est, en effet, la richesse et la prospérité que l'eau de puits artésiens apporte avec elle. Le long de ce nouveau fleuve on fera des plantations de palmiers; et l'on créera les cultures appropriées au climat.

M. de Lesseps espère que ces premiers résultats auront le privilège de convaincre les esprits les plus rebelles, et que, dans quelques années, l'œuvre de la mer intérieure sera un fait accompli.

Il est à souhaiter que la mer intérieure africaine devienne une réalité aussi séduisante que le pensent ses promoteurs.

Ce qui porte à croire que la mer Saharienne a quelques chances d'être exécutée, c'est que les Anglais, gens pratiques et avisés, cherchent, en ce moment, à copier ce projet ; ce qui prouve en faveur de ses avantages. Les Anglais voudraient inonder le Soudan occidental, et ils ont déjà établi une colonie sur la partie de la côte de l'Océan, où déboucherait la future mer soudanienne, c'est-à-dire entre le cap Bojador et le cap Juby, au sud

FIG. 189. — CULTURES DANS L'OASIS D'OUARLLANA

du Maroc. Pour la création de cette voie de communication, les Anglais nous précéderaient, au point de vue du commerce, à Tombouctou.

Les négociants anglais évaluent à 1 million et demi de francs la valeur du trafic annuel qui pourrait s'établir entre la future colonie britannique et Tombouctou.

Un meeting fut tenu à Londres, en 1875, pour soutenir ce projet, et une députation se présenta chez le ministre des colonies, pour demander l'appui du gouvernement en faveur de l'entreprise de la mer soudanienne. Le gouvernement fit la sourde oreille ; ce qui n'empêcha pas, d'ailleurs, qu'une compagnie se formât aussitôt, pour envoyer, dans le Soudan, une expédition, dont le commandement fut donné à sir Donald Mackensie.

Partie le 10 juin 1876, cette expédition explora le Soudan occidental, pour rechercher s'il était possible d'y conduire les eaux de l'océan Atlantique. Dans ce but, elle commença par nouer des relations d'amitié avec les nègres de la côte.

Les chefs nègres se montrèrent bien disposés en faveur des membres de l'expédition.

On trouva une dépression du sol, atteignant près de 75 mètres au-dessous du niveau de l'Océan. Une ancienne et large coupure allait de l'Océan à cette dépression. La digue de terre qu'il faudrait percer, pour amener les eaux de la mer dans ce bas-fond, n'a pas plus de 5 à 6 kilomètres d'épaisseur. On donnerait au canal maritime joignant l'Océan à cette mer intérieure, une largeur de 300 mètres.

Ce projet est, on le voit, une imitation fidèle de celui de la mer intérieure Saharienne, conçu par Roudaire.

Les Anglais n'entreprennent rien sans de bonnes études des localités, et surtout sans chercher à obtenir l'appui des indigènes. En ce moment, ils continuent leurs études topographiques, tout en s'appliquant à entretenir de bonnes relations avec les nègres du Soudan occidental.

Il ne faudrait pas que l'Angleterre eût la gloire d'inaugurer l'exécution d'une mer artificiellement créée dans les profondeurs du continent africain. La France doit tenir à se réserver l'initiative de cette grande et belle conception, et ajouter ce grand honneur à celui qu'elle s'est attirée, dans notre siècle, par tant d'autres magnifiques entreprises, d'intérêt général. N'est-ce pas un Français qui a percé l'isthme de Suez, et qui s'occupe de percer l'isthme de l'Amérique centrale? N'est-ce pas un Français qui a conçu le projet d'un tunnel sous-marin entre la France et l'Angleterre? La France n'eut-elle pas le rôle essentiel dans l'entreprise du canal de Corinthe et du canal de Malacca? N'est-ce pas un Français qui a conçu le grand projet d'un chemin de fer à travers l'Asie? N'est-ce pas un Français qui, en ce moment, propose le canal maritime qui traverserait notre territoire, de l'occident au midi, c'est-à-dire le *canal des deux Océans*, destiné à relier la Méditerranée à l'océan Atlantique? Que la France ne se désintéresse donc pas du projet grandiose que nous venons d'exposer, et qui donnerait une vive impulsion à notre commerce général, ainsi qu'à nos colonies, et qui consoliderait, sans nul doute, notre influence politique en Orient.

FIN DE LA MER INTÉRIEURE AFRICAINE

LE DESSÈCHEMENT DU LAC FUCIN

Vérité en deçà des Pyrénées, erreur au delà. Cet adage, emprunté à la philosophie, est également vrai, en ce qui touche les besoins économiques des nations commerçantes. Nous venons de parler du projet consistant à créer une mer ; nous allons décrire l'entreprise qui a consisté à dessécher un lac. De tels contrastes ne sont pas rares dans le cours de l'histoire industrielle des peuples, et il n'y a pas à s'en étonner beaucoup. Ici l'eau est utile, là elle est nuisible ; l'art de l'ingénieur accomplit, dans l'un et l'autre cas, une œuvre avantageuse.

Si nous voulions parler des merveilles réalisées pendant notre siècle dans le dessèchement des lacs, des étangs et des marais, nous aurions un volume à écrire. Et, dans cet ordre de travaux, la Hollande occuperait la première et la plus brillante place. Le dessèchement du lac de Harlem et les grands endiguements de la Hollande, fourniraient la matière à d'intéressantes études ; et hors de ce pays nous trouverions bien d'autres grandes entreprises du même genre à signaler à l'attention et à l'admiration du lecteur. Mais d'après le plan de l'ouvrage, dont nous écrivons la dernière Notice, nous n'avons à considérer que les grands travaux de l'art des constructions appartenant à une époque récente, c'est-à-dire depuis l'année 1870 jusqu'au moment présent.

Dans cet ordre de travaux, et à l'époque considérée, nous ne connaissons rien de plus intéressant, ni de plus original, que l'opération du dessèchement du lac Fucin, dans l'Italie centrale.

Commencée en 1874, terminée en 1876, cette œuvre, vraiment gigantesque, fait le plus grand honneur à son promoteur, le prince Alexandre Torlonia, et à ses collaborateurs, l'illustre ingénieur de Montricher, MM. Bermont et Brisse. Ce dernier, qui seul survécut à ses devanciers, morts à la tâche, a exposé, dans un ouvrage, rédigé en français et en anglais, tous les détails de l'entreprise.

Le lac Fucin était situé dans le pays des Marses, dans la province de la seconde Abruzze, dont le chef-lieu est Aquila, à 86 kilomètres au sud de Rome, à 155 kilomètres au nord de Naples. Il occupait le fond d'une vaste cuvette de 65,000 hectares de superficie; ses eaux couvraient 15,000 hectares. Elles n'avaient aucune issue : une crête abrupte, le mont Salviano, séparait le lac de la vallée du Liris. De là les graves inconvénients qui avaient suscité, dès l'antiquité, les plaintes des populations riveraines. Lorsqu'une série d'années se succédaient, les eaux s'accumulaient dans le lac, en faisaient monter le niveau et envahissaient les rives. C'est ainsi que le niveau du lac s'éleva de plus de 9 mètres en 33 ans (de 1783 à 1816). Quand arrivaient des saisons sèches, le niveau baissait (12 mètres de 1820 à 1835). Alors, les habitants reprenaient possession des terres riveraines, terres éminemment précieuses dans un pays de montagnes où la surface cultivable était restreinte; et la sécurité revenait. Mais l'ennemi ne se laissait pas oublier, il répandait autour de lui les fièvres intermittentes, compagnes obligées de ces alternatives continues d'humidité et de sécheresse; puis le mouvement ascensionnel reprenait. De 1835 à 1861, la montée fut de 9 mètres. En moins d'un siècle (1783-1861) la crue totale était de plus de 6 mètres. Des villages étaient devenus des îles.

Ce fâcheux état de choses remontait aux temps les plus anciens.

Jusqu'à l'Empire romain, les habitants des rives du lac qui souffraient de ces alternatives de submersion et de dessèchement, avaient cherché les moyens d'y porter remède; mais, n'en ayant trouvé aucun, ils avaient pris le parti de faire un Dieu du lac Fucin, et de l'adorer, pour conjurer ses caprices. Le dieu Fucin resta sourd aux invocations qu'on lui adressait. On se décida donc à prendre la question par le côté technique.

L'empereur Claude délégua son affranchi Narcisse, pour exécuter de grands travaux de dessèchement. Ces travaux durèrent onze ans, et exigèrent l'emploi de 30,000 ouvriers.

On est vraiment surpris des résultats auxquels arrivèrent les Romains, quand on sait qu'ils n'avaient ni la poudre, ni la vapeur à leur disposition. Une longue galerie fut entreprise entre le lac et le fleuve Liris, à travers le massif du mont Salviano. Le tunnel que l'on exécuta avait 5,700 mètres environ de longueur, avec une section moyenne de 10 mètres carrés. Les trois quarts de la longueur furent taillés dans la roche; 40 puits servirent aux travaux d'extraction et à l'aérage; quelques-uns de ces puits avaient 120 mètres de profondeur. En outre, des galeries inclinées, dites *cuniculi*,

(1) *Dessèchement du lac Fucino par le prince Torlonia*, par Alexandre Brisse, in-4°, Rome 1876. Texte anglais et français, avec planches.

formaient des descentes vers le fond de la fouille et servaient au passage des ouvriers ou à la manœuvre des déblais.

Au temps de l'empereur Claude, on admirait beaucoup l'œuvre accomplie par les ingénieurs de Rome. Des fêtes furent données pour célébrer l'inauguration du canal d'évacuation. On lança sur le lac deux flottilles, de six navires, sur lesquelles des condamnés combattirent devant l'Empereur, et mêlèrent leur sang aux eaux prêtes à s'échapper, par le conduit ménagé pour leur issue.

Quelques jours après, une fête toute semblable réunissait le peuple sur les rives du lac. Mais au plus beau moment du combat des gladiateurs nautiques, l'estrade qui supportait les personnages de l'entourage de l'Empereur, s'effondra, par suite de l'irruption et du choc des eaux, qui se précipitaient dans l'issue qui leur était ouverte.

Malgré ce contre-temps, le conduit ouvert pour l'écoulement des eaux du lac, remplit fort bien son office.

Malheureusement, à côté de cette conception gigantesque, on avait commis des fautes de détail qui devaient vicier profondément l'œuvre et en amener la ruine rapide. Le fond du canal présentait des irrégularités et des contrepentes : la section n'était pas uniforme. Dans les parties argileuses et humides, des éboulements firent abandonner la direction primitive et donnèrent lieu à des coudes et à des rétrécissements absolument irrationnels.

Du reste, les Romains n'avaient pas cherché à dessécher absolument le lac. Il y avait encore une élévation de 1ᵐ, 20 de terres au-dessus du fond, mais cette disposition suffisait pour assurer l'invariabilité du niveau, et éviter les inconvénients résultant de la montée et de la descente successive des eaux. La solution restait toutefois insuffisante, au point de vue agricole, puisqu'on ne restituait pas à la culture la totalité de la surface occupée par l'ancien lac.

Le système employé était trop défectueux pour que le canal remplît convenablement son office d'évacuateur. Sous les empereurs Trajan et Adrien, il fallut exécuter de nouvelles rigoles de desséchement.

Mais les guerres continuelles dont l'Italie centrale était le théâtre, au moyen âge, firent négliger l'entretien du canal, qui se combla peu à peu et le lac reprit ses allures désastreuses. De temps en temps, les souverains de Naples, sollicités par les riverains, songeaient au vieux tunnel romain, et exécutaient quelques travaux de recherche et de déblayement, mais ils étaient bientôt interrompus.

En 1835, l'ingénieur Afan de Rivera put, grâce à une cinquantaine de mille francs accordés par le gouvernement napolitain, placer quelques boisages dans la galerie et la parcourir dans toute sa longueur.

Mais le mal était trop grand pour être guéri à si peu de frais ; la destruction continua.

En 1851, la concession du dessèchement du lac fut régulièrement accordée à une société industrielle. Le prince Torlonia, qui avait souscrit la moitié du capital, ne tarda pas à racheter toutes les actions, et à prendre la responsabilité entière de l'œuvre. Il en confia la direction à M. de Montricher, ingénieur des ponts et chaussées, qui venait de terminer le canal de Marseille.

Cette fois, tout en suivant la direction générale du canal romain, on entreprit le dessèchement complet du lac : la galerie nouvelle allait atteindre 6,301 mètres de longueur, avec une pente moyenne de 0ᵐ, 001 par mètre. Exécutée sur plus de moitié de sa largeur en maçonnerie de pierres de taille, elle offrait une section de 19ᵐ, 609 avec 5ᵐ, 76, de hauteur et 4 mètres de largeur. Elle pouvait débiter 50 mètres cubes d'eau par seconde.

Nous ne pouvons entrer ici dans le détail technique des travaux nécessités par cette œuvre gigantesque. Leur explication serait difficile à suivre et sortirait du cadre de cet ouvrage. Il nous suffira de signaler les difficultés considérables que présentait l'installation des chantiers dans un pays montagneux, privé presque absolument de voies de communication, au milieu d'habitants, non point hostiles, mais d'une profonde ignorance.

Une partie des puits et des *cuniculi* des Romains furent rouverts ; mais partout l'ancien conduit dut être refait, abaissé et agrandi.

Il faut lire dans l'ouvrage de M. Brisse le récit détaillé des difficultés de tout genre que l'on rencontra du côté du lac, aussi bien que du côté du canal. Il fallut aller, en sous-œuvre, creuser des galeries d'essai, avec des masses énormes d'eau, soutenues par de vieilles maçonneries de qualité douteuse. Puis, avec des précautions infinies, des conduites étaient placées, des trous étaient creusés dans la masse, et au moment voulu un dernier coup de pic livrait passage au torrent, tandis que les ouvriers trouvaient un refuge sur les passerelles ou dans le haut des galeries.

De Montricher, l'un des plus grands ingénieurs dont notre pays s'honore, s'acquit, dans les travaux du lac Fucin, une renommée européenne. Malheureusement, il succomba, le 28 mai 1858, à une fièvre typhoïde, à Naples, au retour d'une tournée sur les travaux. Son collaborateur, M. Bermont, prit la direction de l'entreprise.

M. Bermont eut la satisfaction d'introduire pour la première fois les eaux dans le nouveau canal (9 août 1862). L'œuvre était encore loin d'être terminée : il restait 1,650 mètres de galerie à exécuter, pour atteindre le niveau du fond du lac ; une cuvette provisoire faisant seule communiquer le Fucin avec la portion terminée de la galerie. On put néanmoins, en une année, écouler 561,000,000 de mètres cubes d'eau et faire baisser le plan d'eau de 4^m,25. On diminua d'autant les infiltrations qui devenaient de plus en plus dangereuses, à mesure qu'on se rapprochait du lac.

Pendant deux années de suite (septembre 1863 au mois d'août 1865) les travaux d'avancement reprirent. Puis, une masse nouvelle d'eau fut évacuée du 28 août 1865 au 30 avril 1868 ; elle atteignait 634,000,000 de mètres cubes. Le niveau du lac baissa encore de 7^m, 72. En novembre 1869, les travaux de la galerie proprement dite étaient terminés et l'écoulement du reliquat des eaux assuré. Repris le 22 janvier 1870, l'écoulement des eaux devait s'achever en juin 1875.

Outre la construction du canal d'évacuation, il restait à exécuter les travaux de tête de la galerie et des terrassements considérables pour assécher et assainir le bassin lacustre.

M. Bermont étant mort, pendant ces derniers travaux, le 19 mai 1870, ce fut M. Brisse qui conduisit à bonne fin l'œuvre de Montricher et Bermont.

Une grande partie des déblais fut exécutée à l'aide d'une puissante drague à vapeur, dont les détails ingénieux d'installation étaient dus à M. Brisse.

On établit un grand collecteur central de 8,000 mètres de longueur, avec une pente de 0^m,14 par kilomètre et une largeur de 15 mètres. Un réseau de fossés distants les uns des autres de 1 kilomètre et formant un réseau de 650 mètres, assura l'assèchement de la cuvette lacustre ; tandis que des routes intercalées à 500 mètres de chacun d'eux ouvraient sur 210 kilomètres de longueur les communications nécessaires. Des collecteurs secondaires vinrent former une ceinture, qui, interceptant les eaux tombées sur les pentes voisines ou amenées par les torrents, utilisèrent ces eaux pour l'irrigation des surfaces desséchées et cultivées, et fournirent même, au besoin, une force motrice. Au centre et au point bas fut ménagé une sorte de réservoir central, d'une superficie de 2,270 hectares, pouvant emmaganiser entre ses digues 55,000,000 mètres cubes d'eau. En temps normal, ce réservoir est une vaste prairie. Il n'est appelé à fonctionner qu'en temps de crue exceptionnelle ou d'interruption dans le service du canal d'évacuation.

La surface totale gagnée par le dessèchement du lac, est de 15,775 hectares, dont 15,175 forment le domaine du prince Torlonia et 1,600 ont été abandonnés aux communes ou aux riverains. Sur cette vaste étendue, 400 maisons de colons ont été construites, avec 25 hectares de domaine, pour chacune d'elles. Le sol est d'une fertilité exceptionnelle ; il est formé à la fois des parcelles calcaires ou argileuses arrachées des coteaux, par ravinement, et de débris végétaux décomposés, provenant des nombreuses fascines qu'employaient autrefois les pêcheurs pour former des sortes d'enclos à poissons.

En résumé, non seulement le vieil ennemi des Marses, le lac Fucin, fut vaincu, mais encore 15,000 hectares d'excellente terre apportèrent une richesse agricole absolument inconnue jusque-là, dans cette rude contrée, et des eaux d'irrigation furent distribuées sur une vaste étendue de pays, fertilisant cette région. Sans doute, les sacrifices furent considérables : la dépense fut de 43,137,209 francs, dont 24,103,994 francs pour les travaux de dessèchement proprement dits (galerie et accessoires), soit 3,043 francs par hectare. Mais le but essentiel se trouva atteint : l'assainissement de la contrée, et la fin d'inondations périodiques, désastreuses. C'est là l'honneur spécial qui revient au prince Torlonia, qui poursuivit son œuvre sans relâche, sans défaillance, estimant que son immense fortune ne pouvait trouver un plus noble emploi.

Les Toscans disaient : « Le prince Torlonia veut dessécher le *Fucino*; c'est le *Fucino* qui desséchera le prince Torlonia. » Les Toscans se sont trompés : le lac fut mis à sec, mais non le prince.

TABLE DES MATIÈRES

LE CANAL MARITIME DE SUEZ

LE CANAL MARITIME DE PANAMA

LE CANAL MARITIME DE CORINTHE

LE CANAL MARITIME DE MALACCA

LA MER INTÉRIEURE AFRICAINE

FIN DES NOUVELLES CONQUÊTES DE LA SCIENCE

CORBEIL. — IMPRIMERIE B. RENAUDET

www.ingramcontent.com/pod-product-compliance
Lightning Source LLC
Chambersburg PA
CBHW060845220326
41599CB00017B/2388